ISBN 978-0-666-01268-5
PIBN 10548577

Conchylien-Cabinet

von

Martini und Chemnitz.

In Verbindung mit

Dr. Philippi, Dr. Pfeiffer, Dr. Dunker, Dr. Römer, Clessin, Dr. Brot, Th. Löbbecke und Dr. v. Martens

neu herausgegeben und vervollständigt

von

Dr. H. C. Küster,

nach dessen Tode fortgesetzt von

Dr. W. Kobelt und H. C. Weinkauff.

Gen.: Cyclostoma

Band II Abthlg. 19.

Nürnberg.

Verlag von Bauer & Raspe.

(Emil Küster).

Systematisches

Conchylien-Cabinet

von

Martini und Chemnitz.

Fortgesetzt

von

Hofrath Dr. G. H. v Schubert

und

Professor Dr. J. A. Wagner.

In Verbindung mit Dr. Philippi, Dr. L. Pfeiffer und Dr. Dunker
neu herausgegeben und vervollständigt

von

Dr. H. C. Küster.

Ersten Bandes neunzehnte Abtheilung.

Nürnberg 1846.
Verlag von Bauer und Raspe.
(Julius Merz).

gedeckelten Lungenschnecken.

(Helicinacea et Cyclostomacea.)

In Abbildungen nach der Natur

mit

Beschreibungen

von

Dr. Louis Pfeiffer

zu Kassel.

Nürnberg 1846.
Verlag von Bauer und Raspe.
(Julius Merz.)

Zweite Abtheilung der gedeckelten Cölopnoen.

CYCLOSTOMACEEN.

Bearbeitet von **Dr. L. Pfeiffer.**

I. 19.

Cyclostomaceen.

Nehmen wir, den Anordnungen von Férussac und Menke folgend, die Cyclostomaceen als selbstständige, von den Helicinaceen gesonderte Familie an, so sind eigentlich bei der durchgängigen Uebereinstimmung aller wichtigeren Attribute kaum noch Merkmale zu finden, wodurch sie als verschieden charakterisirt werden könnten. Férussac (tabl. syst. p. XXXII) schreibt den Helicinen einen Halskragen (collier) zu und unterscheidet die Cyclostomen oder Turbicinen durch den Mangel jenes Organes. Da wir aber von den wenigsten der bis jetzt bekannten Arten das Thier genauer kennen, so möchte ich die Cyclostomen lieber nur als 2te Abtheilung derselben Familie, zu welcher die Gattung Helicina gehört, betrachten. Ich rechne zu dieser Abtheilung die Gattungen Cyclostoma Lam., Pterocyclos Benson (Steganotoma Trosch.), Pupina Vign., Acicula (Acme, Pupula) Hartm., und mit Zweifel: Geomelania Pfr., deren Thier unbekannt ist, und Truncatella Risso, welche anderwärts nicht gut unterzubringen ist.

Cyclostoma, Lam. Kreismundschnecke.

Cyclostoma Lamarck, Draparnaud, Férussac, C. Pfeiffer, Menke, Rossmässler, Deshayes, Sowerby, Reeve etc.; Helix Müller, Gmelin, Wood; Nerita Müller; Turbo Born, Chemnitz, Gmelin, Dillwyn, Montagu; Lituus Martyn; Cyclostomus et Cyclophorus Montf.; Annularia Schumacher; Cyclophora Swainson; Cyclotus Guilding, Swainson; Megalomastoma Guilding, Swainson; Pomatias Studer, Hartmann, Porro etc.

Die Gattung Cyclostoma ist, was die Bildung der Gehäuse betrifft, eine der veränderlichsten unter allen, die wir kennen. Die Schalensubstanz ist bald sehr fest, kalkig und undurchsichtig, bald dünn, horn- oder glasartig, durchsichtig. Die Schale ist bei einigen vollkommen scheibenähnlich niedergedrückt, wie bei der Gattung Planorbis, bei andern mehr oder minder kreiselförmig erhaben, wie bei Helix oder Turbo, oder endlich in die Länge gezogen, thurm- oder walzenförmig, wie bei manchen Arten von Bulimus und Cylindrella. Die Windungen sind in der Regel gewölbt, doch auch mitunter flach, oft mit 1 oder mehreren Kielen versehen. Unter den Arten mit thurmförmig verlängertem Gehäuse befinden sich viele, welche die Eigenheit haben, während ihres Wachsthums die obersten Windungen zu verlassen und den verlassenen Theil mit Schalensubstanz zu schliessen, worauf dann gemeiniglich diese entbehrlich gewordene Spitze abfällt oder abgestossen wird.

Bei allen Arten scheint die Anlage zu einem Nabel vorhanden zu seyn, welcher bei einigen Arten sehr flach und weit, bei anderen kegelförmig durchgehend, bei anderen eng, bei manchen halb und endlich bei sehr wenigen ganz bedeckt ist.

Die Mündung ist fast immer mehr oder minder kreisförmig, mit sehr genäherten oder ganz verbundenen Rändern; wir kennen aber jetzt auch Arten, welche gleichsam den Uebergang zu Helicina bilden, wo die Ränder der Mündung ziemlich weit gesondert sind. Der Mundsaum ist selten ganz einfach, gemeiniglich verdickt oder mehr oder minder weit ausgebreitet, bisweilen mit einer Art von Ausschnitt oder Rinne des linken Randes nahe der Spindel (Megalomastoma Guild. — Uebergang zu Pupina), oder mit einer zungenförmigen, bisweilen den Nabel fast verbergenden Verbreiterung des linken Randes.

Alle bekannten Arten sind der Regel nach rechtsgewunden, und linksgewundene Exemplare höchst selten; mir ist kein anderes Beispiel bekannt, als ein von mir selbst in der Gegend von Fiume gefundenes linkes Exemplar von C. cinerascens.

Die Farben der Gehäuse sind sehr manchfaltig, bald in der Schale selbst, bald in einer ablösbaren Oberhaut ihren Sitz habend. Die europäischen Arten sind, wenn auch sehr zierlich, doch sehr einfach gefärbt, unter den exotischen kommen dagegen sehr schön gestreifte, gefleckte und getiegerte Arten vor, und insonderheit ist die Farbe der Mündung oft sehr ausgezeichnet, glänzend orange oder feuerroth.

Der Deckel bietet die wunderbarsten Verschiedenheiten dar; er ist immer spiralisch gebaut, seine Windungen sind aber bald sehr eng und langsam an Breite zunehmend, bald sehr rasch zunehmend mit wenigen Umgängen. Die Substanz ist entweder fest und kalkartig oder dünn und hornartig, bei manchen so dünn wie eine Blase; beide Arten von Deckeln kommen mit engen und weiten Windungen vor. Bei manchen Arten liegen die Windungen des Deckels flach in einer Ebene, bei anderen bilden sie eine nach aussen oder nach innen konkave Schüsselform, bei manchen endlich ragt der Rand einer jeden Windung scharf über die vorige hervor.

Das Thier ist in der äussern Bildung dem von Helicina ganz ähnlich. Der Kopf endigt nach vorn meist mit einem 2lappigen Rüssel, und die kleinen, lebhaften Augen befinden sich auf kleinen Höckerchen an der äussern Basis der beiden einzigen, nicht in sich selbst zurück-, sondern nur zusammenziehbaren Fühler. — Beim Kriechen liegt der Deckel auf der hintern Seite des Fusses auf.

Was die innere Organisation betrifft, so sind die Thiere getrennten Geschlechtes; sie athmen aber wie die ungedeckelten Cölopnoen nur Luft in Lungenhöhlen, welche wie bei jenen gebildet sind.

Die Cyclostomen leben meist an feuchten, beschatteten Stellen, unter abgefallenem Laube auf der Erde, in Felsspalten, an Ufern u. s. w.

1. Cyclostoma Cuvierianum, Petit. Cuvier's Kreismundschnecke.

Taf. 1. Fig. 1—4.

C. testa umbilicata, depressa, lineis confertis longitudinalibus, distantioribusque spiralibus decussata, cinerascenti-fulva; spira parum elevata; anfr. 5—6, supremis convexis, sequentibus deplanatis, lamelloso-unicarinatis, ultimo superne convexiusculo, ad peripheriam carinis 2 remotis, lamelliformibus et circa umbilicum latum, perspectivum costis pluribus spiralibus, acute elevatis munito; apertura obliqua, subcirculari, intus fulva; perist. albo, late expanso, marginibus callo crassiusculo junctis, dextro bicanaliculato, columellari superne dilatato, patente. — Operculum calcareum, anfr. 5, extimis latis.

Cyclostoma Cuvierianum, Petit in Revue zool. 1841, p. 184.
— — Petit in Guérin mag. 1842, t. 55.
— Reeve Conch. syst. t. 184. f. 14. t. 185. f. 24.
— Sowerby Thesaurus p. 115. t. 30. f. 218. 219.
— — Philippi Abbild. I. 5. p. 103. t. 1. f. 1.

Gehäuse weit und offen genabelt, niedergedrückt, dünn-, doch festschalig, mit sehr dicht stehenden schiefen und etwas entfernteren ungleich erhobenen Spirallinien fein gegittert, zwischen Aschgrau und Rothgelb auf die verschiedenste Weise schattirt. Gewinde wenig erhoben, oben abgeplattet. Umgänge 5—6, die obersten rundlich, die folgenden abgeflacht, mit einem lamellenartig erhobenen dünnen Kiele auf der Mitte und einem zweiten mit der Naht gleichlaufenden versehen, der letzte Umgang beträchtlich breiter, oberseits flach gewölbt, dann mit zwei abstehenden erhobenen Kielen umgeben, unterseits bläulich, um den Nabel mit 3—4 leistenförmig erhobenen Rippen versehen. Mündung schief, länglich-rund, innen orangebraun mit zwei hellen Binden, welche den äusseren Kielen entsprechen. Mundsaum weiss, weit ausgebreitet, die Ränder durch ziemlich dicken, weissen Callus verbunden, der rechte an den beiden Stellen, wo die Kiele endigen, winklig verbreitert, nach innen etwas rinnig, der Spindelrand sehr verbreitert, als eine dünne Lamelle zurückgeschlagen abstehend. Höhe 15—20‴. Durchmesser 26—32‴.

Deckel kalkartig, weiss, mit 5 Windungen, von denen die äussersten sehr breit sind.

Aufenthalt: auf der Insel Madagascar.

Das abgebildete Exemplar, eins der grössten, die ich kenne, und eine Zierde meiner Sammlung, verdanke ich meinem Freunde Dr. Dunker. Leider fehlt der Deckel, welchen ich nach dem kleinen in Guérin mag. abgebildeten Exemplar kopiren liess (Fig. 3).

2. Cyclostoma giganteum, Gray. Die riesige Kreismundschnecke.

Taf. 1. Fig. 11—14.

C. testa late umbilicata, subdepressa, solida, confertim rugoso-striata, sub epidermide corneo-fulva, fasciatim decidua alba; spira brevissima, acutiuscula, purpurascente; anfr. 5½ convexis, ultimo juxta suturam linea impressa notato, antice subdeflexo, subtus convexiore, subtilius striato; apertura magna, oblique ovali, intus coerulescente, nitida; perist. recto, obtuso, marginibus callo albo angulatim junctis, dextro repando. — Operculum immersum, testaceum, intus callosum, nitidum, extus arctispirum, anfr. 10—11 linea elevata marginatis.

Cyclostoma giganteum, Gray in Mus. Britt.
— — Reeve Conch. syst. t. 184. f. 17.
— — Sow. Spec. Conch. f. 9. 10.
— Sow. in Proc. Zool. Soc. 1843. p. 30.
— Sow. Thesaur. p. 92. t. 23. f. 8. 9.
— Cumingii? Jay catal. t. 7. f. 4. 5.

Gehäuse weit und durchgehend genabelt, ziemlich niedergedrückt, festschalig, dicht runzelstreifig, weiss mit einer sich in Binden ablösenden hornfarbig-kastanienbraunen Oberhaut bekleidet. Gewinde sehr kurz erhoben, doch mit spitzlichem Wirbel, nach oben immer gesättigter purpurroth. Umgänge 5½, ziemlich gewölbt, schnell an Breite zunehmend, der letzte neben der Naht mit einer flachen Furche bezeichnet, nach vorn etwas herabsteigend, unterseits bauchiger, um den Nabel etwas stärker gerunzelt. Mündung weit, schief eiförmig, nach oben zugespitzt, innen weisslich, bei verschiedener Stellung bald bläulich, bald lila schillernd. Mundsaum einfach, stumpf, den vorletzten Umgang nur sehr wenig berührend, die Ränder durch gerade fortlaufenden Callus winklig vereinigt, der rechte oben etwas ausgeschweift, der Spindelrand in einem viel stärkern Bogen gekrümmt, etwas verdickt. Höhe 11‴. Durchmesser 25‴.

Deckel eingesenkt, ziemlich dick, von Schalensubstanz, innen glänzend, mit hornfarbigem Callus bedeckt, aussen in der Mitte etwas konkav, eng gewunden, mit 10—11 durch eine erhobene Linie begränzten Windungen.

Aufenthalt: in Wäldern bei Panama.

Das von Sowerby im Thesaur. abgebildete Exemplar ist beträchtlich grösser, aber mehr niedergedrückt.

3. Cyclostoma Inca, Orb. Blanchet's Kreismundschnecke.

Taf. 1. Fig. 5—7.

C. testa late umbilicata, orbiculato-depressa, solidula, confertim plicata, olivaceo-cornea, infra peripheriam castaneo late unizonata; spira vix elevata, apice obtusa, rubicunda; anfr. 4½ convexis, ultimo terete; apertura vix obliqua, subcirculari, intus margaritacea; perist. simplice, recto, marginibus callo continuo subangulatim junctis. — Operculum immersum, testaceum, arctispirum.

Cyclostoma Inca, Orb. synops. p. 29 in Guér. mag. 1835.
— — Orb. voy. p. 361. t. 16. f. 21—23.
— Sow. Thesaur. p. 92. t. 24. f. 71. 72.
— Blanchetianum, Moric. Mém. de Genève VII. 1836. p. 442. t. 2. f. 21—23.
— Pot. et Mich. gal. de Douai p. 233. t. 23. f. 21. 22.
— Blanchetiana Lam. ed. Desh. 29. p. 366.
— nobile Fér. Mus. (test. Pot. et Mich.)

Gehäuse weit und durchgehend genabelt, fast scheibenförmig niedergedrückt, ziemlich festschalig, oberseits dicht faltenstreifig, mit einer bräunlich-olivengrünen Epidermis bekleidet und mit einer breiten, scharf abgegränzten, kastanienbraunen Binde unterhalb der Peripherie umzogen. Gewinde kaum erhoben, mit stumpflichem, purpurrothem Wirbel. Umgänge 4½, stark gewölbt, schnell an Breite zunehmend, der letzte stielrund, unterseits weniger deutlich faltenstreifig, nur unregelmässig exzentrisch gestreift. Mündung wenig schief zur Axe stehend, fast kreisrund, nur nach oben etwas zugespitzt, innen perlschimmernd. Mundsaum einfach, gerade vorgestrekct, stumpf, den vorletzten Umgang wenig berührend, die Ränder durch gleichlaufenden Callus winklig vereinigt, der Spindelrand stark gekrümmt, etwas ausgebogen. Höhe 6—7‴. Durchmesser 13—15‴.

Deckel tief eingesenkt, von Schalensubstanz, enggewunden, die Windungen mit einer erhobenen Leiste berandet.

Thier glatt, rosenroth; Fuss länglich, hinten zugespitzt; Fühler kegelförmig, roth.

Aufenthalt: in der Provinz Yungas in Bolivia (Orbigny), in Brasilien, in den Wäldern der Caxoeira (Moricand) und bei La Guayra.

4. Cyclostoma translucidum, Sow. Die durchscheinende Kreismundschnecke.

Taf. 1. Fig. 8—10.

C. testa umbilicata, turbinato-globosa, tenuiuscula, confertim plicatulo-striata, sub epidermide corneo-virente albida, translucida; spira breviter conoidea; anfr. 5 convexis, ultimo ventroso; umbilico angusto, pervio; apertura oblique ovali, intus margaritacea; perist. simplice, recto, acuto, marginibus angulatim junctis, columellari subeffuso. — Operculum immersum, testaceum, anfr. 7, extimo multo latiore.

Cyclostoma translucidum, Sow. in Proc. Zool. Soc. 1843. p. 29.
— — Sow. Thesaur. p. 106. t. 23. f. 4.

Gehäuse ziemlich eng aber durchgehend genabelt, etwas kreiselförmig-kugelig, ziemlich dünnschalig, dicht faltenstreifig, durchscheinend, weisslich, mit einer hornfarbig-grünen Epidermis bekleidet. Gewinde kurz kegelförmig mit stumpflichem Wirbel. Umgänge 5, gewölbt, ziemlich rasch an Breite zunehmend, der letzte bauchig. Mündung fast scheitelrecht, gross, schief eiförmig, innen perlschimmernd. Mundsaum einfach, gerade vorgestreckt, scharf, den vorletzten Umgang nur wenig berührend, die Ränder winklig verbunden, der Spindelrand stark gekrümmt, etwas ausgebogen. Höhe 6 — $7\frac{1}{2}'''$. Durchmesser 9 — $11'''$.

Deckel eingesenkt, von Schalensubstanz, gelblichweiss, flach, in der Mitte etwas konkav, mit 7 Windungen, wovon die äusserste nach Verhältniss viel breiter ist.

Aufenthalt: in Columbia, bei La Guayra und anderen Ländern von Zentralamerika.

5. Cyclostoma aquilum, Sow. Die Adler-Kreismundschnecke.

Taf. 2. Fig. 1. 2. Taf. 8. Fig. 1. 2.

C. testa umbilicata, depresso-turbinata, solidiuscula, sublaevigata, fulva, saturatius marmorata, cingulo angusto, pallido ad peripheriam ornata; spira elevatiuscula, acuta; anfr. 5 subplanulatis, ultimo magno, subangulato; umbilico mediocri, pervio; apertura subverticali, transverse subdilatata, intus pallide fulvescente; perist. expanso, subincrassato, fulvido, marginibus callo tenui junctis, columellari basi dilatato, reflexo. — Operculum corneum, arctispirum.

Cyclostoma aquilum, Sow. in Proc. Zool. Soc. 1843. p. 61.
— — Sow. Thesaurus p. 123. t. 27. f. 131.

Gehäuse niedergedrückt, kreiselförmig, ziemlich dickschalig, glatt, mit dichtstehenden Anwachsstreifen und auf den obern Umgängen mit haarfeinen Spirallinien undeutlich gegittert, braungelb, mit dunkleren Striemen und Flecken marmorirt und mit einer blassen, schmalen Binde am Umfange. Gewinde mässig erhaben, mit spitzem Wirbel. Umgänge 5, sehr wenig gewölbt, der letzte gross, sehr undeutlich winklig, unterseits flach gewölbt. Nabel mittelgross, durchgehend. Mündung kaum schief gegen die Axe, breit rundlich, innen sehr blass gelblichweiss, glänzend. Mundsaum kurz ausgebreitet, verdickt, blass bräunlichgelb, die Ränder einander nicht berührend, aber durch fortlaufenden Callus gleichmässig verbunden, der linke ziemlich senkrecht herabsteigend, unten stärker verdickt und verbreitert. (Taf. 8. Fig. 1. 2.) Höhe 10''', Durchmesser 16—17'''.

Deckel nach Sowerby's Abbildung hornartig, enggewunden.

Herrn Sowerby verdanke ich die ausgezeichnete Varietät Taf. 2. Fig. 2, welche sich durch beträchtlichere Grösse, kastanienbraune Färbung mit weissen Fleckchen und zwei breiten braunen Binden unter der weisslichen Kielbinde und weissen Mundsaum unterscheidet. Höhe 13''', Durchmesser 23'''.

Aufenthalt: bei Singapore gesammelt von H. Cuming.

6. Cyclostoma Moulinsii, Grateloup. Des Moulins's Kreismundschnecke.

Taf. 2. Fig. 18. 19.

C. testa umbilicata, orbiculata, solidiuscula, spiraliter confertim subsulcata, fulvescenti-alba, lineis confertis, spadiceis, interdum confluentibus, fasciaque 1 peripherica latiore ornata, basi pallidiore; spira brevissima, mucronata; anfr. 5 convexis, ultimo ad suturam impresso; umbilico lato, perspectivo; apertura obliqua, subcirculari, intus castaneo et albo fasciata; perist. undique breviter expanso, marginibus fere contiguis, callo lunatim exciso junctis, dextro superne subsinuato.

Cyclostoma Moulinsii, Grat. in Act. Soc. Linn. Bord. XI. p. 444. t. 3. f. 19.

— Desmoulinsii, Sow. Thesaurus p. 125. t. 25. f. 97.

Gehäuse fast scheibenförmig, dünn, doch fest, überall mit dichtstehenden, seichten Furchen umzogen, oberseits bräunlich und weiss schattirt und mit vielen blaubraunen Linien umzogen, unterhalb einer breitern, braunen Binde am Umfange bläulichweiss, mit bleichen, nur angedeuteten, schmalen Binden. Gewinde fast flach, in der Mitte kurz zugespitzt. Umgänge 5, gewölbt, sehr rasch an Breite zunehmend, an der Naht flach kanalartig eingedrückt, der letzte breit, ziemlich stielrund. Nabel weit, bis in die Spitze regelmässig verengt. Mündung schief, länglich gerundet, innen bis $1\frac{1}{2}'''$ vor dem Rande kastanienbraun mit weissen Binden in der untern Hälfte. Mundsaum einfach, scharf, die Ränder einander sehr nahe kommend, durch einen kurzen, mondförmig ausgeschnittenen Callus vereinigt, der rechte in der Nähe seiner Anfügung etwas eingebuchtet, der linke etwas verdickt, kurz umgeschlagen. Höhe 8'''. Durchmesser 17'''.

Deckel unbekannt.

Aufenthalt: auf Madagascar nach Grateloup.

Von Herrn F. Anton gefälligst geliehen.

7. Cyclostoma Jamaicense (Turbo), Chemn. Die jamaicanische Kreismundschnecke.

Taf. 2. Fig. 15—17.

C. testa umbilicata, depresso-turbinata, solida, striata, prope suturam ruditer plicato-rugosa, sub epidermide castanea carnea; spira brevi, turbinata, acutiuscula; anfr. 5 convexis, ultimo ventroso, circa umbilicum latum, perspectivum costa prominente munito; apertura ovato-rotundata, intus purpurascenti-aurantiaca, nitida; perist. recto, obtuso, marginibus angulo, saepe superstructo, duplicato junctis, columellari valde arcuato. — Operculum profunde immersum, testaceum, arctispirum, anfractibus prominenter marginatis.

Turbo Jamaicensis, Chemn. XI. p. 277. t. 209. f. 2057. 58.
Cyclostoma Jamaicense, Gray in Wood suppl. p. 36. t. 6. f. 3.
— — Sow. Thes. p. 96. t. 23. f. 12. 13.
— corrugatum, Menke cat. Malsb. p. 10.
Lister t. 55. f. 51.
Sloane nat. hist. of Jam. II. t. 240. f. 8. 9.

Gehäuse niedergedrückt-kreiselförmig, dickschalig, gestreift, an der Naht grob runzelfaltig, übrigens mit einigen undeutlich eingedrückten, spiralen Furchen bezeichnet, unter einer hoch braunrothen Oberhaut fleischfarbig (bisweilen bräunlich, mit schwärzlichen Binden: Sowerby). Gewinde wenig erhoben, mit spitzlichem Wirbel. Umgänge 5, gewölbt, der letzte breit, bauchig, gegen den weiten, durchgehenden Nabel durch eine stark erhobene, stumpfe und schmale Leiste abgegränzt. Mündung rundlich, nach oben einen ziemlich spitzen, und auch an der Stelle, wo die Nabelleiste den Rand berührt, einen undeutlichen Winkel bildend, innen glänzend, blutroth. Mundsaum zusammenhängend, einfach, gerade vorgestreckt, die Ränder in spitzem, oft verdoppeltem, überbautem Winkel vereinigt, der linke etwas verdickt, sehr stark gekrümmt. Höhe 9‴, Durchmesser 13‴.

Deckel tief eingesenkt, von Schalensubstanz, eng gewunden, mit vorragenden Rändern der Umgänge.

Aufenthalt: auf der Insel Jamaika.

8. Cyclostoma corrugatum, Sowerby. Die gefaltete Kreismundschnecke.

Taf. 2. Fig. 13. 14.

C. testa umbilicata, subturbinato-depressa, solida, undique malleato-corrugata, sub epidermide virenti-fulvida, decidua alba; spira brevi, rubicunda; anfr. 5 convexis, ultimo terete; umbilico majusculo, pervio; apertura subrotundata, superne subangulata, intus albida; perist. recto, obtuso, marginibus angulo saepe duplicato, superstructo junctis, dextro subrepando. — Operculum testaceum, arctispirum, anfractuum margine lamella elevata munito.

Cyclostoma corrugatum, Sow. in Proc. Zool. Soc. 1843. p. 30.
— — Sow. Thes. p. 95. t. 23. f. 10. 11.

Gehäuse niedergedrückt-kreiselförmig, dickschalig, an der Naht runzelfaltig, übrigens mit zickzackförmigen und schrägen eingedrückten Furchen ziemlich regelmässig durchzogen, oberhalb roth, übrigens weisslich, mit einer sehr abfälligen, braungrünen Epidermis bekleidet. Gewinde kurz, wenig erhoben, mit stumpflichem Wirbel. Umgänge 5, gewölbt, an Breite schnell zunehmend, der letzte ziemlich stielrund, da, wo er in den mittelmässigen, durchgehenden Nabel übergeht, mit einer Reihe von vorstehenden Knötchen besetzt. Mündung rundlich, nach oben etwas winklig, innen schmutzig weiss. Mundsaum zusammenhängend, gerade vorgestreckt, stumpf, die Ränder in einem überbauten Winkel vereinigt, der linke stark gekrümmt, verdickt. Höhe 7—9''', Durchmesser 12—13'''.

Deckel wie bei Cycl. Jamaicense.

Aufenthalt: auf der Insel Jamaika.

Von C. Jamaicense hauptsächlich durch die Skulptur und durch die mehr oder minder deutliche Knotenreihe um den engern Nabel verschieden, während bei jenem stets die zusammenhängende, erhobene Leiste vorhanden ist. — Das abgebildete Exemplar gehört zu der Sammlung des Herrn Ed. Anton.

9. Cyclostoma pileus, Sow. Die hutförmige Kreismundschnecke.

Taf. 2. Fig. 3. 4.

C. testa perforata, conica, tenui, albida, interdum fusco pallidissime nubeculata; spira pyramidata, acuta; anfr. 6 planulatis, ultimo acute carinato, basi convexiusculo; apertura perobliqua, ovali, ad carinam subangulata; perist. breviter expanso, intus albo-calloso, marginibus disjunctis, columellari subdilatato, umbilicum angustum semitegente.

Cyclostoma pileus, Sow. in Proc. Zool. Soc. 1843. p. 31.
— — Sow. Thesaur. p. 136. t. 29. f. 196. 197.

Gehäuse durchbohrt, kegelförmig, dünnschalig, durchscheinend, sehr fein schräg gestreift und mit gedrängten durch die Lupe bemerkbaren Spirallinien umzogen, bläulichweiss mit einigen kreideweissen Binden oder mit blassbräunlichen Nebelflecken. Gewinde kegelförmig, mit spitzem Wirbel. Umgänge 6, flach, durch eine wenig eingedrückte Naht getrennt, der letzte scharf gekielt, unterseits flach gewölbt. Mündung sehr schief zur Axe gestellt, abgestutzt-eiförmig, an der Stelle des Kieles etwas winklig. Mundsaum nicht zusammenhängend, die Ränder durch einen dünnen Callus verbunden, der rechte kurz ausgebreitet, ziemlich gerade, der untere ziemlich stark gekrümmt, zurückgeschlagen, nach oben etwas verbreitert, den engen Nabel zur Hälfte verbergend. Höhe und Durchmesser 7½—8'''.

Deckel dünn, hornfarbig, enggewunden.

Aufenthalt: in der Provinz Ilocos der Philippinischen Insel Luzon gesammelt von H. Cuming.

10. Cyclostoma goniostoma, Sow. Die winkelmündige Kreismundschnecke.

Taf. 2. Fig. 5—7. Taf. 16. Fig. 5.

C. testa perforata, conoidea, tenui, lineis concentricis nonnullis vix elevatis cincta, pellucida, pallide cornea, fusco varie strigata et tessellata; spira conoidea, acutiuscula; anfr. 6 vix convexiusculis, ultimo acute carinato, basi vix convexiore; apertura subtriangulari-ovali, intus submargaritacea; perist. tenui, breviter expanso, marginibus disjunctis, dextro subrecto, columellari breviter dilatato, umbilicum angustissimum non tegente, basali arcuato. — Operculum planum, membranaceum, pellucidum, corneum, anfr. 8 subaequalibus, extus margine subelevatis.

Cyclostoma goniostoma, Sow. in Proc. Zool. Soc. 1843. p. 64.
— — Reeve Conch. syst. II. t. 183. f. 3.
— — Sow. Thesaur. p. 137. t. 30. f. 233. 234.

Gehäuse durchbohrt, breit kegelförmig, dünnschalig, sehr fein schräg gestreift und mit einigen wenig erhobenen, kielartigen Linien umzogen, durchsichtig, hell hornfarbig, mit hellbräunlichen Striemen oder Würfelflecken geziert. Gewinde kegelförmig, zugespitzt. Umgänge 6, sehr wenig gewölbt, der letzte nach unten scharf gekielt, unterseits sehr flach gewölbt. Mündung unregelmässig 3eckig-eiförmig, innen schwach perlschimmernd. Mundsaum dünn, überall kurz ausgebreitet, die Ränder nicht verbunden, der rechte ziemlich gerade, doch nach vorn bogig geschweift, der untere bogig, der Spindelrand etwas verbreitert, abstehend, den sehr engen Nabel nicht deckend. Höhe 6—7''', Durchmesser 8—9'''.

Deckel sehr dünn, hautartig, durchsichtig, horngelblich, flach, mit 8 ziemlich gleichen Windungen, deren Ränder aussen etwas hervorstehen.

Aufenthalt: bei Cagayan in der Provinz Misamis der Insel Mindanao, gesammelt von H. Cuming.

Varietät: mit kastanienbraunen Längsflammen. (Taf. 16. Fig. 5.)

11. Cyclostoma perlucidum, Grat. Die durchsichtige Kreismundschnecke.

Taf. 2. Fig. 8—10. Taf. 16. Fig. 8.

C. testa perforata, globoso-conica, tenui, concentrice confertissime striata, carneo-albida, lineis virenti-fuscis eleganter circumdata; spira turbinata, acuta; anfr. 5 convexis, ultimo ventroso; apertura vix obliqua, subcirculari, intus fulvescente; perist.

albo, tenui, late expanso, marginibus disjunctis, columellari vix dilatato, umbilicum angustum semioccultante. — Operculum membranaceum, pallide corneum, anfr. 7, exterioribus subaequalibus.

Cyclostoma perlucida, Grat. Act. Bord. XI. p. 442. t. 3. f. 13.
— multilineata, Jay catal. 1839. p. 123. t. 7. f. 12. 13.?
— concinnum, Sow. Proc. Zool. Soc. 1843. p. 61.
— Delessert recueil t. 38. f. 14.
— — Sow. Thesaurus p. 134. t. 29. f. 223. 224.

Gehäuse durchbohrt, kuglig-kegelförmig, dünnschalig, konzentrisch sehr fein und dichtgestreift, weisslich oder schmutzig fleischfarbig, mit vielen schmalen, linienförmigen bräunlich-olivengrünen Binden, oder mit einer einzigen braunen Binde umzogen. Gewinde kreiselförmig, spitz. Umgänge 5, gewölbt, der letzte bauchig. Mündung wenig schief zur Axe, fast kreisrund, innen glänzend bräunlichgelb. Mundsaum weiss, in rechtem Winkel breit abstehend, die Ränder genähert, doch nicht verbunden, der Spindelrand nicht verbreitert, gerade abstehend, den engen, nicht durchgehenden Nabel nicht verbergend. Höhe 6—8‴, Durchmesser 7½—9‴.

Deckel hautartig, flach, sehr dünn, durchsichtig, honiggelb, mit 7 engen Windungen.

Aufenthalt: auf den Philippinischen Inseln Bohol, Mindanao und Camiguing, gesammelt von H. Cuming.

Varietät: grösser, mit breiteren, durchsichtigen Binden. (Taf. 16. Fig. 8.)

Wenn C. multilineata Jay wirklich dieselbe Art ist, dann muss dieser Name als der älteste vorangestellt werden.

12. Cyclostoma atricapillum, Sow. Die schwarzspitzige Kreismundschnecke.

Taf. 2. Fig. 11. 12. Taf. 16. Fig. 6. 7.

C. testa perforata, globoso-pyramidata, tenui, diaphana, albida, fusco varie strigata et ad suturam maculata; spira pyramidata, apice acuta, nigra; anfr. 6 convexis, carinis pluribus magis minusve obsoletis cinctis, ultimo infra carinam maximam convexiusculo, sublaevigato; apertura obliqua, lunari-circulari, intus nitide alba; perist. tenui, expanso, marginibus disjunctis, columellari subsinuato, superne vix dilatato, umbilicum angustissimum semioccultante.

Cyclostoma atricapillum, Sow. Proc. Zool. Soc. 1843. p. 64.
— — Sow. Thesaur. p. 137. t. 30. f. 230. 231.
— multilabris, Lam. 25. p. 148. ed. Desh. 24. p. 360?
— — Delessert recueil t. 29. f. 14?
— Quoy et Gaim. voy. de l'Astrolabe II. p. 183. t. 12. f. 20—22.

Gehäuse durchbohrt, kuglig-pyramidalisch, dünnschalig, durchscheinend, weisslich mit blassbräunlichen Striemen, oft mit einer zierlichen orangebräunlichen Fleckenbinde an der Naht. Gewinde kegelförmig, mit spitzem, schwarzem Wirbel. Umgänge 6, eckig gewölbt, oberseits mit 4—5 mehr oder weniger erhobenen, stumpfen Kielen, der letzte mit einem stärkern Kiele am Umfang, unterseits etwas mehr gewölbt, mit sehr feinen Spirallinien. Mündung schief zur Axe, gerundet, mit kurzem mondförmigem Ausschnitt, innen glänzend, weisslich. Mundsaum dünn, ausgebreitet, die Ränder nicht verbunden, der äussere bogig geschweift, der Spindelrand abstehend, den sehr engen Nabel halb verbergend, in der Mitte etwas winklig vorgezogen. Höhe 5½—7''', Durchmesser 6⅓—8'''.

Deckel hornartig, dünn. (Sow.)

Aufenthalt: bei Calapan auf der Philippinischen Insel Mindoro, gesammelt von Hugh Cuming.

Nach Lamarck's Beschreibung und Delessert's Abbildung zweifle ich nicht, dass C. multilabris Lam. nur eine monströse Form dieser Art ist. Doch giebt Lamarck Neuholland und Quoy den Hafen Dorey auf Neuguinea als Vaterland der letztern Art an.

13. Cyclostoma immaculatum; (Turbo) Chemn. Die ungefleckte Kreismundschnecke.

Taf. 3. Fig. 7. Taf. 4. Fig. 7. Taf. 7. Fig. 23. 24. Taf. 16. Fig. 9.

C. testa perforata, globoso-conica, tenui, diaphana, albida, concentrice confertissime lineata; spira conica, acuta; anfr. 5½ convexis, ultimo superne carinis nonnullis obsoletis, ad peripheriam carina 1 validiore munito, basi convexo; apertura vix obliqua, subcirculari; perist. tenui, undique late expanso; marginibus disjunctis, columellari medio dilatato, umbilicum angustissimum, non pervium non occultante. — Operculum tenue, corneum.

Turbo immaculatus, Chemn. Conch. IX. P. 2. p. 57. t. 123. f. 1063.
— marginellus, Gmel. 102. p. 3602.
— laevis, Wood suppl. t. 6. f. 35.
Cyclostoma laeve, Gray in Wood suppl. p. 36.
— — Sow. Proc. Zool. Soc. 1843. p. 63.
— — Sow. Thesaurus p. 133. t. 29. f. 220—222.
— immaculatum, Sow. Spec. Conch. II. f. 124.
— Zool. of Beech. voy. p. 146. t. 38. f. 29.
— maculata, Lea obs. II. p. 68. t. 23. f. 87?
— maculosa, Soul. Rev. zool. 1842. p. 101?

Gehäuse durchbohrt, kuglig-kegelförmig, dünnschalig, durchscheinend, weisslich, mit sehr feinen, dichtstehenden Spirallinien umzogen. Gewinde kegelförmig, mit spitzem Wirbel. Umgänge 5½, gewölbt, der letzte bauchig, oberseits gerundet oder mit mehreren undeutlichen Kielstreifen, am Umfange mit einem stärkern, fadenförmig vorragenden Kiele umgeben. Mündung wenig schief zur Axe gestellt, fast kreisförmig, wenig durch den vorletzten Umgang modifizirt. Mundsaum ziemlich breit abstehend, die Ränder nicht verbunden, der Spindelrand abstehend, den engen Nabel frei lassend, in der Mitte winklig vorgezogen. Höhe 7—8‴, Durchmesser 9—10‴.

Deckel dünn, hornartig. (Sow.)

Aufenthalt: auf den Philippinischen Inseln.

Diese Schnecke, welche schon von Chemnitz etwas roh abgebildet, aber deutlich beschrieben ist (ich fügte Taf. 3. Fig. 7 die Ansicht der Unterseite nach einem Exemplare hinzu, welches ich unter dem Namen C. azaolanum von Hrn. Cuming erhalten habe), variirt sehr sowohl in Hinsicht der mehr oder minder deutlichen Kiele, als auch der Färbung, indem sie auch mit einer braunen Binde oder mit braunen, welligen Flecken und Striemen, oder auch gelblich, mit braunen Punkten und Striemen vorkommt. (Taf. 7. Fig. 23. 24. Taf. 16. Fig. 9.) Eine solche Varietät scheint mir auch C. maculosa Soul. und C. maculata Lea zu seyn.

14. Cyclostoma flavum, Brod. Die gelbe Kreismundschnecke.

Taf. 3. Fig. 9. 10. Vergr. Fig. 11.

C. testa perforata, conico-globosa, crassa, spiraliter confertim sulcata, flava; spira conoidea, acutiuscula; anfr. $5\frac{1}{2}$ convexis, ultimo ventroso; umbilico punctiformi, non pervio; apertura ovali, superne subangulata; perist. recto, obtuso, marginibus callo anfractui penultimo adnato junctis, columellari complanato.

Cyclostoma flavum, Brod. in Proc. Zool. Soc. 1832. p. 59.
— — Müller synops. p. 38.
— — Sow. Thes. p. 109. t. 24. f. 60.

Gehäuse durchbohrt, kuglig-kegelförmig, dickschalig, mit dichten Spiralfurchen umzogen, einfarbig gelb. Gewinde breit kegelförmig, mit warzenähnlichem, glänzendem Wirbel. Umgänge $5\frac{1}{2}$, gewölbt, der letzte bauchig, unterseits mit einem punktförmig eindringenden, nicht durchgehenden Nabelloch. Mündung oval, nach oben winklig, innen glänzend, blassgelb. Mundsaum etwas verdickt, stumpf, die Ränder von einander entfernt, nur durch dünnen Callus verbunden, der Spindelrand etwas abgeplattet. Höhe $3\frac{1}{2}'''$, Durchmesser $4'''$.

Deckel hornartig. (Brod.)

Aufenthalt: auf der Insel Annaa, wo H. Cuming sie an der Wurzel von Palmen weit vom Meere entlegen sammelte.

Diese Schnecke hat ganz den Habitus, wie auch den abgeplatteten Spindelrand einer Littorina, ist aber genabelt. — Ob sie ein wahres Cyclostoma ist, scheint mir noch zweifelhaft.

15. Cyclostoma succineum, Sow. Die bernsteinfarbige Kreismundschnecke.

Taf. 3. Fig. 12. 13. Vergrössert Fig. 14.

C. testa umbilicata, conica, tenui, laevigata, pellucida, succinea; spira conica, acutiuscula; anfr. 6 convexiusculis, ultimo subtus excavato, juxta umbilicum angustissimum, pervium carina prominente munito; apertura ovali; perist. simplice, acuto, ad basin marginis columellaris appendice calloso, in carinam umbilicarem producto, instructo.

Cyclostoma succineum, Sow. in Proc. Zool. Soc. 1832. p. 32.
— — Müller synops. p. 37.
— Sow. Thesaur. p. 108. t. 23. f. 18. 19.
— australe, Mühlf. Anton Verz. p. 54.

Gehäuse genabelt, kegelförmig, dünnschalig, glatt, durchsichtig, bernsteinfarbig. Gewinde konisch, mit spitzlichem Wirbel. Umgänge 6, ziemlich gewölbt, der letztere unterseits ausgehöhlt, neben dem engen, aber durchgehenden Nabel mit einem vorragenden Kiele versehen. Mündung oval. Mundsaum einfach, scharf, an der Basis des Spindelrandes in einen schwieligen Ansatz, welcher sich in den Nabelkiel fortsetzt, verbreitert. Höhe 2''', Durchmesser 2 1/5'''.

Deckel unbekannt.

Aufenthalt: auf der Insel Opara in Polynesien, gesammelt von H. Cuming.

16. Cyclostoma haemastomum, Anton. Die blutmündige Kreismundschnecke.

Taf. 3. Fig. 3. 4.

C. testa umbilicata, conico-globosa, solida, cinerascenti-carnea; spira conica, acutiuscula, apice fulva; anfr. 5 1/2 convexis, spiraliter confertim sulcatis (sulcis 3—4 juxta suturam majoribus), ultimo ventroso, obsolete angulato, circa umbilicum mediocrem, pervium remotius et profundius sulcato; apertura rotundato-ovali, intus sanguinea; perist. simplice, recto, marginibus superne angulatim junctis, sinistro super umbilicum subdilatato-incrassato. — Operculum testaceum, extus concavum, 5spirum.

Cyclostoma haemastoma, Anton Verzeichn. p. 54. n. 1954.

Gehäuse genabelt, kuglig-kegelförmig, dickschalig, überall mit dichtstehenden Spiralfurchen umzogen, von welchen die 3—4 der Naht nächststehenden und die der Basis am Rande des Nabels viel stärker sind, graulich-fleischfarben. Gewinde kegelförmig, mit spitzlichem, horngelbem Wirbel. Umgänge 5½, gewölbt, der letzte bauchig, undeutlich am Umfange winklig. Nabel ziemlich eng, tief, durchgehend. Mündung rundlich-eiförmig, innen blutroth bis kurz vor den Saum. Mundsaum einfach, gerade vorgestreckt, scharf, wenig am vorletzten Umgange anliegend, die Ränder oben winklig verbunden, der linke über dem Nabel etwas verdickt und winklig verbreitert. Höhe 6—7''', Durchmesser 7—8½'''.

Deckel: tief eingesenkt, von Schalensubstanz, weisslich, aussen konkav, mit ungefähr 5 mässig zunehmenden Windungen.

Varietät: mit einer schmalen, kastanienbraunen Binde unter der Mitte des letzten Umganges; Mündung innen gelblich-kastanienbraun. (In der Menke'schen Sammlung.)

Aufenthalt: auf Isle de France. (Menke.)

Von Herrn Anton gütigst mitgetheilt.

17. Cyclostoma tricarinatum, (Helix) Müller. Die dreikielige Kreismundschnecke.

Taf. 3. Fig. 8. Taf. 4. Fig. 16. 17.

C. testa umbilicata, globoso-conica, costis spiralibus confertiusculis undique asperata, pallide fulva; spira conoidea, plerumque decollata; anfr. 4—6 convexis, carinis 2—3 validis cinctis, ultimo basi convexo, circa umbilicum infundibuliformem, intus spiraliter valde sulcatum carina acuta munito; apertura subcirculari, superne subangulata; perist. undique expanso, subincrassato, marginibus junctis, ad carinas angulosis.

Helix tricarinata, Müll. hist. verm. II. p. 84. n. 282.
— — Chemn. IX. P. 2. p. 85. t. 126. f. 1103. 1104.
— — Gmel. p. 3621. n. 34.
— — Wood ind. t. 32. f. 125.
Turbo carinatus, Born Test. p. 353. t. 13. f. 3. 4.
Cyclostoma tricarinata, Lam. 6. p. 144. ed. Desh. p. 355.
— tricarinatum, Sow. Thes. p. 120. t. 26. f. 122.
Lister t. 28. f. 26.

Gehäuse kreiselförmig, überall mit ziemlich dichtstehenden spiralen, schärflichen Rippen umgeben, blass gelbbräunlich, undurchsichtig, wenig glänzend. Gewinde breit kegelförmig, gemeiniglich etwas abgebrochen, aber geschlossen. Umgänge 4 — 6, gewölbt, mit 2 — 3 starken, scharfen Kielen umgeben, der letzte unterseits gewölbt, am Nabelrande mit einem scharfen Kiele und einer daneben liegenden breitern Furche versehen. Nabel trichterförmig, unten sehr eng, spiralisch gefurcht. Mündung fast kreisrund, oben kaum winklig, innen gelblich oder röthlich. Mundsaum zusammenhängend, überall ausgebreitet, etwas verdickt und zurückgeschlagen, an der Stelle der Kiele etwas winklig. Höhe 12 — 13''', Durchmesser 14 — 16'''.

Deckel: unbekannt.

Aufenthalt: Indien (Sow.), Madagascar (Deshayes).

Der wiedergegebenen Abbildung von Chemnitz (Taf. 4. Fig. 16. 17) habe ich auf Taf. 3. Fig. 8 die Ansicht der Unterseite nach einem zur Sammlung des Herrn E. Anton gehörigen Exemplare beigefügt.

18. Cyclostoma oculus capri, (Helix) Wood. Das Ziegenauge.

Taf. 3. Fig. 5. 6.

C. testa umbilicata, depresso-turbinata, solida, spiraliter confertim striata et carinis 4—5 obtusis angulata, superne fulvido- et castaneo-marmorata, infra peripheriam zona lata nigricante, albo-articulata ornata, basi pallida; spira brevi, apice obtusiuscula; anfr. 5—6 convexis, prope suturam planulatis; umbilico lato, perspectivo; apertura subobliqua, fere circulari, intus submargaritacea; perist. incrassato, reflexo, pallide aurantiaco, margine anfractum penultimum tangente subemarginato.

Helix oculus capri, Wood index t. 32. f. 7.
Cyclostoma oculus capri, Gray in Mus. Britt.
— — — Reeve Conch. syst. t. 184. f. 11.
— — — Sow. Thesaur. p. 115. t. 25. f. 96.
— Rafflesii, Brod. et Sow. in Zool. Journ. V. p. 50.
— Indica, Desh. in Bélang. Voy. p. 415. t. 1. f. 4. 5.
— — Lam. ed. Desh. 28. p. 363.
— Indicum, Müll. synops. p. 38.
— — Philippi Abbild. I. 5. p. 103. t. 1. f. 2.!

Gehäuse niedergedrückt-kreiselförmig, dickschalig, überall mit dichtstehenden, feinen Spirallinien und 4—5 vorragenden, stumpfen Kielen umzogen, oberseits bräunlichgelb, kastanienbraun marmorirt, unter der Mitte des letzten Umganges mit einer schwarzbraunen, weisslichgegliederten Binde umgeben, unterseits weisslich. Gewinde sehr kurz, mit stumpflichem Wirbel. Umgänge 5—6, gewölbt, neben der Naht abgeplattet. Nabel weit, durchgehend, mit einigen stärkern Spiralfurchen umgeben. Mündung wenig schief zur Axe, ziemlich kreisrund, innen bläulich schimmernd. Mundsaum verdickt, etwas zurückgeschlagen, blass orangefarbig, an der den vorletzten Umgang berührenden Stelle etwas ausgerandet. Höhe 12—15''', Durchmesser 22—26'''.

Deckel: unbekannt.

Aufenthalt: auf Java und Sumatra; auch nach Deshayes auf der Insel Elephanta bei Bombay. — Das abgebildete Exemplar meiner Sammlung hat Herr Oberst Winter von Java mitgebracht.

19. Cyclostoma volvulus, (Helix) Müller. Die Wirbel-Kreismundschnecke.

Taf. 3. Fig. 1. 2.

C. testa umbilicata, conico-globosa, solida, laevigata, fulvescente, castaneo-variegata; spira conoidea, obtusa; anfr. 5 rotundatis, ultimo obsolete angulato; umbilico infundibuliformi, pervio; apertura subcirculari; perist. albido, duplicato, interno incrassato, longe porrecto, externo reflexo.

Helix volvulus, Müll. hist. verm. II. p. 82. n. 280.
— — Born Test. p. 379. t. 14. f. 23. 24.
Cyclostoma volvulus, Sow. Thesaur. p. 121. t. 26. f. 126. Nec Lam.
— — var. Grat. in Act. Bord. XI. p. 435. t. 3. f. 1.
— laevigatum, Voigt in Uebers. v. Cuvier III. p. 178.
Cyclophorus volvulus, Montf. II. p. 291. t. 73?
Cyclophora volvula, Swains. Malacology p. 336?
Lituus Martyn figures of non described shells t. 27.
Lister t. 50. f. 48.

Gehäuse kuglig-kegelförmig, dickschalig, ganz glatt, im frischen Zustande bräunlichgelb, kastanienbraun marmorirt und mit einer dunkeln Binde am Umfange. Gewinde kegelförmig erhoben, mit stumpfem Wirbel. Umgänge 5, gewölbt, stark von einander abgesetzt, der letzte am Umfange undeutlich winklig, so wie auch am Rande des ziemlich eng trichterförmigen, kaum durchgehenden Nabels. Mündung fast scheitelrecht, ziemlich kreisrund, innen weisslich. Mundsaum doppelt, der innere stark verdickt, ziemlich lang vorgestreckt, der äussere unregelmässig abstehend. Höhe 14—16‴, Durchmesser 18—21‴.

Deckel hornartig, enggewunden (nach Sowerby's Abbildung).

Aufenthalt: auf Pulo Condore nach Martyn und Sowerby.

Das abgebildete, sehr grosse, aber entfärbte Exemplar ist aus der Sammlung des Herrn E. Anton*). — Die Abbildung von Montfort passt ziemlich; dem Texte nach soll aber sein Cyclophorus volvulus aus dem Nile seyn.

20. Cyclostoma involvulus, (Helix) Müller. Die platte Kreismundschnecke.

Taf. 4. Fig. 3. 4. Taf. 8. Fig. 10—12.

C. testa umbilicata, turbinato-depressa, solida, superne costis spiralibus, obtuse

*) Fig. 1 ist nach Sowerby's Abbildung kolorirt worden.

elevatis, subconfertis munita, pallido fulvida, castaneo-marmorata; spira brevi, subacuminata; anfr. 5 convexis, ultimo lato, medio fascia pallida, infra peripheriam fascia lata, nigricante, albido-conspersa ornato, basi convexa albido; umbilico mediocri, pervio; apertura subcirculari, superne obsolete angulata, intus aurantiaca; perist. subduplicato, interno continuo, recto, subincrassato, igneo, externo reflexo, pallidiore.

Helix involvulus, Müll. hist. verm. II. p. 84. n. 281.
— volvulus, Wood ind. t. 32. f. 7.
Turbo volvulus, Chemn. IX. P. 2. p. 57. t. 123. f. 1066.
Cyclostoma volvulus, Lam. 2. p. 143. ed. Desh. p. 353.
— — Desh. in Enc. méth. II. p. 39. n. 2.
— involvulus, Gray in Mus. Britt.
— Benson in Zool. Journ. V. p. 462.
— — Sow. Thesaur. p. 119. t. 26. f. 114—116.
Cyclophora involvula, Swains. Malacology p. 336.
Seba Thes. III. t. 40. f. 18. 19.
Lister t. 75. f. 75.!

Gehäuse niedergedrückt-kreiselförmig, dickschalig, oberseits mit ziemlich gedrängt-stehenden, stumpfen, wenig erhabenen Spiralleisten umzogen, braungelblich, kastanienbraun gefleckt und marmorirt. Gewinde kurz, ziemlich zugespitzt. Umgänge 5, gewölbt, der letzte breit, am Umfange mit einer schmalen weisslichen und dicht unter dieser mit einer breiten, weiss betropften schwärzlichen Binde geziert, unterseits ziemlich gewölbt, weisslich. Nabel von mittlerer Weite, kegelförmig, durchgehend. Mündung fast kreisrund, oben undeutlich winklig, innen orangefarbig. Mundsaum in der Regel doppelt (seltner, wie z. B. auf unsrer Abbildung und in Sow. Thes. t. 26. f. 116 einfach), der innere zusammenhängend, kurz und gerade vorgestreckt, feuerroth, der äussere etwas verdickt, kurz abstehend, etwas blasser gefärbt. Höhe 10''', Durchmesser 17'''.

Thier: Fuss mit einer länglich-eiförmigen, nach hinten etwas zugespitzten Scheibe; Spitzen der Fühler durchscheinend, nicht aufgetrieben. Saum des Mantels glatt, nicht gekerbt. (Benson.)

Deckel: hornartig, enggewunden.

Aufenthalt: in Ostindien häufig: Sicrigully, Bahar, Patharghata an Felsen. (Benson.)

Varietät? Taf. 8. Fig. 10—12. — Ein Exemplar in der Sammlung des Hrn. Dr. Dunker unterscheidet sich von der Hauptform durch deutlichere Spiralleisten auf der Oberseite, zwischen welchen sehr gedrängte, feine Spirallinien sich befinden. Die Zeichnung gleicht ganz der in Sow. Thes. t. 27, f. 142 abgebildeten Varietät von C. canaliferum, die Schale ist nämlich oberseits fast einfarbig bräunlichgelb, nur mit einer Binde von kastanienbraunen Flecken dicht an der Naht, von der Mitte an nach unten viel dunkler, nur um den Nabel allmälig wieder bleicher werdend. Mündung bleichröthlich. Höhe 8''', Durchmesser 14'''. — Vielleicht dürfte diese Form als eigne Art unterschieden werden.

21. Cyclostoma pernobile Gould. Die edle Kreismundschnecke.

Taf. 3. Fig. 15.

C. testa depresso-conica, apice acuta, late umbilicata; anfr. 6 subdepressis, striis incrementi inconspicuis et striis volventibus rugulosis, ultimo carina costali albida cincto; apertura magna, intus coerulescente, labro crasso, expanso, vivide sanguineo: superne coloribus piceis et lutescentibus varie nubeculata; infra albida, lineis piceis volventibus interrupta. (Gould.)

Cyclostoma pernobilis, Gould in Boston Journ. 1844. p. 458. t. 24. f. 11.

Gehäuse: niedergedrückt-kegelförmig mit spitzem Wirbel. Umgänge 6, schnell zunehmend und in ein pyramidales Gewinde aufsteigend, neben der Naht niedergedrückt. In der Jugend sind die Windungen scharf gekielt, aber bei vollendetem Wachsthume ist der letzte Umgang gerundet und mit einer stumpfen, weisslichen Leiste umgeben. Die Oberfläche ist etwas runzelig durch ziemlich deutliche Anwachsstreifen und gröbere Spirallinien. Die vorherrschende Farbe oberseits ist dunkelbraun, mit gelblichen Flecken von verschiedener Grösse und Gestalt, welche auf den letzten Umgängen in strahliche Zickzackreihen geordnet sind. Ein breiter Raum rings um den breiten und tiefen Nabel ist hell strohgelb. Mündung weit, etwas breiter als hoch, innen bläulich. Mundsaum mässig umgeschlagen, gerundet, schön karmin- oder glänzend kirschroth, die Ränder nicht zusammenhängend, aber am vorletzten Umgange durch rothen Callus verbunden. Höhe 1″, Durchmesser 2″. (Gould.)

Deckel unbekannt.

Aufenthalt: in der Provinz Tavoy in Brittisch Burmah.

Ich gebe eine treue Kopie der Gouldschen Abbildung, weil ich darin den Typus der folgenden, bisher noch nicht mit Bestimmtheit erkannten Art zu finden glaube. Ich bemerke noch, dass die von Gould gegebene obere Ansicht sehr genau mit der Fig. 1064 von Chemnitz übereinstimmt.

22. Cyclostoma aurantiacum, (Annularia) Schum. Die orangefarbige Kreismundschnecke.

Taf. 4. Fig. 8. 9. Taf. 23. Fig. 4. 5.

Turbo volvulus var., Chemn. IX. P. 2. p. 58. t. 123. f. 1064. 65.
Helix volvulus γ, Müll. hist. verm. II. p. 83.
Annullaria aurantiaca, Schumacher essai d'un nouv. système etc. p. 196.

Chemnitz hat diese ausgezeichnete Art mit C. volvulus Müll. zusammengeworfen und erwähnt in der Beschreibung nur, dass insonderheit bei grössern (also bei der abgebildeten Art) mitten auf der ersten Windung eine scharfe Kante stehe. — Schumacher bezeichnet die Fig. 1064. 65 zuerst mit dem Namen Annularia aurantiaca (den Namen Cyclostoma braucht er für Turbo clathrus L.), welcher Name der Art bleiben muss. (Vgl. später die Beschreibung von Taf. 23. Fig. 4. 5. nach Nr. 180.)

23. Cyclostoma obsoletum, Lamarck. Die mattgestreifte Kreismundschnecke.

Taf. 4. Fig. 14. 15. (?) Taf. 5. Fig. 8. 9.

C. testa umbilicata, turbinata, solidula, superne concentrice obsolete striata, nitidula, cinerea, fasciis coeruleo-fuscis variis ornata; spira conica, acutiuscula; anfr. 6 convexis, ultimo circa umbilicum infundibuliformem spiraliter profunde sulcato; apertura ovali, intus livido-castanea; perist. simplice, albo, late expanso, callo margines jungente emarginatione semilunari subinterrupto.

Cyclostoma obsoleta, Lam. 7. p. 144. ed. Desh. p. 355.
— — Delessert recueil. t. 29. f. 11.
— obsoletum, Reeve Conch. syst. t. 183. f. 4.
— Sôw. Thesaur. p. 121. t. 26. f. 124. 125.
— Madagascariense, Griff. Cuvier t. 28. f. 4.
Cyclophora Madagascariensis, Swains. Malacology p. 336.
Turbo ligatus, Chemn. IX. P. 2. p. 60. t. 123. f. 1073. 74?

Gehäuse kreiselförmig, ziemlich festschalig, oberhalb längsgestreift und mit dichtstehenden, undeutlich eingedrückten Spirallinien umzogen, matt glänzend, graulich mit gelben Wolken und braunblauen Binden. Gewinde breit kegelförmig, mit spitzlichem Wirbel. Umgänge 6, gewölbt, stark absetzend, der letzte unterseits mit gedrängten Spiralfurchen in den trichterförmigen, tiefen Nabel hinabsteigend. Mündung wenig schief zur Axe, rundlich-eiförmig, innen dunkel-kastanienbraun mit bläulichem Schimmer. Mundsaum breit umgeschlagen, weiss, die Ränder genähert und durch einen mondförmig ausgerandeten Callus verbunden. Höhe 11‴, Durchmesser 15‴.

Deckel: unbekannt.

Aufenthalt: auf Madagascar.

Varietät: dickschalig, fast trochusförmig, mit glatter Epidermis; Gewinde kurz, spitz; Windungen konvex, die letzte oberseits mit Punkten und Flecken, unterseits mit Binden verziert. Mundsaum sehr verdickt, weiss, zurückgeschlagen. Höhe 20, Durchmesser 30 Millim.

Cyclostoma obsoleta var., Grat. in Act. Bord. XI. p. 443. t. 3. f. 17.

Ob diese Schnecke wirklich als Varietät hierher gehört, wage ich nicht zu bestimmen. Die auf Taf. 5. Fig. 8. 9 dargestellte Schnecke ist unzweifelhaft C. obsoleta Lam. Die Fig. 1073 u. 74 von Chemnitz (auf Taf. 4. Fig. 14. 15 wiedergegeben) werden von Chemnitz selbst und von Lamarck mit C. ligatum zusammengeworfen, scheinen aber hierher zu gehören, da Chemnitz ausdrücklich sagt: die zirkelrunde Mundöffnung wird von einem Saume umgeben.

24. Cyclostoma ligatum, (Nerita) Müller. Die gebindete Kreismundschnecke.

Taf. 4. f. 12. 13. Taf. 8. Fig. 3. 4.

C. testa umbilicata, turbinata, solidiuscula, striis longitudinalibus et concentricis obsolete reticulata, nitidula, fulvescenti-carnea, fasciis angustis coerulescenti-fuscis varie cingulata; spira conica, apice obtusiuscula, cinerea; anfr. 5 convexis, ultimo circa umbilicum angustum, vix pervium distinctius sulcato; apertura subcirculari, intus aurantiaca, fasciis pellucentibus; perist. continuo, recto, superne subangulato, margine subincrassato.

Nerita ligata, Müll. hist. verm. II. p. 181. n. 368.
Turbo ligatus, Chemn. IX. P. 2. p. 60. t. 123. f. 1071. 72.
Cyclostoma ligata, Lam. 21. p. 147. ed. Desh. 20. p. 359.
— ligatum, Sow. Thesaur. p. 98. t. 23. f. 24.
— — Potiez et Mich. gal. de Douai p. 234. t. 23. f. 23. 24.?
— — Pfr. in Malak. Zeitschr. 1846. Febr. p. 31.
Cyclophora ligata, Swains. Malacology p. 336.

Gehäuse kreiselförmig, ziemlich festschalig, durch Längs- und Querlinien sehr undeutlich gegittert, matt glänzend, gelblich fleischfarbig, mit schmalen, hell chokoladefarbigen Binden von verschiedener Anzahl umwunden. Gewinde kegelförmig, mit stumpflichem, aschgrauem Wirbel. Umgänge 5, gewölbt, der letzte stielrund, um den sehr engen, kaum durchgehenden Nabel deutlicher konzentrisch gefurcht. Mündung fast kreisförmig, oben etwas winklig, innen bräunlich-orangefarbig, mit durchschimmernden Binden. Mundsaum zusammenhängend, gerade vorgestreckt, oben winklig, der Spindelrand sehr kurz am vorletzten Umgange anliegend, nach unten etwas verdickt. Höhe 9''', Durchmesser 10½'''.

Deckel: unbekannt.

Aufenthalt: Südafrika und Madagascar.

Die Beschreibung ist von Exemplaren entnommen, welche mit Müller's Diagnose möglichst genau übereinstimmen, und deren eins auf Taf. 8. Fig. 3. 4 abgebildet ist. — Die Abbildung und Beschreibung von Chemnitz sind ungenügend; doch scheint die angeführte und Taf. 4. Fig. 12. 13 wiedergegebene Figur hierher zu gehören. — Es scheint mir, dass C. affine Sow. Thes. p. 98. t. 23. f. 25. 26 durch Uebergänge mit ligatum verbunden ist. — Alle Zitate für diese Art bleiben vorläufig zweifelhaft, da dieselbe selbst noch nicht ins Klare gebracht ist.

25. Cyclostoma labeo, (Nerita) Müller. Die grosslippige Kreismundschnecke.

Taf. 4. Fig. 1. 2. Taf. 9. Fig. 20.

C. testa umbilicata, oblongo-turrita, obtusa, lineis elevatis longitudinalibus et spiralibus minute decussata, tenuiuscula, cinerascenti-rubente, punctis fulvis seriatim conspersa; anfr. 5—6 convexis, ultimo basi distinctius spiraliter striato; umbilico angusto, magis minusve pervio; apertura verticali, oblongato-rotunda, intus fusca; perist. late expanso, continuo, margine columellari anfractum penultimum tangente.

Nerita labeo, Müll. hist verm. II. p. 180. n. 367.
Turbo Lincina, Born test. p. 355. t. 13. f. 5. 6.
— magna, Chemn. IX. P. 2. p. 56. t. 123. f. 1061. 62.
— labeo, Gmel. p. 3605. n. 73.
— — Dillw. catal. t. 2. p. 865. n. 118.
— dubius, Gmel. p. 3606. n. 75.
Cyclostoma labeo, Lam. 9. p. 145. ed. Desh. p. 356.
— — Encycl. méth. t. 461. f. 4.

Cyclostoma labeo, Desh. in Enc. méth. II. p. 40. n. 5.
— — Wood ind. t. 32. f. 120.
— — Sow. Thesaur. p. 146. t. 28. f. 165.
Brown Jamaic. p. 401. t. 40. f. 5—7.
Lister t. 25. f. 23.
Klein meth. ostrac. §. 161. Sp. 1. p. 55.
Davila catal. rais. n. 997. p. 445.

Gehäuse genabelt, länglich-thurmförmig, abgestumpft, ziemlich festschalig, mit erhobenen Linien sehr fein gegittert, blaugrau, ins Röthliche spielend, mit unregelmässig reihenweise gestellten röthlichen Punkten besprengt. Umgänge 5—6, gewölbt, durch eine ziemlich tiefe, weissliche, sehr fein gekerbte Naht getrennt, der letzte nach vorn unmerklich abgelöst, um den engen, mehr oder minder tief eindringenden Nabel deutlicher spiralisch gestreift. Mündung etwas länglich-kreisrund, innen gleichgefärbt. Mundsaum zusammenhängend, oben winklig, ringsum flach ausgebreitet, rothbraun, nach aussen heller. Länge 19‴, Durchmesser 10‴.

Deckel: unbekannt.

Aufenthalt: auf der Insel Jamaica.

Mein Exemplar, von welchem Taf. 9. Fig. 20 die Basalansicht dargestellt ist, scheint zu beweisen, dass C. evolutum Reeve t. 185. f. 18 (C. subasperum Sow. Thes. t. 28. f. 159) schwerlich als Art konstant zu trennen ist, indem jenes fast in der Mitte zwischen beiden Formen steht.

26. Cyclostoma helicinum, (Turbo) Chemnitz. Die helixähnliche Kreismundschnecke.

Taf. 4. Fig. 5. 6.

C. testa umbilicata, variegata ex fusco, anfractibus rotundatis, ore rotundo, basi alba. Forma Helicis, sed apertura Turbinis.

Turbo helicinus, Chemn. IX. P. 2. p. 59. t. 123. f. 1067. 68.
— helicoides, Gmel. 103.

Cyclostoma papua, Quoy et Gaim. Astrol. II. p. 185. t. 12. f. 23 – 26.?
— — Lam. ed. Desh. 35. p. 369.?
— Pfr. krit. Regist. zu Chemnitz p. 85.
— spiraculum. var., Sow. Thesaur. t. 31. f. 273.?
Seba Thesaurus III. t. 40. f. 15 ?

„Diese Conchylie gleichet völlig einer Schnirkelschnecke. Ihre gerundete und gewölbte Basis ist weiss. Die Oberfläche der Schale wird durch bräunliche Zikzakflecken ganz bunt gemacht. Der weisse offene Nabel ist tief, weit und trichterförmig. Die runde Mundöffnung wird von einem kleinen Saum eingefasst.“

Diese Schnecke ist mir noch nicht ganz klar geworden. Nach der Abbildung zu urtheilen muss sie mit C. papua Quoy sehr nahe verwandt, wo nicht identisch seyn, so wie auch die oben angeführte Figur in Sow. Thes. ihr sehr ähnlich seyn mag. Aber ich möchte aus Chemnitz's Worten schliessen, dass er nicht eine zu der Gruppe der planorbisförmigen gehörige Schnecke vor sich gehabt habe, und da die Profilansicht fehlt, so muss ich mich auf die Originalbeschreibung beschränken. (Vgl. später die Beschreibung von Taf. 22. Fig. 4. 5.)

27. Cyclostoma foliaceum, (Turbo) Chemnitz. Die blättrige Kreismundschnecke.

Taf. 4. Fig. 10. 11.

C. testa trochiformi, alba et rosea, umbilicata, rugis foliaceis corrugata et obsita, ore rotundo.

Turbo foliaceus, Chemn. IX. P. 2. p. 59. t. 123. f. 1059. 1070.
— — Gmel. 104.

„Der Bau dieser äusserst seltnen, vortrefflichen Schnecke ist kreiselförmig und bestehet aus 6 Stockwerken. Der Schalengrund ist so weiss, wie der weisseste Alabaster, er wird aber durch die angenehmste rosenrothe Farbenmischung ungemein verschönert und veredelt. Auf dem ersten grössten Umlaufe siehet man lauter stark erhobene, krause, blättericht, länglicht und flammicht herablaufende Runzeln. Die Mündöffnung ist zirkelrund, und wird von einem kleinen weissen Saume eingefasset und umgeben. Die Grundfläche hat in ihrer Mitte einen weiten und tiefen Nabel. (In der Spenglerschen Sammlung.)"

Ueber diese merkwürdige Schnecke kann ich nur die Vermuthung aufstellen, dass sie ein noch unvollendetes Exemplar der folgenden Art seyn kann, bei welchem der Nabelumschlag des Spindelrandes sich noch gar nicht gebildet hat, dagegen die Längsfalten des letzten Umganges ungewöhnlich stark entwickelt sind.

28. Cyclostoma naticoides, Récluz. Die naticaähnliche Kreismundschnecke.

Taf. 5. Fig. 1—4.

C. testa umbilicata, conoideo-globosa, crassa, roseo-albida; spira conoidea, obtusiuscula; anfr. 5½ convexis, superioribus subtiliter decussatis, ultimo longitudinaliter confertim rugato, plicis obsoletis spiralibus clathrato; apertura ovali, intus vitellina; perist. incrassato, subreflexo, marginibus callo crasso albido angulatim junctis, columellari in laminam crassiusculam, fornicatam, in adultis umbilicum fere omnino claudentem dilatato. — Operculum crassum, testaceum, superne angulatum, anfr. 4 rapide accrescentibus.

Cyclostoma naticoides, Récluz in Revue zool. 1843. p. 3.
— — Guérin mag. 1843. t. 73.
— Naticoide, Sow. Thesaur. p. 117. t. 26. f. 108. 109.

Gehäuse genabelt, konoidal-kuglig, dickschalig und fest, etwas glänzend, weisslich ins Rosenrothe spielend. Gewinde kurz kegelförmig, mit stumpflichem Wirbel. Umgänge 5½, gewölbt, rasch zunehmend, die oberen deutlich und fein gegittert, der letzte bauchig, mit nahe stehenden erhobenen Längsfalten und unregelmässigen, theils spiralisch, theils schief laufenden Querfalten besetzt. Mündung oval, innen dottergelb. Mundsaum verdickt, etwas zurückgeschlagen, die Ränder oben im Winkel durch einen dicken, wulstartigen Callus vereinigt, von welchem eine breite, dicke, gewölbte, zurückgeschlagene Platte ausgeht, welche den Nabel fast völlig verschliesst. (Bei jüngeren Exemplaren sind die Ränder des Mundsaumes nicht verbunden, doch schlägt sich schon eine dünne Platte über den Nabel zurück und bedeckt denselben zur Hälfte.) Höhe 17 — 18‴, Durchmesser 20 — 22‴.

Deckel: tief eingesenkt, von Schalensubstanz, weiss, nach aussen ein wenig convex, nach oben winklig zugespitzt, mit 4 sehr rasch zunehmenden Windungen.

Aufenthalt: im Innern der Insel Socotora.

Vgl. die Bemerkung zur vorigen Art. — Das abgebildete, schöne Exemplar gehört zur Sammlung des Hrn. Dr. Philippi.

29. Cyclostoma clathratulum, Récluz. Die feingegitterte Kreismundschnecke.

Taf. 5. Fig. 5—7

C. testa umbilicata, conoideo-globosa, crassiuscula, superne lineis confertis, elevatis longitudinalibus et spiralibus regulariter clathratula, fuscescenti-carnea, saepe lineis fuscis, angustis superno cingulata; spira conoidea, obtusiuscula; anfr. 5 convexis, supremis basi nigro-marginatis, ultimo infra medium laevigato; umbilico angusto, pervio; apertura oblique ovali, superne angulata, intus vitellina; perist. recto, subincrassato, marginibus subcontiguis, callo continuo angulatim junctis, columellari vix reflexiusculo. — Operculum testaceum, paucispirum.

Cyclostoma clathratula, Récluz in Revue Zool. 1843. p. 3.
— — Guérin mag. 1843. t. 74.
— clathratulum, Sow. Thesaur. p. 97. t. 23. f. 15. 16.

Gehäuse genabelt, konoidal-kuglig, ziemlich dickschalig, oberseits mit gedrängt stehenden, erhobenen Längs- und Spirallinien deutlich und fein gegittert, bräunlich-fleischfarben, einfarbig oder oberseits mit vielen schmalen, chocoladebraunen Binden umgehen. Gewinde kurz kegelförmig, mit stumpflichem, glänzendem, hornfarbigem Wirbel. Umgänge 5, ziemlich gewölbt, die oberen über der Naht schwarz gesäumt, der letzte bauchig, unterseits von der Mitte an glatt. Nabel eng, tief, durchgehend. Mündung schief eiförmig, innen dottergelb, nach oben etwas winklig. Mundsaum fast zusammenhängend, den vorletzten Umgang nur kurz berührend, die Ränder nahe zu einander neigend, durch Callus verbunden, der rechte gerade vorgestreckt, etwas verdickt, der Spindelrand sehr kurz zurückgeschlagen. Höhe 9‴ Durchmesser 11‴.

Deckel: tief eingesenkt, von Schalensubstanz, mit wenigen Umgängen, wie bei C. naticoides.

Aufenthalt: auf der Insel Socotora (Récluz), in Yemen in Arabien (Sowerby).

30. Cyclostoma fulvescens, Sowerby. Die löwenfarbige Kreismundschnecke.

Taf. 5. Fig. 10. 11.

C. testa umbilicata, globoso-conica, tenuiuscula, lineis elevatis, spiralibus, confertis undique aequaliter sculpta, fusco-fulvescente; spira conica, apice acutiuscula; anfr. 5½ convexis, ultimo medio subangulato; umbilico angusto, pervio; apertura ovali, intus castanea; perist. simplice, pallido, breviter expanso, marginibus fere contiguis.

Cyclostoma fulvescens, Sow. in Proc. Zool. Soc. 1843. p. 63.
— — Sow. Thesaur. p. 99. t. 25. f. 79. 80.

Gehäuse genabelt, kegelförmig-gedrückt-kuglig, ziemlich dünnschalig, überall mit dichtstehenden, hin und wieder etwas wellenförmigen erhobenen Spirallinien umzogen, schmutziggelb- und rothbraun schattirt. Gewinde kegelförmig erhoben, mit spitzlichem Wirbel. Umgänge 5½, gewölbt, stark absetzend, der letzte in der Mitte kaum bemerkbar winklig. Nabel ziemlich eng, tief, durchgehend. Mündung oval-rundlich, innen kastanienbraun. Mundsaum einfach, kurz zurückgebogen, blassgelblich, die Ränder einander sehr genähert, aber nicht verbunden. Höhe 8‴, Durchmesser 11‴.

Deckel: unbekannt.

Aufenthalt: auf der Insel Madagascar.

31. Cyclostoma punctatum, Grat. Die punktirte Kreismundschnecke.

Taf. 5. Fig. 12. 13.

C. testa umbilicata, depresso-turbinata, tenuiuscula, sublaevigata, pallide lutescenti-cornea, punctis et maculis sagittiformibus seriatis, castaneis ornata; spira brevi, apice acutiuscula, nigricante; anfr 5 convexis, superioribus saepe undulato-strigatis, ultimo ad peripheriam subangulato et fascia saturate castanea, utrinque denticulata ornato; umbilico angusto, pervio; apertura circulari, intus albida; perist. undique breviter expanso-reflexo, marginibus callo junctis.

Cyclostoma punctata, Grat. in Act. Bord. XI. p. 440. t. 3. f. 10.
— irroratum, Sow. in Proc. Zool. Soc. 1843. p. 61.
— — Sow. Thesaur. p. 123. t. 127. f. 134. 135.

Gehäuse genabelt, niedergedrückt-kreiselförmig, ziemlich dünnschalig, fast glatt, nur mit feinen, schrägen, dichtstehenden Anwachsstreifen, blass gelblich-hornfarben, mit reihenweise gestellten kastanienbraunen Punkten oder pfeilförmigen Flecken. Gewinde breit kegelförmig, mit spitzlichem Wirbel. Umgänge 5, die obersten schwärzlich, die folgenden meist mit braunen, wellenförmigen Längsstriemen gezeichnet, der letzte am Umfange etwas winklig und mit einer dunkel kastanienbraunen, an beiden Seiten sägeförmig gezähnelten Binde umgeben, neben dem ziemlich engen, durchgehenden Nabel meist etwas zusammengedrückt. Mündung ziemlich kreisrund, innen glänzend, bläulichweiss. Mundsaum weiss, ringsum kurz ausgebreitet und zurückgeschlagen, die beiden Ränder ziemlich genähert und durch Callus verbunden. Höhe 8—10''', Durchmesser 11—14'''.

Deckel: unbekannt.

Aufenthalt: auf Ceylon nach Grateloup, in China nach Sowerby.

32. Cyclostoma canaliferum. Sowerby. Die canalnähtige Kreismundschnecke.

Taf. 5. Fig. 14—16.

C. testa umbilicata, depresso-turbinata, solida, striis spiralibus confertis undique sculpta, carinisque 7—8 obtusis superne munita, castanea, albo-maculata, juxta suturam profunde incisam, canaliculatam maculis majoribus albis articulata; spira breviter elevata, obtusiuscula; anfr. 5 convexis, ultimo subsoluto, infra fasciam albam periphericam unicolore castaneo, basi pallido; umbilico mediocri, pervio; apertura parvula, circulari, intus nitide albida; perist. incrassato, breviter reflexo, continuo, margine sinistro in laminam liberam subsemicircularem expanso. — Operculum corneum, arctispirum, extus concavum.

Cyclostoma canaliferum Sow. in Proc. Zool. Soc. 1842. Jun. p. 81.
— — Sow. Spec. Conch. f. 195. 196.
— Sow. Thesaur. p. 115. t. 27. f. 140—42.

Gehäuse genabelt, niedergedrückt-kreiselförmig, dickschalig, überall mit dichtstehenden, feinen Spirallinien umzogen, oberseits mit 7—8 stumpfen, wenig erhobenen Kielen versehen, kastanienbraun, weiss gefleckt und geflammt, an der tief eingeschnittenen, gegen die Mündung hin rinnenförmigen Naht mit grössern weisslichen Flecken geziert. Gewinde wenig erhoben, mit stumpflichem, schwärzlichem Wirbel. Umgänge 5, gewölbt und kantig, der letzte vorn etwas gelöst, auf dem Rücken scharf gekielt, am Umfange mit einer schmalen weissen Binde umgeben, unterhalb dieser einfarbig kastanienbraun und um den mittelgrossen, durchgehenden Nabel bleicher, braungelb. Mündung etwas schief zur Axe, kreisrund, innen glänzend bläulichweiss. Mundsaum doppelt, der innere zusammenhängend, gerade vorgestreckt, der äussere verdickt, abstehend, an der linken Seite über dem Nabel mit einer halbkreisförmigen, frei vorragenden, breiten Platte versehen. Höhe 9‴. Durchmesser 13‴.

Deckel kaum eingesenkt, dünn, hornartig, enggewunden, nach aussen concav, nach innen glänzend, mit einer warzenähnlichen Erhöhung in der Mitte.

Aufenthalt: auf der Insel Luzon. In der Provinz Tayabas gesammelt von H. Cuming.

33. Cyclostoma Philippinarum Sow. Die Philippinische Kreismundschnecke.

Taf. 5. Fig. 17. 18. Taf. 13. Fig. 32—34.

C. testa perforata, conica, solida, costis spiralibus confertis superne sculpta, fulvida, castaneo maculata et strigata, fasciis 2 albis, rufo-articulatis ad suturam et peripheriam ornata; spira conica, acutiuscula; anfr. 6 vix convexiusculis, ultimo obtuse angulato, basi subplanulato, sublaevigato; apertura ovali, intus albida; perist. recto, subincrassato, marginibus distantibus, callo junctis, columellari medio extrorsum dilatato.

Cyclostoma Philippinarum a et b. Sow. in Proc. Zool. Soc. 1842. p. 83.
Sow. Spec. Conch. II. f. 180—183?
— — Sow. Thesaur. p. 125. t. 29. f. 206.

Gehäuse durchbohrt, kegelförmig, dickschalig, oberhalb mit dicht stehenden, stumpflichen Spiralrippen besetzt, braungelb, mit kastanienbraunen Flecken und Striemen und mit 2 weissen, braunroth gefleckten Binden, von welchen eine an der flachen Naht, die andere am Umfange des letzten Umganges verlauft. Gewinde erhoben, kegelförmig, mit spitzlichem, hellhornfarbigem Wirbel. Windungen 6, fast flach, die letzte stumpfwinklig, unterseits ziemlich abgeplattet, fast glatt, nur mit sehr feinen Spirallinien. Nabel punktförmig, nicht durchgehend. Mündung diagonal zur Axe, eiförmig, innen weisslich. Mundsaum weiss, gerade vorgestreckt, innen etwas verdickt, die Ränder weit von einander abstehend, durch weissen Callus verbunden, der Spindelrand in der Mitte nach aussen etwas verbreitert. Höhe 4½'''. Durchmesser 5'''.

Deckel dünn, hornartig, glatt.

Aufenthalt: auf den Philippinischen Inseln Mindoro und Negros.

Nur die abgebildeten Formen können den von Sowerby ertheilten Namen behalten, da die übrigen in den Proceedings beschriebenen und im Thesaurus t. 29. f. 205 und 207 abgebildeten gewiss zu C. zebra Grat. gehören.

34. Cyclostoma Lincina (Turbo) Linn. Die Lincina-Kreismundschnecke.

Taf. 6. Fig. 1. 2.

C. testa perforata, ovato-conoidea, decollata, striis argute elevatis longitudinalibus et spiralibus confertim decussata, tenuiuscula, carnea vel albida; sutura profunda; anfr. 4 teretibus, ultimo minus oblique descendente; apertura subcirculari, majuscula; perist. duplice, interno simplice, vix porrecto, externo late expanso, limbum subexcavatum, radiatum, margine denticulatum, ad ventrem anfractus penultimi subexcisum formante.

Turbo Lincina Linn. syst. ed. XII. N. 639. p. 1239.
— — Gmel. p. 3605. N. 71.
— — Dillw. cat. II. p. 864. N. 117.
Nerita licinia Müll. hist. verm. II. p. 178. N. 364?
Cyclostoma Lincina Lam. ed. Desh. 32. p. 368.
— Lincinum Sow. Thesaur. p. 140. t. 28. f. 148.

Gehäuse durchbohrt, oval-kegelförmig, an der Spitze abgestossen, dünnschalig, mit dichtstehenden, scharf erhobenen Längs- und Spiralrippchen fein gegittert, weisslich oder bräunlich-fleischfarben. Naht tief, rinnenförmig. Windungen 4, stielrund, stark abgesetzt, die letzte weniger schief herabsteigend, als die übrigen, um den engen, nicht durchgehenden Nabel stärker spiralisch gerieft. Mündung vertikal, ziemlich gross, fast kreisrund. Mundsaum doppelt, der innere zusammenhängend, geradeaus kaum hervorragend, der äussere einen breiten, rechtwinklig abstehenden, etwas ausgehöhlten, strahlig gestreiften, gezähnelten Saum bildend, der nach oben winklig vorgezogen, dann an der Berührungsfläche mit dem vorletzten Umgange ausgeschnitten und links wieder winklig verbreitert vorgezogen ist. Länge 8—10‴. Durchmesser 4½—5½‴.

Deckel: nicht eingesenkt, von Schalensubstanz, weiss, aussen concav, mit 4—5 Windungen, deren Ränder scharf erhoben sind.

Aufenthalt: auf Jamaica.

Ich nehme mit Sowerby die dargestellte Art als C. Lincina L. an, obwohl sich diese unter den verwandten schwerlich mit Sicherheit dürfte ermitteln lassen. Alle Zitate sind mehr oder weniger unsicher.

35. Cyclostoma lima Adams. Die feilenartige Kreismundschnecke.

Taf. 6. Fig. 3—6.

C. testa anguste umbilicata, oblongo-turbinata, apice truncata, lineis elevatis longitudinalibus et spiralibus anguste reticulata, purpurascenti-brunnea; anfr. 4—4½ convexis, ultimo penultimo vix latiore, ad umbilicum non pervium striis nonnullis spiralibus, validioribus notato; apertura verticali, subcirculari; perist. duplicato, interno acuto, breviter porrecto, externo late expanso, sinuoso, interdum concavo, superne dilatato, excavato, ad anfractum penultimum coarctato. — Operculum terminale, testaceum, 5 spirum, extus concavum, anfractibus liberis, late lamellosis.

Cyclostoma lima Adams in Proc. Bost. Soc. 1845. p. 11.
— — Pfr. in Malak. Zeitschr. 1846. März. p. 46.
— Lincinum Sow. Thesaur. t. 128. f. 149.

Gehäuse durchbohrt, länglich-kreiselförmig, an der Spitze abgestossen, durch erhobene, dichtstehende Längs- und Spirallinien sehr fein gegittert, dünnschalig, purpurbraun. Umgänge 4 — 4½, sehr convex, der letzte wenig breiter als der vorletzte, neben dem engen, nicht durchgehenden Nabel mit einigen stärkern Spirallinien versehen. Mündung scheitelrecht, ziemlich kreisrund. Mundsaum doppelt, der innere scharf, kaum vorragend, zusammenhängend, der äussere einen breiten, rechtwinklig abstehenden, concentrisch-gestreiften, etwas concaven, am vorletzten Umgange sehr verschmälerten, etwas einwärts umgeschlagenen Saum bildend. Länge 10 — 12‴. Durchmesser 7 — 9‴.

Deckel nicht eingesenkt, von Schalensubstanz, weisslich, nach aussen concav, mit etwa 5 rasch zunehmenden, mit freien, scharfen Rändern hervorstehenden Windungen.

Aufenthalt: auf Jamaica. (Adams.)

36. Cyclostoma Ottonis Pfr. Otto's Kreismundschnecke.

Taf. 6. Fig. 7. 8.

C. testa obtecte umbilicata, ovato-oblonga, decollata, subtiliter decussata, scabriuscula, tenui, subdiaphana, fusco-cornea; sutura mediocri, simplice; anfr. 4 convexiusculis; apertura ovali, superne subangulata; perist. duplice, interno albo, nitido, non prominente, externo late expanso, superne subauriculato, margine dextro et basali limbum latiusculum, concentrice striatum, prope columellam breviter abruptum, sinistro laminam fornicatam, undique adnatam, umbilicum prorsus claudentem formante.

Cyclostoma Ottonis Pfr. in Malak. Zeitschr. 1846. März. p. 45.

Gehäuse bedeckt-durchbohrt, oval-länglich mit abgestossener Spitze, durch feine gedrängte Gitterlinien etwas rauh, dünnschalig, etwas durchscheinend, bräunlich-hornfarben. Naht wenig vertieft, einfach. Umgänge 4, flach gewölbt, regelmässig zunehmend. Mündung oval, oben etwas winklig. Mundsaum doppelt, der innere weiss, glänzend, nicht vorragend, der äussere weit ausgebreitet, nach oben etwas geöhrt, nach rechts und unten einen breiten, concentrisch gestreiften, links unter der Nabelgegend bogig abgestutzten Saum bildend, von oben nach links mit einer breiten, gewölbten, überall angewachsenen Platte den Nabel völlig verschliessend. Länge 8—9‴. Durchmesser 4—5‴.

Thier mit schön rothgefärbten Fühlern. (Otto.)

Deckel hautartig, hornfarbig, mit wenigen Windungen.

Aufenthalt: im westlichen Theile der Insel Cuba. Bei Taburete im Districte Callajabas, entdeckt von Herrn Eduard Otto.

37. Cyclostoma fascia (Turbo) Wood. Die Binden-Kreismundschnecke.

Taf. 6. Fig. 9. 10.

C. testa perforata, oblongo-turrita, decollata, solidiuscula, lineis longitudinalibus et spiralibus aequaliter et confertim reticulata, pallide fuscescente, obsolete fasciata; sutura crenulata; anfr. 5 convexiusculis, ultimo antice inflato, subascendente, basi striis spiralibus remotioribus et validioribus sculpto; apertura ovali, superne subangulata, intus castanea; perist. duplice, interno acuto, breviter porrecto, externo expanso, pallide aurantiaco, superne corniculato-auriculato, margine sinistro stricto, reflexo, cum basali angulum obtusum formante.

Turbo fascia Wood suppl. t. 6. f. 8.
Cyclostoma fascia Gray in Wood p. 36.
— — Sow. Thesaur. p. 149. t. 28. f. 176. 177.

Gehäuse durchbohrt, länglich-thurmförmig, mit abgestossener Spitze, ziemlich festschalig, mit gedrängten Längs- und Querlinien dicht und gleichmässig gegittert, bleichbräunlich mit undeutlicher, dunklerer Binde, oder einfarbig weisslich. Naht durch büscheliges Zusammenfliessen mehrer Längslinien gekerbt. Umgänge 5, mässig gewölbt, der letzte nach vorn aufgetrieben, etwas ansteigend, um den engen Nabel mit entfernterstehenden und stärkeren Spiralrippen besetzt. Mündung oval, nach oben etwas winklig, innen nach vorn kastanienbraun. Mundsaum doppelt, der innere scharf, kurz vorragend, der äussere wagerecht abstehend, blass orangefarben, oben in ein kurzes ausgehöhltes Hörnchen verbreitert, der linke Rand vom Nabel an gerade abstehend, dann etwas winklig verbreitert und gedreht. Länge 10—12‴. Durchmesser 5—6‴.

Deckel nach Sowerby spiralisch, mit wenigen schief gestreiften Windungen.

Aufenthalt: auf Jamaica, von Adams gesandt.

38. Cyclostoma limbiferum Menke. Die berandete Kreismundschnecke.

Taf. 6. Fig. 11. (Vergröss. Fig. 12.) Basalansicht Taf. 21. Fig. 6.

C. testa umbilicata, turbinata, tenui, lineis spiralibus, elevatis, confertis notata, pallide rubello-cornea, fasciis angustis, interruptis rufis ornata; spira conica, integra; anfr. 5½ convexis, ultimo multo latiore, antice parum soluto, dorso carinato; umbilico angusto, pervio; apertura ovali; perist. continuo, marginibus superne angulatim junctis, subduplicato, limbo externo plane expanso, superne subauriculato.

Cyclostoma limbiferum Menke ined.
— — Pfr. in Malak. Zeitschr. 1846. März. p. 45.
— catenatum Gould Bost. journ. IV. 1. 1842?

Gehäuse genabelt, kreiselförmig, dünnschalig, durchsichtig, dicht mit erhobenen Spirallinien besetzt, blass röthlich-hornfarbig, mit unterbrochenen, schmalen rothbraunen Binden umgeben. Gewinde kegelförmig, nicht abgestossen, mit stumpflichem Wirbel. Umgänge 5½, gewölbt, der letzte viel breiter, nach vorn etwas abgelöst, auf dem Rücken gekielt. Nabel eng, aber deutlich durchgehend. Mündung scheitelrecht, rundlich-oval, innen gleichfarbig, sehr glänzend. Mundsaum in der Regel verdoppelt, der innere undeutlich, nicht vorragend, der äussere zusammenhängend, rings ziemlich gleichbreit wagerecht abstehend, nach oben etwas winklig vorgezogen. Länge 4½—5½'''. Durchmesser 3—3¾'''.

Deckel unbekannt.

Aufenthalt: auf der Insel Cuba. (Menke).

39. Cyclostoma columna (Turbo) Wood. Die säulenförmige Kreismundschnecke.

Taf. 6. Fig. 13. 14.

C. testa subrimata, elongato-conica, decollata, longitudinaliter confertim plicato-striata, albido-lutescente, maculis subrotundis, biseriatis, rufis ornata; sutura confertim denticulata; anfr. 5 convexiusculis, ultimo penultimum non superante, basi maculis confluentibus bifasciato; apertura verticali, oblique subelliptica; perist. subduplicato, limbo externo expanso, repando, superne et in margine sinistro excavato-subauriculato.

Turbo columna Wood suppl. t. 6. f. 21.
Cyclostoma columna Gray in Wood p. 36.
— — Lam. ed. Desh. 41. p. 372.

Gehäuse kaum geritzt, länglich-thurmförmig mit abgestossener Spitze, ziemlich festschalig, mit dichtstehenden erhobenen Faltenstreifen besetzt, weisslich-gelblich, auf den obern Umgängen mit 2 Reihen rundlicher, rothbrauner Flecken geziert. Naht sehr dicht gezähnelt. Umgänge 5, ziemlich convex, der letzte nicht breiter als der vorletzte, ausser den beiden Reihen von Flecken noch an der Basis mit 2 theilweise zusammenfliessenden Fleckenbinden umwunden. Mündung schiefelliptisch, unten etwas über die Axe des Gehäuses vortretend, innen gleichfarbig. Mundsaum weiss, braungefleckt, meist verdoppelt, der innere oft undeutlich, der äussere kurz wagerecht abstehend, am letzten Umgange kurz unterbrochen, nach oben und links in ausgehöhlte Oehrchen verbreitert. Länge 9—10'''. Durchmesser 4'''.

Deckel unbekannt.

Aufenthalt: auf Jamaica, von Adams gesandt.

40. Cyclostoma Adamsi Pfr. Adams's Kreismundschnecke.

Taf. 6. Fig. 20. 21.

C. testa perforata, elongato-conica, decollata, tenui, subdiaphana, longitudinaliter confertissime plicata, pallide cornea, fusco obsolete maculata; sutura crenulata; anfr. 5 convexiusculis, regulariter accrescentibus; apertura oblique subovali, intus albida; perist. subduplice, interno saepe obsoleto, externo breviter expanso, superne angulato, ad perforationem subsinuoso.

Cyclostoma Adamsi Pfr. in Malak. Zeitschr. 1846. März. p. 43.
— crenulatum Gray Mss. Sow. Thesaur. p. 148. tab. 28. f. 174. 175.

Gehäuse durchbohrt, länglich thurmförmig, in der Regel mit abgestossener Spitze, dünnschalig, durchscheinend, der Länge nach sehr dicht faltenstreifig, blass hornfarbig, bisweilen mit einigen Reihen braunrother Punkte und einer breitern Binde an der Basis umgeben. Naht unregelmässig gekerbt. Umgänge 5—7, etwas convex, regelmässig an Breite zunehmend. Mündung schief oval, innen weisslich, glänzend. Mundsaum undeutlich verdoppelt, der äussere Saum wenig ausgebreitet, nach oben und links wenig verbreitert. Länge 7½'''. Durchmesser 3½'''.

Deckel unbekannt.

Aufenthalt: auf Jamaica. Von Adams mit dem vorigen gesandt, mit welchem es zwar nahe verwandt, aber nicht zu verwechseln ist.

41. Cyclostoma lineolatum Lam. Die feinliniirte Kreismundschnecke.

Taf. 6. Fig. 27. 28.

C. testa subperforata, oblongo-conica, decollata, longitudinaliter confertim plicato-striata, obsolete decussatula, fulvido-alba, lineolis rufis longitudinalibus, flexuosis picta; sutura mediocri, subremote et irregulariter crenulata; anfr. 5 convexiusculis, ultimo antice soluto, superne carinato, basi concentrice et confertim sulcato; apertura ovali; perist. continuo, undique breviter expanso, superne angulato.

Cyclostoma lineolata Lam. 19. p. 147. ed. Desh. 18. p. 358.
— — Delessert recueil t. 29. f. 8.

Gehäuse durchbohrt, verlängert-kegelförmig mit abgestossener Spitze, mit dichtstehenden feinen Faltenstreifen besetzt und undeutlich gegittert, ziemlich dünnschalig, bräunlich-weisslich mit feinen wellenförmigen, braunrothen Längslinien gezeichnet. Naht mässig tief, ziemlich entfernt und unregelmässig gekerbt. Umgänge 5, mässig gewölbt, der letzte nach vorn etwas abgelöst, auf dem Rücken gekielt, an der Basis concentrisch und dicht gefurcht. Mündung oval, innen weisslich. Mundsaum zusammenhängend, ringsum kurz ausgebreitet, nach oben etwas winklig. Länge 8‴. Durchmesser 3¾‴.

Deckel unbekannt.

Aufenthalt: auf den Antillen.

Dass die abgebildete und beschriebene, zur Sammlung des Herrn E. Anton gehörige Schnecke wirklich C. lineolatum Lam. ist, schliesse ich vorzugsweise aus dem in der Delessert'schen Abbildung besonders deutlichen Kennzeichen der concentrischen Furchen an der Basis, wodurch sich diese Art von allen nächstverwandten, wozu ausser columna Wood und Adamsi Pfr. noch crenulatum Pfr. und truncatum Mus. Berol. gehören, deutlich unterscheidet.

42. Cyclostoma Grayanum Pfr. Gray's Kreismundschnecke.

Taf. 6. Fig. 15. 16.

C. testa anguste umbilicata, ovato-pupiformi, decollata, sericina, violaceo-fusca sutura remote albo-nodulosa; anfr. 4—4½ convexis, supremis valide costulatis, striis spiralibus tenuibus decussatis, sequentibus regulariter et confertim decussatis, ultimo penultimum non superante; apertura subcirculari; perist. subduplicato, interno breviter porrecto, externo undique aequaliter plane expanso, luteo-albo.

Cyclostoma Grayanum Pf. in Malakol. Zeitschr. 1846. März. p. 43.
— obscurum Gray Mss. Sow. Thesaur. p. 147. t. 28. f. 169.

Gehäuse sehr eng, aber eindringend genabelt, länglich-eiförmig mit abgestossener Spitze, seidenglänzend, dunkel violett-braun. Umgänge 4—4½, convex, die obersten mit starken Längsrippchen, durch feine Spirallinien durchkreuzt, die folgenden regelmässig und fein gegittert, der letzte nicht breiter als der vorletzte. Naht ziemlich tief, mit entfernt stehenden weissen Knötchen besetzt. Mündung ziemlich kreisförmig, innen hellbräunlich. Mundsaum meist gedoppelt, der innere undeutlich oder kurz vorstehend, der äussere ringsum gleichbreit wagerecht abstehend, gelblich weiss oder gelb mit braunen Strahlen, nur an der kurzen Berührungsfläche mit dem vorletzten Umgange etwas verschmälert. Länge 7‴. Durchmesser 4‴.

Deckel unbekannt.

Aufenthalt: auf Jamaica. (Adams.)

43. Cyclostoma Bronni Adams. Bronn's Kreismundschnecke.

Taf. 6. Fig. 24—26.

C. testa rimato-subperforata, ovato-turrita, decollata, solidiuscula, confertissime costulato-striata, sericina, pallide fusca, punctis rufis seriatis aliquando obsolete notata; sutura regulariter crenata; anfr. 3—3½ convexis, rapide accrescentibus, ultimo basi sulcis concentricis notato, apertura verticali, subcirculari; perist. continuo, breviter expanso, margine dextro prope anfractum penultimum in appendicem brevem, linguiformem dilatato. — Operculum terminale, testaceum, paucispirum.

Cyclostoma Bronni Adams in Proc. Bost. Soc. 1845. p. 11.
— — Pfr. in Malak. Zeitschr. 1846. März. p. 46.
— fusco-lineatum Adams in Bost. Proc. 1845. p. 11?

Gehäuse durchbohrt, eiförmig-thurmförmig, an der Spitze abgestossen, ziemlich dickschalig, der Länge nach mit sehr dichten, feinen

Rippenstreifen besetzt, matt seidenglänzend, einfarbig gelblich oder hellbraun mit vielen Reihen rothbrauner Punkte umgeben. Naht tief, regelmässig und dicht gekerbt. Umgänge 3—3½, convex, sehr schnell zunehmend, der letzte rings um den engen, ritzenförmigen Nabel mit mehreren, ziemlich tiefen, concentrischen Furchen bezeichnet. Mündung scheitelrecht, ziemlich kreisrund, innen gleichfarbig. Mundsaum undeutlich gedoppelt, der äussere Rand ringsum schmal wagerecht abstehend, an der Berührungsfläche mit dem vorletzten Umgange fast fehlend, rechts und oben mit einem etwas gefalteten zungenförmigen Ansatze versehen. Länge 6—7½‴. Durchmesser 4—4½‴.

Deckel: nicht eingesenkt, von Schalensubstanz, beiderseits concav, indem er aus 2 durch eine tiefe Furche am Rande getrennten Lamellen zusammengesetzt ist, mit wenigen Windungen.

Aufenthalt: auf Jamaica. (Adams.)

44. Cyclostoma album Sow. Die weisse Kreismundschnecke.

Taf. 6. Fig. 17—19.

C. testa perforata, ovato-conica, apice subtruncata, minute et confertim striata, nitidula, alabastrina; anfr. 4 convexis, regulariter accrescentibus; sutura mediocri, simplice; apertura verticali, oblique ovali; perist. interdum obsolete duplicato, breviter expanso, intus subcalloso, marginibus subangulatim junctis. — Operculum vix immersum, testaceum, album, paucispirum.

Cyclostoma album Sow. Thesaur. p. 141. t. 28. f. 154.

Gehäuse durchbohrt, oval-kegelförmig, mit kurz abgestossener Spitze, sehr fein und dicht längsgestreift, etwas glänzend, alabasterweiss, seltner bräunlich. Naht mittelmässig tief, einfach. Umgänge 4, convex, regelmässig zunehmend. Mündung scheitelrecht, schief eiförmig, innen weisslich. Mundsaum bisweilen gedoppelt, meist nur innen schwielig, sehr schmal ausgebreitet, die Ränder oben winklig verbunden, der linke etwas verdickt. Länge 9‴, Durchmesser 5‴.

Deckel wenig eingesenkt, von Schalensubstanz, weiss, mit wenigen Windungen und seitlichem Kerne.

Aufenthalt: auf Jamaica. (Adams.)

45. Cyclostoma bilabre Menke. Die zweilippige Kreismundschnecke.

Taf. 6. Fig. 22. 23.

C. testa subimperforata, ovato-oblonga, decollata, solida, striis elevatis longitudinalibus et spiralibus argute decussata. albida vel fulvescente; anfr. 4—5 convexiusculis, ultimo basi sulcis concentricis validioribus notato; apertura verticali, oblique ovali; perist. duplicato, interno breviter porrecto, externo incrassato, breviter patente, superne angulato, albo vel nigricante.

Cyclostoma bilabre Menke moll. Nov. Holl. p. 8.
— rufilabrum Beck mss.?
— Potiez et Mich. gal. I. p. 241. t. 24. f. 20. 21?
— Sow. Thesaur. p. 106. t. 24. f. 61?

Gehäuse fast undurchbohrt, eiförmig-länglich mit kurz abgestossener Spitze, dickschalig, durch erhobene Längs- und Spirallinien scharf gegittert, weisslich oder braungelb. Umgänge 4—5, wenig convex, der letzte an der Basis mit einigen stärkeren Spiralfurchen bezeichnet. Mündung scheitelrecht, schief oval. Mundsaum verdoppelt, der innere kurz und gerade vorstehend, der äussere verdickt, schmal abstehend, oben winklig, weiss oder (nach Sowerby) schwarzbraun. Länge 5½—7‴. Durchmesser 3—3½‴.

Deckel unbekannt.

Aufenthalt: auf der Ostküste von Neuholland.

Das abgebildete Exemplar aus Herrn E. Anton's Sammlung stimmt ganz mit den, nur etwas kleineren Originalexemplaren des C. bilabre Menke überein. C. rufilabrum Beck, Sow. Thes. scheint auch ganz dasselbe zu seyn, obgleich es von der Insel St. Croix herstammen soll. Weniger Aehnlichkeit zeigt die von Potiez und Michaud unter demselben Namen abgebildete Art.

46. Cyclostoma Woodianum Lea. Wood's Kreismundschnecke.

Taf. 7. Fig. 1—3.

C. testa umbilicata, orbiculata, subdepressa, solida, striis spiralibus confertis undique sulcata, superne castanea, albido-marmorata, ad suturam fascia lata albo-articulata ornata, ad peripheriam albo-unizonata, basi saturate castanea, circa umbilicum latum, perspectivum pallida; spira brevi, apice acuminata; anfr. 5 convexis, ad suturam depresso-subcanaliculatis; apertura subcirculari, intus coerulescente, albo-unifasciata; perist. incrassato, albo, breviter expanso, marginibus callo continuo, superne vix angulato junctis. — Operculum corneum, tenue, anfractuum marginibus lamellosis.

Cyclostoma Woodiana Lea in Transact. Amer. phil. Soc. 1841. VII. p. 465. t. 12. f. 19.
— luzonicum Sow. in Proc. Zool. Soc. 1842. p. 80.
— — Sow. Spec. Conch. f. 133.
— Sow. Thesaur. p. 114. t. 27. f. 136. 137.
— Gironnieri Souleyet in Revue zool. 1842. Apr. p. 101.

Gehäuse weit und offen genabelt, niedergedrückt, fast scheibenförmig, dickschalig, dicht und gleichmässig spiralisch gefurcht, oberseits kastanienbraun, weiss marmorirt, mit einer weissen Binde am Umfange und einer breiten braunen dicht unter den letztern, um den Nabel weisslich. Gewinde kurz, mit wenig hervorragenden, zugespitztem Wirbel. Umgänge 5, gewölbt, an der Naht breit rinnenförmig eingedrückt und mit grossen weisslichen Flecken gewürfelt, der letzte etwas niedergedrückt. Mündung schief zur Axe, kreisrund, innen bläulichglänzend mit durchscheinender weisser Binde. Mundsaum verdickt, schmal ausgebreitet, weiss, wenig am vorletzten Umgange anliegend, die Ränder durch ununterbrochenen, weissen Callus oben winklig verbunden. Höhe 7'''. Durchmesser 15'''.

Deckel hornartig, dünn, mit lamellösen Rändern der Windungen.

Aufenthalt: auf den philippinischen Inseln. Auf Luzon und Masbate gesammelt von H. Cuming.

47. Cyclostoma maculosum Sow. Die gefleckte Kreismundschnecke.

Taf. 7. Fig. 4—6.

C. testa umbilicata, depressa, discoidea, solidula, rugulosa, superne sulcis spiralibus obsoletis nonnullis notata, fulvo-castanea, albido-maculata; spira brevissima, apice submucronata, cornea; anfr. 4½ convexiusculis, ultimo obsolete angulato, infra medium saturatius castaneo, circa umbilicum latum, perspectivum pallido, lineis spiralibus laete castaneis ornato; apertura obliqua, subcirculari, superne et latere dextro subangulata, intus alba; perist. simplice, recto, marginibus angulatim junctis, sinistro subincrassato, expansiusculo.

Cyclostoma maculosum Sow. in Proc. Zool. Soc. 1843. p. 66.
— — Sow. Thesaur. p. 112. t. 31. f. 256. 257.

Gehäuse weit und offen genabelt, scheibenförmig niedergedrückt, ziemlich dickschalig, fein runzelstreifig, oberseits mit einigen undeutlichen Spiralfurchen umgeben, gelblich-kastanienbraun, weisslich gefleckt. Gewinde kaum erhoben, mit kurzem, stumpflichem, hornfarbigem oder schwärzlichem, vorragendem Wirbel. Umgänge 4½, flach gewölbt, sehr schnell zunehmend, der letzte am Umfange undeutlich gekielt, darunter dunkler kastanienbraun, um den Nabel weisslich, mit rothbraunen Linien umgürtet. Mündung sehr schief zur Axe, rundlich, nach oben und nach rechts etwas winklig, innen milchweiss. Mundsaum einfach, gerade, sehr wenig am vorletzten Umgange anliegend, die Ränder durch fortlaufenden, weissen Callus winklig verbunden, der Spindelrand etwas verdickt, kurz zurückgeschlagen. Höhe 6½'''. Durchmesser 15'''.

Deckel unbekannt.

Aufenthalt: unbekannt. (Aus meiner Sammlung.)

Wegen der Haltbarkeit des Namens mit Rücksicht auf C. maculosa Jay und C. maculosa Soul. vergleiche man meine Bemerkung in: Zeitschr. f. Malakozool. 1846. März. S. 36.

48. Cyclostoma Popayanum Lea. Popayanische Kreismundschnecke.

Taf. 7. Fig. 7—10.

C. testa umbilicata, turbinato-depressa, tenuiuscula, irregulariter rugoso-striata, fulvida, strigis saturatioribus radiata, pallide unicingulata; spira depresso-conoidea, submucronata; anfr. 4½ convexis, celeriter accrescentibus; umbilico mediocri, pervio; apertura oblique rotundato-ovali, superne angulata, intus margaritacea; perist. continuo, superne breviter adnato, margine dextro valde arcuato, simplice, columellari subincrassato. — Operculum immersum, testaceum, arctispirum, marginibus anfractuum obtuse elevatis.

Cyclostoma Popayana Lea observ. on the genus Unio etc. II. p. 94. t. 23. f. 76.

— inconspicuum Sow. Thesaur. p. 109. t. 24. f. 73. 74?

Gehäuse ziemlich weit und offen genabelt, etwas kreiselförmig-niedergedrückt, ziemlich dünnschalig, unregelmässig runzelstreifig, braungelb mit einzelnen dunkleren Striemen und einer hellen Binde am Umfange. Gewinde niedrig kreiselförmig, zugespitzt, mit stumpflichem Wirbel. Umgänge 4½, convex, rasch zunehmend, der letzte stielrund. Mündung schief gerundet-oval, innen bläulich-perlglänzend. Mundsaum zusammenhängend, den vorletzten Umgang kaum berührend, dort schwach ausgerandet, die Ränder winklig verbunden, der rechte in starkem Bogen geschwungen, einfach, der Spindelrand kaum merklich verdickt. Höhe 5½‴. Durchmesser 10‴.

Deckel eingesenkt, von Schalensubstanz, weisslich, enggewunden, mit stumpf erhobenem Rande der Windungen, aussen etwas concav, innen flach, schwielig, glänzend.

Aufenthalt: bei Popayan in Neu Granada von Gibbon gesammelt. (Lea).

Das abgebildete Exemplar verdanke ich Herrn Nyst, nach dessen Angabe es von Funck in Columbien gesammelt ist, und zweifle nicht, dass es mit C. Popayanum identisch ist, wiewohl die Abbildung von Leat nich genau passt. Auch C. inconspicuum Sow., mir nur aus der Abbildung bekannt, scheint mir derselben Art anzugehören.

49. Cyclostoma mexicanum Menke. Die mexikanische Kreismundschnecke.

Taf. 7. Fig. 21. 22.

C. testa umbilicata, depressa, suborbiculata, solidula, confertim striata, opaca, carneo-albida; spira brevi, mucronulata; anfr. 5½ rotundatis, ultimo cylindrico, penultimum vix tangente; umbilico lato, perspectivo; apertura subverticali, subcirculari, intus fulvescente; perist. continuo, breviter incrassato, margine sinistro omnino libero, ad umbilicum profunde emarginato, infra emarginationem dilatato, expanso.

Cyclostoma mexicanum Menke synops. ed. 2. p. 135.
— — Philippi Abbild. I. 5. p. 104. t. 1. f. 4.
— — Sow. Thesaur. p. 112. t. 25. f. 93.

Gehäuse weit und offen genabelt, fast scheibenförmig-niedergedrückt, ziemlich festschalig, dichtgestreift, undurchsichtig, mattglänzend, weisslich-fleischfarben. Gewinde flach erhoben, mit kleinem, zugespitztem Wirbel. Umgänge 5½, gewölbt, ziemlich rasch zunehmend, der letzte stielrund, den vorletzten kaum berührend. Mündung fast parallel mit der Axe, beinahe kreisrund, innen hellbräunlichgelb. Mundsaum zusammenhängend, etwas verdickt, die Ränder oben winklig verbunden, der Spindelrand dicht unter dem Berührungspunkte tief bogig ausgerandet, unter dem Ausschnitte verbreitert, etwas zurückgeschlagen. Höhe 6‴. Durchmesser 12‴.

Deckel unbekannt.

Aufenthalt: bei Papantla in Mexiko von Schiede entdeckt, später auch von David gesammelt. (Das abgebildete völlig frische Exemplar ist aus der Sammlung des Herrn Dr. Dunker.)

50. Cyclostoma plebejum Sow. Die plebejische Kreismundschnecke.

Taf. 7. Fig. 14. 15.

C. testa umbilicata, depresso-globosa, tenuiuscula, striata, violaceo-fusca; spira breviter turbinata, acutiuscula; anfr. 4 convexis, rapide accrescentibus, ultimo subinflato, ad suturam et prope aperturam albicante; umbilico angusto, pervio; apertura subcirculari, intus castanea; perist. continuo, recto, ad anfractum penultimum subduplicato, breviter dilatato.

Cyclostoma plebejum Sow. in Proc. Zool. Soc. 1843. p. 60.
— — Sow. Thesaur. p. 94. t. 24. f. 40.

Gehäuse eng und durchgehend genabelt, niedergedrückt-kuglig, ziemlich dünnschalig, gestreift, glanzlos, bräunlich-violett. Gewinde niedrig kreiselförmig, mit spitzlichem hornfarbigem Wirbel. Umgänge 4, gewölbt, rasch zunehmend, der letzte ziemlich bauchig, an der Naht und in der Nähe der Mündung weisslich. Mündung etwas schief zur Axe, ziemlich kreisrund, innen in der Tiefe kastanienbraun. Mundsaum zusammenhängend, gerade, an der kurzen Berührungsfläche mit dem vorletzten Umgange verdoppelt, der äussere stumpfwinklig verbreitert. Höhe 4¼‴, Durchmesser 6‴.

Deckel unbekannt.

Aufenthalt: in der Provinz Laguna der Insel Luzon, gesammelt von H. Cuming.

51. Cyclostoma substriatum Sow. Die schwachgestreifte Kreismundschnecke.

Taf. 7. Fig. 18—20.

C. testa umbilicata, orbiculari, mucronulata, solidiuscula, ad suturam distincte radiatim striata, fuscescente; spira planiuscula, medio mucronatim elevata; anfr. 4½ convexis, ultimo antice subdeflexo; umbilico lato, perspectivo; apertura circulari, intus fulvida; perist. breviter expanso, subincrassato, superne subangulato, margine concentrice striato. — Operculum crassum, testaceum, arctispirum.

Cyclostoma substriatum Sow. in Proc. Zool. Soc. 1843. p. 61.
— — Sow. Thesaur. p. 113. t. 25. f. 95.

Gehäuse weit und offen genabelt, scheibenförmig niedergedrückt, festschalig, sehr fein gestreift, an der Naht deutlicher strahlig-streifig, matt glänzend, einfarbig bräunlich. Gewinde flach mit kurz erhobenem, spitzlichem Wirbel. Umgänge 4½, konvex, schnell zunehmend, der letzte nach vorn etwas herabsteigend, den vorletzten nur an einem

Punkte berührend. Mündung schief zur Axe, kreisrund. Mundsaum schmal ausgebreitet, verdickt, auf dem Rande concentrisch gestreift, nach oben und links etwas winklig. Höhe 3¼''', Durchmesser 7'''.

Deckel vorn in der Mündung stehend, dick, von Schalensubstanz, beiderseits concav, auf dem Rande rinnig, innen schwielig, glänzend, aussen schmutzigweiss, enggewunden.

Aufenthalt: auf der Philippinischen Insel Siquijor, gesammelt von Hugh Cuming.

52. Cyclostoma mucronatum Sow. Die stachelspitzige Kreismundschnecke.

Taf. 7. Fig. 11—13.

C. testa umbilicata, orbiculata, tenuiuscula, striato-scabriuscula, pallide fuscescente; spira brevissima, mucronata; anfr. 4½ convexis, ultimo antice subdeflexo, fere soluto; umbilico lato, perspectivo; apertura obliqua, circulari, intus fulvescenti-albida; perist. continuo, duplicato, interno brevi, recto, externo subexpanso, superne sinuoso, intus concentrice striato.

Cyclostoma mucronatum Sow. in Proc. Zool. Soc. 1843. p. 63.
— — Sow. Thesaur. p. 113. t. 25. f. 91.

Gehäuse weit und offen genabelt, scheibenförmig niedergedrückt, ziemlich dünnschalig, durch feine Streifen etwas rauh, glanzlos, bräunlichgelb. Gewinde flach, mit erhobenem, spitzem Wirbel. Umgänge 4½, gewölbt, rasch zunehmend, der letzte stielrund, nach vorn etwas herabgesenkt, fast abgelöst. Mündung schief zur Axe, kreisrund, innen bräunlichweiss, glänzend. Mundsaum zusammenhängend, verdoppelt, der innere kurz, gerade, scharf, der äussere etwas ausgebreitet, konzentrisch gestreift, nach oben und rechts breiter und mit dem Saume einwärts neigend. Höhe 3½, Durchmesser 7½'''.

Deckel wie bei C. substriatum.

Aufenthalt: bei Calanang auf der Insel Luzon, gesammelt von H. Cuming.

53. Cyclostoma pusillum Sow. Die kleine Kreismundschnecke.

Taf. 7. Fig. 16. 17.

C. testa umbilicata, suborbiculari, mucronulata, tenui, striatula, sublaevigata, diaphana, pallide viridula; spira brevi, medio elata, mucronata; anfr. 4½ convexis, ultimo antice deflexo, fere soluto, basi distinctius striato; umbilico lato, perspectivo; apertura circulari, intus nitida albida; perist. continuo, simplice, recto, vix expansiusculo, ad anfractum penultimum submarginato, margine dextro antrorsum arcuato.

Cyclostoma pusillum Sow. in Proc. Zool. Soc. 1843. p. 59.
— — Sow Thesaur. p. 94. t. 23. f. 5.

Gehäuse weit und offen genabelt, fast scheibenförmig, dünnschalig, sehr fein gestreift, oberseits fast glatt, durchscheinend, etwas glänzend, blassgrünlich. Naht tief, schuppig-kerbig. Gewinde kaum erhoben, mit ziemlich vorragendem, zugespitztem Wirbel. Umgänge 4½, gewölbt, schnell zunehmend, der letzte vorn etwas herabsteigend, fast abgelöst. Mündung schief zur Axe, ziemlich kreisrund, innen weisslich, sehr glänzend. Mundsaum zusammenhängend, gerade, scharf, den vorletzten Umgang nur an einem Punkte berührend, dicht unter diesem Punkte etwas ausgerandet, der obere Rand bogig vorwärts gekrümmt. Höhe 3‴, Durchmesser 5½‴.

Deckel wie bei C. multistriatum und mucronatum.

Aufenthalt: auf den Philippinischen Inseln Luzon und Negros, gesammelt von H. Cuming.

54. Cyclostoma stenomphalum Pfr. Die engnabelige Kreismundschnecke.

Taf. 8. Fig. 5. 6.

C. testa umbilicata, trochiformi, solida, superne costis spiralibus pluribus validis, interjectis minoribus, munita, fulvescente, saturatius obsolete marmorata et ad suturam articulato-fasciata; spira turbinata, apice acuta; anfr. 5½ convexis, ultimo ad peripheriam acutius carinato, basi ventroso, spiraliter striato; umbilico angustissimo, vix pervio; apertura ampla, subcirculari; perist. duplicato, interno pallide aurantiaco, externo expanso, subincrassato, superne dilatato, angulato, margine columellari incrassato, breviter reflexo.

Cyclostoma stenomphalum Pfr. in Zeitschr. f. Malakoz. 1846. März. p. 44.

Gehäuse eng und kaum durchgehend genabelt, niedergedrückt kreiselförmig, ziemlich dickschalig, bräunlichweiss, mit undeutlichen bräunlichen Binden und Striemen geziert, an der Naht braun gegliedert, theilweise mit einer dünnen, hornfarbigen Epidermis bekleidet, überall mit feinen Spirallinien und einigen stärker erhobenen, stumpfen Leisten umgeben. Gewinde kreiselförmig, mit spitzlichem Wirbel. Umgänge 5½, gewölbt, der letzte am Umfange etwas schärfer gekielt, unterseits bauchig, aufgetrieben, plötzlich in den eng trichterförmigen Nabel übergehend. Mündung schief zur Axe, weit, ziemlich kreisrund, innen weisslich. Mundsaum doppelt, der innere ausgebreitet, blass orangefarbig, der äussere zusammenhängend, verdickt ausgebreitet, die Ränder oben in einem etwas verbreiterten Winkel vereinigt, der Spindelrand etwas zurückgeschlagen. Höhe 12‴, Durchmesser 17½‴.

Deckel unbekannt.

Aufenthalt: unbekannt. — Ein kleineres, ausgebleichtes Exemplar befindet sich in der Sammlung des Herrn Dr. v. d. Busch mit der Bezeichnung: von Bengalen.

Der enge Nabel unterscheidet diese Art sogleich von allen verwandten, wozu z. B. C. unicarinatum Lam. und Duisabonis Grat. gehören.

55. Cyclostoma perdix Brod. et Sow. Das Rebhuhn.

Taf. 8. Fig. 7—9.

C. testa umbilicata, depresso-turbinata, tenuiuscula, lineis elevatis obsolete cincta, saturate castanea, punctis albidis conspersa, ad suturam fascia castaneo et albido articulata ornata; spira brevi, acuta; anfr. 5 planiusculis, ultimo magno, angulato, basi convexo; umbilico mediocri, pervio; apertura vix obliqua, ampla, subcirculari, coerulescenti-albida; perist. late expanso, reflexo, marginibus subjunctis. — Operculum tenue, pellucidum, corneo-rubescens, arctispirum, extus concavum.

Cyclostoma perdix Brod et Sow. in Zool. journ V. p. 50.
— — Sow. Thesaur. p. 122. t. 27. f. 127. 128.
— variegatum Val. in Mus Paris.
— — Philippi Abbild. I. 5. p. 104. t. 1. f. 3.
Cyclophorus perdix Pfr. in Zeitschr. f. Malak. 1847. p. 107.

Gehäuse ziemlich eng, doch durchgehend genabelt, niedergedrückt-kreiselförmig, ziemlich dünnschalig, fein schief gestreift, bisweilen mit einigen undeutlich erhobenen Spiralstreifen, dunkel kastanienbraun, mit weissen und gelblichen Punkten bestreut und mit einer breiten braun und weisslich gegliederten Binde an der Naht. Gewinde flach kegelförmig, mit spitzlichem Wirbel. Umgänge 5, sehr wenig gewölbt, der letzte sehr breit, gekielt, am Kiele oft mit einer schmalen, weissen und unter dieser mit einer noch dunkler braunen breiten Binde umzogen, unterseits ziemlich gewölbt. Mündung fast parallel mit der Axe, weit, fast kreisrund, innen glänzend, bläulich. Mundsaum weit ausgebreitet und zurückgeschlagen, die Ränder nicht zusammenstossend, am vorletzten Umgange durch dünnen Callus vereinigt, der Spindelrand verdickt, bisweilen verdoppelt. Höhe 8—10‴. Durchmesser 17—20‴.

Deckel etwas eingesenkt, dünn, fast hautartig, hornfarbig-röthlich, enggewunden, nach aussen sehr konkav.

Aufenthalt: bei Tenasserim in Ostindien. (Aus meiner Samml.)

56. Cyclostoma tigrinum Sow. Die getiegerte Kreismundschnecke.

Taf. 8. Fig. 13—16. Taf. 16. Fig. 17—20.

C. testa umbilicata, turbinata, solida, striata, castanea, strigis et flammis obliquis et angulosis flavidis ornata; spira elevata, acutiuscula; anfr. 6 convexis, costis spiralibus pluribus, plerumque 3 majoribus cinctis, ultimo basi sublaevigato; umbilico mediocri, pervio; apertura obliqua, subcirculari, intus lutescente; perist. incrassato, concentrice sulcato, breviter reflexo, marginibus callo aequali junctis, columellari supra umbilicum dilatato, patente. — Operc. tenue, corneum, arctispirum.

Cyclostoma tigrinum Sow. in Proc. Zool. Soc. 1843. p. 30.
— — Sow. Thesaur. p. 126. t 29. f. 201—204.

Cyclostoma tigrinum Reeve Conch. syst. t. 183. f. 10.
Cyclophorus tigrinus Pfr. in Zeitschr. f. Mal. 1847. p. 107.

Gehäuse mittelmässig und durchgehend genabelt, niedrig kreiselförmig, dickschalig, fein schief gestreift, kastanienbraun, mit breiten gelben Striemen und zackigen Flammen geziert. Gewinde ziemlich erhoben mit spitzlichem Wirbel. Umgänge 6, gewölbt, mit vielen erhobenen Spiralleisten besetzt, von denen gewöhnlich 3 stärker sind, der letzte unterseits fast einfarbig und glatt, doch nicht glänzend. Mündung sehr schief zur Axe gerichtet, gerundet, innen gelblich. Mundsaum verdickt, konzentrisch gefurcht, kurz zurückgeschlagen, an der kurzen Berührungsfläche mit der Basis des vorletzten Umganges durch dicken, gleichmässigen, gelblichen Callus winklig verbunden, der Spindelrand stark verbreitert halb über den Nabel hervortretend, an der Basis undeutlich winklig. Höhe 9—11'''. Durchmesser 13—16'''.

Deckel eingesenkt, dünn, hornartig, braunroth, innen glatt, glänzend, mit einem kurz erhobenen Spitzchen in der Mitte, aussen etwas konkav, sehr enggewunden, mit lamellenartig vorstehenden, honiggelben Rändern der Windungen.

Aufenthalt: auf den Philippinischen Inseln Guimaras, Masbate, Leyte, Samar, Siquijor gesammelt von H. Cuming. (Aus meiner Samml.)

Varietäten werden hauptsächlich durch die Bildung der Spiralreife begründet. Auch giebt es eine Spielart mit orangefarbiger Mündung.

57. Cyclostoma affine Sow. Die verwandte Kreismundschnecke.

Taf. 8. Fig. 17. 18.

C. testa perforata, globoso-conica, solidiuscula, laevigata, fulvida vel albida, lineis spadiceis, fasciaque 1 latiore infra peripheriam cingulata; spira conica, apice obtusa; anfr. 5 convexis, ultimo rotundato, circa umbilicum angustissimum, non pervium confertim sulcato; apertura subobliqua, fere circulari, intus castanea, fasciis pallidioribus; perist. continuo, simplice, recto, albo, marginibus superne subangulatim junctis.

Cyclostoma affine, Sow. Thesaur. p. 98. t. 23. f. 25. 26.
Turbo ligatus, Wood ind. t. 32. f. 122.

Gehäuse durchbohrt, kuglig-kegelförmig, festschalig, glatt, weisslich oder bräunlichgelb, mit braunen Linien und einer etwas breiteren Binde unter der Mitte des letzten Umganges umgürtet. Gewinde kegelförmig, mit stumpflichem Wirbel. Umgänge 5, konvex, der letzte gerundet, um das sehr enge, nicht durchgehende Nabelloch spiralisch gefurcht. Mündung fast parallel mit der Axe, ziemlich kreisrund, innen kastanienbraun mit blasseren Binden. Mundsaum zusammenhängend, einfach, gerade, weiss, die Ränder oben etwas winklig verbunden. Höhe $6\frac{1}{2}'''$. Durchmesser $7\frac{1}{2}'''$.

Deckel von Schalensubstanz, weisslich, glatt, mit sehr rasch zunehmenden Windungen. (Sowerby.)

Aufenthalt: an der Tigerbai der Afrikanischen Küste. (Largilliert.) — Aus meiner Sammlung.

Abbildung und Beschreibung sind nach authentischen Exemplaren. Es scheint mir aber, dass die Art von Cycl. ligatum Müll. nicht hinreichend verschieden ist, und dass gerade zu dieser Form die Figur 1071. 72 von Chemnitz (Vgl. Taf. 4. Fig. 12. 13) passt, wenn man seine Beschreibung hinzunimmt. (Vgl. C. ligatum N. 24, S. 33.)

58. Cyclostoma interruptum Lam. Die unterbrochenbindige Kreismundschnecke.

Taf. 9. Fig. 1. 2.

C. testa perforata, ovato-conica, apice plerumque truncatula, tenuiuscula, laevigata, nitida, albida, fasciis luteis interruptis 6—8 ornata; anfr. 5 ventrosis, summis longitudinaliter costulatis, violaceo-fuscis, ultimo terete; apertura circulari, intus concolore; perist. subduplicato, interno brevi, obsoleto, externo subcontinuo, undique late expanso, ad anfractum penultimum subemarginato, margine supero angulato, subinflexo, columellari dilatato, patente.

Cyclostoma interrupta Lam. 10. p. 145. ed. Desh. p. 356.
— interruptum Sow. Thesaur. p. 141. t. 28. f. 152.
— ambigua Delessert recueil t. 29. f. 5.
— — Reeve Conch. syst. t. 183. f. 8.

Gehäuse durchbohrt, eiförmig-konisch, mit in der Regel kurz abgestossener Spitze, dünnschalig, durchscheinend, glatt, weisslich, mit 6—8 unterbrochenen braungelben Binden geziert. Umgänge 5, stark gewölbt, gleichmässig zunehmend, die obersten fein längsrippig, violettbraun, der letzte stielrund. Nabel sehr eng, tief eindringend. Mündung parallel mit der Axe, kreisrund, innen gleichfarbig. Mundsaum doppelt, der innere sehr kurz, bisweilen fast unmerklich, der äussere zusammenhängend, rechtwinklig breit abstehend, etwas ausgehöhlt, an der Berührungsfläche mit dem vorletzten Umgange mondförmig ausgeschnitten, oben winklig. Länge 11—12‴. Durchmesser 7—8‴.

Deckel unbekannt.

Aufenthalt: unbekannt. (Aus der Gruner'schen Sammlung.)

59. Cyclostoma costatum Menke. Die gerippte Kreismundschnecke.

Taf. 9. Fig. 9. 10.

C. testa subperforata, oblongo-turrita, apice truncata, longitudinaliter valide plicato-costata, lineis subelevatis obsoletissime decussata, carnea, superne coerulescente; anfr. 9 convexis, ultimo antice ascendente, basi concentrice et confertim profunde sulcato: apertura ovali, basi protracta, intus aurantiaca; perist. simplice, expansiusculo, albo, margine supero dilatato, fornicato, columellari superne angusto, appresso, perforationem subtegente, basi dilatato, subauriculato.

Cyclostoma costatum Menke in litt.
— — Pfr. in Zeitschr. f. Malakoz. 1846. März. p. 47.

Gehäuse schwach nabelritzig, länglich-thurmförmig, mit abgestossener Spitze, festschalig, mit starken, nicht sehr nahe stehenden Längsfalten und einzelnen undeutlich erhobenen Querlinien unregelmässig gegittert, undurchsichtig, glänzend, fleischfarbig, nach oben bläulich. Umgänge 6, konvex, regelmässig zunehmend, der letzte nach vorn etwas ansteigend, an der Basis tief und dicht spiralisch gefurcht. Mündung fast parallel mit der Axe, unten etwas vorgezogen, schief eiförmig, innen orangeroth. Mundsaum einfach, scharf, etwas ausgebreitet, weiss, der obere Rand verbreitert, einwärts gebogen, der Spindelrand oben schmal, erst angewachsen, dann abstehend und mit ohrförmiger Verbreiterung in den untern Rand übergehend. Länge 8'''. Durchmesser 3⅚'''

Deckel unbekannt,

Aufenthalt: unbekannt. (Aus der Menke'schen Sammlung.)

60. Cyclostoma versicolor Pfr. Die rothbunte Kreismundschnecke.

Taf. 9. Fig. 13. 14.

C. testa anguste rimata, oblongo-turrita, apice truncata, solidiuscula, nitida, pallide rosea, lineis aurantiacis cingulata; anfr. 5 convexiusculis, supremis confertim costulatis, mediis laevigatis, ultimo basi concentrice sulcato; apertura verticali, ovato-circulari, intus aurantiaca; perist. simplice, albo, margine dextro recto, columellari breviter reflexo.

Cyclostoma versicolor Pfr. in Zeitschr. f. Malak. 1846. p. 33.
— aurantium Gray in Wood's suppl. p. 36.
— aurantiacum Sow. Thesaur. p. 103. t. 24. f. 46. 47.
Turbo aurantius Wood suppl. t. 6. f. 23.

Gehäuse kurz nabelritzig, länglich-thurmförmig, mit abgestossener Spitze, ziemlich festschalig, glänzend, blass rosenroth, mit 3—5 durchsichtigen, orangerothen Linien geziert. Umgänge 5, mässig gewölbt, gleichmässig zunehmend, die obersten gedrängt längsrippig, die mittleren glatt, der letzte an der Basis spiralisch gefurcht. Mündung parallel mit der Axe, oval-rundlich, innen feuerroth. Mundsaum einfach, weiss, die Ränder durch dünnen Callus verbunden, der rechte gerade vorgestreckt, der Spindelrand etwas verdickt, kurz zurückgeschlagen. Länge 8—9'''. Durchm. 4'''.

Deckel unbekannt.

Aufenthalt unbekannt. (Aus meiner Sammlung.)

61. Cyclostoma carneum Menke. Die fleischrothe Kreismundschnecke.

Taf. 9. Fig. 11. 12.

C. testa anguste rimata, ovato-turrita, decollata, solida, longitudinaliter confertim plicata (interstitiis lineis obsoletis subdecussatis), rosea, nitida; anfr. 5 vix convexis, supremis aurantiacis, ultimo basi distinctius spiraliter sulcato; apertura subverticali, oblique ovali, intus ignea; perist. subincrassato, albo, marginibus superne angulatim junctis, columellari angusto, complanato.

Cyclostoma carneum Menke in litt.

Gehäuse kurz nabelritzig, gethürmt-eiförmig mit abgestossener Spitze, dickschalig, wenig glänzend, rosenroth, nach oben orangefarbig, dicht mit etwas erhobenen Längsfalten besetzt, deren Zwischenräume durch erhobene Linien etwas gekreuzt sind. Umgänge 5, sehr flach gewölbt, ziemlich regelmässig zunehmend, der letzte in der Nähe der Mündung etwas bauchig erweitert, an der Basis stärker spiralisch gefurcht. Mündung ziemlich scheitelrecht, schief eiförmig, innen feuerroth. Mundsaum etwas verdickt, weiss, die Ränder oben winklig vereinigt, der Winkel mit verdicktem, gewölbtem Callus überbaut, der Spindelrand schmal, etwas abgeplattet. Länge 9''', Durchmesser 4½'''.

Deckel unbekannt.

Aufenthalt: unbekannt. (Aus der Menke'schen Sammlung.)

Diese Art würde vielleicht, nach Analogie der grossen Veränderlichkeit, welche wir bei der zunächst zu beschreibenden Art bemerken, zweckmässig mit C. versicolor als Varietät zu verbinden seyn, wenn man zahlreiche Exemplare zu vergleichen Gelegenheit hätte.

62. Cyclostoma megachilum, Potiez et Michaud.
Die breitlippige Kreismundschnecke.

Taf. 9. Fig. 15—19.

C. testa perforata, ovato-conica, decollata, tenuiuscula, concentrice subremote costata, lineis elevatis longitudinalibus confertis cancellata, fusco, rubello et aurantiaco variegata; anfr. 5 convexis, ultimo antice sub-ascendente; apertura ovali, intus crocea vel albida; perist. simplice, albo, subcontinuo, superne angulato-dilatato, margine dextro expanso, sinistro perdilatato, patente.

Cyclostoma megacheilus Pot. et Mich. gal. I. p. 237. t. 24. f. 9. 10.
— simile Gray: Sow. Thesaur. p. 103. t. 24. f. 48. 49.

Gehäuse kaum durchbohrt, oval-kegelförmig, mit abgestossener Spitze, ziemlich dünnschalig, bräunlich oder röthlich flammig, bisweilen mit orangefarbigen Striemen, mit ziemlich entfernt stehenden Spiralreifen, von welchen gewöhnlich ein stärkerer mit einem schwächern abwechselt, umgeben und mit über die Reife her laufenden, gedrängten, erhobenen Linien mehr oder weniger deutlich gegittert. Umgänge 5, gewölbt, winklig, ziemlich schnell zunehmend, der letzte nach vorn etwas ansteigend. Mündung mit der Axe ziemlich parallel, schief eiförmig, innen safrangelb, seltner weisslich. Mundsaum einfach, weiss, fast zusammenhängend, die Ränder oben durch einen am vorletzten Umgange etwas ausgerandeten Callus gewölbt-winklig vereinigt, der rechte ausgebreitet, der linke nach unten stark verbreitert, abstehend, das enge Nabelloch bald mehr, bald weniger verbergend. Länge 9''', Durchmesser 4½'''.

Deckel eingesenkt, von Schalensubstanz, weiss, aussen etwas concav, mit wenigen, undeutlich berandeten Windungen.

Aufenthalt: auf den westindischen Inseln! Sowerby's Angabe: auf den Inseln des Mittelländischen Meeres, scheint auf einem Irrthume zu beruhen.

Varietät: grösser, mit sämmtlich gleichstarken Spiralleisten und schwachen gedrängten Längslinien, durchscheinend, weisslich, oder rosenroth mit feinen braunen Linien, deutlicher durchbohrt. Länge 10½''', Durchmesser 5½'''. (Taf. 9. Fig. 15—17.) — Ausserdem variirt die Schnecke in der Sculptur, indem oft die Spiralleisten nur als schwache Winkel angedeutet und auch die Längslinien undeutlich sind. — Ferner befindet sich in der Menke'schen Sammlung ein Exemplar, welches nach der Bildung der Mündung hierher gezählt werden muss, sich aber durch sehr zierliche kastanienbraune, unterbrochene Striemen, Flammen und Binden auszeichnet.

63. Cyclostoma sulcatum, Drap. Die gefurchte Kreismundschnecke.

Taf. 9. Fig. 24—26.

C. testa rimata, ovato-conoidea, lineis elevatis, alternis majoribus, striisque confertissimis subtilibus decussatim sculpta, saturate carnea; spira conica, obtusiuscula, apice nitida, glabra, rubra; anfr. $5\frac{1}{2}$ teretibus, ultimo superne brevissime soluto, basi fortius sulcato; apertura subverticali, basi productiuscula, ovali, intus fulvo-carnea, nitida; perist. recto, intus subincrassato, continuo, superne angulato, breviter superstructo, margine sinistro subdilatato, plano. — Operculum planum, testaceum, subimmersum, paucispirum.

Cyclostoma sulcatum Drap. p. 33. t. 13. f. 1.
— — Rossm. VI. p. 48. f. 394.
— Terv. cat. p. 33.
— Philippi Sicil. I. p. 144. II. p. 119.
— sulcata Lam. ed. Desh. 38. p. 370.
— elegans var. α, Hartm. in Neue Alpina I. p. 215.
— affinis Risso hist. nat. de l'Eur. mérid. etc. IV. p. 104.
— aurantium Anton Verz. p. 54. N. 1956.
— polysulcatum Pot. et Mich. gal. I. p. 239. t. 24. f. 13. 14.?
— auriculare Griff. Cuv. 28. f. 5.
— siculum Sow. Thesaur. p. 104. t. 24. f. 51. 52.
Turbo Lincina Chemn. IX. P. 2. p. 55. t. 123. f. 1060 b. c.
Cyclophora auricularis Swains. Malacology p. 336.

Gehäuse gerizt, oval-kegelförmig, festschalig, mit abwechselnd stärkeren und feineren Spiralleisten umlegt und in den Zwischenräumen mit feinen, gedrängten Längslinien bezeichnet, gesättigt fleischfarben oder fast ziegelroth. Gewinde kegelförmig, mit etwas stumpflichem, glattem, glänzendem, rothem Wirbel. Umgänge $5\frac{1}{2}$, stark gerundet, der letzte nach vorn etwas abgelöst, neben der kurzen Nabelritze stärker spiralisch gefurcht. Mündung fast scheitelrecht, mit der Basis ein wenig über die Axe vortretend, oval, innen bräunlich-fleischfarben, glänzend. Mundsaum gerade, innen etwas verdickt, oben etwas winklig, durch eine übertretende Lamelle mit dem vorletzten Umgange verbunden, der linke Rand etwas verbreitert, abgeplattet. Länge 9''', Durchmesser 5'''.

Deckel etwas eingesenkt, von Schalensubstanz, flach, mit wenigen am Rande gefalteten Windungen.

Aufenthalt: in der Provençe, Italien, Sardinien, Sizilien, Südspanien, Algier.

Varietäten: 1) mit einer oder mehreren rothbraunen Binden (C. phaleratum Zgl. nach Rossmässler) — 2) fast glatt mit undeutlicher Sculptur (C. aurantium Ant. Verz. p. 54. Nr. 1956. — C. coloratum Zgl.) — 3) kleiner (C. reticulatum Zgl.) — endlich 4) grösser: in Algier.

Anmerk. Der Name sulcatum Drap. wird von Sowerby verworfen und mit dem Namen C. siculum vertauscht, weil in Olivier's Reise im Orient ein C. sulcatum, welches mit C. costulatum Zgl., Rm. identisch sey, beschrieben wäre. Im genannten Werke von Olivier kommt aber kein solches vor; wäre es aber der Fall, dann müsste der Name C. affine Risso der Priorität nach für diese Art angewandt werden.

64. Cyclostoma multisulcatum, Potiez et Mich. Die vielfurchige Kreismundschnecke.

Taf. 9. Fig. 21—23.

C. testa profunde rimata, ovato-conica, solidula, albida, costis elevatis angustis, aequaliter distantibus cincta, interstitiis lineis longitudinalibus confertissimis sculptis; spira conica, obtusa, apice mamillata; sutura subcanaliculata; anfr. 5 convexis, summis laevigatis, luteis vel virentibus, ultimo spira paulo breviore, antice subsoluto; apertura subverticali, ovali; perist. continuo, subdilatato-expanso, marginibus angulatim junctis, angulo laminam liberam ad anfractum penultimum emittente, margine columellari, plano, patente.

Cyclostoma multisulcatum Pot. et Mich. galérie de Douai I. p. 238. t. 24. f. 11. 12.

— tenellum Sow. Thesaur. p. 104. t. 24. f. 50.

Gehäuse ziemlich stark nabelritzig, eiförmig-conisch, festschalig, weisslich, mit vielen gleichweit abstehenden und gleichstarken Reifen (mit Ausnahme einiger schwächeren und näherstehenden neben der Naht), welche ungefähr so breit sind, als die dazwischen liegende Furche, regelmässig belegt. Gewinde kegelförmig, mit stumpfem, warzenähnlichem Wirbel. Naht tief, rinnenförmig. Umgänge 5, gewölbt, die obersten glatt, glänzend, gelb oder grünlich, der letzte etwas kürzer als das Gewinde, nach vorn kurz abgelöst, mit der Basis nicht über die Axe vorragend. Mündung scheitelrecht, etwas schief eiförmig, innen glänzend, bräunlich gelb. Mundsaum zusammenhängend, etwas erweitert ausgebreitet, die Ränder in einem nicht scharfen Winkel, von welchem ein freies Plättchen an den vorletzten Umgang abgeht, verbunden, der Spindelrand platt, abstehend. Länge 9''', Durchmesser 5'''.

Deckel genau so wie bei dem vorigen.

Aufenthalt: in Sizilien. (Aus meiner Sammlung.)

Untersuchung einer beträchtlichen Anzahl von Exemplaren hat mich zu der Ueberzeugung gebracht, dass diese Art, trotz ihrer grossen Aehnlichkeit mit der vorigen, doch wegen ihrer sehr constanten Merkmale mit Potiez und Sowerby als selbstständige Art zu betrachten ist.

65. Cyclostoma ferrugineum, Lam. Die rostfarbige Kreismundschnecke.

Taf. 9. Fig. 27—29.

C. testa subrimata, oblongo-turrita, tenuiuscula, lutescente, ochraceo-vel fusco-strigata, costulis spiralibus, inaequalibus cincta; interstitiis subdecussatis; spira turrita, obtusa; sutura leviter canaliculata; anfr. 5½—6 convexis, ultimo ⅓ longitudinis paulo superante; apertura verticali, rotundato-ovali, intus fulvida; perist. continuo, simplice, vix expansiusculo, marginibus angulo obsoleto junctis. — Operculum testaceum, paucispirum.

Cyclostoma ferruginea Lam. 17. p. 147. ed. Desh. 16. p. 358.
— — Delessert recueil t. 29. f. 4.
— ferrugineum Mich. coq. d'Alger p. 11. f. 23.
— Rossm. VI. p. 49. f. 396.
— Potiez et Mich. gal. de Douai I. p. 236. t. 24. f. 7. 8.
— Sow. Conch. Man. f. 303.
— Sow. Thesaur. p. 105. t. 24. f. 55—57.
— productum Turton Manual p. 94. f. 76.
— fulvum Gray in Wood suppl. p. 36.
Turbo fulvus Wood suppl. t. 6. f. 9.

Gehäuse kaum geritzt, länglich-gethürmt, ziemlich dünnschalig, durchscheinend, gelblich mit ockerfarbigen oder braunen Striemen, oder auch dunkelbraun, weiss marmorirt, mit etwas ungleichen flach erhobenen Spiralleisten dicht umlegt, welche gegen die Basis stärker und schmäler werden und in den Zwischenräumen durch sehr dichtstehende, feine Längslinien gekreuzt werden. Gewinde thurmförmig mit stumpfem, glattem, glänzendem, braungelbem Wirbel. Naht seicht rinnenförmig. Umgänge 5½—6, convex, regelmässig zunehmend, der letzte etwas mehr als ein Drittel der ganzen Länge bildend. Mündung senkrecht, gerundet-oval, innen glänzend, röthlichgelb. Mundsaum zusammenhängend, einfach, wenig erweitert, die Ränder in einem undeutlichen Winkel vereinigt, von welchem bisweilen eine kleine Lamelle an den vorletzten Umgang abgeht. Länge 8—10‴, Durchmesser 4—5‴.

Deckel etwas eingesenkt, von Schalensubstanz, dick, mit wenigen am Rande scharf gefalteten Windungen und sehr seitlich liegendem durchsichtigem Kerne.

Aufenthalt: in Spanien, Minorka und Algier. (Aus meiner Sammlung.)

66. Cyclostoma costulatum, Ziegl. Die schwachgerippte Kreismundschnecke.

Taf. 9. Fig. 6—8.

C. testa perforata, conoideo-globosa, solidiuscula, griseo-rubella, lineis elevatis spiralibus crebre costulata, interstitiis decussatim minute striatis; spira conoidea, apice papillata, cerasina; anfr. 5 convexis, ultimo ventroso; umbilico angustissimo, non pervio; apertura ovali-subcirculari; perist. simplice, recto, continuo, superne subangulato. — Operculum terminale, testaceum, anfr. 6 sensim crescentibus, nucleo nigro subcentrali.

Cyclostoma costulatum Zgl. Mus.
— — Rossm. VI. p. 49 f. 395.
— Pot. et Mich. gal. I. p. 234. t. 24. f. 1. 2.
— sulcatum Sow. Thesaur. p. 100. t. 23 f. 31.

Gehäuse eng und nicht durchgehend genabelt, kegelförmig-kuglig, ziemlich festschalig, fast glanzlos, kaum durchscheinend, graulich-braunroth, mit fadenförmigen, nahestehenden Spiralreifen regelmässig umwunden, in den Zwischenräumen durch dichtstehende Längslinien deutlich gegittert. Gewinde flach conisch erhoben, mit warzenförmigem, glattem, kirschrothem Wirbel. Umgänge 5, gewölbt, schnell zunehmend, der letzte bauchig. Mündung etwas schief zur Axe, gerundet-oval, innen glänzend, gelbbraun. Mundsaum zusammenhängend, einfach, scharf, die Ränder in einem undeutlichen Winkel verbunden. Länge 7''', Durchmesser 5'''.

Deckel endständig, von Schalensubstanz, schmutzig weiss, ganz flach, mit 6 allmälig zunehmenden Windungen und fast im Mittelpunkte liegendem, schwärzlichem Kerne.

Aufenthalt: im Banat, besonders auf dem Damoklet bei Mehadia (Rossm.), Siebenbürgen, bei Kasan (Thorey.) — Aus meiner Sammlung.

Anm. Ueber den Namen vgl. das bei Nr. 63 Gesagte.

67. Cyclostoma glaucum, Sow. Die graublaue Kreismundschnecke.

Taf. 9. Fig. 3—5.

C. testa perforata, ovato-conica, crassiuscula, fulvescenti-lilacina, confertim spiraliter striata et obsolete decussata; spira conoidea, obtusiuscula; sutura levi, albo-marginata, subcrenulata; anfr. $4\frac{1}{2}$ convexiusculis, ultimo interdum antice breviter soluto; umbilico minimo, non pervio; apertura subangulato-ovali, intus fulva, nitida; perist. recto, marginibus superne angulatim junctis, sinistro subincrassato. — Operculum terminale, testaceum, planum, anfractibus celeriter accrescentibus.

Cyclostoma glaucum Sow. Thesaur. p. 100. t. 24. f. 39.
— striatum Menke synops. ed. 2. p. 40. (absque descript.)

Gehäuse eng und nicht durchgehend genabelt, eiförmig-conisch, dickschalig, bräunlich-violett, mit dichten, flachen Spirallinien umgeben, durch sehr feine, bisweilen undeutliche Längslinien fein gegittert. Gewinde kegelförmig, mit stumpfem, glattem Wirbel. Naht sehr wenig eingedrückt, weissberandet, etwas gekerbt. Umgänge $4\frac{1}{2}$, flach gewölbt, der letzte nach vorn bisweilen etwas abgelöst. Mündung gerundet-eiförmig, oben etwas winklig, innen braungelb, glänzend. Mundsaum zusammenhängend, gerade, die Ränder winklig verbunden, der Spindelrand etwas verdickt. Länge 7½‴, Durchmesser 5‴.

Deckel endständig, flach, von Schalensubstanz, weisslich, mit undeutlich gesonderten, schief gestreiften, ziemlich rasch zunehmenden Windungen.

Aufenthalt: bei Alexandrette in Syrien. (Aus der Menke'schen Sammlung.)

Dies ist ohne Zweifel die von Rossmässler (VI. p. 49) fraglich mit der vorigen vereinigte Form, doch als Art durch die Sculptur, wenig gewölbten Umgänge, Naht, Mündung und Deckel sehr leicht zu unterscheiden.

68. Cyclostoma elegans (Nerita) Müll. Die zierliche Kreismundschnecke.

Taf. 9. Fig. 30—34. Taf. 28. Fig. 23.

C. testa subperforata, ovato-conoidea, tenuiuscula, lineis spiralibus et confertioribus longitudinalibus minute clathrata, violaceo-vel lutescenti-caesia, obscure minutim variegata; spira conica, obtusiuscula; anfr. 5 convexis; apertura subverticali, ovali, intus fulvescente; perist. continuo, simplice, recto, marginibus angulatim junctis, columellari subexpanso. — Operculum terminale, testaceum, paucispirum, albido-cinereum.

Nerita elegans Müll. hist. verm. II. p. 177. N. 363.
— — Schröt. Flussconch. p. 366. t. 9. f. 15.
Turbo Lincina Chemn. IX. P. 2. p. 55. t. 123. f. 1060. d. e.
— elegans Gmel. p. 3606. N. 74.
— — Montagu p. 342. t. 22. f. 7.
— — Dillw. descr. cat. II. p. 863. N. 116.
— — Wood ind. t. 32. f. 118.
— striatus Da Costa brit. Conch. p. 86. t. 5. f. 9.
— reflexus Olivi Adriat. p. 170.
Cyclostomus elegans Montfort II. p. 287. t. 72.
Cyclostoma elegans Drap. tabl. d. moll. p. 38. N. 1.
— — Drap. hist. p. 32. t. 1. f. 5—8.
— var. β, Hartm. in Neue Alpina I. p. 215.

Cyclostoma elegans Lam. 26. p. 148. ed. Desh. 25. p. 360.
— — C. Pfr. I. p. 74. t. 4. f. 30. 31.
— — Sturm Fauna VI. H. 6. T. 3.
— — Turton Manual p. 93. f. 75.
— Gray Manual p. 275. t. 7. f. 75.
— — Rossm. I. p. 90. f. 44 und 80—82. (Thier.)
— Brard p. 103. t. 3. f. 7. 8.
— Philippi Sicil. I. p. 143. II. p. 119.
— Risso IV. p. 103.
— — Thompson land- and freshwater-shells of Ireland p. 37.
— Dupuy moll du Gers p. 63.
— Sow. Thesaur. p. 101. t. 23. f. 32. 33.
— Berkeley in Zool. Journ. IV. p. 278. (Anatome.)
— Blainv. Malacologie t. 34. f. 7.
— Desh. in Encycl. méthod. II. p. 40.
— Webb et Berth. synops. moll. canar. p. 321.
— Guérin Iconogr. du règne animal t. 12. f. 12.
— Bowd. elem. of Conch. t. 9. f. 14.
— Payr. moll. de Corse p. 105. N. 230.
— — Kickx syn. moll. Brab. p. 69. N. 87.
— Morelet moll. du Portugal p. 89.
— — Schmidt Land- u. Süssw. Conch. in Krain p. 20.
Fab. Columna de purp. p. 18. f. 13.
Lister Conch. t. 27. f. 25.
— Anim. Angl. t. 2. f. 5.
Gualt. t. 4. fig. A. B.
Argenv. t. 28. f. 12. Zoomorph. t. 9. f. 9.

Gehäuse sehr eng durchbohrt, eiförmig-conisch, dünnschalig mit etwas erhobenen Spiral- und dichterstehenden Längslinien fein gegittert, glanzlos, graugelb oder hellviolett, oft mit einigen zierlichen Fleckenbändern geziert. Gewinde conisch, stumpflich. Umgänge 5, gewölbt, ziemlich schnell zunehmend. Mündung fast senkrecht, oval-rundlich, innen glänzend braungelb oder braunroth. Mundsaum einfach, scharf, zusammenhängend, die Ränder winklig verbunden, der Spindelrand kurz zurückgeschlagen. Länge 7''', Durchmesser $4\frac{1}{2}$'''.

Deckel endständig, von Schalensubstanz, mit wenigen Windungen.

Thier: schiefergrau mit trichterförmigem Kopfe, sehr scharf und regelmässig ringförmig gerunzelt. Sohle durch eine tiefe Längsfurche getheilt. Man vgl. darüber Rossm. I. p. 89 und hinsichtlich der Anatomie die angeführte Abhandlung von Berkeley.

Aufenthalt: in Buchenwäldern auf Kalkboden, in Deutschland sehr zerstreut (die einfarbige Var. Fig. 32—33 z. B. bei Kassel, die schöne bunte, Fig. 29—31 bei Pyrmont); ferner häufig in Frankreich, (daher die zierliche Var. Taf. 28. Fig. 23.) England, Italien, Schweiz, Dalmatien, Griechenland, auch bei Algier und auf den Kanarischen Inseln.

69. Cyclostoma pulchrum (Turbo) Wood. Die schöne Kreismundschnecke.

Taf. 10. Fig. 1. 2.

C. testa umbilicata, globoso-conica, subdecollata, tenui, longitudinaliter confertim costulato-striata, fulvida, fusco obsolete maculata; anfr. 4—5 convexis, penultimo obsolete 5-carinato, ultimo superne sub-8-carinato, circa umbilicum mediocrem, pervium carinis confertioribus, acute elevatis cincto; apertura circulari; perist. duplicato, interno acuto, breviter porrecto, externo late expanso, radiatim plicato-undulato, ad anfractum penultimum non interrupto, modo angustato, breviter adnato.

Turbo pulcher Wood suppl. t. 6. f. 4.
Cyclostoma pulchrum Gray in Wood ind. suppl. p. 36.
— — Sow. gen. N. 35. f. 2.
— Sow. Spec. Conch. f. 134. 135.
— Reeve Conch. syst. t. 184. f. 12.
— — Sow. Thesaur. p. 132. t. 27. f. 143. 144.
Cyclophora pulchra Swains. Malacology p. 336.
Choanopoma pulchrum Pfr. in Zeitschr. f. Mal. 1847. p. 107.

Gehäuse genabelt, kuglig-kegelförmig, dünnschalig, zart, mit dichtstehenden nicht unterbrochenen, erhobenen Längslinien besetzt, gelbbräunlich, mit etwas dunklern Fleckenbinden. Gewinde kurz kegelförmig, oben abgestossen. Umgänge 4—5, sehr gewölbt, stark von einander absetzend, der vorletzte durch 4—5 schwache Kielstreifen etwas winklig, der letzte bis zur Basis mit etwa 10 gleich weit abstehenden, fadenförmigen, und um den mittelmässigen, durchgehenden Nabel und in demselben mit näher stehenden, scharf hervorragenden Kielen versehen. Mündung parallel mit der Axe, ziemlich kreisrund, innen bräunlich-weiss. Mundsaum doppelt, der innere einfach, scharf, kurz vorgestreckt, der äussere zusammenhängend, wenig am vorletzten Umgange anliegend, dort etwas schmäler, übrigens rechtwinklig breit abstehend, strahlenförmig wellig gefaltet, indem ein jeder Kielstreifen des Hauptumganges in eine nach aussen gezogene Falte ausläuft. Höhe 11—13''', grösster Durchmesser 15, kleiner 10'''.

Deckel nicht eingesenkt, von Schalensubstanz, mit schnell zunehmenden, am Rande lamellenförmig hoch erhobenen Windungen.

Aufenthalt: auf der Insel Jamaica. (Aus der Gruner'schen Sammlung.)

70. Cyclostoma fimbriatulum Sow. Die feingefranste Kreismundschnecke.

Taf. 10. Fig. 3—5.

C. testa umbilicata, globoso-conoidea, decollata, tenui, spiraliter confertim costata, lineis longitudinalibus confertissimis subdecussata, lutescenti-albida; sutura profunda; anfr. 3½—5 rotundatis; umbilico mediocri, pervio; apertura circulari; perist. duplicato, interno vix prominente, externo limbum latissimum, continuum, ad anfractum penultimum subemarginatum, radiatim plicato-undulatum formante.

Cyclostoma fimbriatulum Sow. in Tank. cat. App. p. VIII.
— — Sow. Spec. Conch. f. 136
— Reeve Conch. syst. t. 183. f. 5.
— — Sow. Thesaur. p. 132. t. 28. f. 145. 146.
Choanopoma fimbriatulum Pfr. in Zeitschr. f. Mal. 1847. p. 107.
Turbo Lincina Chemn. IX. P. 2. p. 54. t. 123. f. 1060 a?
Annularia fimbriata Schumacher p. 196?

Gehäuse genabelt, kuglig-kegelförmig mit abgestossener Spitze, dünnschalig, zart, mit fadenförmig erhobenen, ziemlich dichtstehenden Spirallinien umzogen, über welche sehr dichtstehende, feine Längslinien hinüberlaufen, durchscheinend, gelblichweiss. Umgänge 3½—5, stark gewölbt, schnell an Breite zunehmend, die Spiralfurchen an der Basis des letzten etwas stärker und entfernter. Nabel ziemlich weit, ganz durchgehend. Mündung parallel zur Axe, kreisrund, innen glänzend, mit durchscheinenden Streifen. Mundsaum doppelt, der innere scharf, kaum hervorragend, der äussere einen wagerecht abstehenden, breiten, strahlig gefalteten, am Rande welligen, an der kurzen Berührungsstelle mit dem vorletzten Umgange wenig ausgeschnittenen Saum bildend. Höhe 6—7‴, grösster Durchmesser 8—10‴.

Deckel nicht eingesenkt, von Schalensubstanz, mit schnell zunehmenden, nach innen glatten, nach aussen scharf berandeten Windungen. (Sowerby.)

Aufenthalt: auf der Insel Jamaika. (Aus der Gruner'schen Sammlung.)

71. Cyclostoma scabriculum Sow. Die schärfliche Kreismundschnecke.

Taf. 10. Fig. 6—8.

C. testa umbilicata, conoideo-globosa, subdecollata, tenui, costulis spiralibus et lineis longitudinalibus elevatis argute reticulata, fulvido-albida, punctis fuscis multiseriatis ornata; anfr. 4 - 4½ rotundatis, ultimo circa umbilicum mediocrem, pervium distinctius et remotius spiraliter sulcato; apertura circulari; perist. duplicato, interno brevi, externo limbum tenuem, undique late expansum, ad anfractum penultimum emarginatum, fusco-radiatum, subundulatum formante.

Cyclostoma scabriculum Sow. Thesaur. p. 133. t. 28. f. 147.

Choanopoma scabriculum Pfr. in Zeitschr. f. Malakoz. 1847. p. 107.

Gehäuse genabelt, kegelförmig-kuglig, sehr dünnschalig, durchscheinend, bräunlich weisslich, mit vielen in unterbrochene Linien gestellten, braunen Punkten geziert, durch nahestehende erhobene Längs- und Spirallinien scharf gegittert. Gewinde kurz kegelförmig, mit wenig abgestossener Spitze. Umgänge 4—4½, stark gewölbt, allmälig zunehmend, der letzte in der Nähe des mittelmässig engen, durchgehen den Nabels breiter und stärker spiralisch gefurcht. Mündung parallel zur Axe, kreisrund. Mundsaum doppelt, der innere scharf, kurz vorstehend, der äussere einen sehr dünnen, breiten, wagerecht abstehenden, an der Berührungsstelle mit dem vorletzten Umgange ausgeschnittenen, braunstrahligen, wellenrandigen Saum bildend. Höhe 5''', Durchmesser 7'''.

Deckel nicht eingesenkt, von Schalensubstanz, mit schnell zunehmenden scharf und breit vorstehend berandeten Windungen (als wenn einzelne Trichter in einander steckten).

Aufenthalt: auf der Insel Jamaica. (Aus meiner Sammlung.)

72. Cyclostoma latilabre Orb. Die breitgelippte Kreismundschnecke.

Taf. 10. Fig. 26. 27.

C. testa perforata, ovato-oblonga, decollata, tenuiuscula, laevigata, diaphana, hyalino-albida; anfr. 4 convexis, ultimo basi spiraliter et obsolete subsulcato; apertura verticali, ovali; perist duplicato, interno subexpanso, haud prominente, externo subincrassato, angulatim late reflexo, marginibus ad anfractum penultimum callo angusto angulatim junctis, columellari medio in angulum dilatato.

Cyclostoma latilabris Orb. cub. I. p. 255. t. 21. f. 12.
— latilabrum Sow. Thesaur. p. 131. t. 31. f. 281.

Gehäuse durchbohrt, eiförmig-länglich, mit abgestossener Spitze, ziemlich dünnschalig, glatt, glänzend, durchscheinend, alabasterweisslich. Umgänge 4, gewölbt, allmälig zunehmend, der letzte an der Basis neben dem engen, doch durchgehenden Nabelloche mit einigen undeutlichen Spiralfurchen versehen. Mündung scheitelrecht, oval. Mundsaum doppelt, der innere etwas ausgebreitet, nicht vorstehend, der äussere etwas verdickt, breit wagerecht abstehend, etwas zurückgebogen, die beiden Ränder am vorletzten Umgange durch Callus winklig verbunden, der Spindelrand dicht unter dem Nabel schmal, gewölbt zurückgeschlagen, dann plötzlich in einen nach links stark abstehenden Winkel verbreitert. Länge 13''', Durchmesser 8'''.

Deckel unbekannt.

Aufenthalt: im Innern von Cuba. (Orb.) — Aus der Gruner-schen Sammlung. Obgleich das von d'Orbigny abgebildete Exemplar mehr kuglig ist, als das vorliegende, so ist doch nicht zu bezweifeln, dass dieses zu derselben Art gehört.

73. Cyclostoma Gruneri Pfr. Gruner's Kreismundschnecke.

Taf. 10. Fig. 28. 29.

C. testa perforata, ovato-oblonga, decollata, tenuissima, spiraliter confertim et subtiliter striata, lineis longitudinalibus confertissimis sub lente decussata, pallidissime cornea; anfr. 4 convexis, ultimo infra peripheriam interrupte fusco-cingulato, juxta perforationem apertam fusco-maculato; sutura mediocri, subsimplice; apertura subcirculari; perist. duplicato, interno recto, acute porrecto, externo limbum latum, concaviusculum, ad anfractum penultimum interruptum, utrinque confertim et radiatim striatum formante.

Cyclostoma Gruneri Pfr. in Zeitschr. f. Malakoz. 1846. März p. 47.

Gehäuse durchbohrt, eiförmig-länglich, mit abgestossener Spitze, sehr dünnschalig und zart, weisslich-blasshornfarbig, mit sehr feinen, dichtstehenden, wenig erhobenen, etwas welligen Spirallinien umgeben und mit noch feineren, noch viel dichter stehenden Längslinien unter der Lupe gekreuzt. Umgänge 4, mässig gewölbt, allmälig zunehmend, durch eine wenig tiefe, hin und wieder mit unregelmässigen, weissen Knötchen besetzte Naht verbunden, der letzte unter der Mitte mit einer unterbrochenen braunen Linie umgeben und neben dem engen, nicht durchgehenden Nabelloch meist mit einem braunen Fleck bezeichnet. Mündung parallel mit der Axe. Mundsaum doppelt, der innere einfach, scharf, besonders nach rechts ziemlich weit gerade vorstehend, der äussere breit wagerecht abstehend, sehr dünn, an der Berührungsfläche mit dem vorletzten Umgange fast unterbrochen, gleich unterhalb dieser geöhrt-zurückgeschlagen, übrigens etwas concav, beiderseits dicht strahlig gestreift. Länge 10''', Durchmesser 5'''.

Deckel unbekannt.

Aufenthalt: in Honduras. (Sammlung des Herrn Konsul Gruner zu Bremen.)

74. Cyclostoma Humphreyanum Pfr. Humphrey's Kreismundschnecke.

Taf. 10. Fig. 9—11.

C. testa profunde rimata, ovato-conica, saepe decollata, tenui, laevigata, nitida, albida, fusco-taeniata et substrigata; sutura profunda, simplice; anfr. 4—6 convexis, regulariter accrescentibus; apertura subcirculari; perist. duplicato, interno breviter porrecto, flavo, externo horizontaliter late expanso, ad anfractum penultimum angustato, margine supero et sinistro dilatato-protractis.

Cyclostoma Humphreysianum Pfr. in Malak. Zeitschr. 1846. März. p. 41.
— pictum Sow. Thesaur. p. 142. t. 28. f. 157. 158.
Cistula picta Humphr. mss. ined. (ex Sow.)

Gehäuse tief nabelritzig, oval-kegelförmig, dünnschalig, glatt, glänzend, weisslich, mit braunen, flammigen Bändern und Striemen geziert. Gewinde kegelförmig, mit spitzlichem, meist abgestossenem Wirbel. Umgänge 4—6, sehr gewölbt, stark absetzend, regelmässig zunehmend, der letzte mit seiner Basis etwas vortretend. Mündung daher etwas schief, unten weiter von der Axe entfernt, ziemlich kreisrund. Mundsaum doppelt, der innere gerade, kaum merklich vorragend, gelblich, der äussere breit und flach wagerecht abstehend, glänzend weiss oder gelb, undeutlich concentrisch gestreift, an der Berührungsfläche mit dem vorletzten Umgange verschmälert, nach oben und links winklig verbreitert. Länge 9—11''', Durchmesser 5—6'''.

Deckel unbekannt.

Aufenthalt: auf der Insel Jamaica. (Aus der Gruner'schen Sammlung.)

75. Cyclostoma thysanoraphe Sow. Die fransennähtige Kreismundschnecke.

Taf. 10. Fig. 16—18. Taf. 13. Fig. 28. 29.

C. testa rimato-perforata, oblongo-conica, decollata, longitudinaliter confertim plicato-striata, sericina, castanea, coerulescenti-nebulosa; anfr. 4 convexis, ultimo basi producto; sutura albo confertim dentato-crenata; apertura obliqua, subcirculari; perist. duplicato, interno recto, breviter porrecto, externe utrinque albo, late expanso, superne angulatim producto, ad anfractum penultimum angustato. — Operculum terminale, testaceum, anfractibus rapide crescentibus, oblique striatis.

Cyclostoma thysanoraphe Sow. Thesaur. p. 143. t. 28. f. 162. 163.

Gehäuse tief nabelritzig, fast durchbohrt, länglich-kegelförmig mit abgestossener Spitze, der Länge nach sehr dicht faltenstreifig, seideglänzend, kastanienbraun, hin und wieder bläulich schimmernd, bisweilen mit dunkleren Binden. Umgänge 4, gewölbt, regelmässig zunehmend, der letzte mit seiner Basis vortretend. Naht sehr zierlich mit dichtstehenden, weissen Kerbzähnchen besetzt. Mündung etwas schief, fast kreisrund. Mundsaum doppelt, der innere scharf, kurz vorragend, der äussere wagerecht ausgebreitet, beiderseits milchweiss, ziemlich gleichbreit, am vorletzten Umgange schmal ausgeschnitten, nach oben winklig vorgezogen. Länge 9—10''', Durchmesser 5—6'''.

Deckel nicht eingesenkt, von Schalensubstanz, mit sehr rasch zunehmenden schief gestreiften Windungen und etwas vertieftem braunem Kern.

Aufenthalt: auf den Antillen und in Demerara. (Sow.) — Aus meiner Sammlung.

76. Cyclostoma quaternatum Lam. Die viergewundene Kreismundschnecke.

Taf. 10. Fig. 12. 13.

C. testa rimato-perforata, ovato-oblonga, decollata, tenuiuscula, longitudinaliter subtilissime costulato-striata, lineis transversis subdecussata, fulvido-albida; sutura albo-marginata, confertissime denticulata; anfr. 4 convexiusculis, ultimo breviter soluto, dorso carinato, prope rimam distinctius spiraliter sulcato; apertura oblique elliptica, intus pallide fulvescente; perist. continuo, recto, subincrassato, marginibus angulatim junctis, columellari subdilatato.

Cyclostoma quaternata Lam. 16. p. 147. ed. Desh. 15. p. 358.
— — Delessert recueil t. 29. f. 3.
— quaternatum Sow. Thesaur. p. 149. t. 128. f. 178. 179.

Gehäuse geritzt-durchbohrt, länglich-eiförmig mit abgestossener Spitze, ziemlich dünnschalig, durch dichtstehende Längs- und etwas entferntere Spirallinien leicht gegittert, bräunlich-weiss. Naht weiss, sehr dicht und scharf gezähnelt, ziemlich flach. Umgänge 4, wenig gewölbt, langsam zunehmend, der letzte vorn etwas abgelöst, auf dem Rücken gekielt, an der Basis etwas stärker spiralisch gefurcht. Mündung schief elliptisch, nach oben winklig, innen gelbbräunlich-weisslich. Mundsaum zusammenhängend, etwas verdickt, die Ränder oben spitzwinklig verbunden, der Spindelrand etwas verbreitert und durch die auslaufenden Spiralfurchen gezähnelt.

Deckel unbekannt.

Aufenthalt: in Afrika. (Sowerby.) — Aus der Gruner'schen Sammlung.

77. Cyclostoma plicatulum Pfr. Die gefältelte Kreismundschnecke.

Taf. 10. Fig. 14. 15. Taf. 28. Fig. 12. 13.

C. testa subperforata, oblongo-turrita, subdecollata, tenui, longitudinaliter confertim plicatula, diaphana, alba, corneo-nebulosa, fasciis latiusculis, castaneis, articulatis ornata; anfr. 6 convexis, regulariter accrescentibus, ultimo breviter soluto, rotundato, circa perforationem obsoletam spiraliter sulcato; apertura verticali, oblique elliptica; perist. simplice, vix expansiusculo, superne angulato.

Cyclostoma plicatulum Pfr. in Zeitschr. f. Malak. 1846. März. p. 48.
Chondropoma plicatulum Pfr. ibid. 1847. p. 109.

Gehäuse kaum durchbohrt, länglich-thurmförmig, mit kurz abgestossener Spitze, dünnschalig, mit dichtstehenden Längsfalten besetzt, von denen einzelne stärker erhoben und weiss sind (wohl Ueberreste früherer Mundsäume), weiss, hin und wieder mit undeutlichen hornfarbigen Flecken, mit ziemlich breiten, kastanienbraunen, gegliederten Binden. Umgänge 6, gewölbt, regelmässig zunehmend, der letzte gerundet, vorn etwas abgelöst, neben der kurzen Nabelritze mit einigen Spiralfurchen versehen. Mündung parallel mit der Axe, schief elliptisch, nach oben und unten verschmälert, innen gleichfarbig. Mundsaum einfach, kaum ein wenig ausgebreitet, die Ränder nach oben frei, winklig verbunden. Länge 10½‴. Durchmesser 5‴.

Deckel knorpelartig, dünn, mit wenigen Windungen.

Aufenthalt: bei Puerto Cabello in Venezuela. Das abgebildete Exemplar ist aus der Sammlung des Herrn Dr. v. d. Busch zu Bremen, eine etwas kleinere Var. mit schmalern Binden verdanke ich Herrn Konsul Gruner.

Bem. Diese Art ist einigen Formen des C. pictum m. ähnlich, doch durch die Längsfalten und die Mündung sehr leicht zu unterscheiden.

78. Cyclostoma obesum (Truncatella) Menke. Die angefressene Kreismundschnecke.

Taf. 10. Fig. 21—23.

C. testa subperforata, conico-oblonga, truncata, solidula, lineis elevatis elegantissime et confertim cingulata (interstitiis subtiliter transverse striatis), fulvo-lutea vel rubicunda; anfr. 4 convexiusculis, regulariter accrescentibus, ultimo antice breviter ascendente; apertura verticali, ovali; perist. subincrassato, breviter expanso, obsolete duplicato, marginibus superne angulatim junctis. — Operculum subimmersum, tenuiusculum, testaceum, paucispirum.

Truncatella obesa Menke synops. ed. 2. p. 137.
Cyclostoma obesum Pfr. in Wiegm. Arch. 1840. I. p. 253.
— — Sow. Thesaur. p. 143. t. 31. f. 278.
Chondropoma obesum Pfr. in Zeitschr f. Malak. 1847. p. 109.

Gehäuse eng durchbohrt, kegelförmig-länglich, mit abgestossener Spitze, festschalig, etwas glänzend, bräunlichgelb oder röthlich, mit ziemlich dichtstehenden, fadenförmig erhobenen Linien umgürtet, in den Zwischenräumen sehr fein gestreift. Umgänge 4, allmälig und regelmässig zunehmend, der letzte nach vorn ein wenig ansteigend, eine sehr kurze, wenig eindringende Nabelritze bildend. Mündung vertikal, oval, nach oben winklig. Mundsaum selten doppelt, meist einfach etwas verdickt, weiss, kurz, ausgebreitet, die Ränder oben winklig verbunden, der Spindelrand nach unten ein wenig hervorgezogen. Länge 7—7½'''. Durchmesser 4'''.

Deckel wenig eingesenkt, von Schalensubstanz, aber dünn, gelblich, mit wenigen Windungen, von denen die letzte sehr breit ist.

Aufenthalt: auf der Insel Cuba, in der Gegend von Matanzas!

Jüngere Exemplare haben eine lange thurmförmige Spitze von 7—8 Windungen. (Fig. 22.)

79. Cyclostoma elongatum (Turbo) Wood. Die langgestreckte Kreismundschnecke.

Taf. 10. Fig. 19. 20.

C. testa subrimata, subcylindracea, decollata, solida, costis spiralibus argute elevatis, subdistantibus munita (interstitiis confertissime longitudinaliter striatis), fulva: anfr. 4½ subaequalibus, convexis, sutura profunda, subcanaliculata separatis; apertura parvula, oblique ovali, superne angulata; perist. continuo, simplice, recto, superne breviter superstructo.

Turbo elongatus Wood suppl. t. 6. f. 10.
Cyclostoma elongatum Gray in Wood suppl. p. 36.
— — Sow. Thesaur. p. 107. t. 24. f. 64.

Gehäuse kaum nabelritzig, fast walzenförmig, nach oben etwas schlanker mit abgestossener Spitze, festschalig, röthlichgelb, mit schmalen, nicht sehr dicht stehenden, scharf erhobenen Reifen umgeben, mit sehr dichten, über die Reife hinüberlaufenden, feinen Längsstreifen bezeichnet. Umgänge 4½, sehr langsam zunehmend, die 3 letzten fast gleich, stark gewölbt, durch eine tiefe, fast rinnenartige Naht getrennt. Mündung klein, schief eiförmig, nach oben etwas winklig. Mundsaum zusammenhängend, einfach, die Ränder oben in einem etwas überbauten Winkel vereinigt, der Spindelrand an den vorletzten Umgang fest angedrückt, nach unten kaum merklich verbreitert. Länge 6½'''. Durchmesser 3'''.

Deckel unbekannt.

Aufenthalt unbekannt. (Aus der Gruner'schen Sammlung.)

Unterscheidet sich von C. obesum durch seine convexen, fast gleichbreiten Umgänge, durch die scharfen, entfernter stehenden Reife, tiefe Naht und kleine Mündung.

80. Cyclostoma Sauliae Sow. Miss Saul's Kreismundschnecke.

Taf. 10. Fig. 24. 25.

C. testa perforata, oblongo-subturrita, apice decollata, tenui, longitudinaliter confertim plicato-striata, albida, fusco substrigata et seriatim punctata; sutura submarginata; anfr. 5 rotundatis, ultimo terete; apertura subcirculari, intus concolore, nitida; perist. subduplicato, interno albo, vix prominente, expansiusculo, externo breviter expanso, prope anfractum penultimum angustato, utrinque albo-lingulato, margine dextro et basali crenulatis, albo brunneoque articulatim pictis.

Cyclostoma Sauliae Sow. Thesaur. p. 145. t. 28. f. 189.

Gehäuse durchbohrt, länglich fast thurmförmig, mit kurz abgestossener Spitze, dünnschalig, zart, weisslich mit einigen bräunlichen Striemen und undeutlich reihenweise gestellten braunen Punkten, mit einigen schwach erhobenen Quergürteln, über welche sehr dicht stehende Längsfalten hinüberlaufen. Naht hin und wieder durch unregelmässige, weisse Kerbzähnchen berandet. Umgänge 5, gewölbt, regelmässig und langsam zunehmend. Mündung scheitelrecht, ziemlich kreisrund, innen gleichfarbig, glänzend. Mundsaum doppelt, der innere etwas ausgebreitet, anliegend, nach oben kurz vorstehend, der äussere zusammenhängend, am vorletzten Umgange und noch weiter abwärts schmal, neben dieser schmalen Partie nach oben und nach links in ein ganzrandiges, weisses Plättchen verbreitert, übrigens gekerbt und sowohl innen als aussen braun und weiss gegliedert. Länge 7'''. Durchmesser 3½'''.

Deckel unbekannt.

Aufenthalt: in Westindien. (Aus der Gruner'schen Sammlung.)

81. Cyclostoma semisulcatum Sow. Die halbgefurchte Kreismundschnecke.

Taf. 11. Fig. 1. 2.

C. testa umbilicata, turbinato-depressa, solidula, superne carinis 7—8 obtuse elevatis, basi striis spiralibus confertis notata, albida, superne fusco-marmorata, infra peripheriam fascia lata castanea deorsum diluta ornata; spira brevi, subacuminata, obtusiuscula; anfr. 5 convexis, ultimo circa umbilicum latum, infundibuliformem angulato; apertura obliqua, subcirculari, intus nitida, coerulescenti-alba; perist. subincrassato, breviter expanso, albo, marginibus callo continuo angulatim junctis, columellari reflexiusculo. — Operc. corneum, crassiusculum, arctispirum, margine anfractuum elevato.

Cyclostoma semisulcatum Sow. in Proc. Zool. Soc. 1843. p. 62.
— — Sow. Thesaur. p. 124. t. 25. f. 99.
Cyclophorus semisulcatus Pfr. in Zeitschr. f. Mal. 1847. p. 108.

Gehäuse weit und offen genabelt, sehr flach kreiselförmig, festschalig, oberseits mit 7—8 stumpf erhobenen Kielen umgeben, neben der Naht und auf der Unterseite fein und dicht spiralisch gefurcht, bräunlichweiss, braun marmorirt. Gewinde flach kegelförmig mit zugespitztem Wirbel. Umgänge 5, mässig gewölbt, der letzte etwas niedergedrückt, mit einer breiten weissen Binde am Umfange und einer kastanienbraunen, nach unten verlaufenden unter dieser, unterseits weiss, neben dem weiten, perspektivischen Nabel winklig. Mündung schief zur Axe, fast kreisrund, innen bläulich-weiss, glänzend. Mundsaum etwas verdickt, kurz ausgebreitet, die Ränder durch fortlaufenden Callus oben winklig verbunden, der Spindelrand kurz zurückgeschlagen. Höhe 11‴. Durchmesser 21‴.

Deckel hornartig, dicklich, enggewunden, mit erhobenen, häutigen Rändern und Windungen.

Aufenthalt: Halbinsel Malacca. (Cuming.) — Aus meiner Sammlung.

82. Cyclostoma vittatum Sow. Die gebänderte Kreismundschnecke.

Taf. 11. Fig. 5. 6.

C. testa umbilicata, depressa, subdiscoidea, solidiuscula, oblique confertim striata, albida, fasciis castaneis distinctibus 10—14 ornata; spira brevissima, submucronata; anfr. 5 convexis; summis lineis spiralibus confertis subdecussatis, ultimo magno, subdepresso; umbilico latissimo, perspectivo; apertura obliqua, ovali, intus fulva, fuscofasciata; perist. albicante, breviter reflexo, marginibus fere contiguis, callo albo subemarginato junctis, dextro superne repando.

Cyclostoma vittatum Sow. Spec. Conch. f. 91—94.
— — Reeve Conch. syst. t. 185. f. 22.
— — Sow. Thesaur. p. 112. t. 25 f. 89. 90.
Cyclophorus vittatus Pfr. in Zeitschr. f. Mal. 1847. p. 108.

Gehäuse weit und offen genabelt, fast scheibenförmig niedergedrückt, dünnschalig, doch fest, schräg fein gestreift, weisslich, mit 10—14 violettbraunen Binden geziert. Gewinde sehr wenig erhoben, mit zugespitztem, oft abgestossenem Wirbel. Umgänge 5, mässig gewölbt, die obern mit feinen, gedrängten Spirallinien undeutlich gegittert, der letzte breit, etwas niedergedrückt. Mündung ziemlich diagonal zur Axe, schief oval, innen gelbroth, mit durchscheinenden Binden. Mundsaum weiss, kaum zurückgeschlagen, die Ränder sehr genähert, durch einen kurzen, mondförmig ausgerandeten Callus verbunden, der rechte oberhalb ausgebuchtet, der linke etwas breiter zurückgeschlagen. Höhe 10½'''. Durchmesser 20'''.

Deckel unbekannt.

Aufenthalt: Madagascar. (Caldwell, Sowerby.) Aus der Gruner'schen Sammlung.

83. Cyclostoma albicans Sow. Die weissliche Kreismundschnecke.

Taf. 11. Fig. 13. 14.

C. testa late umbilicata, depresso-globosa, laevigata, lineis spiralibus et obliquis obsolete notata, nitidiuscula, alba; spira late conoidea, obtusa; anfr. 5 convexis;

summis distincte concentrice sulcatis, ultimo subinflato; apertura ovali; perist. continuo, brevissime adnato, incrassato-expanso, margine dextro antrorsum arcuato, columellari prope umbilicum subinfundibuliformem angulatim protracto.

Cyclostoma albicans Sow. Spec. Conch. P. II. f. 104. 105.
— — Sow. Zool. of capt. Beechey's voyage p. 146. t. 38. f. 30.
— — Sow. Thesaur. p. 118. t. 26. f. 110—112.

Gehäuse mässig weit und durchgehend genabelt, etwas gedrückt-kuglig, festschalig, glatt, mit schwachen, spiralischen und schrägen Linien weit und undeutlich gegittert, mattglänzend, weiss, hin und wieder bräunlich angelaufen. Gewinde flach kegelförmig, mit stumpflichem, glattem Wirbel. Umgänge 5, gewölbt, die oberen deutlich und dicht concentrisch gestreift, der letzte ziemlich bauchig. Mündung klein, wenig schief zur Axe, innen weiss, glänzend, in der Tiefe rothgelb, fast eiförmig. Mundsaum zusammenhängend, den vorletzten Umgang kaum berührend, oben winklig, der rechte Rand verdickt, etwas zurückgeschlagen, nach vorn bogig verbreitert, der linke einfach, nahe unter der Einfügungsstelle winklig hervorgezogen. Höhe 12‴. Durchmesser 18‴.

Deckel unbekannt.

Aufenthalt: auf den Inseln der Südsee. (Aus der Gruner'schen Sammlung.)

84. Cyclostoma calcareum Sow. Die kalkweisse Kreismundschnecke.

Taf. 11. Fig. 11, 12.

C. testa umbilicata, globoso-conica, solida, spiraliter confertim sulcata, opaca, cretacea; spira conica, apice acuminata, subretusa; anfr. 5½ convexis, rapide accrescentibus, ultimo ventroso; umbilico mediocri, pervio; apertura obliqua, subcirculari; perist. continuo, undique expanso, ad anfractum penultimum subemarginato.

Cyclostoma calcareum Sow. Thesaur. p. 118. t. 26. f. 113.
— sulcata Lam. 4. p. 144. ed. Desh. p. 354.
— — Delessert. recueil t. 29. f. 9.

Gehäuse ziemlich eng und durchgehend genabelt, kuglig-kegelförmig, ziemlich festschalig, mit starken ziemlich nahestehenden Rippen regelmässig umgeben, fast glanzlos, undurchsichtig, kalkweiss. Gewinde kegelförmig, mit feinem, spitzlichem Wirbel. Umgänge 5½, stark gewölbt, ziemlich rasch zunehmend, der letzte bauchig, meist mit feineren Spiralrippen zwischen den stärkern, doch neben dem Nabel wieder einfach und gleichmässig gerippt. Mündung wenig schief zur Axe, fast kreisrund, innen weiss. Mundsaum zusammenhängend, an der kurzen Berührungsstelle mit dem vorletzten Umgange etwas mondförmig ausgeschnitten, übrigens ringsum ziemlich weit ausgebreitet, der linke Rand kaum bemerklich zurückgeschlagen. Höhe 12½''', Durchmesser 16½'''.

Deckel unbekannt.

Aufenthalt unbekannt. (Aus der Gruner'schen Sammlung.)

85. Cyclostoma validum Sow. Die starke Kreismundschnecke.

Taf. 11. Fig. 9. 10. Taf. 16. Fig. 15. 16.

C. testa umbilicata, depresso-turbinata, crassiuscula, laevigata, superne obsolete multicarinata, castanea, strigis luteis obliquis, fulguratis elegantissime variegata; spira conoidea, obtusa; anfr. 5 convexis, ultimo basi excentrice striato; apertura obliqua, subcirculari, intus coerulescenti-alba; perist. incrassato-subreflexo, marginibus callo tenui angulatim junctis, columellari libero, dilatato-reflexo.

Cyclostoma validum Sow. in Proc. Zool. Soc. 1842. p. 82.
— — Sow. Thesaur. p. 123. t. 27. f. 132. 133.
Cyclophorus validus Pfr. in Zeitschr. f. Malak. 1847. p. 107.

Gehäuse eng und durchgehend genabelt, niedergedrückt-kreiselförmig, dickschalig, oberseits mit vielen schwachen, fädlichen Kielen versehen, kastanienbraun, mit in Zickzack laufenden goldgelben Striemen und Linien marmorirt. Gewinde kegelförmig, mit stumpfem Wirbel. Umgänge 5, gewölbt, der letzte unterseits fast einfarbig, vom Nabel aus strahlig gestreift. Mündung etwas schief zur Axe, fast kreisrund, innen bläulich schimmernd. Mundsaum etwas verdickt-zurückgeschlagen, die Ränder ziemlich weit von einander abstehend, durch dünnen

Callus verbunden, der linke stark bogig geschwungen, über dem Nabel stark verdickt und breit zurückgeschlagen. Höhe 13''', Durchmesser 20'''.

Deckel hornartig, dünn, enggewunden, mit lamellenartigem Rande der Windungen.

Aufenthalt: auf den Philippinischen Inseln Luzon, Leyte, Samar und Mindanao gesammelt von Hugh Cuming. (Aus meiner Sammlung.)

86. Cyclostoma asperum Potiez et Mich. Die rauhe Kreismundschnecke.

Taf. 11. Fig. 3. 4.

C. testa umbilicata, subgloboso-conica, solida, spiraliter confertim sulcata, striis incrementi subdecussata, fulvida; spira conoidea, subretusa; anfr. 5 convexis, summis pallidis, ultimo ad peripheriam fascia albida et infra hanc fascia fusca cincto; apertura subcirculari, intus brunnea; perist. expanso, albo, marginibus approximatis, callo subemarginato junctis, columellari dilatato, reflexo.

Cyclostoma asperum Potiez et Mich. gal. de Douai I. p. 233. t. 23. f. 15. 16.
— Harveyanum Sow. Spec. Conch. f. 210.
— — Reeve Conch. syst. t. 184. f. 13.
— — Sow. Thesaur. p. 128. t. 30. f. 250.

Gehäuse ziemlich eng und durchgehend genabelt, kuglig-kreiselförmig, ziemlich dünnschalig, mit nahestehenden erhobenen Spiralreifen umgeben, durch die Anwachsstreifen oberseits undeutlich, unterseits deutlicher gegittert, schmutzig weiss, bräunlich angelaufen, mit einer schmalen, braunen Binde unter der Mitte des letzten Umganges. Gewinde kegelförmig, mit etwas abgestutztem Wirbel. Umgänge 5, gewölbt, die oberen weisslich. Mündung etwas schief zur Axe, fast kreisrund, innen bräunlich. Mundsaum ausgebreitet, weiss, die Ränder genähert, durch mondförmig ausgeschnittenen Callus verbunden, der linke etwas verbreitert, zurückgeschlagen. Höhe 10''', Durchmesser 14'''.

Deckel unbekannt.

Aufenthalt: auf Madagascar. (Potiez und Michaud.) — Aus der Gruner'schen Sammlung.

Bemerk. Dem C. fulvescens Sow. (Nr. 30) sehr nahe verwandt.

87. Cyclostoma flexilabrum Sow. Die gewundenlippige Kreismundschnecke.

Taf. 11. Fig. 7. 8.

C. testa subobtecte perforata, globoso-conoidea, solida, longitudinaliter rugato-striata, nitida, fulva; spira conica, apice obtusiuscula; anfr. $4\frac{1}{2}$—5 convexis, ultimo albo et fulvo variegato, lineis castaneis cingulato, inflato; apertura subcirculari, intus concolore; perist. subexpanso, incrassato, marginibus disjunctis, dextro angulato-flexuoso, columellari fornicatim reflexo, appresso, perforationem fere claudente.

Cyclostoma flexilabrum Sow. Thesaur. p. 130. t. 31. f. 258. 259.

Gehäuse geritzt oder verschlossen genabelt, kuglig-kegelförmig, dünn-, doch festschalig, glatt, glänzend, gelbroth. Gewinde kegelförmig, mit stumpflichem, feinem Wirbel. Umgänge $4\frac{1}{2}$—5, gewölbt, der letzte etwas runzelstreifig, mit undurchsichtigen weissen Striemen marmorirt, ausserdem mit einer breiten, weissgelben Binde unter der Mitte und mehreren braunrothen Linien umwunden. Mündung wenig schief zur Axe, innen fast ebenso gefärbt, fast kreisrund. Mundsaum etwas verdickt, die Ränder genähert, durch dünnen Callus verbunden, der rechte von der Einfügungsstelle an stark zurücktretend, dann winklig vorwärts und nach unten abermals zurückgebogen, der Spindelrand stark bogig geschweift, mit einem gewölbten, dünnen Plättchen den Nabel beinahe oder ganz verschliessend. Höhe 6''', Durchmesser $7\frac{1}{2}$'''.

Deckel unbekannt.

Aufenthalt: auf Madagascar. (Powis, Sowerby.) Aus der Gruner'schen Sammlung.

88. Cyclostoma Chemnitzii (Turbo) Wood. Chemnitz's Kreismundschnecke.

Taf. 12. Fig. 32. 33.

C. testa perforata, ovato-conica, decollata, solida, laevigata, albida, fascia 1 lata fusca (vel 4 interruptis) ornata; anfr. 4—5 convexis, ultimo circa perforationem angustam sulcis nonnullis spiralibus exarato; apertura oblique ovali; perist. subduplicato, interno tenui, non prominente, externo breviter expanso, continuo, marginibus angulatim junctis, supero et columellari plicato-auriculatis.

Turbo Chemnitzii Wood suppl. t. 6. f. 6.
Cyclostoma Chemnitzii Gray in Wood suppl. p. 36.
— — Sow. Thesaur. p. 141. t. 28. f. 155. 156.

Gehäuse durchbohrt, eiförmig-conisch, mit abgestossener Spitze, ziemlich festschalig, glatt, glänzend, weisslich, mit einer breiten braunen Binde (oder auch nach Sowerby mit 4 unterbrochenen) umgeben. Umgänge 4—5, gewölbt, regelmässig zunehmend, der letzte um das fein eindringende, nicht durchgehende Nabelloch mit einigen Spiralfurchen bezeichnet. Mündung vertical, schief oval. Mundsaum undeutlich gedoppelt, der innere dünn, nicht vorragend, der äussere schmal rechtwinklig abstehend, die Ränder oben winklig verbunden, ein etwas gedrehtes Oehrchen bildend, der Spindelrand neben dem Nabelloche gewölbt zurückgeschlagen, dann in ein seitlich etwas verbreitertes Plättchen übergehend. Länge 7''', Durchmesser 4'''.

Deckel von Schalensubstanz, mit wenigen, gestreiften Umgängen.

Aufenthalt: im südlichen Africa. (Sowerby.) — Aus der Gruner'schen Sammlung.

89. Cyclostoma Cumingii Sow. Cuming's Kreismundschnecke.

Taf. 12. Fig. 1—3.

C. testa late umbilicata, depressa, subdiscoidea, spiraliter confertim sulcata, albida, epidermide olivaceo-fusca fasciatim cincta vel strigata; spira vix elevata, submucronata, rubicunda; anfr. 5—6 convexiusculis, ultimo subdepresso, medio obsolete angulato; apertura obliqua, ovali, superne angulata, intus margaritacea; perist. simplice, subincrassato, marginibus approximatis, callo tenui junctis, columellari valde arcuato. — Operc. corneum, tenue, spirale, anfr. plurimis, margine fimbriato.

Cyclostoma Cumingii Sow. in Proc. Zool. Soc. 1832. p. 32.
— — Müller synops. p. 37.
— Lam. ed. Desh. 30. p. 367.
— Sow. Spec. Conch. f. 187—189.
— Reeve Conch. syst. t. 185. f. 19.
— Sow. Thesaur. p. 108. t. 24. f. 68. 69.
— striata Lea observ. I. teste Férussac in Bull. zool. 1835. p. 101.
Cyclophorus Cumingii Pfr. in Zeitschr. f. Mal. 1847. p. 108.

Gehäuse weit und offen genabelt, fast scheibenförmig niedergedrückt, dünnschalig, mit feinen, dichtstehenden Spiralfurchen umzogen, weisslich, mit einer in schmalen Binden oder in strahligen Striemen vertheilten olivenbraunen Oberhaut theilweise bekleidet. Gewinde sehr wenig erhoben, nach dem etwas zugespitzten Wirbel röthlich. Umgänge 5—6, mässig gewölbt, schnell an Breite zunehmend, der letzte etwas niedergedrückt, am Umfange undeutlich winklig. Mündung schief zur Axe stehend, oval, nach oben winklig, innen perlglänzend. Mundsaum einfach, gerade, kaum etwas verdickt, die Ränder genähert, durch dünnen Callus verbunden, der linke stark gekrümmt, der rechte weit überragend. Höhe 5‴, Durchmesser 10‴. (Das abgebildete Exemplar.) Das von Sowerby abgebildete (Fig. 1 unserer Tafel) hat die doppelte Grösse.

Deckel hornartig, dünn, enggewunden, die Windungen am Rande gefranst (Sowerby).

Aufenthalt: auf der Insel Tumaco im westlichen Columbien entdeckt von Hugh Cuming. (Aus der Gruner'schen und meiner Sammlung.)

90. Cyclostoma stramineum Reeve. Die strohgelbe Kreismundschnecke.

Taf. 12. Fig. 6. 7.

C. testa umbilicata, depressa, subdiscoidea, tenui, diaphana, straminea, oblique confertissime plicato-striata: striis ab umbilico latiusculo, pervio exorientibus, diagonaliter antrorsum assurgentibus; spira vix elevata, obtuse mucronulata; anfr. 4½ convexis, juxta suturam rugulosis, ultimo subdepresso; apertura subcirculari, superne subangulata; perist. simplice, recto, marginibus approximatis, callo tenui angulatim junctis. — Operculum testaceum, album, multispirale.

Cyclostoma stramineum Reeve in Proc. Zool. Soc. 1843. p. 46.
— — Sow. Thesaur. p. 93. t. 29. f. 211. 212.
Aperostoma stramineum Pfr. in Zeitschr. f. Mal. 1847. p. 104.

Gehäuse ziemlich weit und offen genabelt, fast scheibenförmig niedergedrückt, dünnschalig, durchscheinend, strohgelb, mit dichtstehenden, von der Basis nach vorn sehr schief aufsteigenden Faltenstreifen und sehr feinen, gedrängten Längslinien bezeichnet. Gewinde sehr wenig erhoben, mit stumpflichem, kaum hervorragendem, bisweilen rosenrothem Wirbel. Umgänge 4½, gewölbt, an der ziemlich eingedrückten Naht runzlig, der letzte etwas niedergedrückt. Mündung fast parallel zur Axe, ziemlich kreisrund, oben ein wenig winklig, innen matt perlschimmernd. Mundsaum einfach, gerade vorgestreckt, die Ränder sehr genähert, durch einen sehr kurzen am vorletzten Umgange anliegenden Callus verbunden, der linke kaum merklich ausgebreitet. Höhe 5½—6‴. Durchmesser 10—12‴.

Deckel von Schalensubstanz, weiss, mit vielen Windungen. (Reeve.)

Aufenthalt: bei Merida im westlichen Columbien. (Aus der Gruner'schen Sammlung.) Auch von Puerto Cabello durch Dr. Tams gesandt.

91. Cyclostoma distomella Sow. Die 2lippige Kreismundschnecke.

Taf. 12. Fig. 4. 5. Taf. 28. Fig. 14. 15.

C. testa umbilicata, depressiuscula, suborbiculari, striatula, sublaevigata, fuscescenti-albida, superne saepe brunneo-marmorata; spira brevi, obtusiuscula; anfr. 4½ —5 convexis, ultimo infra peripheriam fascia castanea cincto, antice fere soluto; umbilico lato, perspectivo; apertura subcirculari; perist. continuo, duplicato, interno brevi, recto, externo subexpanso, superne angulato.

Cyclostoma distomella Sow. Thesaur. p. 114. t. 25. f. 94.
— papua Quoy et Gaim. Astrol. II. p. 185. t. 12. f. 23—26.
Valvata hebraica Less. voy. p. 347. t. 13. f. 8?

Gehäuse ziemlich weit und offen genabelt, niedergedrückt, fast scheibenförmig, ziemlich festschalig, schief fein gestreift, fast glatt, matt glänzend weisslich-gelb, oberseits oft braun marmorirt. Gewinde wenig erhoben mit stumpflichem Wirbel. Umgänge 4½—5, gewölbt, der letzte unter der Mitte mit einer scharf begränzten, kastanienbraunen Binde umgeben, nach vorn etwas abgelöst. Mündung kreisrund, innen etwas perlglänzend. Mundsaum zusammenhängend, doppelt, der innere kurz, scharf, der äussere kurz ausgebreitet, den vorletzten Umgang kaum berührend, die Ränder winklig verbunden, der rechte etwas überragend. Höhe 6''', Durchmesser 11'''.

Deckel unbekannt.

Aufenthalt: Neu Guinea (nach einem von Herrn Largilliert in Rouen empfangenen Exemplar.) Ebendaher das auf Taf. 28. Fig. 14. 15 dargestellte Exemplar der Philippischen Sammlung, welches Herr Largilliert als Cycl. papua sandte.

Anmerk. Obwohl Lesson seiner Valvata hebraica, (welche unzweifelhaft ein Cyclostoma ist) ein einfaches Peristom zuschreibt, so glaube ich doch nach der Abbildung und nach dem gemeinschaftlichen Vaterlande, dass diese beiden Arten zusammenfallen, und in dem Falle müsste der Lesson'sche Name vorangestellt werden; auch scheint es mir, dass Cycl. papua Quoy et Gaim. von jenen nicht verschieden ist.

92. Cyclostoma nitidum Sow. Die glänzende Kreismundschnecke.

Taf. 12. Fig. 27.—29. Taf. 16. Fig. 10.

C. testa perforata, globoso-conica, tenui, oblique striatula, nitida, pellucida, albida, strigis, flammis et fasciis fuscis ornata; spira conoidea, acutiuscula; anfr. 5 convexis, ultimo rotundato, angustissime perforato; apertura obliqua, lunato-circulari; perist. simplice, acuto, breviter expanso, marginibus disjunctis, columellari subdilatato-patente, medio angulatim protractiusculo.

Cyclostoma nitidum Sow. in Proc. Zool. Soc. 1843. p. 60.
— — Reeve Conch. syst. t. 183. f. 2.
— — Sow. Thesaur. p. 133. t. 29. f. 225—227.
Leptopoma nitidum Pfr. in Zeitschr. f. Mal. 1847. p. 108.

Gehäuse sehr eng durchbohrt, kuglig-kegelförmig, dünnschalig, fein schräggestreift, glänzend, durchsichtig, weisslich, einfarbig oder mit gelben oder braunen Striemen, Flammen und Binden geziert. Gewinde kegelförmig, mit spitzlichem Wirbel. Umgänge 5, gewölbt, rasch zunehmend, der letzte gerundet. Mündung schief zur Axe, fast kreisrund mit einem kleinen Ausschnitt durch den vorletzten Umgang. Mundsaum einfach, schmal ausgebreitet, die Ränder nicht vereinigt, der Spindelrand nach oben etwas verbreitert abstehend, in der Mitte nach links etwas winklig hervorgezogen. Höhe 4—10‴. Durchmesser 5—11‴.

Deckel dünn, hornartig, spiral. (Sowerby.)

Aufenthalt: auf den Philippinischen Inseln Guimaras und Zebu gesammelt von Hugh Cuming. (Aus meiner Sammlung.)

Variirt sehr in der Grösse und steht dem C. immaculatum Chemn. sehr nahe. Von einigen Varietäten dieses letztern ist es vielleicht nur durch den mangelnden Kiel, von C. perlucidum Grat. hauptsächlich durch das viel engere Nabelloch unterschieden.

Anm. Diese Art dürfte vielleicht mit C. Massenae Less. zusammenfallen.

93. Cyclostoma luteostomum Sow. Die orangemündige Kreismundschnecke.

Taf. 12. Fig. 21—23.

C. testa perforata, globoso-conica, tenui, lineis spiralibus subelevatis, distantibus cincta, pellucida, albida vel fulvida; spira conica; anfr. 5 convexis, ultimo ventroso; apertura obliqua, subcirculari; perist. angulatim reflexo; patente, aurantiaco, marginibus approximatis, callo tenui junctis, columellari subangulatim dilatato.

Cyclostoma luteostoma, Sow. in Proc. Zool. Soc. 1843. p. 62.
— — Sow. Thesaur. p. 135. t. 30. f. 228. 229.
Leptopoma luteostoma, Pfr. in Zeitsch. f. Mal. 1847. p. 108.

Gehäuse offen durchbohrt, kuglig-kegelförmig, dünnschalig, durchsichtig, weisslich oder theilweise röthlich-gelb, mit ziemlich entfernten, sehr flach erhobenen, feinen Linien umgeben und zwischen diesen unter der Lupe sehr fein und dicht spiralisch gefurcht. Gewinde kegelförmig, mit spitzem Wirbel. Umgänge 5, konvex, der letzte bauchig. Mündung etwas schief zur Axe, fast kreisrund. Mundsaum einfach, scharf, rechtwinklig abstehend, etwas umgeschlagen, orangefarbig, die Ränder einander fast berührend, durch dünnen Callus verbunden, der Spindelrand in der Mitte nach links winklig verbreitert. Höhe 4‴. Durchmesser 5‴.

Deckel: dünn, hornartig, enggewunden (Sowerby).

Aufenthalt: auf der Philippinischen Insel Guimaras gesammelt von Hugh Cuming. (Aus meiner Sammlung.)

94. Cyclostoma undulatum Sow. Die wellennähtige Kreismundschnecke.

Taf. 12. Fig. 24—26.

C. testa umbilicata, globoso-conica, solida, undique spiraliter sulcata (sulcis subaequalibus), fulvido-cornea, fascia 1 castanea infra peripheriam cincta; spira conica, acutiuscula; anfr. 5 convexis, juxta suturam undulato-plicatis; umbilico angusto, vix pervio; apertura obliqua, subcirculari, intus fusca, albo et castaneo fasciata; perist. simplice, recto, marginibus angulatim junctis columellari subincrassato-dilatato.

Cyclostoma undulatum, Sow. Thesaur. p. 99. t. 23. f. 29. 30.
— — Pfr. in Zeitschr. f. Malak. 1846. p. 31.

Gehäuse sehr eng, kaum durchgehend genabelt, kuglig-kegelförmig, festschalig, bräunlich-fleischfarben, mit einer schmalen, braunen Binde unter der Mitte des letzten Umganges, überall dicht und gleichmässig spiralisch gefurcht. Gewinde kegelförmig, spitzlich. Umgänge 5, gewölbt, dicht an der mässig vertieften Naht wellenförmig gefaltet. Mündung etwas schief zur Axe, fast kreisrund, nach oben etwas winklig, innen glänzend, mit braunen und weissen Binden. Mundsaum gerade, einfach, die Ränder winklig vereinigt, der Spindelrand etwas verdickt-verbreitert. Höhe 4'''. Durchmesser 5'''. (Exemplar der Grunerschen Sammlung.) — Höhe 7'''. Durchmesser 7½. (Nach Sowerby's Abbildung; vgl. Fig. 33 unsrer Tafel.)

Deckel unbekannt.

Aufenthalt; in Bengalen nach Sowerby. (Aus der Grunerschen Sammlung.)

Ich habe a. a. O. die Vermuthung ausgesprochen, dass diese Art wohl identisch seyn könnte mit C. fimbriata Lam., und dass die Abbildungen von Delessert und Quoy und Gaimard, welche als C. fimbriata Lam. gelten sollen, eher zur folgenden Art gehören möchten.

95. Cyclostoma Listeri Gray. Lister's Kreismundschnecke.

Taf. 12. Fig. 30. 31. Taf. 30. Fig. 34. 35.

C. testa subobtecte perforata, globoso-conica, crassa, laevigata, nitida, carneoalbida unicolore vel fusco-unifasciata; spira conica, apice obtusiuscula; cornea; anfr. 5 convexis, ultimo obsolete angulato, basi spiraliter sulcato; apertura subcirculari, intus fulvida; perist. simplice, recto, marginibus disjunctis, callo tenui angulatim junctis, columellari dilatato-reflexo, perforationem saepe omnino claudente.

Cyclostoma Listeri, Gray ined.
— — Sow. in Proc. Zool. Soc. 1843. p. 31.
— Sow. Thesaur. p. 98. t. 23. f. 22. 23.
— Pfr. in Zeitschr. f. Malak. 1846. Febr. p. 30.
— fimbriata, Quoy et Gaim. voy. de l'. Astrol. II. p. 188. t. 12. f. 31—35.
— Delessert recueil. t. 29. f. 12.
— Philippi, Grat. Act. Bord. XI. p. 446. t. 3. f. 21?

Gehäuse mehr oder weniger bedeckt durchbohrt, kuglig-kegelförmig, dickschalig, schwer, glatt, glänzend, fleischfarbig-weisslich oder bräunlichgelb mit einer schmalen braunen Binde. Gewinde kegelförmig, mit stumpflichem, hornbraunem Wirbel. Umgänge 5, mässig gewölbt, der letzte am Umfange undeutlich gekielt, an der Basis spiralisch gefurcht.

Mündung fast kreisrund, oben etwas winklig, innen bräunlichgelb, glänzend. Mundsaum einfach, gerade, scharf, die Ränder getrennt, durch sehr dünnen Callus vereinigt, der Spindelrand verbreitert, kurz zurückgeschlagen, das Nabelloch bisweilen ganz verschliessend. Höhe 5½—6‴. Durchmesser 5½—6‴.

Deckel unbekannt.

Aufenthalt: auf der Insel Moritz (Sowerby).

Wenn diese Art mit C. Philippi Grat. zusammenfällt, so hat der Grateloupsche Name die Priorität (Taf. 30. Fig. 34. 35 ist Kopie von Quoy's C. fimbriata zur Vergleichung).

96. Cyclostoma Guimarasense Sow. Die Kreismundschnecke von Guimaras.

Taf. 12. Fig. 8. 9.

C. testa umbilicata, subgloboso-conoidea, tenuiuscula, substriata, castanea, luteo maculata et ad suturam articulata; spira brevi, acutiuscula; anfr. 5 convexis, ultimo superne costis nonnulis obtusis angulato, ad peripheriam carinato, basi convexo, unicolore, saturate brunneo; umbilico angusto, vix pervio; apertura subcirculari, intus submargaritacea; perist. tenuiusculo, intus albo, breviter expanso, marginibus approximatis, columellari perarcuato, subreflexo.

Cyclostoma Guimarasense, Sow. Thes. p. 131. t. 31. f. 274. 275.

Leptopoma Guimarasense, Pfr. in Zeitschr. f. Malak. 1847. p. 109.

Gehäuse eng und kaum durchgehend genabelt, kuglig-kegelförmig, ziemlich dünnschalig, schräg gestreift, matt glänzend, kastanienbraun mit feinen gelben Flecken und grösseren schrägen Flammen an der Naht. Gewinde niedrig, kegelförmig, mit spitzlichem Wirbel. Umgänge 5, gewölbt, die beiden letzten oberseits mit einigen stumpf vorragenden Kielstreifen und unter der Lupe mit feinen Spirallinien umgeben, der letzte am Umfange ziemlich scharf gekielt, unterseits gewölbt, einfarbig dunkler braun. Mündung schief zur Axe, fast kreisrund, innen perlschimmernd. Mundsaum dünn, innen mit einer bläulichweissen Lippe belegt, schmal ausgebreitet, die Ränder getrennt, doch ziemlich nahe zusammenkommend, der Spindelrand stark bogig, etwas zurückgeschlagen. Höhe 6‴. Durchmesser 8‴.

Deckel unbekannt.

Aufenthalt: auf den Philippinischen Inseln Guimaras gesammelt von Hugh Cuming. (Aus meiner Sammlung.)

97. Cyclostoma turbinatum Pfr. Die kreiselförmige Kreismundschnecke.

Taf. 13. Fig. 17. 18.

T. testa umbilicata, depresso-turbinata, solidiuscula, spiraliter confertissime striata et obsolete pluricarinata, fulvida, fascia rufo-tessellata ad suturam mediocrem cincta; spira conoidea, apice acuta, cornea; anfr. 6 convexis, subangulatis, ultimo basi subplanulato; umbilico mediocri, pervio; apertura obliqua, subcirculari; perist. albo, duplicato, interno breviter porrecto, externo breviter expanso, marginibus angulatim junctis, supero antrorsum dilatato.

Cyclostoma turbinatum, Pfr. in Zeitschr. für Malak. 1846. März. p. 38.
— helicoides, Sow. in Proc. Zool. Soc. 1843. p. 65.
— helicoide, Sow. Thesaur. p. 127. t. 30. f. 245. 246.
Cyclophorus turbinatus, Pfr. in Zeitschr. f. Mal. 1847. p. 108.

Gehäuse genabelt, niedergedrückt-kreiselförmig, ziemlich festschalig, mit gedrängten Spirallinien und einigen stärker, fast kielartig vortretenden Streifen umgeben, schmutzigweiss oder bräunlich mit einer gewürfelten rothbraunen Fleckenbinde an der mässig vertieften Naht. Gewinde konoidal, mit spitzem, hornfarbigem Wirbel. Umgänge 6, ziemlich schnell an Breite zunehmend, gewölbt, etwas winklig, der letzte unterseits etwas abgeplattet. Nabel mittelmässig, durchgehend. Mündung schief zur Axe, ziemlich kreisrund. Mundsaum weiss, zusammenhängend, doppelt, der innere scharf, kurz vorstehend, der äussere schmal umgeschlagen, die Ränder oben winklig verbunden aber durch eine feine Rinne getrennt der obere etwas überragend. Höhe $4^1/_4'''$. Durchmesser $7'''$.

Deckel dünn, hornartig, enggewunden. (Sowerby.)

Aufenthalt: auf der Philippinischen Insel Bohol gesammelt von Hugh Cuming. (Aus der Gruner'schen Sammlung.)

Der Name musste verändert werden wegen C. helicoides Grat.

98. Cyclostoma parvum Sow. Die kleine Kreismundschnecke.

Taf. 13. Fig. 15. 16.

C. testa umbilicata, orbiculato-turbinata, tenuiuscula, striatula, obsolete 4—5 carinato, fulvescenti-albida, fusco radiatim strigata; spira turbinata, acutiuscula, cornea; anfr. 5—6 convexis, ultimo subdepresso, circa umbilicum infundibuliformem carina distinctiore munito; apertura obliqua, subcirculari; perist. subsimplice, recto, marginibus callo brevi, subemarginato, junctis, dextro autrorsum arcuato, prominente.

Cyclostoma parvum, Sow. in Proc. Zool. Soc. 1843. p. 66.
— — Sow. Thesaur. p. 101. t. 31. f. 254. 255.

Gehäuse genabelt, breit kreiselförmig, ziemlich dünnschalig, schräg gestreift, mit mehreren stumpfen Kielstreifen umgeben, braungeblich oder weisslich mit strahligen, bisweilen unterbrochenen braunen Striemen. Gewinde kreiselförmig mit spitzem, hornartigem Wirbel. Umgänge 5—6, gewölbt, der letzte etwas niedergedrückt, unterseits den trichterförmigen Nabel mit einem etwas deutlichern Kiel begränzend. Mündung schief, ziemlich kreisrund. Mundsaum fast einfach, gerade, die Ränder fast zusammenstossend, durch einen etwas ausgerandeten Callus verbunden, der obere nach vorn bogig gekrümmt, etwas überragend, der Spindelrand etwas ausgebreitet. Höhe 3½‴. Durchmesser 5‴. (Exemplare der Gruner'schen Sammlung; die Sowerby'sche Figur ist kleiner.)

Deckel hornartig, dick. (Sowerby.)

Aufenthalt: auf den Philippinischen Inseln Zebu und Panay gesammelt von Hugh Cuming. (Aus der Gruner'schen Sammlung.)

99. Cyclostoma conoideum Pfr. Die kegelförmige Kreismundschnecke.

Taf. 13. Fig. 19—21.

C. testa umbilicata, globoso-turbinata, tenui, pallide fusco et rufo marmorata et fasciata, lineis elevetis, spiralibus, carinisque 2 distinctioribus cincta; spira conica, acutiuscula; sutura profunda, subcrenata vel rufo-articulata; anfr. 4½ convexis, ultimo circa umbilicum mediocrem, subinfundibuliformem distinctius sulcato; apertura subcirculari, intus concolore, nitida; perist. acuto, tenui, expansiusculo, marginibus subcontiguis, callo brevi angulatim junctis. — Operculum testaceum, albidum, anfr. 5 margine obtuse elevatis.

Cyclostoma conoideum, Pfr. in Zeitschr. f. Malakozool. 1846. März. p. 44.
— spurcum, Sow. in Proc. Zool. Soc. 1843. p. 60.
— — Sow. Thesaur. p. 99. t. 24. f. 75. 76.
Tropidophora conoidea, Pfr. in Zeitschr. f. Mal. 1847. p. 107.

Gehäuse genabelt, kuglich-kreiselförmig, dünnschalig, hellbräunlich mit rothbraunen Striemen und Flecken, mit feinen, schärflichen Spirallinien und 2 deutlicheren Kielen umgeben. Gewinde kegelförmig mit spitzlichem Wirbel. Naht ziemlich tief, etwas gekerbt oder rothbraun gegliedert. Umgänge 4½, gewölbt, der letzte unter dem scharfen Mittelkiele mit einer schmalen, rothbraunen Binde umgeben, rings um den engen, nach aussen fast trichterförmigen Nabel tiefer gefurcht. Mündung fast scheitelrecht, ziemlich kreisrund, innen gleichfarbig, glänzend. Mundsaum einfach, dünn, kaum merklich ausgebreitet, die Ränder am vorletzten Umgange fast zusammenstossend, durch einen schmalen Callus winklig verbunden. Höhe 3¾‴. Durchmesser 4½‴.

Deckel tief eingesenkt, von Schalensubstanz, nach aussen konkav, ziemlich enggewunden, mit ungefähr 5 Umgängen, deren Rand durch eine stumpf erhobene Leiste bezeichnet ist.

Aufenthalt: auf den Sechelleninseln (Sowerby), Isle de France. (Menke.) — Aus der Gruner'schen und Menke'schen Sammlung.

Sehr nahe verwandt mit C. ortyx Val.

100. Cyclostoma laevigatum Webb et Berth. Die geglättete Kreismundschnecke.

Taf. 13. Fig. 13. 14. 22. 23.

C. testa subperforata, ovato-conica, solidiuscula, spiraliter et confertim sulcata, nitidula, albida, fusco-fasciata vel rufa, albo-fasciata; spira brevi, conica, apice obtusiuscula; anfr. 4 vix convexis, ultimo ventroso; sutura squamoso-crenata; apertura ovali, intus concolore, nitida; perist. simplice, recto, albo, marginibus approximatis, callo tenui angulatim junctis, columellari, subincrassato, subreflexo.

Cyclostoma laevigatum, Webb et Berthelot in Annales des sciences nat. XXVIII. p. 322.
— Sow. Thesaur. p. 107. t. 24. f. 62. 63.
— Canariense, d'Orbigny canar. p. 76. t. 2. f. 30.

Gehäuse eng durchbohrt, eiförmig-konisch, ziemlich festschalig, mit gleichförmigen, ziemlich dichtstehenden Spiralfurchen umzogen, matt glänzend, weisslich, einfarbig oder mit schmalen bräunlichen Binden oder auch braunroth mit einigen weissen Binden. Gewinde kurz, kegelförmig, mit stumpflichem Wirbel. Umgänge 4, sehr wenig gewölbt, rasch zunehmend, der letzte bauchig. Naht unregelmässig schuppig-gekerbt. Mündung fast parallel mit der Axe, rundlich-oval, innen gleichfarbig, glänzend. Mundsaum einfach, gerade, weiss, die Ränder sehr genähert, am vorletzten Umgange durch dünnen Callus winklig verbunden, der Spindelrand kaum merklich verdickt und zurückgeschlagen. Länge 7'''. Durchmesser 4¼'''.

Deckel spiralisch, mit wenigen leicht schief gestreiften Windungen.

Aufenthalt: auf der Insel Teneriffa, bei der Stadt Santa Cruz. (Webb und Berthelot.) — Aus meiner Sammlung.

101. Cyclostoma minus Sow. Die sehr kleine Kreismundschnecke.

Taf. 17. Fig. 9—11.

C. testa subimperforata, ovato-oblonga, tenuissima, laevigata, nitida, lutescenti-hyalina; spira ovata, apice obtusa; anfr. 5 turgidis, supremis costulatis, penultimo latissimo; apertura verticali, subcirculari; perist. albo; breviter expanso, marginibus fere contiguis, columellari medio angulatim dilatato.

Cyclostoma minus, Sow. in Proc. Zool. Sow. 1843. p. 65.
— — Sow. Thesaur. p. 153. t. 249.

Gehäuse fast undurchbohrt, eiförmig-länglich, sehr dünnschalig, zerbrechlich, glatt, glänzend, gelblich-glashell. Gewinde eiförmig mit stumpflichem kleinem Wirbel. Umgänge 5, aufgetrieben, die obersten fein längsrippig, der vorletzte der breiteste. Mündung fast parallel mit der Axe, ziemlich kreisrund. Mundsaum weiss, scharf, in rechtem Winkel schmal abstehend, die Ränder einander fast berührend, der Spindelrand nach links etwas winklig vorstehend. Länge fast 3'''. Durchmesser 1¼'''. (Sowerby's Figur vergrössert, aber das natürliche Maass nicht angegeben worden.)

Deckel unbekannt.

Aufenthalt: auf der Philippinischen Insel Panay gesammelt von Cuming. (Aus meiner Sammlung.)

Eine sehr abnorm gebildete Art, welche durch ihre Gestalt sehr an manche Pupinen erinnert, und von Sowerby ganz an das Ende der Gattung gestellt wird.

102. Cyclostoma gibbum Fér. Die bucklige Kreismundschnecke.

Taf. 17. Fig. 4—6.

C. testa umbilicata, irregulariter conico-inflata, tenuiuscula, longitudinaliter confertim costulato-striata, carneo-cinerascente; spira regulari, elongato-conica, apice aurantiaca, obtusiuscula; sutura profunda, simplice; anfr. 6 convexissimis, ultimo latere gibboso-inflato; prope aperturam constricto, antice angustiore; umbilico excentrico, angustissimo, vix pervio; apertura obliqua, subcirculari; perist. duplicato, interno breviter porrecto, externo breviter expanso, juxta umbilicum emarginato.

Cyclostoma gibbum, Fér. ined. (teste Eydoux.)
— — Eydoux in Guér. mag. 1838. t. 117. f. 1.
— — Sow. Thesaur. p. 139. t. 30. f. 247. 248.
Cyclophorus gibbus, Pfr. in Zeitschr. f. Mal. 1847. p. 108.

Gehäuse genabelt, unregelmässig kugelig-kegelförmig, ziemlich dünnschalig, mit sehr dichtstehenden feinen Rippenstreifchen der Länge nach besetzt, glanzlos, aschgrau in's Fleischfarbene spielend. Gewinde regelmässig, lang-kegelförmig mit rothgelbem, stumpflichem Wirbel. Naht tief und einfach. Umgänge 6, stark gerundet, der letzte seitlich aufgeblasen, nach vorn stark zusammengeschnürt, dann bis zur Mündung sich wieder allmälig erweiternd. Nabel eng, kaum durchgehend, wegen der aufgeblasenen letzten Windung weit ausser der Mitte liegend. Mündung schief zur Axe, kreisrund. Mundsaum doppelt, der innere kurz und scharf vorstehend, der äussere schmal wagerecht abstehend, am vorletzten Umgange etwas unterbrochen, nach links etwas winklig verbreitert. Höhe $4\frac{3}{4}'''$. Durchmesser $5\frac{1}{2}'''$.

Deckel rund, hautartig, nicht enggewunden. (Eydoux.)

Aufenthalt: in den Höhlen der Marmorberge bei Teuranne in Cochinchina. (Aus der Gruner'schen Sammlung.)

103. Cyclostoma strangulatum Hutton. Die eingeschnürte Kreismundschnecke.

Taf. 17. Fig. 7. 8.

C. testa late umbilicata, depressa, subdiscoidea, tenui, subtilissime costulato-striata, corneo-hyalina; spira vix elevata, obtusiuscula; anfr. 4 convexis, ultimo latere gibboso-inflato, prope aperturam strangulato, antice angustato; apertura obliqua, circulari; perist. simplice, albo, subincrassato-expansiusculo, marginibus approximatis, callo junctis. — Operculum immersum, membranaceum, arctispirum.

Cyclostoma strangulatum, Hutt. (teste Dr. v. d. Busch.)
— — Pfr. in Zeitschr. f. Mal. 1846. Jun. p. 86.
Cyclophorus strangulatus, Pfr. ibid. 1847. p. 108.

Gehäuse weit und offen genabelt, niedergedrückt, fast scheibenförmig, dünnschalig, zerbrechlich, sehr fein rippenstreifig, durchsichtig, hell hornfarbig, fast glashell. Gewinde wenig erhoben, gewölbt, mit stumpflichem, feinem Wirbel. Umgänge 4, gewölbt, der letzte nach der Seite höckrig-aufgeblasen, dann eingeschnürt, von da bis zur Mündung sich wieder allmälig erweiternd. Mündung schief zur Axe, kreisrund. Mundsaum einfach, weiss, etwas verdickt, kaum ausgebreitet, die Ränder sehr genähert, durch Callus verbunden. Höhe 1⅓‴. Durchmesser 2¼‴.

Deckel eingesenkt, hautartig, gelblich, enggewunden.

Aufenthalt: in Bengalen. (Aus meiner Sammlung.)

104. Cyclostoma acuminatum Sow. Die zugespitzte Kreismundschnecke.

Taf. 13. Fig. 11. 12.

C. testa perforata, turrito-conica, tenuiuscula, oblique striatula, diaphana, nitida, albicante; spira elongata, acuminata, apice fuscula; anfr. 6½ convexiusculis, ultimo rotundato, infra medium carinato; apertura perobliqua, truncato-ovali; perist. acuto, expanso, marginibus disjunctis, columellari superne subdilatato, reflexiusculo, basi angulatim subincrassato.

Cyclostoma acuminatum, Sow. in Proc. Zool. Soc. 1843. p. 65.
— — Sow. Thesaur. p. 138. t. 30. f. 235.
Leptopoma acuminatum, Pfr. in Zeitschr. f. Mal. 1847. p. 108.

Gehäuse eng durchbohrt, gethürmt-kegelförmig, ziemlich dünnschalig, schief gestreift, durchscheinend, glänzend, weisslich. Gewinde hoch kegelförmig, mit hornfarbigem, stumpflichem Wirbel. Umgänge 6½, mässig gewölbt, der letzte gerundet und unter der Mitte ziemlich scharf gekielt. Mündung sehr schief zur Axe, abgestutzt-eiförmig, innen gleichfarbig. Mundsaum scharf, umgeschlagen, innen mit einer weissen Lippe belegt, die Ränder ziemlich entfernt, der obere weit überragend, der Spindelrand nach oben etwas verbreitert und zurückgekrümmt, dann nach links etwas winklich verbreitert. Höhe 6½‴. Durchmesser 6‴.

Deckel unbekannt.

Aufenthalt: bei San Juan auf der Insel Luzon gesammelt von H. Cuming. (Aus der Gruner'schen Sammlung.)

105. Cyclostoma virgatum Sow. Die Band-Kreismundschnecke.

Taf. 13. Fig. 1—7.

C. testa vix subperforata, turrito-conica, tenuiuscula, laevigata, lutescente vel albida, lineis castaneis, fasciaque 1 latiore infra peripheriam cingulata; spira turrita, obtusiuscula; anfr. 6 convexis; apertura subcirculari, intus concolore; perist. acuto, expanso, marginibus disjunctis, columellari subdilatato-reflexo.

Cyclostoma virgatum, Sow. Thesaur. p. 130. t. 29. f. 152.

Gehäuse kaum merklich durchbohrt, gethürmt-kegelförmig, ziemlich dünnschalig, glatt, mit einigen kaum erhobenen Spirallinien, gelblich oder weiss, oder mit beiden Farben schattirt, mit braunen Linien und einer etwas breitern kastanienbraunen Binde unter der Mitte des letzten Umganges geziert. Gewinde hoch kegelförmig mit stumpflichem Wirbel. Umgänge 6, mässig gewölbt. Mündung fast parallel mit der Axe, ziemlich kreisrund, innen gleichfarbig. Mundsaum scharf, kurz ausgebreitet, die Ränder genähert, aber nicht verbunden, der Spindelrand etwas verbreitert zurückgeschlagen. Länge 9½‴. Durchmesser 5½‴. (Taf. 13. Fig. 1—4.)

Deckel von Schalensubstanz, mit wenigen quer wellenstreifigen Windungen. (Sowerby.)

Varietät: orangefarbig mit einer kastanienbraunen Binde und 3 braunen Linien, wovon 1 an der Naht, die beiden andern an der Basis verlaufen. Gewinde etwas kürzer kegelförmig. Länge 8‴. Durchmesser 5‴. (Taf. 13. Fig. 5—7.)

Aufenthalt: der Hauptform unbekannt. Die Varietät habe ich einst von Madame Dupont in Paris mit der Angabe: von Madagascar, erhalten.

106. Cyclostoma Goudotianum Sow. Goudot's Kreismundschnecke.

Taf. 13. Fig. 8—10.

C. testa umbilicata, globoso-conica, tenui, laevigata, spiraliter tenerrime striata, diaphana, fulvo-lutea, castaneo 1—3 fasciata; spira conoidea, obtusiuscula; anfr. 5 convexis, ultimo inflato, basi et in umbilico mediocri sulcis spiralibus argute exarato;

apertura subcirculari, intus concolore, perist. tenui, undique expanso, marginibus subdisjunctis, columellari reflexiusculo.

Cyclostoma Goudotiana, Sow. Thesaur. p. 130. t. 29. f. 193.

Gehäuse eng und durchgehend genabelt, kuglich-kegelförmig, dünnschalig, ziemlich glatt, sehr fein und nicht sehr dicht spiralisch gestreift, durchscheinend, gelblich in's Bräunliche spielend, mit 1—3 breiten, kastanienbraunen Binden umwunden. Gewinde breit kegelförmig mit stumpflichem Wirbel. Umgänge 5, gewölbt, der letzte ziemlich aufgeblasen, um den Nabel und in demselben scharf spiralisch gefurcht. Mündung fast parallel mit der Axe, etwas länglich-kreisrund, innen gleichfarbig. Mundsaum dünn, schmal ausgebreitet, die Ränder nicht völlig zusammenstossend, der Spindelrand etwas verdickt nnd zurückgeschlagen, durch die auslaufenden Furchen gezähnelt. Höhe 7‴. Durchmesser 8½‴.

Deckel unbekannt.

Aufenthalt: von Natal durch Dr. Krauss gebracht. (Sowerby.) Das abgebildete Exemplar der Menke'schen Sammlung trägt die Bezeichnung: von Ostindien.

107. Cyclostoma insigne Sow. Die ausgezeichnete Kreismundschnecke.

Taf. 12. Fig. 19. 20.

C. testa perforata, subconoidea, tenuissima, membranacea, sericina, corneo-olivacea; spira conica, acuta, anfr. 5 convexis, summis laevigatis, 2 ultimis oblique striatis, superne 4-carinatis, ultimo maximo, ad peripheriam acute carinato, basi inflato, infra peripheriam carinis 2 parum prominentibus cincto; apertura lunato-rotundata; intus submargaritacea; perist simplice, undique breviter reflexo, marginibus distantibus, columellari albido, subdilatato, umbilicum angustissimum semioccultante.

Cyclostoma insigne, Sow. in Proc. Zool. Soc. 1843. p. 62.

— — Sow. Thesaur. p. 138. t. 30. f. 232.

Leptopoma insigne, Pfr. in Zeitschr. f. Mal. 1847. p. 108.

Gehäuse sehr eng durchbohrt, breit kegelförmig, sehr dünnschalig, zerbrechlich, papierartig, durchsichtig, seidenglänzend, hornfarbig-olivengrün. Gewinde konisch, absetzend, mit spitzem Wirbel. Umgänge 5, gewölbt, die obersten glatt, die 2 letzten schräg gestreift und oberseits mit 4 deutlichen, ziemlich erhobenen Kielen umgeben, der letzte viel breiter, am Umfange scharf gekielt, unterseits gewölbt und mit 2 weniger erhobenen Kielen versehen. Mündung fast rund, mit einem kleinen Ausschnitte, innen perlartig glänzend. Mundsaum einfach, rings schmal zurückgeschlagen, die Ränder ziemlich weit von einander abstehend, der Spindelrand weisslich, oben etwas verbreitert, das enge Nabelloch halb verbergend. — Höhe 5½‴. Durchmesser 7½‴. (Exemplar der Gruner'schen Sammlung! Das von Sowerby abgebildete hat 7‴ Höhe und 9½‴ Durchmesser.

Deckel dünn, hornartig. (Sowerby.)

Aufenthalt: bei Calapan auf der Philippinischen Insel Mindoro, gesammelt von H. Cuming. (Aus meiner Sammlung.)

108. Cyclostoma brasiliense Sow. Die brasilische Kreismundschnecke.

Taf. 12. Fig. 13—15.

C. testa late umbilicata, depressa, subdiscoidea, tenui, rugoloso-striata, opaca, alba; spira breviter elevata, mucronulata; anfr. 4—5 convexis, rapide accrescentibus, ultimo depresso, antice dilatato; umbilico lato, pervio; apertura subcirculari; perist. recto, acuto, marginibus breviter disjunctis, callo nitido junctis.

Cyclostoma brasiliense, Sow. Spec. Conch. P. II. f. 8.
— — Sow. in Zool. of. Beech. voy. p. 147. t. 38. f. 32.
— Sow. in Proc. Zool. Soc. 1843. p. 29.
— Sow. Thesaur. p. 92. t. 23. f. 7.
— planorbulum, Sow. Conch. Man. ed. II. f. 530?
Aperostoma brasiliense, Pfr. in Zeitschr. f. Mal. 1847. p. 104.

Gehäuse sehr weit und offen genabelt, niedergedrückt, scheibenförmig, dünnschalig, fein runzelstreifig, glanzlos, weiss. Gewinde sehr wenig erhaben, mit vorragendem, spitzlichem Wirbel. Umgänge 4—5, gewölbt, sehr schnell an Breite zunehmend, der letzte niedergedrückt, nach vorn sich schneller erweiternd. Mündung fast parallel mit der Axe, kreisrund. Mundsaum einfach, gerade, scharf, die Ränder beinahe zusammenstossend, durch glänzenden Callus verbunden. Höhe 3‴. Durchmesser 6‴. (Exemplare der Gruner'schen und meiner Sammlung. Das von Sowerby abgebildete Exemplar — Fig. 14 unsrer Tafel — ist doppelt so gross.)

Deckel etwas eingesenkt, kalkartig, sehr eng gewunden, nach aussen etwas konkav.

Aufenthalt: bei Rio Janeiro in Brasilien.

109. Cyclostoma suturale Sow. Die rinnige Kreismundschnecke.

C. testa late umbilicata, discoidea, tenuiuscula, striatula, olivaceo-cornea; spira vix emersa; sutura profunda, canaliculata, marginata; anfr. 3—4 convexiusculis, juxta suturam linea distincta, impressa notatis, ultimo subdepresso, breviter descendente; apertura circulari; perist. continuo, superne subangulato, simplice, recto, margine dextro superne antrorsum subarcuato.

Cyclostoma suturale, Sow. in Proc. Zool. Soc. 1843. p. 29.
— — Sow. Thesaur, p. 91. t. 23. f. 1. 2.
Aperostoma suturale, Pfr. in Zeitschr. f. Mal. 1847. p. 104.

Gehäuse sehr weit und flach genabelt, scheibenförmig niedergedrückt, ziemlich dünnschalig, fein gestreift, olivengrün-hornfarbig. Gewinde flach, mit oft abgestossenem, kurzem, spitzem Wirbel. Umgänge 3—4, wenig gewölbt, neben der tiefen, rinnenförmigen Naht mit einer eingedrückten Linie berandet, der letzte etwas niedergedrückt, nach vorn kurz herabsteigend und abgelöst. Mündung wenig schief zur Axe, kreisrund. Mundsaum zusammenhängend, einfach, gerade, nach oben etwas winklig, der rechte Rand etwas bogig hervorgezogen. Höhe 2‴. Durchmesser $5^1/_2$‴.

Deckel enggewunden. (Sowerby.)

Aufenthalt: an schattigen Orten in Demerara gesammelt von Bambridge. (Aus der Gruner'schen Sammlung.)

110. Cyclostoma rufescens Sow. Die braunrothe Kreismundschnecke.

Taf. 12. Fig. 16—18.

C. testa umbilicata, orbiculato-convexiuscula, tenui, diaphana, rufescente vel albida, lineis argute elevatis, confertis cincta, 3—5 majoribus, nodosis; spira breviter elevata, submucronata; anfr. 5 convexis, angulosis, ultimo circa umbilicum mediocrem, pervium acutius carinato; apertura subverticali, circulari; perist. simplice, acuto, superne angulato, anfractui penultimo breviter adnato. — Operculum membranaceum, pallide corneum, arctispirum.

Cyclostoma rufescens, Sow. in Proc. Zool. Soc. 1843. p. 60.
— — Sow. Thesaur. p. 94. t. 24. f. 36. 37.
Cyclophorus rufescens, Pfr. in Zeitschr. f. Mal. 1847. p. 108.

Gehäuse genabelt, flach-konvex, dünnschalig, durchscheinend, glanzlos, braunröthlich oder schmutzig weiss, mit ziemlich nahe stehenden, scharf erhobenen Spirallinien umgürtet, von denen 3—5 stärker und wellenförmig knotig sind. Gewinde flach kegelförmig erhoben, mit spitzlichem Wirbel. Umgänge 5, gewölbt, eckig, durch eine tiefe, rinnenförmige Naht getrennt, der letzte um den mittelmässig weiten, offenen Nabel mit einigen schärferen Kielen umgürtet. Mündung fast parallel mit der Axe, kreisrund, innen glänzend. Mundsaum einfach, gerade, scharf, den vorletzten Umgang wenig berührend, die Ränder oben etwas winklich verbunden, der rechte etwas vorstehend. Höhe 4½'''. Durchmesser 7½'''. Deckel etwas eingesenkt, hautartig dünn, blass hornfarbig, mit sehr engen Windungen.

Aufenthalt: auf der Insel Martinique. (Powis, Petit.) — Aus meiner Sammlung.

111. Cyclostoma lucidum Lowe. Die goldschimmernde Kreismundschnecke.

Taf. 13. Fig. 26. Vergr. Fig. 27.

C. testa rimata, globoso-conica, solidula, striata, lucida, olivaceo-cornea; spira conica, acutiuscula; anfr. 5 convexis, ultimo obsolete angulato, basi inflato, rimam subarcuatum, vix incisam formante; apertura circulari; perist. simplice, obtuso. — Operculum crassiusculum, arctispirum, rutilum, nitidum.

Cyclostoma lucida, Lowe in Transact. of the Cambridge phil. Soc. IV. 1833. p. 11. t. 6. f. 40.
— — Lam. ed. Desh. 36. p. 369.
— lucidum, Sow. Thesaur. p. 97. t. 23. f. 20. 21.
Valvata mucronata, Menke synops. ed. II. p. 139?
Craspedopoma lucidum, Pfr. in Zeitschr. f. Mal. 1847. p. 111.

Gehäuse ungenabelt, kuglich-kegelförmig, ziemlich festschalig, schräg fein gestreift, glänzend, grünlich-hornfarbig. Gewinde kegelförmig, mit spitzlichem, oft schwärzlichem Wirbel. Umgänge 5, gewölbt, allmälig zunehmend, der letzte am Umfange undeutlich winklig, unterseits gerundet, eine flache, etwas bogige Ritze bildend. Mündung fast parallel mit der Axe, kreisrund, etwas enger als der Umfang des letzten Umganges. Mundsaum zusammenhängend, stumpf, etwas nach innen vorstehend. Höhe und Durchmesser 2½—2¾‴.

Deckel in der Mündung liegend, selbst vorragend, ziemlich dünn, kirschbraun, glänzend, sehr enggewunden, nach innen nahe am Rande einer scharf-erhobenen, in die Mündung einpassenden Leiste versehen.

Aufenthalt: in feuchten Wäldern der Insel Madera. (Aus meiner Sammlung.)

112. Cyclostoma ventricosum Orb. Die dickbauchige Kreismundschnecke.

Taf. 17. Fig. 20. 21.

C. testa umbilicata, oblongo-ovata, apice decollata, crassa, laevigata, carnea; anfr. 5 convexis, rapide accrescentibus, penultimo maximo; ultimo angustiore, juxta umbilicum angustum angulato; apertura circulari, intus fulvida; perist. continuo, expanso, incrassato, albo, anfractui penultimo breviter adnato, margine supero et columellari subangulatim dilatatis.

Cyclostoma ventricosa, d'Orbigny cub. p. 256. t. 21. f. 3.
— ventricosum, Sow. Thesaur. p. 151. t. 28. f. 183. 184.
Megalomastoma ventricosum, Pfr. in Zeitschr. f. Mal. 1847. p. 109.

Gehäuse genabelt, länglich-eiförmig, mit abgestossener Spitze, dickschalig, glatt, fleischfarbig. Umgänge 5, konvex, die oberen rasch zunehmend, der vorletzte der breiteste, der letzte verschmälert, um das enge, aber offne und tief eindringende Nabelloch gekantet, mit der Basis etwas über die Axe hervortretend. Mündung fast parallel mit der Axe, innen glänzend, bräunlichgelb, kreisrund. Mundsaum zusammenhängend, weiss, ausgebreitet, stark verdickt, an der kurzen Berührungsstelle mit dem vorletzten Umgange verschmälert, von da neben dem Nabel schräg und frei herabsteigend, und dann in einen verbreiterten, etwas zurückgebogenen Lappen übergehend. Länge 14‴. Durchmesser 7½‴.

Deckel enggewunden, mit lamellösem Rande der Windungen.

Aufenthalt: im Innern der Insel Cuba. (Aus der Gruner'schen Sammlung.)

Anmerk. Diese Art ist sehr veränderlich in der Gestalt; das von d'Orbigny abgebildete Exemplar ist kuglig-eiförmig.

113. Cyclostoma auriculatum Orb. Die geöhrelte Kreismundschnecke.

Taf. 17. Fig. 12—17.

C. testa perforata, ovata, superne attenuata, plerumque breviter decollata, crassiuscula, arcuatim costulato-striata, saturate violacea, superne albida, epidermide olivacea, decidua induta; anfr. 5—6 convexis, penultimo subplanulato, ultimo attenuato, basi circa perforationem subinfundibuliformem compresso; apertura subverticali, fundo castanea, perist. continuo, margine anfractum penultimum breviter tangente simplice, utrinque dilatato-auriculato, reliquis incrassato-reflexis. — Operculum tenue, corneum, arctispirum.

Cyclostoma auriculata, Orb. cub. p. 257. t. 22. f. 1. 2.
— auriculatum, Sow. Thesaur. p. 151. t. 31. f. 277.
— — Gould in Bost. Journ. IV. 4. p. 494.
— bicolor, Gould in Bost. Journ. IV. 1842. (auf d. Umschlag.)
Megalomastoma auriculatum, Pfr. in Zeitschr. f. Mal. 1847. p. 109.

Gehäuse durchbohrt, eiförmig, nach oben konisch-verschmälert, meist mit kurz abgestossener Spitze, dickschalig, der Länge nach etwas bogig rippenstreifig, dunkelviolett, nach oben weisslich, mit einer olivengrünen, abfälligen Epidermis bekleidet. Umgänge 5—6, gewölbt, der vorletzte etwas abgeplattet, der letzte schmäler, nach vorn nicht abgelöst, neben der fast trichterförmigen Durchbohrung zusammengedrückt. Mündung fast vertikal, unten etwas vortretend, kreisrund, in der Tiefe kastanienbraun. Mundsaum zusammenhängend, den vorletzten Umgang kurz berührend, dort einfach, zu beiden Seiten ohrförmig verbreitert (Oehrchen entweder gerundet: Fig. 12. 13., oder schief abgestutzt, Fig. 14, 15.), übrigens verdickt-zurückgeschlagen. Länge 12‴. Durchmesser 5¾‴.

Deckel endständig, hornartig, dünn, enggewunden.

Varietät: kleiner, mit 6½—7 Windungen und in der Regel unversehrter Spitze. Länge 11‴. Durchmesser 5½‴. (Fig. 16. 17.) — Diese erhielt ich aus dem Pariser Museum unter dem Namen C. idolum Fer., und stimmt am Genauesten mit d'Orbigny's Abbildung überein.

Aufenthalt: auf der Insel Cuba. (d'Orbigny, Gould, Gundlach!)

114. Cyclostoma alutaceum Menke. Die chagrinirte Kreismundschnecke.

Taf. 17. Fig. 18. 19.

C. testa perforata, ovato-oblonga, decollata, crassiuscula, undique impresso-punctata et ruguloso-granulata, albida, violascente; anfr. 4½ convexis, ultimo attenuato, antice soluto, deflexo, juxta perforationem subangulato-compresso; apertura subverticali, fere circulari; perist. libero, continuo, incrassato-subreflexo, superne et in margine sinistro subauriculatim dilatato.

Cyclostoma alutaceum, Menke in litt.

— — Pfr. in. Zeitschr. f. Malak. 1846. Jun. p. 85.

Megalomastoma alutaceum, Pfr. ibid. 1847. p. 109.

Gehäuse eng durchbohrt, länglich-eiförmig, mit abgestossener Spitze, ziemlich dickschalig, überall eingedrückt-punktirt und runzlig-körnig, weisslich oder mehr oder weniger gesättigt violett. Umgänge 4½, gewölbt, der letzte schmäler, nach vorn abgelöst und herabsteigend, neben der Durchbohrung etwas winklig zusammengedrückt. Mündung fast scheitelrecht, ziemlich kreisrund. Mundsaum zusammenhängend, verdickt, etwas zurückgeschlagen, den vorletzten Umgang an einem Punkte fast berührend, dort schmal, rechts oben und links fast ohrförmig verbreitert. Länge 10—11‴. Durchmesser 4½—5½‴.

Deckel wie bei dem vorigen.

Aufenthalt: auf der Insel Cuba. (Menke.) — Aus meiner Sammlung.

115. Cyclostoma tortum (Turbo) Wood. Die schiefgedrehte Kreismundschnecke.

Taf. 17. Fig. 22. 23.

C. testa rimata, ovato-oblonga, subdecollata, crassa, subtiliter striata, carneolutescente, rarius violacescente; anfr. 5—6 convexis, subirregularibus, ultimo attenuato, basi compresso-carinato; apertura subverticali, circulari; perist. perincrassato, dilatato, anfractui penultimo longe adnato, margine sinistro subauriculato, rimam umbilicalem interdum omnino claudente.

Turbo tortus, Wood. suppl. t. 26. f. 32.

Cyclostoma tortum, Gray in Wood suppl. p. 36.

— — Sow. Thesaur. p. 151. t. 28. f. 181. 182.

— torta, Lam. ed. Desh. 42. p. 372.

— — Orb. cub. p. 257.

Megalomastoma tortum, Pfr. in Zeitschr. f. Mal. 1847. p. 109.

Gehäuse bogig geritzt, länglich-eiförmig, mit kurz abgestossener Spitze, dickschalig, fein gestreift, fleischfarbig-gelblich. Umgänge 5—6, die obern gewölbt, die folgenden unregelmässig, der letzte schmaler, an der Basis zusammengedrückt-gekielt. Mündung fast scheitelrecht, unten etwas vorgezogen, kreisrund, innen gelblich. Mundsaum stark verdickt und etwas zurückgeschlagen, mit dem vorletzten Umgange in einer langen Berührungsfläche verwachsen, beiderseits fast ohrförmig verbreitert, der linke Rand zurückgeschlagen, die Nabelritze bisweilen völlig verschliessend Länge 13½‴. Durchmesser 6‴.

Deckel wahrscheinlich wie bei den vorigen.

Aufenthalt: auf der Insel Cuba. (Petit.) — Aus meiner Sammlung.

116. Cyclostoma cylindraceum (Helix) Chemnitz. Die walzenförmige Kreismundschnecke.

Taf. 17. Fig. 1—3.

C. testa arcuatim rimata, cylindraceo-attenuata, subdecollata, solida, substriata, crocea; anfr. 8 planiusculis, ultimo basi compresso; apertura subverticali, subcirculari, lutea, crocea-annulata; perist. simplice, continuo, subincrassato, superne paullulum soluto. — Operculum tenue, arctispirum.

Helix cylindracea glabra, Chemn. IX. P. 2. p. 166. t. 135. f. 1233.
— crocea, Gmel. p. 3655. N. 243.
Turbo croceus, Dillw. descr. catal. II. p. 862. N. 112.
— flavidus, Wood suppl. t. 6. f. 31.
Cyclostoma flavula, Encycl. méth t. 461. f. 6.
— — Lam. 13. p. 146 ed. Desh. p. 357.
— — Webb et Berth. synops. Canar. N. 3.
— — Desh. in Enclycl. méth. II. p. 41. N. 8.
— flavidum, Gray in Wood suppl. p. 36.
— crocea, Desh. in Lam. ed. II. p. 357.
— flavulum, Sow. Thesaur. p. 108. t. 24. f. 66. 67.
— — Sow. Conch. Man. ed. II. f. 529.
Megalomastoma flavula, Swains. Malacology p. 36.
— cylindraceum, Pfr. in Zeitschr. f. Mal. 1847. p. 109.

Gehäuse bogig geritzt, walzenförmig, nach oben verschmälert, kurz abgestossen, festschalig, bogig gestreift, röthlichgelb. Umgänge 8, fast flach, langsam zunehmend, der letzte an der Basis zusammengedrückt, bisweilen bläulich. Mündung fast scheitelrecht, ziemlich kreisrund, gelb mit goldgelbem Ringe. Mundsaum zusammenhängend, oben etwas abgelöst, gerade vorgestreckt, etwas verdickt, der linke Rand etwas buchtig ausgeschweift. Länge 17‴. Durchmesser 5¼‴.

Deckel eingesenkt, sehr dünn, hornartig, sehr enggewunden, kirschbraun, nach aussen etwas konkav.

Aufenthalt: auf den Inseln Portorico und Teneriffa. (Aus meiner Sammmlung.)

117. Cyclostoma chlorostoma Sow. Die gelbmündige Kreismundschnecke.

Taf. 14. Fig. 1—3.

C. testa perforata, cylindraceo-turrita, decollata, solida, longitudinaliter confertissime plicata, lineis impressis spiralibus decussata, violaceo-nigricante; anfr. 5 convexis, regulariter et lente accrescentibus; apertura verticali, subcirculari, intus saturate livida; perist. subduplicato, interno vix prominulo vel obsoleto, externo luteo, undique horizontaliter expanso, margine supero et basali subangulatim dilatatis.

Cyclostoma chlorostoma, Sow. Thesaur. p. 146. t. 28. f. 168.

Gehäuse durchbohrt, walzenförmig-gethürmt, mit abgestossener Spitze, festschalig, violett-schwärzlich, matt seidenglänzend, mit sehr dichtstehenden Längsfalten regelmässig besetzt und durch entfernter stehende, schwach eingedrückte Querlinien undeutlich gegittert. Umgänge 5, gewölbt, langsam und regelmässig zunehmend. Mündung parallel mit der Axe, ziemlich klein, fast kreisrund, innen dunkel bleifarbig. Mundsaum doppelt, der innere undeutlich oder auch kurz hervorragend, der äussere nach allen Seiten rechtwinklich abstehend, gelb, nach oben und nach unten und links winklich verbreitert, Länge 6‴. Durchmesser 2½‴.

Deckel unbekannt.

Aufenthalt: in Demerara gesammelt von Bainbridge. (Aus der Gruner'schen Sammlung.)

118. Cyclostoma xanthostoma Sow. Die rothgelbmündige Kreismundschnecke.

Taf. 14. Fig. 6 – 8.

C. testa aperto perforata, oblongo-turrita, decollata, solida, costis spiralibus obtusis confertim cincta, longitudinaliter confertissime undulato-striata et distanter sulcata, cinereo-rufescente; sutura profunda, subsimplice; anfr. $4\frac{1}{2}$—5 rotundatis, lente accrescentibus; apertura verticali, subcirculari, intus carnea; perist. duplicato, pallide aurantiaco, interno simplice, brevissimo, externo continuo, horizontaliter dilatato-expanso, subundulato, superne subangulato.

Cyclostoma xanthostoma, Sow. Thes. p. 144. t. 29. f. 195.

Gehäuse offen durchbohrt, länglich-thurmförmig, mit abgestossener Spitze, festschalig; glanzlos, graubräunlich, mit ziemlich nahe stehenden, stumpf erhobenen Spiralreifen umgeben, über welche eine unendliche Menge von sehr dichtstehenden, schmalen, von Zeit zu Zeit durch eine Längsfurche unterbrochenen Längsfalten wellig herablaufen. Naht tief, ziemlich einfach. Umgänge $4\frac{1}{2}$—5, gerundet, langsam und regelmässig zunehmend. Mündung parallel mit der Axe, kreisrund, innen fleischfarbig. Mundsaum doppelt, blass orangefarbig, der innere einfach, sehr kurz, kaum vorstehend, der äussere ringsum schmal, wagerecht abstehend, etwas wellig, nach oben winklig. Länge $6\frac{1}{2}'''$. Durchmesser $3\frac{1}{4}'''$.

Deckel unbekannt.

Aufenthalt: auf der Insel Jamaika: Savannah la Mar. (Aus der Gruner'schen Sammlung.)

119. Cyclostoma solidum (Truncatella) Menke. Die feste Kreismundschnecke.

Taf. 14. Fig. 4. 5.

C. testa subimperforata, subcylindracea, decollata, solida, alba, costis spiralibus, subdistantibus, planulatis, striisque longitutinalibus confertissimis munita; anfr. $4\frac{1}{2}$ convexis, lente accrescentibus, ultimo antice vix ascendente; apertura verticali, ovali; perist recto, subincrassato, superne angulato et superstructo.

Truncatella solida, Menke synops. ed. 2. p. 137.

Cyclostoma solidum, Menke in litt.

Gehäuse fast undurchbohrt, walzenförmig, nach oben etwas verschmälert, mit abgestossener Spitze, festschalig, gelblichweiss, mit ziemlich abstehenden, platten Spiralreifen umlegt, über welche dichtstehende Längslinien herablaufen. Umgänge $4\frac{1}{2}$, mässig gewölbt, langsam zunehmend, der letzte nach vorn kaum merklich aufsteigend. Mündung parallel mit der Axe, schief eiförmig. Mundsaum gerade, innen etwas verdickt, oben etwas winklig, von da nach links bis fast zur Basis der Mündung angewachsen. Länge 5'''. Durchmesser $2\frac{1}{4}'''$.

Deckel unbekannt.

Aufenthalt: unbekannt. (Aus der Menke'schen Sammlung.) Ob diese Art nicht doch vielleicht zu Truncatella gehört?

120. Cyclostoma rugulosum Pfr. Die scharfrunzlige Kreismundschnecke.

Taf. 14. Fig. 9—11.

C. testa perforata, cylindraceo-turrita, decollata, tenui, diaphana, cinerascenti-albida, costis longitudialibus, confertis rugulosa; anfr. 4 convexis, ad suturam denticulatis, ultimo subdisjuncto, dorso carinato, antice tuberculo prominente cum penultimo juncto basi spiraliter sulcato; apertura verticali, oblique ovali; perist. duplicato, interno recto, externo undique breviter expanso. — Operculum terminale, testaceum, arctispirum, margine anfractuum subelevato.

Cyclostoma rugulosum, Pfr. in Wiegm. Arch. 1839. I. p. 356.

Gehäuse durchbohrt, gethürmt-walzenförmig, mit abgestossener Spitze, dünnschalig, durchscheinend, graulichweiss, durch scharfe, feine, gedrängtstehende Längsrippen rauh. Umgänge 4, sehr konkav, stark absetzend, an der tief eingeschnittenen Naht fein gezähnt, der letzte nach vorn etwas abgelöst, auf dem Rücken gekielt und hinter dem Mundsaume durch einen verdickten Knoten mit dem vorletzten verbunden, unterseits neben dem engen, nicht durchgehenden Nabelloch mit einigen Spiralfurchen bezeichnet. Mündung parallel mit der Axe, schief eiförmig. Mundsaum doppelt, der innere kurz vorstehend, der äussere ringsum in rechtem Winkel schmal abstehend, die Ränder oben in der Nähe des Knotens etwas winklig verbunden. Länge 3—5'''. Durchmesser $1\frac{3}{4}$—$2\frac{1}{4}$'''.

Thier, sehr schlank und aschgrau.

Deckel endständig, von Schalensubstanz, enggewunden, mit etwas erhobenem äusserm Rande der Windungen.

Aufenthalt: auf der Insel Cuba! Hauptsächlich an den Ufern der Flüsse Yumuri und Canimar bei Matanzas von mir gesammelt.

Junge, noch nicht abgestossene Exemplare haben eine lange, thurmförmig ausgezogene, etwas stumpfe Spitze von 7—8 Windungen. (Fig. 9.)

121. Cyclostoma truncatum (Mus. Berol.) Rossm. Die abgestutzte Kreismundschnecke.

Taf. 14. Fig. 20. 21.

C. testa vix perforata, oblongo-turrita, decollata, tenuiuscula, lineis acute elevatis longitudinalibus et spiralibus anguste reticulata, fulvida, strigis et fasciis rufis interruptis ornata; sutura albo-crenato; anfr. 5 convexis, ultimo basi striis spiralibus majoribus sulcato; apertura verticali, oblique ovali; perist. albo, duplicato, interno non prominente, externo continuo, dilatato, expanso, superne angulato, ad anfractum penultimum subangustato. — Operculum terminale, testaceum, anfr. 3 marginibus lamellatim elevatis.

Cyclostoma truncatum, Mus. Berol. Rossm. VI. p. 49. f. 397.
— Candeana, d'Orb. cub. p. 261. t. 22. f. 15—17.
— Candeanum, Sow. Thesaur. p. 145. t. 31. f. 283. 284.
— clathratum, Gould. Bost. journ. IV. 1. 1842?

Gehäuse kaum durchbohrt, länglich-thurmförmig, mit abgestossener Spitze, ziemlich dünnschalig, durchscheinend, braungelb, mit unterbrochenen kastanienbraunen Striemen und Querlinien geziert, durch erhobene Längs- und Spirallinien, welche auf den Kreuzungspunkten ein verdicktes Knötchen bilden, eng gegittert. Naht ziemlich tief eingeschnitten, mit weissen Zähnchen in kurzen, ungleichen Zwischenräumen besetzt. Umgänge 5, gewölbt, regelmässig zunehmend, der letzte an der Basis neben der ritzenförmigen Durchbohrung mit stärkeren Spiralfurchen bezeichnet, vorn sehr kurz abgelöst. Mündung parallel mit der Axe, schief eiförmig. Mundsaum weiss, doppelt, der innere nicht hervorragend, der äussere zusammenhängend, in rechtem Winkel rings schmal abstehend, nach oben spitzwinklig verbreitert. Länge 7'''. Durchmesser 3'''.

Deckel endständig, dünn, von Schalensubstanz, mit 3 Windungen, deren Ränder hautartig und vorstehend sind.

Aufenthalt: auf der Insel Cuba! In der Umgegend von Matanzas von mir gesammelt; nach Rossmässler in Mexico.

Ich habe diese Art bisher für C. decussatum Lam. gehalten; leider ist es aber trotz Delessert's Abbildung mir noch nicht möglich gewesen, diese Art mit Bestimmtheit zu erkennen.

122. Cyclostoma Delatreanum Orb. Delatre's Kreismundschnecke.

Taf. 14. Fig. 22. 23.

C. testa vix perforata, oblongo-turrita, decollata, solida, carneo-fusca, cingulis spiralibus confertis et costulis longitudinalibus, percurrentibus, confertissimis clathrata; sutura confertim albo-denticulata; anfr. 5 convexiusculis, ultimo antice breviter soluto; apertura verticali, oblique ovali, intus fusca, nitida; perist. duplicato, interno fusculo, vix prominente, externo undique late expanso, marginibus superne angulatim junctis, columellari undulato-crenulato.

Cyclostoma Delatreana, Orb. cub. p. 262. t. 22. f. 18—20.
— Candeanum, in coll. nonnull.

Gehäuse kaum durchbohrt, länglich-thurmförmig, mit abgestossener Spitze, festschalig, fast glanzlos, fleischfarbig-grau und braun marmorirt, mit feinen, nahestehenden, rundlichen Spiralleisten umgeben, über welche sehr gedrängte Längsrippchen ohne Unterbrechung herablaufen. Naht mässig tief, mit dichtstehenden, weissen Kerbzähnchen besetzt. Umgänge 5, mässig gewölbt, regelmässig zunehmend, der letzte nach vorn kurz abgelöst, oben scharf gekielt und gezähnt. Mündung parallel mit der Axe, schief eiförmig, innen bräunlich, glänzend. Mundsaum doppelt, der innere bräunlich, kaum vorragend, der äussere weiss, ziemlich breit rechtwinklig abstehend, am vorletzten Umgange etwas verschmälert anliegend, die Ränder oben spitzwinklig verbunden, der breite, die Nabelritze beinahe völlig verdeckende Spindelrand wellig gekerbt. Länge 9'''. Durchmesser 3¾'''. (Länge 14, Durchm. 5 Millim. nach d'Orb.)

Deckel oval, aussen glatt.

Aufenthalt: auf der Insel Cuba, am Cerro de Cuzco gesammelt von Delatre. (Aus der Gruner'schen Sammlung.)

Unterscheidet sich von dem vorigen theils durch seine Grösse, feste Schale und Skulptur, theils durch die dichtstehenden Kerbzähne der Naht und den viel mehr verbreiterten Mundsaum.

123. Cyclostoma crenulatum Pfr. Die nahtkerbige Kreismundschnecke.

Taf. 14. Fig. 24. 25. 30. 31.

C. testa perforata, oblongo-conica, decollata, tenuiuscula, striis longitudinalibus et spiralibus anguste subreticulata, nitidula, corneo-lutescente vel rufescente, lineis longitudinalibus rufis, fulguratis ornata; sutura albo-crenata; anfr. $4\frac{1}{2}$ convexiusculis, ultimo subattenuato, basi validius spiraliter sulcato; apertura verticali, oblique ovali; perist. simplice, subincrassato, brevissime expanso, saepe rufo-punctato, continuo, anfractum penultimum vix tangente, superne angulato. — Operculum subterminale, membranaceum, planum, paucispirum.

Cyclostoma crenulatum, Pfr. in Wiegm. Arch. 1839. I. p. 356.
— — Fér. Pot. et Mich. gal. I. p. 235. t. 24. f. 3. 4? (Spec. imperf.)
— Auberiana, Orb. cub. p. 260. t. 22. f. 12—14.
— Aubereanum, Sow. Thesaur. p. 144. t. 31. f. 285.
— Auberianum, Gould. Bost. journ. IV. 4. p. 495.
— lineolatum, Anton Verz. p. 54. N. 1958.
Chondropoma crenulatum, Pfr. in Zeitschr. f. Mal. 1847. p. 109.

Gehäuse durchbohrt, länglich-kegelförmig, mit abgestossener Spitze, ziemlich dünnschalig, durchscheinend, matt glänzend, braungelb oder rothbraun, mit gezackten, braunen Längslinien mehr oder weniger deutlich gezeichnet, durch sehr feine Längs- oder Spiralreifchen flach und eng gegittert. Naht mässig tief, in ungleichen Zwischenräumen weiss gekerbt. Umgänge meist $4\frac{1}{2}$, mässig gewölbt, der letzte nicht in gleichem Verhältniss verbreitert, neben dem punktförmigen Nabelloch stärker spiralisch gefurcht. Mündung parallel mit der Axe, schief eiförmig, oben zugespitzt. Mundsaum einfach, etwas verdickt, sehr schmal ausgebreitet, oft braunroth punktirt, zusammenhängend, den vorletzten Umgang kaum berüh156 rend, die Ränder oben winklig verbunden. Länge $6-6\frac{1}{2}'''$. Durchmesser $3'''$.

Deckel wenig eingesenkt, sehr dünn, fast hautartig, flach, mit wenigen, sehr schnell zunehmenden Windungen.

Thier: ganz aschgrau. Augen weit entfernt, schwarz, auf weissen Höckerchen der keulenförmigen, grauenFühler sitzend. Fuss nach hinten sehr kurz.

Varietäten. Mit vielen Mittelstufen geht die beschriebene Form bis zu einer sehr kleinen, welche ausgewachsen nur $4\frac{1}{2}'''$ lang $2\frac{3}{4}'''$ im Durchmesser ist, über. Ausserdem kommt nicht ganz selten eine Spielart vor, bei welcher ein breites braunes oder schwärzliches Band über alle Windungen verlauft. (Fig. 30. 31.)

Aufenthalt: auf der Insel Cuba. In der Nähe von Matanzas und auf der Pflanzung El Fundador in grosser Menge von mir gesammelt.

124. Cyclostoma pupiforme Sowerby. Die pupaförmige Kreismundschnecke.

Taf. 14. Fig. 15. 16.

H. testa perforata, ovato-oblonga, decollata, tenuiuscula, rufescenti-carnea, lineis elevatis spiralibus, longitudinalibusque percurrentibus; confertis subtiliter reticulata; sutura confertim et acute denticulata; anfr. 4 vix convexis, ultimo basi spiraliter distincto sulcato, antice soluto, dorso acute carinato; apertura subobliqua, ovali; perist. simplice, continuo, breviter expanso, marginibus angulo acute prominente junctis. — Operculum immersum, testaceum, paucispirum.

Cyclostoma pupiforme, Sow. Thesaur. p. 102. t. 24. f. 43. 44.

Gehäuse durchbohrt, eiförmig-länglich, mit abgestossener Spitze, ziemlich dünnschalig, durchscheinend, matt glänzend, bräunlich-fleischfarbig, mit flach erhobenen spiralen und darüber hinlaufenden gedrängteren Längslinien sehr fein und flach gegittert. Naht dicht und scharf gezähnt. Umgänge 4, sehr schwach gewölbt, der letzte etwas verschmälert, nach vorn abgelöst, neben dem deutlichen, aber sehr engen Nabelloch stärker spiralisch gefurcht. Mündung etwas schief zur Axe, verkehrteiförmig, innen weisslich, glänzend. Mundsaum einfach, zusammenhängend, den vorletzten Umgang nicht berührend, sehr schmal ausgegebreitet, die Ränder oben in einem zungenförmig vorstehenden Winkel verbunden. Länge 5—6½‴. Durchmesser 2¾—3½‴.

Deckel eingesenkt, von Schalensubstanz, mit wenigen Windungen.

Aufenthalt ungewiss. Mein Exemplar stammt angeblich aus Mexico, andere sollen von Haiti herrühren.

125. Cyclostoma Largillierti Pfr. Largilliert's Kreismundschnecke.

Taf. 14. Fig. 26. 27.

C. testa perforata, oblonga, decollata, tenuiuscula, fulvida, maculis fuscis, seriatis obsolete ornata, costis confertis, argute elevatis longitudinaliter sculpta, interstitiis lineis spiralibus subdecussatis; sutura profunda, denticulata; anfr. 4 convexis, ultimo antice breviter soluto; apertura oblique subovali; perist. duplicato, interno simplice, externo breviter expanso, marginibus angulatim junctis. — Operculum terminale, tenue, testaceum, paucispirum, marginibus anfractuum lamellatim elevatis.

Cyclostoma Largillierti, Pfr. in Malak. Zeitschr. 1846. März. p. 39

Gehäuse durchbohrt, länglich, fast walzenförmig, mit abgestossener

Spitze, ziemlich dünnschalig, durchscheinend, braungelblich, mit einigen undeutlichen Reihen rothbrauner Punkte, mit scharf erhobenen, gedrängten Längsrippen besetzt und in den Zwischenräumen mit sehr feinen Spirallinien durchkreuzt. Naht tief eingeschnitten, gezähnt. Umgänge 4, gerundet, der letzte nach vorn etwas abgelöst. Mündung fast parallel mit der Axe, nach unten etwas vortretend, schief eiförmig. Mundsaum doppelt, der innere gerade, der äussere ziemlich schmal wagerecht abstehend, den vorletzten Umgang wenig berührend, die Ränder oben winklig verbunden. Länge 6¼‴. Durchmesser 3‴.

Deckel endständig, dünn, von Schalensubstanz, mit wenigen Windungen, deren äusserer Rand als breit abstehende Lamelle erhoben ist.

Aufenthalt: in Yucatan. (Largilliert.) Aus meiner Sammlung.

126. Cyclostoma mammillare Lam. Voltz's Kreismundschnecke.

Taf. 14. Fig. 28. 29.

C. testa subperforata, ovato-elongata, crassiuscula, albida vel fulvo-carnea, fascia interrupta fusca infra suturam saepe ornata; spira conica, apice mammillata, nuda, glabra; anfr. 5½ convexis, superioribus cancellatis, ultimus punctis et lineolis impressis seriatim cingulatis; apertura oblique ovali, superne angulata, intus alba; perist. subincrassato, albo, recto, marginibus callo continuo junctis. — Operculum subimmersum, extus convexum, ad peripheriam plicatum, paucispirum, nucleo subbasali.

Cyclostoma mammillaris, Lam. 20. p. 147. ed. Desh. 19. p. 359.
— — Deless. recueil. t. 29. f. 10.
— Chenu Illustr. conch. Livr. 73. pl. 1. f. 10.
— mammillare, Sow. Thesaur. p. 106. t. 24. f. 45.
— Voltziana, Michaud. cat. d. coq. d'Alger. p. 10. f. 21. 22.
— Lam. ed. Desh. 39. p. 371.
— Voltzianum, Pot. et Mich. gal. I. p. 243. t. 24. f. 24. 25.
— Rossm. in Wagn. Reise III. p. 260. t. 12. f. 14.
— Graells catal. de los moluscos terr. etc. en España p. 8. f. 9. 10.
— Woltzianum, Terver cat. p. 33.
— Velascoi, Graells olim.

Gehäuse kaum durchbohrt, verlängert-eiförmig, festschalig, matt glänzend, weiss oder bräunlich-fleischfarbig, meist mit einer dunkelbraunen, punktirten Binde unter der Naht. Gewinde hoch kegelförmig, mit stumpfem, warzenähnlichem, glattem Wirbel. Umgänge 5½, gewölbt, die oberen durch flache Spiralreifen und feine Längslinien der Zwischenräume undeutlich gegittert, die letzten mit eingedrückten Punkten und Linien reihenweise umgeben. Mündung parallel mit der Axe, schief eiförmig, oben winklig, innen weiss. Mundsaum zusammenhängend, etwas verdickt, gerade vorstehend, weiss, die Ränder oben spitzwinklig verbunden, der linke wenig den vorletzten Umgänge berührend, etwas ausgerandet anliegend. Länge 9‴. Durchmesser 4½‴.

Deckel etwas eingesenkt, von Schalensubstanz, weiss, nach aussen stark konvex, mit wenigen Windungen, von welchen die sehr breite letzte am Rande gefaltet ist und über den unten und an der Seite liegenden Kern etwas herüberragt.

Varietät: grösser, mit 6 Windungen. Länge 11‴. Durchmesser 5¼‴.

Aufenthalt: in den südlichen Provinzen von Spanien, Murcia (Graells), Carthagena (Handschuch), häufig bei Algier, Oran, Mers el Kebir u. s. w. (Aus meiner Sammlung.)

127. Cyclostoma mirabile (Turbo) Wood. Die wunderbare Kreismundschnecke.

Taf. 14. Fig. 17—19.

C. testa umbilicata, oblongo-conica, subtruncata, regulariter et confertim decussata, tenui, diaphana, non nitente, pallidissime cornea, fasciis rufis subinterruptis et infra suturam maculis subquadratis rufis ornata; anfr. 4 rotundatis, ultimo penultimum vix superante; apertura subcirculari; perist. continuo, albo, undique aequaliter expanso, limbum planum album, superne angulatim, formante.

Turbo mirabilis, Wood suppl. t. 6. f. 22.
Cyclostoma mirabile, Gray in Wood suppl. p. 36.
— mirabilis, Lam. ed. Desh. 40. p. 371.
— articulatum, Sow. Thesaur. p. 142. t. 28. f. 160. 161.?
Choanopoma? mirabile, Pfr. in Zeitschr. f. Mal. 1847. p. 107.

Gehäuse eng und durchgehend genabelt, länglich-kegelförmig, meist mit abgestossener Spitze, dünnschalig, durchscheinend, sehr fein und regelmässig gegittert, glanzlos, sehr blass hornfarbig mit einigen unterbrochenen rothbraunen Binden und unter der Naht mit einer Reihe grösserer, 4eckiger Flecken von derselben Farbe geziert. Umgänge 4, gerundet, stark absetzend, der letzte kaum breiter oder auch etwas schmaler als der vorletzte. Mündung parallel mit der Axe, ziemlich kreisrund. Mundsaum zusammenhängend, den vorletzten Umgang wenig berührend, rings einen fast gleichbreiten, rechtwinklig abstehenden, oben etwas winkligen, weissen Saum bildend. Länge $7\frac{1}{2}'''$. Durchmesser $4'''$.

Deckel von Schalensubstanz, dünn, mit lamellenartigen Rändern der Windungen.

Aufenthalt: in Demerara. (Sow.) —

Bemerk. Die von Sowerby (Thes. p. 145. t. 28. f. 164.) dargestellte Schnecke hat einen viel breiter umgeschlagenen, nach oben 3eckig verlängerten Mundsaum. Mein abgebildetes Exemplar stimmt aber völlig mit Wood's Abbildung überein.

128. Cyclostoma Binneyanum Adams. Binney's Kreismundschnecke.

Taf. 14. Fig. 12—14.

T. umbilicata, oblongo-turrita, subtruncata, solidiuscula, minute et regulariter decussata, pallide cornea, fascia 1 lata, saturate castanea ornata; sutura simplice; anfr. 4 convexis, ultimo penultimum vix superante; apertura subverticali, oblongo-rotunda, intus concolore; perist. continuo, albo, incrassato, breviter reflexo.

Cyclostoma Binneyanum, Adams in sched.
— — Pfr. in Mal. Zeitschr. 1846. März. p. 47.
— pulchrius, Adams in Proc. Bost. Soc. 1845. p. 11.

Gehäuse engund durchgehend genabelt, länglich, fast thurmförmig, mit abgestossener Spitze, ziemlich festschalig, durch feine Längs-und Spirallinien undeutlich enggegittert, glänzend, hell hornfarbig, mit einer breiten, schwärzlich-kastanienbraunen Binde, welche bis oben sichtbar ist, umgeben. Naht einfach, ziemlich vertieft. Umgänge 4, gewölbt, ziemlich regelmässig zunehmend, doch der letzte kaum breiter als der vorletzte. Mündung etwas schief zur Axe, etwas länglich, innen gleichfarbig. Mundsaum zusammenhängend, den vorletzten Umgang wenig berührend, weiss, verdickt, rings kurz umgeschlagen. Länge $6'''$. Durchmesser $3\frac{3}{4}'''$.

Deckel dünn. (Adams.)

Aufenthalt: auf der Insel Jamaika. (Adams.) — Aus meiner Sammlung.

Varietat: hornfarbig - bräunlich, mit undeutlichen Binden und Flecken.

129. Cyclostoma pictum Pfr. Die gemalte Kreismundschnecke.

Taf. 15. Fig. 1—11.

C. testa perforata, cylindrico-conica, truncata, tenui, spiraliter confertim striata, pellucida, rubescenti-fulva, interrupte castaneo-fasciata vel taeniata; anfr. 4 convexis; apertura subverticali, ovali; perist. subincrassato, breviter reflexo, intus nitide carneo, marginibus superne angulatim junctis, columellari basi subdilatato. — Operculum subterminali, membranaceum, paucispirum.

Cyclostoma pictum, Pfr. in Wiegm. Arch. 1839. I. p. 356.
— Poeyana, Orb. cub. p. 264. t. 22. f. 24—27.
— Sagra, Sow. Thesaur. p. 150. t. 31. f. 279. 280.
— Gould in Bost. journ. IV. 4. p. 494.
— Mahogani, Gould in Bost. Journ. IV. 1. 1842.
Chondropoma pictum, Pfr. in Zeitschr. f. Mal. 1847. p. 109.

Gehäuse durchbohrt, walzenförmig - konisch, mit abgebrochener Spitze, dünnschalig, durchscheinend, mit nahestehenden, erhobenen Spirallinien umgeben und durch die feinen Anwachsstreifen kaum bemerklich gegittert, blass gelbröthlich, mit zahlreichen oder wenigen breiteren und schmaleren meist unterbrochenen und fleckig verästelten kastanienbraunen Binden (Fig. 4. 5.) oder nur mit oben mit rhombischen Flecken beginnenden, denn in feinere Punktreihen übergehenden Striemen (Fig. 1. 3) geziert, ziemlich glänzend. Umgänge 4, gewölbt, regelmässig zunehmend. Nabel sehr eng, nicht tief eindringend. Mündung parallel mit der Axe, zugespitzt - eiförmig, innen gleichfarbig. Mundsaum etwas verdickt, kurz umgeschlagen, glänzend fleischroth, am vorletzten Umgange wenig anliegend, die Ränder oben winklig verbunden, der Spindelrand etwas geschweift, nach unten verbreitert. Länge 9—10'''. Durchmesser 6—7'''.

Deckel fast endständig, dünn hautartig, durchscheinend, graugelblich, mit 2 deutlichen Windungen, von denen die letzte sehr breit ist.

Thier: Kopf oben zwischen den Augen braun, Fühler orangegelb, fast roth, oben schwärzlich, geringelt, an der Basis am dicksten; Augen auf einem weisslichen Höckerchen; Rüssel langlappig, an der Basis dunkel, vorn hell graugelb; Hals und Fuss dunkel aschgrau.

Varietäten: selten fast glashell mit einigen gelben Fleckenbändern. Häufiger kommt die kleine Varietät (Fig. 6. 7. — Sow. Thes. f. 280) vor, welche oft sehr dunkel, fast einfarbig mahagonibraun gefärbt ist.

Aufenthalt: auf der Insel Cuba, ziemlich verbreitet. Häufig in der Umgegend von Matanzas, am Yumuri, Canimar, bei El Fundador, Tumbadero etc.; besonders gross bei Sagua la Grande (Gould).

Sehr selten kommen ausgewachsene Exemplare mit nicht abgestossener Spitze vor. (Fig. 8. 9.) Die jungen Individuen (Fig. 10. 11) sind konisch-thurmförmig, weiter genabelt.

130. Cyclostoma semilabre Lam. Die halblippige Kreismundschnecke.

Taf. 15. Fig. 17. 18.

C. testa oblongo-conoidea, subcylindrica, obtusa, obsolete perforata, tenui, pellucida, minutissime cancellata, alba, maculis luteis transversim seriatis; labro margine angusto, subreflexo. — Long. 10½.

Cyclostoma semilabris, Lam. 12. p. 146. ed. Desh. p. 357.
— — Deless. recueil. t. 29. f. 1.
— Chenu Illustr. conch. Livr. 73. t. 1. f. 1.
— semilabrum, Reeve Conch. syst. t. 183. f. 1?
— Sow. Thesaur. p. 106 t. 24. f. 60.
— Sagra, Orb. cub. p. 263. t. 22. f. 21—23?
Chondropoma semilabre, Pfr. in Zeitschr. f. Mal. 1847. p. 109.

Authentische Exemplare dieser Schnecke habe ich nie gesehen, und gebe deshalb Fig. 17 eine Kopie aus Sowerby und Fig. 18 aus Delessert. Lamarck giebt keine nähere Beschreibung derselben, und ich vermuthe nur aus den Abbildungen, dass sie sich von Cycl. pictum m. hauptsächlich durch mehr eiförmige Gestalt und das Verhältniss der viel weniger gewölbten Windungen unterscheidet. Was d'Orbigny unter dem Namen C. Sagra abbildet, scheint mir mehr Aehnlichkeit mit semilabre als mit pictum zu haben.

Deckel und Vaterland unbekannt. Cuba? (Wenn C. Sagra hierher gehört.)

131. Cyclostoma altum Sow. Die hochgethürmte Kreismundschnecke.

Taf. 15. Fig. 12—14.

C. testa subperforata, turrita, apice acutiuscula, solidula, subfiliter striata, sublaevigata, castanea; anfr. 7—8 vix convexiusculis, ultimo penultimo angustiore, basi obtuse filo-carinata; apertura subobliqua, basi producta, circulari, intus brunnea; perist. duplicato, interno continuo, expanso, latere sinistro juxta columellam subcanaliculato-inciso, externo patente, superne et ad sinistram dilatato. — Operc. planum tenue, flavidum, arctispirum.

Cyclostoma altum, Sow. in Proc. Zool. Soc 1842. p. 84.
— — Sow. Thes. p. 152. t. 28. f. 187.
Megalomastoma brunnea, Guild. Swains. Malac. p. 333. fig. g. h. i.?
— altum, Pfr. in Zeitschr. f. Malak. 1847. p. 109.

Gehäuse mit schrägem, kurzem, tiefem Nabelritz, länglich-gethürmt, dünn- doch ziemlich festschalig, zart und dichtgestreift, matt glänzend, kastanienbraun. Gewinde thurmförmig, mit feinem, spitzlichem, meist gelbem Wirbel. Umgänge 7—8, sehr wenig gewölbt, bis zum vorletzten regelmässig zunehmend, der letzte nicht völlig ½ der ganzen Länge bildend, etwas verschmälert, an der Basis stumpf-fadenförmig-gekielt. Mündung etwas schief, nach unten vorgezogen, ziemlich kreisrund, innen braun. Mundsaum ziemlich breit am vorletzten Umgange anliegend, verdoppelt, der innere zusammenhängend, ausgebreitet, mit einem seichten, rinnenartigen, nicht durchgehenden Einschnitte über der Mitte des linken Randes, der äussere scharf, dünn, nahe am innern, parallel mit demselben abstehend, oben und links öhrchenförmig verbreitert, dazwischen unterbrochen. Länge 13‴. Durchmesser 4‴.

Deckel: sehr dünn, ganz platt, enggewunden, schmutzig gelblich, am Rande etwas lamellös.

Aufenthalt: auf der Philippinischen Insel Negros gesammelt von H. Cuming. (Aus meiner Sammlung.)

Bem. Man vgl. C. sectilabrum Gould Nr. 178.

132. Cyclostoma Antillarum Sowerby. Die Antillen-Kreismundschnecke.

Taf. 15. Fig. 15. 16.

C. testa breviter rimata, turrita, apice obtusiuscula, longitudinaliter confertim costulato-striata, nitidiuscula, corneo-fusca; anfr. 8 convexis, ultimo penultimo angustiore, basi carina elevata, filiformi munito; apertura subcirculari, intus nitida, fulvida; perist. albido, subduplicato, soluto, continuo, superne angulato, undique praeter marginem sinistrum superum breviter patente.

Cyclostoma Antillarum, Sow. Thesaur. p. 150. t. 28. f. 180.
Megalomastoma Antillarum, Pfr. in Zeitschr. f. Mal. 1847. p. 109.

Gehäuse kurz und tief nabelritzig, thurmförmig, festschalig, der Länge nach fein und gedrängt rippenstreifig, fettglänzend, bräunlichhornfarbig. Gewinde gestreckt, ¾ der ganzen Länge bildend, mit feinem, stumpflichem, rothgelbem Wirbel. Umgänge 8, die obersten stark gewölbt, nach unten immer platter, der letzte etwas schmäler, als der vorletzte, an der Basis mit einem wulstförmigen Kiele versehen. Mündung etwas schief gegen die Axe, ziemlich kreisrund, innen glänzend, bräunlichgelb. Mundsaum undeutlich verdoppelt, frei, zusammenhängend, nach oben winklig, kurz rechtwinklig abstehend, nach oben und links parallel mit dem Kiele abgeschnitten. Länge 8½‴. Durchmesser 2¾‴.

Deckel kreisrund, hornartig, enggewunden. (Sowerby.)

Aufenthalt: auf der Insel Tortola. (Aus meiner Sammlung.)

133. Cyclostoma acutimarginatum Sow. Die scharfrandige Kreismundschnecke.

Taf. 15. Fig. 19—22.

C. testa umbilicata, depresso-turbinata, tenuiuscula, oblique striatula, olivaceofusco et albido marmorata et taeniata; spira brevi, conica, acutiuscula; anfr. 5 convexiusculis, ultimo acute carinato, basi convexiore; umbilico angusto, vix pervio; apertura subcirculari, intus alba, nitida; perist. subcontinuo, albo vel luteo, undique expanso, margine columellari subincrassato, reflexo. — Operc. membranaceum, arctispirum.

Cyclostoma acutimarginatum, Sow. in Proc. Zool. Soc. 1842. p. 80.
— — Reeve Conch. syst. II. t. 183. f. 7.
— — Sow. Thesaur. p. 124. t. 27. f. 138. 139.
Leptopoma acutimarginatum, Pfr. in Zeitschr. f. Mal. 1847. p. 109.

Gehäuse eng und offen genabelt, niedergedrückt-kreiselförmig, ziemlich dünnschalig, schräg feingestreift, weiss, mit grünlichbraunen Flecken und Binden marmorirt. Gewinde niedrig konisch, etwas zugespitzt. Umgänge 5, mässig gewölbt, der letzte mit einem scharfen, zusammengedrückten Kiele umgeben, unterseits etwas konvexer. Mündung wenig schief gegen die Axe, ziemlich kreisrund, innen weiss, perlglänzend, mit durchschimmernder Zeichnung. Mundsaum in der Regel einfach (seltner verdoppelt), fast zusammenhängend, weiss oder gelb, überall ausgebreitet, der Spindelrand etwas verdickt und zurückgeschlagen. — Höhe 8—9‴. Durchmesser 12—14‴.

Deckel: häutig, sehr enggewunden.

Aufenthalt: bei Catbalenga auf der Philippinischen Insel Samar entdeckt von H. Cuming. (Das ausgezeichnete abgebildete Exemplar ist aus der Dunker'schen Sammlung.)

134. Cyclostoma helicoides Grateloup. Die helixähnliche Kreismundschnecke.

Taf. 15. Fig. 25. 26. Taf. 16. Fig. 1—3.

C. testa perforata, trochiformi, tenui, albida, lineolis fuscis saepe ornata; spira conica, acuta; anfr. 6 planiusculis, obsolete 5—6 carinatis, ultimo medio acute carinato, utrinque convexiusculo, basi laevigato; umbilico angusto, non pervio; apertura subcirculari; perist. tenui, reflexo-expanso, marginibus disjunctis, columellari subsinuato.

Cyclostoma helicoides, Grat. Act. Bord. XI. p. 442. t. 3. f. 14.
— Stainforthii, Sow. in Proc. Zool. Soc. 1842. p. 82.
— Reeve Conch. syst. II. t. 183. f. 6.
— — Sow. Thes. p. 136. t. 29. f. 215. 216. t. 30. f. 217.
Leptopoma helicoides, Pfr. in Zeitschr f. Mal. 1847. p. 109.

Gehäuse durchbohrt, trochusförmig, mehr oder weniger niedergedrückt, dünnschalig, weiss, in der Regel mit gelblichen oder braunen Binden, bisweilen auch kastanienbraunen Zickzackstreifen. Gewinde kegelförmig, spitzlich, mit sehr feinem Wirbel. Umgänge 5—6, sehr fein spiralstreifig und mit 3—6 vorragenden, stumpfen Kanten, der letzte scharfgekielt, beiderseits ziemlich konvex. Nabel sehr eng, in der Regel nicht durchgehend. Mündung schief gegen die Axe, unregelmässig gerundet, innen perlglänzend mit durchschimmernder Färbung. Mundsaum einfach, unterbrochen, weiss, dünn, scharf, rechtwinklig abstehend, bisweilen etwas schwielig und am Rande wellig, der Spindelrand in der Mitte winklig verbreitert. Durchmesser 8—10‴. Höhe 7—8‴.

Deckel: wie bei dem vorigen.

Aufenthalt: auf den Philippinischen Inseln Ticao, Masbate, Siquljor, Panay gesammelt von H. Cuming. (Aus meiner Sammlung.)

135. Cyclostoma fibula Sow. Die Spangen-Kreismundschnecke.

Taf. 15. Fig. 23. 24 Taf. 16. Fig. 4.

C. testa perforata, trochiformi, tenui, striatula, oblique malleata, alba unicolore vel strigis fulminantibus corneis ornata; spira conica, acuta; anfr. 5 – 6 planiusculis, lineis elevatis inaequalibus cinctis, ultimo convexiusculo, basi distinctius carinato; umbilico angusto, semiobtecto; apertura ampla, perobliqua, truncato-ovali; perist. undique expanso, marginibus distantibus, callo tenui junctis, dextro strictiusculo, basali leviter arcuato, columellari subverticali, dilatato-reflexo.

Cyclostoma fibula, Sow. in Proc. Zool. Soc. 1843. p. 62.
— — Sow. Thes. p. 135 t. 30. f. 240—242.
Leptopoma fibula, Pfr. in Zeitschr. f. Mal. 1847. p. 109.

Gehäuse durchbohrt, trochusförmig, dünnschalig, feingestreift und schräg wie durch Hammerschläge grubig, durchscheinend, weiss oder graubräunlich, bisweilen mit hornfarbigen Zickzakstreifen gezeichnet. Gewinde regelmässig kegelförmig, mit feinem, spitzem Wirbel. Umgänge 5—6, fast platt, mit ungleichen erhobenen Spirallinien besetzt, der letzte etwas gewölbt, an der Basis rechtwinklig gekielt, unterseits neben dem halbbedecktem Nabelloch etwas aufgetrieben. Mündung sehr schief, von unregelmässiger, abgestutzt-eiförmiger Gestalt, innen glänzend, weiss. Mundsaum überall ausgebreitet, die Ränder ziemlich weit von einander entfernt, durch dünnen Callus verbunden, der rechte fast gerade, der untere seicht gekrümmt, der Spindelrand kurz, fast vertikal, etwas zurückgebogen, unter dem Nabelloch etwas verbreitert, anliegend. Höhe 7—8‴. Durchmesser 8—9½‴.

Deckel dünn, hornartig, mit 6—7 Windungen. (Sowerby.)

Aufenthalt: auf der Insel Luzon entdeckt von H. Cuming. (Aus meiner Sammlung.)

136. Cyclostoma perplexum Sow. Die zweifelhafte Kreismundschnecke.

Taf. 16. Fig. 11. 12.

C. testa anguste umbilicata, conoidea, tenuiuscula, sub lente subtilissime reticulata, carinis subaequidistantibus, obsoletis subangulosa, nitidula, albida, unicolore vel fasciis et maculis lutescentibus variegata; spira brevi, conoidea, acuta; anfr. 5½ convexiusculis, ultimo basi planiore; apertura obliqua, truncato-ovali, intus nitida, alba; perist. calloso-incrassato, expanso, marginibus distiantibus, callo crassiusculo, recto junctis, columellari medio dilatato, reflexiusculo.

Cyclostoma perplexum, Sow. in Proc. Zool. Soc. 1843. p. 63.
— — Sow. Thes. p. 136 t. 30. f. 243. 244.
Leptopoma perplexum, Pfr. in Zeitschr. f. Mal. 1847. p. 109.

Gehäuse enggenabelt, niedrig kegelförmig, ziemlich dünn-, doch festschalig, unter der Lupe sehr fein gegittert, mit 7—8 ziemlich gleichweit-abstehenden, undeutlichen, stumpfen Kielen besetzt, durchscheinend, mattglänzend, weisslich einfarbig oder mit einigen Binden und Flecken einer gelblichen, leicht abfälligen Epidermis geziert. Gewinde kurz, breit kegelförmig, mit feinem, spitzlichem Wirbel. Umgänge ungefähr 5½, flach gewölbt, der letzte etwas mehr gerundet, unter dem etwas schärfern peripherischen Kiel platter. Nabel eng, nicht durchgehend. Mündung in einem Winkel von 45° gegen die Axe gestellt, schief-oval, nach unten breiter, innen sehr glänzend, weiss. Mundsaum innen schwielig verdickt, winklig, nach aussen rings ausgebreitet, die Ränder ziemlich weit entfernt, durch eine gerade, schwielige Leiste verbunden, der rechte schräg herabsteigend, sehr seicht gekrümmt, der linke in der Mitte verbreitert-abstehend. Durchmesser 7—8‴. Höhe 5½—6‴.

Deckel unbekannt.

Aufenthalt: bei Abulug auf der Insel Luzon entdeckt von H. Cuming. (Aus meiner Sammlung.)

Diese Schnecke hatte ich früher nach Sowerby's Abbildung für eine Varietät des Cycl. immaculatum Chemn. (vgl. S. 22. N. 13) gehalten; sie steht aber in der Mitte zwischen diesem und C. fibula Sow. Von dem erstern unterscheidet sie sich durch viel weniger bauchige Umgänge, durch die Gestalt und Stellung der Mündung, weitern Nabel und verdickten Lippensaum, von dem letztern durch ihr kurzes, breit kegelförmiges Gewinde, gerundeten letzten Umgang u. s. w.

137. Cyclostoma ortyx Valenc. Die Wachtel-Kreismundschnecke.

Taf. 16. Fig. 13. 14.

C. testa perforata, turbinata, solidiuscula, lineis confertissimis longitudinalibus scabriuscula, inaequaliter multicarinata, nigricanti-fusca, strigis pallidis variegata; anfr. 5 convexis, ultimo obsolete et pallide unifasciato, carinis basi subaequalibus; apertura subverticali, ovato-circulari, intus concolore; perist. simplice, marginibus subangulatim junctis, columellari reflexiusculo, umbilicum augustum non occultante. — Operc. immersum, calcareum, extus concaviusculum, anfractibus 5 lente crescentibus.

Cyclostoma ortix, Val. Eydoux in Guér. mag. 1838. t. 117. f. 2.
— ortyx, Sow. Thes. p. 99. t. 23. f. 27. 28.
— multicarinata, Jay cat. 1839. p. 122. t. 6. f. 7. 8?
— Arthurii, Grat. Act. Bord. XI. p. 438. t. 3. f. 7?
Tropidophora ortyx, Pfr. in Zeitschr. f. Mal. 1847. p. 107.

Gehäuse ungenabelt, kreiselförmig, ziemlich festschalig, durch sehr dichtstehende erhobene Längslinien etwas rauh, mit vielen ungleichen, schärflichen Kielen umgeben, von denen die 3 peripherischen die stärksten und die der Basis ziemlich gleich sind. Farbe dunkelbraun mit hellen Striemen oder braunroth, mit gelblichen und schwärzlichen Striemen und Flecken. Gewinde kurz, kegelförmig, mit feinem, stumpflichem Wirbel. Umgänge 5, gewölbt, der letzte meist mit einer blassen Binde. Mündung wenig schief gegen die Axe, oval-rundlich, innen glänzend, gleichfarbig. Mundsaum einfach, sehr kurz am vorletzten Umgange anliegend, die beiden Ränder oben winklig verbunden, der rechte durch die auslaufenden Kiele gekerbt, kaum merklich ausgebreitet, der linke etwas verdickt, nach unten verbreitert. Durchmesser 7—8‴. Höhe 6—7‴.

Deckel eingesenkt, kalkig, weisslich, nach unten etwas konkav, mit 5 langsam zunehmenden Windungen.

Aufenthalt: auf den Sechellen. (Aus meiner Sammlung.)

Bemerk. Eydoux vergleicht die Schnecke mit einem mir gänzlich unbekannten C. fraterculum. — Ob C. multicarinata Jay und C. Arthurii Grat. (von Ceylon) hierher gehören, ist mir aus den Abbildungen und Beschreibungen wahrscheinlich, doch nicht erwiesen.

138. Cyclostoma zebra Grateloup. Die Zebra-Kreismundschnecke.

Taf. 13. Fig. 31. 32.

C. testa perforata, globoso-conica, crassa, carinis obtusis, lineisque interjectis spiralibus cincta, fusca, brunneo et albido marmorata; spira turbinata, superne nigricante, acutiuscula; anfr. 5 convexis, penultimo subgibbo, ultimo saepe albo-unifasciato; aputura obliqua, ovato-circulari, intus alba; perist. duplicato, interno continuo, porrecto, externo incrassato, patente, margine columellari reflexo, perforationem fere tegente.

Cyclostoma zebra, Grat. Act. Bord. XI. p. 441. t. 3. f. 9.
— Philippinarum, var. Sow. Thes. t. 29. f. 205. 207.
Cyclophorus zebra, Pfr. in Zeitschr. f. Mal. 1847. p. 107.

Gehäuse sehr enggenabelt, kuglig-kegelförmig, dickschalig, mit vielen feinen, fadenförmigen Kielen und dazwischen liegenden feinen Spirallinien versehen, braun und weisslich marmorirt und geflammt. Gewinde kreiselförmig, nach oben schwärzlich, mit feinem, spitzlichem Wirbel. Umgänge 5, konvex, der vorletzte meist etwas aufgetrieben, der letzte nach vorn etwas herabgesenkt und abgelöst. Mündung schief gegen die Axe, oval-rundlich, innen weiss. Mundsaum doppelt, der innere zusammenhängend, an der rechten Seite gerade vorgestreckt, links mit dem äussern zusammenfliessend, der äussere verdickt, rechtwinklig abstehend, der Spindelrand etwas über das enge Nabelloch zurückgeschlagen. Durchmesser 6—8‴. Höhe 5—7‴.

Deckel: unbekannt.

Bemerk. Das abgebildete Exemplar meiner Sammlung scheint genau mit der typischen Form des C. zebra Grat. überuzstimmen, wird aber von Sowerby zu den Varietäten des C. Philippinarum gerechnet. Es scheint mir indessen, dass beide Arten gut unterschieden werden können, und dass zwischen C. zebra und C. guimarasense (vgl. N. 96. S. 99.) vielleicht schwerer eine scharfe Gränze zu ziehen ist.

139. Cyclostoma melitense Sow. Die maltesische Kreismundschnecke.

Taf. 13. Fig. 24. 25.

C. „testa subcylindraceo-pyramidalis, apice obtuso; spira aperturam fere duplo superante; anfr. 5 ventricosis, spiraliter sulcatis, sulcis alternis obsoletiusculis; apertura fere circulari, superne subangulata, disjuncta; sinistrali peritrematis margine paululum expanso; umbilico minimo; operculo spirali, anfr. rapide majoribus, oblique striatis.“ (Sow.)

Cyclostoma melitense, Sow. Thes. p. 105. t. 24. f. 53. 54.

Wie ich schon früher vermuthete, wird diese Schnecke kaum als selbstständige Art zu halten sein. Das abgebildete Exemplar, welches ich Hrn. Cuming verdanke, unterscheidet sich von C. sulcatum Dr. (vgl. Nr. 63. S. 67) nur durch geringere Grösse, durch die Färbung und den schlankeren Bau. Auch sind die Umgänge etwas weniger gewölbt, und der letzte etwas kürzer im Verhältnisse zum Gewinde. Skulptur, Bildung des Mundsaumes und Deckel sind ganz wie bei C. sulcatum, und es dürfte wohl am rathsamsten sein, sowohl C. melitense als C. multisulcatum Grat. (vgl. Nr. 64. S. 69) als Varietäten des vielgestaltigen C. sulcatum zu betrachten.

Die Färbung des C. melitense, welches nur auf Malta vorzukommen scheint, ist ein schmutziges Violett mit einer weissen Binde am letzten Umgange und weisser Basis. — Sowerby hat auch ein ganz weisses abgebildet.

140. Cyclostoma cincinnus Sow. Die lockenähnliche Kreismundschnecke.

Taf. 18. Fig. 1—3.

C. testa umbilicata, conica, tenui, spiraliter et subtiliter confertim lirata, albida unicolor vel linea 1 fusca infra peripheriam cincta; spira conica, apice obtusiuscula; anfr. 5 convexis, ultimo medio sublaevigato, basi circa umbilicum vix pervium confertim sulcato; apertura fere verticali, subcirculari; perist. simplice, acuto, marginibus fere contiguis, columellari reflexiusculo.

Cyclostoma cincinnus, Sow. in Proc. Zool. Soc. 1843. p. 60.
— — Sow. Thes. p. 102. t. 24. f. 77. 78.

Gehäuse durchbohrt, kegelförmig, dünnschalig, mit feinen, an der Mitte des letzten Umganges verschwindenden Spiralleistchen umgeben, glanzlos, weisslich, einfarbig oder mit einer feinen kastanienbraunen Binde. Gewinde erhoben, kegelförmig, mit stumpflichem Wirbel. Umgänge 5, stark gewölbt, der letzte um das enge, nicht durchgehende Nabelloch mit scharfen und gedrängten Spiralfurchen. Mündung fast parallel mit der Axe, ziemlich rund, wenig höher als breit, innen weiss. Mundsaum einfach, scharf, den vorletzten Umgang sehr wenig berührend, die Ränder sehr genähert, der Spindelrand kaum merklich zurückgebogen. Durchmesser 3¾‴. Höhe 5½‴.

Deckel unbekannt.

Aufenthalt unbekannt. (Aus H. Cuming's Sammlung.)

Bem. Hat mit C. ligatula Grat. (Act. Bord. XI. p. 445. t. 3. f. 20.) grosse Aehnlichkeit; letzteres scheint sich aber durch seine längliche, verkehrteiförmige Mündung zu unterscheiden.

141. Cyclostoma campanulatum Pfr. Die glockenähnliche Kreismundschnecke.

Taf. 18. Fig. 4—6.

C. testa anguste umbilicata, turbinata, solida, confertissime striatula, lutescente, griseo et saturate carneo irregulariter variegata; spira conica, elevata, apice obtusiuscula; anfr. 6, supremis convexis, ultimis rapide accrescentibus, angulatis, ultimo carinis 2 acute elevatis, pluribusque obsoletioribus cincto, basi profunde et confertim sulcata in umbilicum infundibuliformem, vix pervium abeunte; apertura ovali-rotundata, superne subangulata, intus atro-castanea, nitidissima: perist. continuo, dilatato, campanulato, carneo, ad anfractum penultimum lunatim exciso, margine sinistro flexuoso.

Cyclostoma campanulatum, Pfr. in Zeitschr. f. Mal. 1847. p. 57.
— unicarinatum, Sow. Thes. t. 26. f. 119.
— tricarinatum, Pot. et Mich. gal. I. p. 242. t. 24. f. 22. 23?
Tropidophora campanulata, Pfr. in Zeitschr. f. Mal. 1847. p. 106.

Gehäuse genabelt, kreiselförmig, festschalig, fein längsgestreift und mit 2 scharfen Kielen nebst mehren oder wenigern stumpfen, niedrigen Leisten umgeben, gelblich, dunkelgrau und fleischfarbig marmorirt und gestreift, sehr wenig glänzend. Gewinde hoch, kegelförmig, mit stumpfem, blaugrauem Wirbel. Umgänge 6, die obersten rundlich, die übrigen schnell zunehmend, winklig, indem der obere Kiel bis hoch hinauf sichtbar ist, der letzte Umgang gross, breit, unter dem scharf vorstehenden peripherischen Kiele gewölbt, mit 4—5 entferntstehenden stumpfen Kanten besetzt und dann in den dicht- und ziemlich stark spiralischgefurchten, trichterförmigen Nabel abfallend. Mündung wenig schief, oval-rundlich, innen schwärzlich-kastanienbraun, sehr glänzend. Mundsaum zusammenhängend, fleischfarbig, ausgebreitet wie der Rand einer Glocke, am vorletzten Umgange mondförmig ausgeschnitten, von da nach links etwas wellig, den Nabel nicht deckend. Durchmesser 22‴. Höhe 17‴.

Deckel unbekannt.

Aufenthalt unbekannt. (Aus H. Cuming's Sammlung.)

Dass diese übrigens sehr variable Schnecke nicht C. unicarinatum Lam. sein kann, geht aus den Beschreibungen hervor.

142. Cyclostoma pulchellum Sow. Die zierliche Kreismundschnecke.

Taf. 18. Fig. 7. 8.

C. „testa tenui, subgloboso-conoidea, pallescente, tenuissime spiraliter striata;

anfr. 5 ventricosissimis, fasciis 5—6 interruptis fuscis; ultimo carina parva mediana; apertura circulari; peritremate reflexo, aurantiaco; umbilico mediocri, intus spiraliter sulcato; sutura valida". (Sow.)

Cyclostoma pulchellum, Sow. Thes. p. 129. t. 31. f. 263. 264.
Tropidophora pulchella, Pfr. in Zeitschr. f. Mal. 1847. p. 106.

„Gehäuse dünn, von konoidalischer, fast kugliger Gestalt und von bleicher Farbe, glatt, sehr fein spiral gestreift; Umgänge 5, sehr bauchig und gerundet, mit 5 oder 6 sehr unterbrochenen braunen Binden; letzter Umgang mit einem kleinen Kiele nahe der Mitte; Mündung kreisrund, mit einem zurückgeschlagenen röthlich-orangefarbenen Peritrem; Nabel von mässiger Weite, innen spiral gefurcht; Naht deutlich. — Das Exemplar, nach welchem Zeichnung und Beschreibung genommen sind, war von H. Keraudren mitgetheilt worden". (Sow.)

Deckel und Aufenthalt sind unbekannt.

Bemerk. Zwischen der Sowerbyschen Abbildung (von welcher Fig. 7. 8. eine treue Kopie ist) und Beschreibung finden Widersprüche statt, welche ich nicht zu lösen vermag. Keine von beiden aber passt auf die folgende Art, welche sich unter dem Namen C. pulchellum Sow. in H. Cuming's Sammlung befand.

143. Cyclostoma Hanleyi Pfr. Hanley's Kreismundschnecke.

Taf. 18. Fig. 9—11.

C. testa perforata, globoso-turbinata, tenui, subtilissime reticulata, fulvescenti-carnea, fasciis multis maculose interruptis, castaneis ornata; spira conica, acuta; anfr. 5 convexis, celeriter accrescentibus, 2 ultimis carinis 2 acutiusculis cinctis, ultimo basi in umbilicum infundibuliformem, confertim profunde sulcatum abeunte; apertura subverticali, fere circulari; perist. acuto, marginibus superne angulatim junctis, dextro late expanso, sanguineo, sinistro brevi, crenulato. — Operc. calcareum, multispirum.

Cyclostoma Hanleyi, Pfr. in Zeitschr. f. Malak. 1847. p. 58.
Tropidophora Hanleyi, Pfr. ibid. p. 109.

Gehäuse genabelt, kuglig-kreiselförmig, dünnschalig, mit sehr feinen und gedrängten Spiral- und Längsstreifen regelmässig gegittert, hellbräunlich-fleischfarben, mit ziemlich gleichbreiten, fleckig unterbrochenen, kastanienbraunen Binden geziert. Gewinde kegelförmig, mit feinem, spitzlichem Wirbel. Umgänge 5, gewölbt, schnell zunehmend, die beiden letzten mit 2 scharf hervorragenden niedrigen Kielen besetzt, der letzte unterseits mässig gewölbt, einen trichterförmigen, nach der Spitze sehr engen, innen mit nahestehenden erhobenen Spiralleisten besetzten Nabel bildend. Mündung ziemlich parallel mit der Axe, fast kreisrund, innen gleichfarbig, nach vorn dunkel gefärbt. Mundsaum den vorletzten Umgang kurz berührend, zusammenhängend, der rechte Rand rechtwinklig ausgebreitet, blutroth, der linke kurz, etwas verdickt, durch die Spiralleisten des Nabels gekerbt. Durchmesser 14'''. Höhe 11'''.

Deckel ziemlich endständig, von Schalensubstanz, dick, weisslich, mit ungefähr 5 braunstrahligen, in der Mitte undeutlichen Windungen, nach aussen etwas konkav.

Aufenthalt: unbekannt. (Aus H. Cuming's Sammlung.)

144. Cyclostoma filosum Sowerby. Die fadenriefige Kreismundschnecke.

Taf. 18. Fig. 12. 13.

C. testa mediocriter umbilicata, orbiculato-conoidea, solida, multicarinata, (carinis 2—3 validioribus, fusco-articulatis), pallide carnea; spira late conoidea, apice obtusiuscula; anfr. 5 convexiusculis, subangulatis, celeriter accrescentibus, ultimo infra carinam peripheriam subplanulato, spadiceo-unifasciato, confertim et profunde sulcato, juxta umbilicum infundibuliformem, intus ruditer sulcatum carina latiore munito; apertura subobliqua, fere circulari, intus fulvescente; perist. subincrassato, recto, marginibus callo brevi, lunatim exciso junctis, dextro superne repando.

Cyclostoma filosum, Sow. Spec. Conch. P. II. Cycl. f. 16. 17.
— — Sow in Zool. of Bech. voy. p. 146. t. 38. f. 31.
— Reeve Conch. syst. II. t. 184 f. 16.
— — Sow. Thes. p. 96 t. 23. f. 14.
Tropidophora filosa, Pfr. Zeitschr. f. Mal. 1847. p. 106.

Gehäuse mittelmässig genabelt, niedergedrückt-kegelförmig, dickschalig, fast glanzlos, blass fleischfarben, mit vielen Kielen besetzt, von denen der nächste an der Naht wellig, ein zweiter am ersten Drittel des letzten Umganges stärker, der an der Peripherie der stärkste ist (beide letztere braun-gegliedert). Gewinde breit-kegelförmig mit stumpflichem Wirbel. Umgänge 5, mässig gewölbt, winklig, der letzte unterseits ziemlich platt, gerieft und mit einer violettbraunen schmalen Binde gezeichnet, durch eine starke Spiralwulst von dem trichterförmigen, innen anfangs mit groben Spiralleisten besetzten Nabel abgegränzt. Mündung etwas schief zur Axe, fast kreisrund, innen in der Tiefe dottergelb. Mundsaum geradeaus, unmerklich verdickt, kerbig, beide Ränder am vorletzten Umgang durch einen mondförmig ausgeschnittenen, weissen Callus verbunden, beide etwas ausgeschweift. Durchmesser 14'''. Höhe 9'''.

Deckel unbekannt.

Aufenthalt: in Ostindien, sehr selten.

Bem. Cyclost. Abeillei Grat. (Act. Bord. XI. p. 437. t. 3. f. 6.) scheint fast eine kleinere Varietät dieser Art zu seyn.

145. Cyclostoma Michaudi Grateloup. Michaud's Kreismundschnecke.

C. testa perforata, globoso-conica, solida, striatula, carinis 7—8 magis minusve prominentibus, acutiusculis cincta, cinerea vel pallide violacea; spira conica, interdum truncata; anfr. 6 convexis, ultimo basi carina validiore, funiculata ab umbilico infundibuliformi, intus spiraliter sulcato, vix pervio separato; apertura subcirculari; perist. albido, breviter expanso, crenulato, marginibus callo albido junctis, columellari dilatato, crasso, subreflexo, perforationem occultante, ad carinam basalem obsolete canaliculato.

Cyclostoma Michaudi, Grat. in Act. Bord. XI. p. 440. t. 3. f. 11.
— carinatum, Sow. Thes. p. 119. t. 26. f. 117. 118.
Tropidophora Michaudi, Pfr. in Mal. Zeitschr. 1847. p. 106.

Gehäuse durchbohrt, kuglig-kegelförmig, dickschalig, schwer, fein und dicht längsstreifig, mit 7—8 mehr oder weniger vorragenden, schärflichen Kielen umgeben, fast glanzlos, von grauer oder brauner ins Bläuliche spielender Farbe. Gewinde kegelförmig, mit feinem, stumpflichem, oft abgestossenem Wirbel. Umgänge 6, ziemlich gewölbt, der vorletzte mit 4 Kielen, von denen die beiden obern näher beisammenstehen, der letzte an der Basis durch eine ziemlich dicke, stumpfliche Spiralleiste von dem innen tief-gefurchten, eng-trichterförmigen, nicht bemerklich durchgehenden Nabel getrennt. Mündung fast parallel mit der Axe, rundlich, etwas elliptisch, innen gleichfarbig. Mundsaum etwas verdickt, kurz ausgebreitet, weiss, die Ränder durch einen weissen, seicht-mondförmig ausgeschnittenen Callus verbunden, der rechte bis zur Basis an der Stelle eines jeden Kieles etwas rinnig, der linke nach oben verbreitert in den

Nabel zurückgeschlagen. Länge 15‴. Durchmesser 10½‴. (Aus H. Cuming's Sammlung.)

Deckel unbekannt.

Aufenthalt: auf Madagascar nach Grateloup.

Bemerk. Diese Schnecke wird von Sowerby für C. carinata Lam. gehalten, eine Meinung, welcher die Vergleichung der Beschreibungen entschieden widerspricht. Vgl. Pfr. in Zeitschr. f. Malak. 1847.

146. Cyclostoma atramentarium Sow. Die blau und braun geflammte Kreismundschnecke.

Taf. 18. Fig. 17. 18.

C. testa anguste umbilicata, turbinata, tenuiuscula, laevigata, nitida, coerulescente, flammis et maculis angulosis castaneis variegata; spira conica, acutiuscula, sursum nigricante, apice cornea; anfr. 6 convexis, ultimo basi subplanulato; apertura ovali-rotundata, intus castanea; perist. albo, duplicato, limbo interno continuo, breviter porrecto, externo horizontaliter patente, superne breviter interrupto.

Cyclostoma atramentarium, Sow. Thes. p. 128. t. 30. f. 236.

Gehäuse enggenabelt, kreiselförmig, ziemlich dünnschalig, glatt, glänzend, bläulich, mit braunen Flammen und Zickzackstreifen geziert. Gewinde kegelförmig, nach oben schwärzlich, mit feinem, spitzlichem Wirbel. Umgänge 6, gewölbt, allmälig zunehmend, der letzte unterseits ziemlich platt, um den engen, kaum durchgehenden Nabel wenig vertieft. Mündung schief zur Axe, fast kreisrund, innen kastanienbraun. Mundsaum weiss, verdoppelt, der innere zusammenhängend, scharf, kurz, vorragend, der äussere mit kurzer Unterbrechung an der Unterseite des vorletzten Umganges ringsum rechtwinklig schmal abstehend. Durchmesser 8‴. Höhe 7‴.

Deckel unbekannt.

Aufenthalt unbekannt. (Aus H. Cuming's Sammlung.)

147. Cyclostoma bicarinatum Sow. Die zweikielige Kreismundschnecke.

Taf. 19. Fig. 1—3.

C. testa obtecte umbilicata, globoso-conica, tenuiuscula, subconfertim obsolete sulcata, bicarinata, fusco-caesia; spira pyramidata, apice plerumque decollata; anfr. 6 angulatis, ultimo carinis 2 pallidis, acute elevatis cincto, basi spiraliter profunde sulcato; apertura subverticali, subcirculari, intus nitide atro-sanguinea; perist. simplice, expanso, purpureo-sanguineo, marginibus subdisjunctis, columellari superne in laminam linguiformem, fornicatam, umbilicum fere omnino claudentem dilatato.

Cyclostoma bicarinatum, Sow. Thesaur. p. 120. t. 26. f. 121.
Tropidophora bicarinata, Pfr. in Zeitschr. f. Mal. 1847. p. 106.

Gehäuse kuglig-kegelförmig, ziemlich dünnschalig, doch undurchsichtig, fast glanzlos, mit schmutziger aus Grau, Lila und Gelb gemischter Grundfarbe. Gewinde treppenförmig abgesetzt, Wirbel meist etwas abgestossen. Umgänge ungefähr 6, winklig, mit sehr schwach eingedrückten Spirallinien und 2 scharfen, leistenartigen Kielen umgeben, von denen der untere an den obern Windungen unter der Naht verschwindet. Der letzte Umgang senkt sich nach vorn unmerklich herab und ist an der Basis mit einigen breitern, flachen Leisten besetzt und rings um die Nabelgegend dicht und tief gefurcht. Mündung fast parallel zur Axe, ziemlich kreisrund, innen schwarzroth, sehr glänzend. Mundsaum ziemlich rechtwinklig ausgebreitet, ziegelroth, an der Einfügungsfläche fast unterbrochen, dann aber über den Nabel in eine kleine gewölbte Platte zurückgeschlagen, die denselben gänzlich verschliesst. — Höhe und Durchmesser 1¼—1½″.

Deckel: unbekannt, gewiss wie bei campanulatum, Hanleyi etc.

Aufenthalt: Madagascar. (Aus meiner Sammlung.)

148. Cyclostoma turbo Chemnitz. Die Kreisel-Kreismundschnecke.

Taf. 19. Fig. 4. 5.

C. testa subobtecte perforata, trochiformi, tenuiuscula, sublaevigata, in fundo luteo vel albo castaneo-marmorata; spira conoidea, acutiuscula; anfr. 5 vix convexiusculis, ultimo angulato, basi subplanulato; apertura obliqua, subtetragono-rotundata, intus albida; perist. incrassato, reflexiusculo, albo, marginibus remotis, callo tenuissimo junctis, columellari in laminam appressam expanso, basali superne in tuberculum prominens desinente.

Trochus turbo, Chemn. Conch. Cab. IX. P. 2. p. 53. t. 122. f. 1059.
Helix turbo, Gmel. p. 3642. N. 232.
Cyclostoma turbo, Sow. Thes. p. 116 t. 25. f. 102. 3.
— maculosa, Jay catal. p. 122. t. 7. f. 9. 10.

Gehäuse bedeckt-durchbohrt, trochusförmig, ziemlich dünnschalig, sehr fein gestreift, matt glänzend, auf weissem oder gelblichem Grunde kastanienbraun geflammt und marmorirt. Gewinde kegelförmig, mit feinem, spitzlichem Wirbel. Umgänge 5, sehr flach gewölbt, allmälig zunehmend, der letze am Umfang mit 1 oder mehren stumpfen Kielen, unterseits ziemlich platt. Mündung wenig schief zur Axe, rundlich, dem Viereckigen sich annähernd, innen weiss. Mundsaum verdickt, etwas umgeschlagen, weiss, die Ränder weit von einander entfernt, fast parallel, der Spindelrand fast gerade, nach oben in ein zurückgeschlagenes, angewachsenes, das Nabelloch fast oder völlig verschliessendes Plättchen verbreitert, dann beim Uebergang in den untern Rand ein vorragendes Knötchen bildend. Durchmesser fast 1''. Höhe 7—8'''.

Deckel hornartig, dünn (Sowerby).

Aufenthalt: Tranquebar und Coromandel (Chemn.), Sumatra (Sow.). Aus der Sammlung des Herrn H. Cuming.

149. Cyclostoma cinctum Sow. Die eingürtelige Kreismundschnecke.

Taf. 19. Fig. 6. 7. Taf. 21. Fig. 15. 16?

C. testa umbilicata, globoso-turbinata, solida, spiraliter laevissime et confertim sulcata, nitidula, roseo-carnea; spira conoidea, apice fulva, obtusiuscula; anfr. 5 convexis, ultimo superne carinis sub-6 elevatis munito, infra peripheriam fascia 1 castanea ornato, umbilicum infundibuliformem intus profunde et confertim sulcatum formante; apertura subverticali, ovali-rotundata, intus fulva; perist. albido, subincrassato, expansiusculo, marginibus callo lunatim exciso junctis, columellari angulatim dilatato, patente.

Cyclostoma cinctum, Sow. Thes. p. 129. t. 29. f. 199.
— rugosa, Lam. 8. p. 145. ed. Desh. p. 356?
— Delessert recueil t. 29. f. 7?
— — Chenu Illustr. conch. Livr. 73. t. 1. f. 7?

Gehäuse genabelt, kuglig-kreiselförmig, festschalig, mit feinen Spirallinien dicht umgeben, wenig glänzend, blass rosenroth-fleischfarbig. Gewinde ziemlich breit kegelförmig, mit rothgelbem, stumpflichem Wirbel. Umgänge 5, gewölbt, der letzte bauchig, auf der Oberseite mit 6 von der Naht an allmälig weiter aus einandertretenden, erhobenen schmalen Leisten, und einer schmalen, kastanienbraunen Binde nahe unter der Peripherie. Nabel trichterförmig, kaum durchgehend nach aussen erweitert und mit nahestehenden, starken Spiralleisten versehen, deren äusserste eine scharfe Gränze gegen die flach gewölbte Basis des letzten Umganges bildet. Mündung fast vertikal, etwas eiförmig-gerundet, innen bräunlich, mit dunkler durchscheinender Binde. Mundsaum weiss, kaum verdickt, unmerklich ausgebreitet, die Ränder durch einen am vorletzten Umgange angewachsenen kurzen, mondförmig ausgeschnittenen Callus verbunden, der linke Rand über dem Nabel merklicher verdickt, winklig verbreitert, abstehend, nach unten durch die Nabelfurchen gekerbt. Durchmesser fast 1½‴. Höhe 11—12‴.

Deckel unbekannt.

Aufenthalt: in Ostindien (Sowerby). Aus H. Cuming's Sammlung.

Bemerk. Nach Lamarck's Beschreibung und Delessert's Abbildung des C. rugosum (kopirt Taf. 21. Fig. 15. 16.) scheint diese Art eine Varietät jener mir übrigens unbekannten Art zu seyn, und muss, wenn meine Vermuthung gegründet ist, den Namen rugosum erhalten. Vgl. Nr. 168: Cycl. semidecussatum.

150. Cyclostoma ictericum Sow. Die gelbsüchtige Kreismundschnecke.

Taf. 19. Fig. 8. 9.

C. testa subobtecte umbilicata, globoso-conica, solida, spiraliter confertim lirata, subunicolor fulvescenti-flava; spira conica, apice subtruncata; anfr. 5 convexiusculis, ultimo spiram aequante, basi profundius sulcato; apertura subobliqua, ovali-rotundata, intus concolore; perist. subincrassato, expanso, marginibus callo lunatim exciso junctis, columellari superne in laminam fornicatam reflexum expanso.

Cyclostoma ictericum, Sow. Thes. p. 131. t. 31. f. 268. 69.

Gehäuse durchbohrt, kuglig-kegelförmig, dickschalig, mit nahestehenden, erhobenen Spiralriefen umgeben, einfarbig gelb, hin und wieder etwas bräunlich, fast glanzlos. Gewinde kegelförmig, meist mit abgestossenem Wirbel. Umgänge 5, mässig gewölbt, der letzte ziemlich bauchig, um den fast bedeckten Nabel stärker gefurcht. Mündung wenig schief zur Axe, fast rund, innen gleichfarbig. Mundsaum etwas verdickt, wenig ausgebreitet, die Ränder am vorletzten Umgange durch einen mondförmig ausgeschnittenen, ziemlich starken Callus verbunden, der linke in ein über den Nabel gewölbt-zurückgeschlagenes, doch nicht angewachsenes Plättchen verbreitert. Höhe 9‴. Durchmesser 11‴.

Deckel: unbekannt.
Aufenthalt: unbekannt. (Aus H. Cuming's Sammlung.)

151. Cyclostoma Sowerbyi Pfr. Sowerby's Kreismundschnecke.

Taf. 19. Fig. 10—12.

C. testa mediocriter umbilicata, globoso-conoidea, solidiuscula, striis incrementi distinctis, confertissimis, lineisque spiralibus elevatis superne subreticulata, cinnamomea; sursum lutescente, liris castaneis, albo-articulatis; spira conoidea, apice obtusiuscula; anfr. 5 convexis, ultimo infra peripheriam castaneo-unifasciato, sublaevigata, antice violacescente; apertura circulari, intus fulvescente; perist. continuo, albido, late breviter expanso et reflexo, anfractui penultimo breviter adnato.

Cyclostoma magacheilus, Sow. Thes. p. 131. t. 31. f. 276.
— Sowerbyi, Pfr. in Zeitschr. f. Malak. 1847. p. 58.
Cyclophorus Sowerbyi, Pfr. ibid. 1847. p. 107.

Gehäuse genabelt, kuglig-breitkegelförmig, ziemlich dickschalig, durch deutliche sehr gedrängtstehende, gerade Anwachsstreifen und entfernter stehende abwechselnde stärkere und schwächere Spiralleisten oberseits gegittert, unterseits fast glatt. Farbe des einzigen bekannten Exemplares im Ganzen zimmtröthlich, nach oben ins Gelbliche fallend, hinter der Mündung violett-grau, die Leistchen kastanienbraun und weiss gegliedert. Gewinde niedrig kegelförmig, mit feinem, doch stumpflichem Wirbel. Umgänge 5, gewölbt, schnell zunehmend, der letzte mit einer rothbraunen, schmalen Binde unter dem Umfange und mit einzelnen, weisslichen Querstriemen, welche aussehen wie Ueberreste früherer Lippen. Nabel ziemlich eng, kaum durchgehend, innen mit seichten Spiralfurchen. Mündung fast parallel mit der Axe, kreisrund, innen rothgelb, nach vorn bläulich, glänzend. Mundsaum zusammenhängend, den vorletzten Umgang nur kurz berührend, übrigens ringsum breit-ausgebreitet und etwas zurückgeschlagen, perlfarbig-weisslich. Durchmesser 10‴. Höhe 6½‴.

Deckel unbekannt.

Aufenthalt unbekannt. (Aus H. Cuming's Sammlung.)

152. Cyclostoma cariniferum Sowerby. Die vielrippige Kreismundschnecke.

Taf. 19. Fig. 13—15.

C. testa late umbilicata, depressa, subdiscoidea, striis incrementi distinctis, carinisque permultis elevatis (interjectis minoribus confertis) subreticulata, fulvescenti-fusca, cingulo 1 saturatiore infra peripheriam ornata; spira vix elevata, mucronulata; anfr. 5 convexiusculis, celeriter accrescentibus, ad suturam depressis; apertura subcirculari; perist. fulvido, subincrassato, breviter expanso, marginibus callo sursum protracto junctis, columellari dilatato, subreflexo.

Cyclostoma cariniferum, Sow. Spec. f. 197. 198.
— — Reeve Conch. syst. II. t. 185. f. 23.
— — Sow. Thes. p. 114. t. 25. f. 98.
Cyclophorus cariniferus, Pfr. in Zeitschr. f. Mal. 1847. p. 108.

Gehäuse weit und perspectivisch genabelt, niedergedrückt, fast scheibenförmig, ziemlich festschalig, mit vielen Kielen umgeben, von denen die 2—3 am Umfange die stärksten sind, und zwischen welchen noch feinere, sehr gedrängtstehende sich befinden, durch dichtstehende, erhobene Längslinien gitterig-rauh. Farbe bräunlich-fleischfarben, mit einer etwas dunklern, bräunlichen Binde zwischen den Mittelkielen. Gewinde fast in der Ebene liegend, mit kurz hervorragendem, spitzlichem Wirbel. Umgänge 5, sehr schnell zunehmend, mässig gewölbt, neben der Naht flach eingedrückt. Mündung etwas schief zur Axe, fast rund, nach vorn schwärzlich Mundsaum einfach, etwas ausgebreitet, stumpf, gelblich-fleischfarben, den vorletzten Umgang wenig berührend, dort einen vorgezogenen Winkel bildend. Durchmesser 20‴. Höhe 8‴.

Deckel unbekannt.

Aufenthalt: unbekannt. (Aus H. Cuming's Sammlung.)

153. Cyclostoma discoideum Sow. Die scheibenförmige Kreismundschnecke.

Taf. 20. Fig. 1—3.

C. testa late umbilicata, discoidea, solidula, striatula, sub epidermide straminea alba; spira depressissima, apice vix prominulo; sutura profunda; anfr. 4½ teretibus, ultimo antice descendente; apertura circulari, intus albida; perist. duplicato, limbo interno brevi, recto, appresso, externo crassiusculo, latere dextro late expanso.

Cyclostoma discoideum, Sow. Thes. p. 111. t. 25. f. 87. 88.
Aperostoma discoideum, Pfr. in Zeitschr. f. Mal. 1847. p. 104.

Gehäuse sehr weit und flach genabelt, scheibenförmig, ziemlich festschalig, feingestreift, unter einer leicht vergänglichen strohgelben Epidermis weiss. Gewinde ganz flach, mit kaum hervorragendem, warzenartigem, feinem Wirbel. Umgänge 4½, durch eine tiefe, rinnenförmige Naht getrennt, stielrund, schnell zunehmend, der letzte nach vorn etwas herabgesenkt, kurz-abgelöst. Mündung fast vertikal, innen kreisrund, perlgrau. Mundsaum zusammenhängend, verdoppelt, der innere kurz, gerade, angedrückt, der äussere nach der rechten hin glockenförmig ausgebreitet, weit abstehend. Durchmesser 10‴. Höhe 3½‴.

Deckel unbekannt.

Aufenthalt: Demerara. (Aus H. Cuming's Sammlung.)

154. Cyclostoma orbella Lamarck. Die Tellerchen-Kreismundschnecke.

Taf. 20. Fig. 4—6.

C. testa late umbilicata, subdiscoidea, tenui, liris spiralibus acutis, superne distantibus, subtus confertioribus, obsoletioribus sculpta, diaphana, pallide fulvida vel cinerea; spira plana, vertice prominente, papillato, sutura late canaliculata; anfr. 4½ convexiusculis, ultimo subdepresso, antice deflexo; apertura perobliqua, subcirculari; perist. simplice, acuto, marginibus approximatis, dextro expansiusculo.

Cyclostoma orbella, Lam. 23. p. 148. ed. Dh. 22. p. 360.
— — Deless. recueil. t. 29. f. 13.
— Chenu Illustr. conch. Livr. 73. t. 1. f. 13.
— — Sow. Thes. p. 93. t. 23. f. 6*. 6**.
Cyclophorus orbellus, Pfr. in Zeitschr. f. Mal. 1847. p. 108.

Gehäuse weit genabelt, sehr niedergedrückt, fast scheibenförmig, dünnschalig, durchsichtig, matt glänzend, hell rothgelblich oder graulich, glatt, unter der Lupe sehr fein und dichtgefaltet, mit erhobenen, scharfen Spiralleistchen besetzt, welche oberseits (bis zum Umfange etwa 6) ziemlich entfernt, unterseits gedrängter stehen und schwächer sind, bis sie in dem weiten und offenen Nabel ganz verschwinden. Gewinde flach, ziemlich in einer Ebene, aus welcher nur der Wirbel warzenförmig hervorragt. Naht durch die abstehende oberste Spiralleiste breit rinnig. Umgänge 4½, mässig gewölbt, der letzte etwas breiter als hoch, nach vorn plötzlich herabgebogen. Mündung schief (45°) gegen die Axe, ziemlich kreisrund, innen gleichfarbig. Mundsaum einfach, scharf, die beiden Ränder unter der Mitte des vorletzten Umganges nahe zusammenkommend, aber nicht verbunden, der rechte kaum merklich ausgebreitet. Durchmesser 7'''. Höhe 2¾'''. (Aus H. Cuming's Sammlung.)

Deckel unbekannt.

Aufenthalt unbekannt.

155. Cyclostoma distinctum Sowerby. Die getrenntgewundene Kreismundschnecke.

Taf. 20. Fig. 7—9.

C. testa late umbilicata, discoidea, tenui, striis confertis excentricis lirisque subconfertis, spiralibus, alternis minoribus, munita, albida; spira plana, vertice vix prominulo; sutura profunde incisa, canaliculata; anfr. 3½ vix convexiusculis, ultimo depresso, latiore quam alto, antice soluto; apertura subverticali, subcirculari; perist. simplice, continuo, recto, acuto, margine sinistro expansiusculo.

Cyclostoma distinctum, Sow. Thes. p. 106. t. 24. f. 38.
Cyclophorus distinctus, Pfr. in Zeitschr. f. Mal. 1847. p. 108.

Gehäuse weit und offen genabelt, scheibenförmig, dünnschalig, undurchsichtig, glanzlos, graulichweiss, mit schärflich erhobenen Spiralleisten, zwischen denen in der Regel eine schwächere steht, ziemlich dicht umgeben. Gewinde flach, der grobe Wirbel kaum merklich über die Fläche erhoben. Naht tief eingeschnitten, rinnenförmig. Umgänge 3½, sehr wenig gewölbt, schnell zunehmend, der letzte etwas niedergedrückt, breiter als hoch, nach vorn abgelöst, frei abstehend. Mündung fast parallel mit der Axe, ziemlich kreisrund. Mundsaum einfach, scharf, zusammenhängend, geradeaus, nur der linke Rand unmerklich ausgebreitet. Durchmesser 7'''. Höhe 2¾'''. (Aus H. Cuming's Sammlung.)

Deckel unbekannt.

Aufenthalt: an der Bai von Montija in West-Columbia gesammelt von H. Cuming:

Bem. Diese seltne Art ist sowohl mit der vorigen, als auch mit C. rufescens Sow. (S. Nr. 110. S. 109) nahe verwandt.

156. Cyclostoma semistriatum Sowerby. Die halbstreifige Kreismundschnecke.

Taf. 20. Fig. 10—12.

C. testa mediocriter umbilicata, turbinato-depressa, tenuiuscula, superne lineis spiralibus subtilibus confertis sculpta, fusco-corneo variegata, basi laevigata, albida, in umbilico spiraliter sulcatula; spira conoidea, acutiuscula; anfr. 4—5 rotundatis, ultimo vix descendente; apertura ovali-rotunda; perist. recto, acuto, marginibus ad anfractum penultimum callo brevi angulatim junctis, columellari reflexiusculo.

Cyclostoma semistriatum, Sow. in Proc. Zool. Soc. 1843. p. 29.
— — Sow. Thes. p. 91. t. 23. f. 6.
Aperostoma semistriatum, Pfr. in Zeitschr. für Mal. 1847. p. 104.

Gehäuse mittelmässig genabelt, niedergedrückt-kreiselförmig, ziemlich festschalig, oberseits mit nahestehenden erhobenen Spiralleisten besetzt, unter der Lupe durch sehr gedrängte Längsstreifen gegittert, weisslich, mit hellhornfarbigen Flammen und Flecken, unterseits glatt, einfarbig weiss. Gewinde niedrig kreiselförmig, mit feinem, spitzem Wirbel. Umgänge 4½, rundlich, schnell zunehmend, der letzte höher als breit. Nabel durchgehend, innen mit feinen Spiralfurchen. Mündung wenig schief, rundlich-oval. Mundsaum einfach, scharf, am vorletzten Umgange nur kurz anliegend, die Ränder oben in einem undeutlichen Winkel verbunden, der rechte etwas ausgeschweift, der linke ein wenig zurückgeschlagen. Durchmesser ½″. Höhe ⅓″. (In Hrn. Cuming's Sammlung; das bei Sowerby abgebildete aus der Humphrey'schen Sammlung ist grösser.)

Deckel eingesenkt, kalkig, weiss, mit 4—5 Windungen und einer spiralen Furche nach aussen. (Sow.)

Aufenthalt: Poonah in Ostindien.

157. Cyclostoma clausum Sowerby. Die verschlossene Kreismundschnecke.

Taf. 20. Fig. 13—15.

C. testa obtecte umbilicata, orbiculato-convexa, solidula, superne spiraliter et confertim sulculata, basi laevigata, carneo-albida; spira brevi, obtusa; sutura plana, in vertice castanea; anfr. 4 convexiusculis, ultimo antice descendente, basi subplanulato; apertura obliqua, rotundato-ovali, superne subangulato, intus flavida; perist.

simplice, recto, marginibus disjunctis, dextro repando, columellari in laminam hyalinam, latam, reflexam, undique adnatum, umbilicum prorsus claudentem dilatato.

Cyclostoma clausum, Sow. Thes. 128. t. 31. f. 266. 267.

Gehäuse verschlossen-genabelt, etwas gewölbt-scheibenförmig, ziemlich festschalig, oberseits durch sehr dichte Längsstreifen und nahestehende, feine Spiralleistchen gegittert, unterseits glatt, weisslich, blass fleischfarben. Gewinde wenig erhoben, mit grobem, stumpfem Wirbel. Naht sehr wenig vertieft, am Wirbel braunroth. Umgänge 4, schnell zunehmend, wenig gewölbt, der letzte rundlich, nach vorn herabsteigend, unterseits ziemlich abgeplattet. Mündung schief (45° zur Axe), ovalrundlich, nach oben etwas winklig, innen gelblich. Mundsaum einfach, gerade, scharf, die Ränder nicht verbunden, der rechte oben ausgeschweift, der linke stark bogig, nach oben in eine breite, rundliche, mit flacher Wölbung zurückgeschlagene, überall angewachsene, den Nabel völlig verschliessende, glasartige Platte verbreitert. Durchmesser 7‴. Höhe fast 4‴.

Deckel unbekannt.

Aufenthalt: Yemen in Arabien (Powis). — In der Sammlung von H. Cuming.

158. Cyclostoma asperulum Sowerby. Die feinkörnige Kreismundschnecke.

Taf. 20. Fig. 16. 17.

C. testa mediocriter umbilicata, orbiculato-subdepressa, tenuiuscula, punctis impressis, confertis ubique subgranulata, vix diaphana, sub epidermide lutescente albida; spira parum elevata, apice obtusiuscula; anfr. 4 celeriter accrescentes, convexi, ultimus obsolete angulatus; apertura vix obliqua, subcircularis, superne angulata, intus nitida; perist. simplex, continuum, rectum, margine sinistro medio subincrassato, superne appresso.

Cyclostoma asperulum, Sow. Thes. p. 91. t. 23. f. 3.

Aperostoma? asperulum, Pfr. in Zeitschr. f. Mal. 1847. p. 104.

Gehäuse mittelmässig und offen genabelt, niedergedrückt, ziemlich dünnschalig, durch eingedrückte Punkte und Runzelchen überall dichtkörnig, wenig durchscheinend, matt glänzend, unter einer dünnen gelblichen Oberhaut weisslich. Gewinde flach erhoben, mit feinem, kaum zugespitztem Wirbel. Umgänge 4, schnell zunehmend, mässig gewölbt, der letzte am Umfange kaum merklich winklig. Mündung sehr wenig schief gegen die Axe, rundlich-oval, nach oben winklig, innen perlschimmernd. Mundsaum einfach, gerade, zusammenhängend, am vorletzten Umgange kurz anliegend, der linke Rand in seichtem Bogen herabsteigend, etwas verdickt, unmerklich zurückgeschlagen. Durchmesser 9'''. Höhe 5'''. (In H. Cuming's Sammlung; das bei Sowerby abgebildete Exemplar aus der Humphreyschen Sammlung etwas grösser.)

Deckel: schalenartig (Sow.)

Aufenthalt: Jamaika (Sowerby).

159. Cyclostoma stenostoma Sowerby. Die engmündige Kreismundschnecke.

Taf. 20. Fig. 23—25. Var.. Fig. 18. 19.

C. testa late umbilicata, depressa, discoidea, solida, confertissime ruguloso-striata, castanea, albido vel fulvido maculata et flammata; spira planiuscula; anfr. 4—5 convexiusculis, ultimo antice vix descendente; umbilico lato, profundo; apertura perobliqua, intus coerulescente; perist. obtuso, albido, duplicato, limbo externo interrupto, recto, incrassato, interno continuo, margine anfractui penultimo adjacente strictiusculo. — Operc. corneum, arctispirum.

Cyclostoma stenostoma, Sow. Thes. p. 95. t. 31. f. 261.

Cyclophorus stenostoma, Pfr. in Zeitschr. f. Mal. 1847. p. 108.

Gehäuse weit und tief genabelt, fast scheibenförmig, fein und dicht runzelstreifig, kastanienbraun mit weisslichen oder gelblichen Flammen und Flecken. Gewinde kaum erhoben, mit feinem Wirbel. Umgänge 4—5, flachgewölbt, der letzte nach vorn wenig herabgesenkt. Mündung sehr schief gegen die Axe, unregelmässig rundlich, innen bläulich schimmernd. Mundsaum geradeaus, dick, stumpf, verdoppelt, der äussere am vorletzten Umgange unterbrochen, der innere an dieser Stelle fast in gerader Linie angelegt. — Höhe 3'''. Durchmesser 4'''.

Deckel tief eingesenkt, dünn, hornartig, enggewunden.

Aufenthalt: Arabien (Powis, Sowerby), Pondichery nach den Angaben des Pariser Museums.

Bem. Ich hatte bisher geglaubt, dass die auf Taf. 20. Fig. 18. 19 abgebildete grosse Varietät, welche ich einst von Hrn. Delessert erhielt und welche von Cochinchina stammen soll, als Typus des Cycl. planorbula Enc. méth. t. 461. f. 3 zu betrachten sey. Da ich aber kürzlich eine Schnecke aus Java gesehen habe, welche mit jener

Figur völlig übereinstimmt, und vielleicht, wenn der Deckel bekannt wird, zu Pterocyclos gezählt werden muss, so gebe ich, da ich das Exemplar für jetzt nicht genauer beschreiben kann, auf Taf. 29. Fig. 16—18 eine Kopie des ächten C. planorbula Lam. und der wahrscheinlich dazu gehörigen Fig. 83 und 84 des Sowerbyschen Thesaurus. (Vgl. Bemerkung zu 174.)

160. Cyclostoma lithidion Sowerby. Die bläulichweisse Kreismundschnecke.

Taf. 20. Fig. 20—22.

C. testa late umbilicata, depresso-fornicata, solida, liris elevatis, acutiusculis cincta, nitidula, coerulescenti-albida; spira parum elevata, apice coerulescens, mucronulata; anfr. 5 convexiusculis, ultimo rotundato, antice deflexo; umbilico lato, intus laevigato; apertura perobliqua, subcirculari, intus fusca; perist. subincrassato, marginibus approximatis, callo tenui junctis, dextro repando, breviter expanso, columellari recto.

Cyclostoma lithidion, Sow. Thes. p. 111. t. 31. f. 262.

Gehäuse weitgenabelt, flach gewölbt-scheibenförmig, festschalig, mit ziemlich nahe stehenden erhobenen, schärflichen Leistchen (auf dem letzten etwa 10, welche nach dem Nabel zu unmerklich werden) umgeben, matt glänzend, bläulich weiss. Gewinde wenig erhoben, mit feinem, spitz vorragendem, bläulichem Wirbel. Umgänge 5, mässig gewölbt, der letzte ziemlich stielrund, nach vorn plötzlich herabgesenkt. Mündung sehr schief gegen die Axe, oval-rundlich, in der Tiefe braun. Mundsaum unterbrochen, doch mit sehr genäherten, durch dünnen Callus verbundenen Rändern, der rechte nach oben etwas ausgeschweift, kurz ausgebreitet, der linke geradeaus, rückwärts etwas wulstig. Durchmesser 5‴. Höhe 2½‴.

Deckel: unbekannt.

Aufenthalt: Yemen in Arabien (Powis). — Aus H. Cuming's Sammlung.

161. Cyclostoma ciliatum Sowerby. Die gewimperte Kreismundschnecke.

Taf. 20. Fig. 26. 27.

C. testa mediocriter umbilicata, depresso-turbinata, tenuiuscula, striatula, castanea, fulvo strigata et maculata; spira conoidea, apice acuta; anfr. 5 convexiusculis, ultimo medio carinato, pilorum confertorum serie 1 ciliato, basi planiore; apertura obliqua, subcirculari, intus albida; perist. simplice, expansiusculo, marginibus disjunctis, columellari breviter reflexo.

Cyclostoma ciliatum, Sow. in Proc. Zool. Soc. 1843. p. 65.
— — Sow. Thes. p. 127. t. 30. f. 237. 38.
Leptopoma ciliatum, Pfr. in Zeitschr. f. Mal. 1847. p. 109.

Gehäuse mässig weit und durchgehend genabelt, niedergedrückt-kreiselförmig, dünnschalig, fein gestreift, kastanienbraun mit gelblichen Flammen und Flecken, oberseits mit einer dünnen, glanzlosen Oberhaut bekleidet. Umgänge 5, mässig gewölbt, allmälig zunehmend, der letzte am Umfange scharf gekielt und auf dem Kiele mit einer dichtstehenden Reihe langer brauner, nach oben gekrümmter Borsten besetzt, unterseits einfarbig kastanienbraun, glänzend. Mündung schief, fast kreisrund, innen weisslich. Mundsaum einfach, kaum merklich ausgebreitet, die beiden Ränder nahekommend, aber sich nicht berührend, der Spindelrand etwas zurückgeschlagen. Durchmesser 6‴. Höhe 4‴. (Aus H. Cuming's Sammlung.)

Deckel: dünn, hornartig, enggewunden. (Sowerby.)

Aufenthalt: in der Provinz Süd-Camarinat auf der Insel Luzon entdeckt von H. Cuming.

162. Cyclostoma Panayense Sowerby. Die Panayische Kreismundschnecke.

Taf. 20. Fig. 28. 29.

C. testa perforata, globoso-conica, tenuissima, sublaevigata, sericina, costis capillaribus spiralibus, distantibus cincta, pallide fuscescente, castaneo-variegata; spira brevi, conoidea, obtusiuscula; anfr. 5 convexiusculis, celeriter accrescentibus, ultimo carinato; apertura subobliqua, fere circulari, intus margaritacea; perist. simplice, acuto, coerulescenti-albo, fusco-limbato, marginibus remotis, dextro et basali arcuatis, angulatim late expansis, columellari brevi, strictiusculo, superne reflexo, basi subauriculato.

Cyclostoma Panayense, Sow. in Proc. Zool. Soc. 1843. p. 62.
— — Sow. Thes. p. 134. t. 30. f. 339.
Leptopoma Panayense, Pfr. in Zeitschr. f. Malak. 1847. p. 108.

Gehäuse durchbohrt, kuglig-kegelförmig, sehr dünnschalig, fein längsgestreift und mit entferntstehenden haarfeinen Spiralrippchen besetzt, seidenglänzend, durchsichtig, gelblich, fein braun-marmorirt. Gewinde kurz, kegelförmig, bleicher gefärbt, fast glashell, mit feinem, nicht sehr spitzem Wirbel. Umgänge 5, mässig gewölbt, sehr schnell zunehmend, der letzte scharfgekielt, unterseits bauchig. Mündung wenig schief zur Axe, fast kreisrund mit kurzem Ausschnitt, innen perlschimmernd. Mundsaum einfach, dünn, scharf, hellbläulich, braungesäumt, die Ränder getrennt, der rechte nebst dem untern gleichmässig scharfwinklig ausgebreitet, der Spindelrand kurz, gewölbt-zurückgeschlagen, beim Uebergange in den untern ein verbreitertes Oehrchen bildend, das enge Nabelloch fast verbergend. Höhe 5‴. Durchmesser 6½‴. (Aus H. Cuming's Sammlung.)

Deckel dünn, mit 5—6 Umgängen. (Sowerby.)

Aufenthalt: auf den Philippinischen Inseln Panay und Samar entdeckt von H. Cuming. Sehr selten!

163. Cyclostoma dissectum Sowerby. Die durchgeschnittene Kreismundschnecke.

Taf. 21. Fig. 1. 2.

C. testa perforata, oblonga, apice truncata, solidula, spiraliter multicostata et longitudinaliter confertissime striata, albida vel carnea; anfr. 4 convexiusculis, ultimo antice soluto, dorso carinato; apertura subverticali, ovali; perist. libero, continuo, recto, obtuso, superne angulato.

Cyclostoma dissectum, Sow. Thes. p. 105. t. 24. f. 58. 59.

Gehäuse kaum durchbohrt, länglich-thurmförmig mit abgestossener Spitze, ziemlich festschalig, mit sehr gedrängten, feinen Längsfalten und entfernteren starken, nach unten gezweieten, schwächeren Spiralrippen besetzt, fast glanzlos, weisslich oder fleischfarben, nach oben dunkler. Umgänge 4, mässig gerundet, allmälig zunehmend, der letzte nach vorn etwas abgelöst, oben gekielt. Mündung ziemlich parallel mit der Axe, oval-rundlich. Mundsaum einfach, gerade, stumpf, zusammenhängend, oben etwas winklig hervorgezogen. Höhe 7‴. Durchmesser 4‴.

Deckel unbekannt.

Aufenthalt unbekannt. (Aus H. Cuming's Sammlung.)

164. Cyclostoma Lincinella Lamarck. Die Lincinell-Kreismundschnecke.

Taf. 21. Fig. 3–5.

C. testa rimato-perforata, compresso-conica, tenui, longitudinaliter confertissime striata, striis obsoletis spiralibus, basi distinctioribus, subdecussata, sericina, cinereofulvida, fasciis interruptis fusculis obsolete signata; spira conica, saepe truncatula; anfr. 5 rotundatis, ultimo horizontaliter protracto, latere subcompresso, apertura verticali, circulari; perist. libero, continuo, duplicato, limbo interno acuto, breviter protracto, externo undique subaequali, horizontaliter breviter expanso.

Cyclostoma Lincinella, Lam. 22. p. 148. ed. Desh. 21. p. 359.
— lincinellum, Sow. Thes. p. 140. t. 28. f. 150. 151.
— lincina, Encycl. méth. t. 461. f. 2.
— compressum, Gray in Wood suppl. p. 36.
Turbo compressus, Wood suppl. t. 6. f. 42.
Cyclophora lincina, Swainson Malac. p. 336.
Choanopoma lincinellum, Pfr. in Zeitschr. f. Mal. 1847. p. 107.
Lister Conch. t. 26. f. 24.

Gehäuse tiefgeritzt-durchbohrt, etwas zusammengedrückt-kegelförmig dünnschalig, mit sehr feinen, gedrängten, nach oben entfernteren Längsfalten besetzt, matt seidenglänzend, graubräunlich, mit undeutlichen dunkleren Fleckenbändern. Gewinde kegelförmig, oben wenig abgestossen. Umgänge 5, gerundet, schnell zunehmend, der letzte in der Nähe der Naht und der Nabelritze durch feine erhobene Spirallinien etwas gegittert, fast stielrund, nach vorn wagerecht hervorgezogen, frei. Mündung parallel mit der Axe, kreisrund. Mundsaum frei, zusammenhängend, verdoppelt, der innere scharf, kurz vorstehend, der äussere rings ziemlich gleichbreit, in rechtem Winkel schmal abstehend. Durchmesser 7‴. Höhe 6‴.

Deckel nach Sowerby aussen mit einer umgebogenen Spirallamelle versehen, mit wenigen Windungen.

Aufenthalt: auf Jamaika. (Humphrey, Sowerby.) — Aus H. Cuming's Sammlung.

Bem. Diese in den Sammlungen sehr seltne Schnecke hat einige Aehnlichkeit mit C. limbiferum Menke, (vgl. N. 38), welches ich hin und wieder unter diesem Namen angetroffen habe. Zur Darstellung des Hauptunterschieds — abgesehen von Skulptur, Peristom u. s. w. — ist auf Taf. 21. Fig. 6 die Basalansicht des C. limbiferum gegeben. (Vgl. auch Zeitschr. f. Mal. 1847. S. 56.)

165. Cyclostoma Banksianum Sow. Miss Banks's Kreismundschnecke.

Taf. 21. Fig. 7. 8.

C. testa breviter rimato-perforata, ovato-turrita, tenuiuscula, longidutinaliter confertissime plicatula (plicis nonnullis subregulariter distantibus validioribus), pallide fuscescente, aurantio-strigata; spira conica, truncatula; sutura crenulata; anfr. $3^1/_2$ convexis, ultimo rotundato; apertura verticali, subcirculari, intus sanguinea; perist. sanguineo, duplicato, limbo interno expansiusculo, externo breviter expanso, ad anfractum penultimum breviter exciso, superne subauriculata.

Cyclostoma Banksianum, Sow. Thes. p. 144. t. 29. f. 194.

Gehäuse durchbohrt, getlhürmt-eiförmig, mit abgestossener Spitze, ziemlich dünnschalig, mit sehr gedrängten feinen Längsfalten, von denen je die 6te bis 8te etwas stärker hervorragt, besetzt, hell bräunlichgelb, mit bräunlich-orangefarbigen Striemen. Gewinde kegelförmig. Naht mit ziemlich entfernten, ziemlich starken Kerbzähnchen besetzt. Umgänge $3^1/_2$, der letzte nach vorn orangeroth, neben der tiefen, kurzen Nabelritze etwas spiral gefurcht. Mündung parallel mit der Axe, fast kreisrund, nach oben undeutlich winklig, innen blutroth, glänzend. Mundsaum blutroth, verdoppelt, der innere Saum zusammenhängend, nicht vorragend, der äussere an der Berührungsstelle mit dem vorletzten Umgange kurz ausgeschnitten, übrigens schmal ausgebreitet, nach oben und nach links etwas verbreitert: Länge $6^1/_2'''$. Durchmesser $4'''$. (Aus H. Cuming's Sammlung.)

Deckel unbekannt.

Aufenthalt: Manchesterberge auf Jamaika. (Sowerby.)

Bem. In der Gestalt dem C. Bronni Ad. (Vgl. N. 43. S. 50.) sehr ähnlich, durch die Skulptur und besonders durch den Mangel des zungenförmigen Fortsatzes am Mundsaume u. s. w. verschieden.

166. Cyclostoma Pretrei Orbigny. Pretre's Kreismundschnecke.

Taf. 21. Fig. 9—11. Vergr. Fig. 12.

C. testa umbilicata, turbinata, tenui, lamellis longitudinalibus distantibus, seriatim spiniferis munita, unicolore alba; spira conica, saepe truncatula; anfr. 4—6 convexis, ultimo antice soluto, oblique descendente; umbilico mediocri, pervio, intus spiraliter lirato; apertura subcirculari; perist. duplicato, limbo interno acuto, breviter porrecto, externo undulato, horizontaliter anguste expanso.

Cyclostoma Pretrei, d'Orbigni moll. cub. I. p. 260. t. 22. f. 9—11.
— — Sow. Thes. p. 139. t. 31. f. 260.

Gehäuse genabelt, wendeltreppenförmig, dünnschalig, durchsichtig, einfarbig weisslich, mit ziemlich nahe stehenden Lamellen der Länge nach besetzt, welche in regelmässige Querreihen geordnete, vorragende Stachelchen tragen. Gewinde kegelförmig, meist mit abgebrochener Spitze. Umgänge 4—6, konvex, der letzte stielrund, nach vorn abgelöst, etwas schräg herabsteigend. Nabel mittelmässig, durchgehend, innen mit Spiralleistchen. Mündung fast kreisrund. Mundsaum verdoppelt, der innere scharf, gerade vorstehend, der äussere etwas wellenförmig, wagerecht kurz abstehend. Länge 4'''. Durchmesser 2½'''. (Aus H. Cuming's Sammlung.)

Deckel unbekannt.

Aufenthalt: auf der Insel Cuba.

167. Cyclostoma politum Sow. Die polierte Kreismundschnecke.

Taf. 21. Fig. 13. 14.

C. testa perforata, conico-globosa, crassiuscula, polita, castanea, maculis parvis fulvidis vel coerulescenti-albidis confertim guttata; spira conoidea, obtusiuscula; anfr. 4½ convexiusculis, ultimo antice pallido; apertura subcirculari, intus pallida; perist. recto, obtuso, marginibus superne angulatim junctis, columellari incrassato, umbilicum haud pervium non occultante.

Cyclostoma politum, Sow. Thes. p. 97. N. 18. t. 23. f. 17.

Gehäuse durchbohrt, konisch-kuglig, festschalig, ganz glatt, glänzend, kastanienbraun, mit kleinen gelblich- oder bläulich-weissen Fleckchen dicht besprengt. Gewinde kegelförmig, mit feinem, stumpflichem Wirbel. Umgänge 4½, mässig gewölbt, der letzte gerundet, nach vorn weisslich. Mündung fast parallel mit der Axe, kreisrund, innen gelblichweiss. Mundsaum zusammenhängend, dick, geradeaus, kurz am vorletzten Umgange anliegend, nach oben etwas winklig. — Durchmesser 9'''. Höhe 7'''. (Aus H. Cuming's Sammlung.)

Deckel und Aufenthalt unbekannt.

168. Cyclostoma semidecussatum Pfr. Die halbgegitterte Kreismundschnecke.

Taf. 21. Fig. 17—19.

„C. testa globoso-conica, albida, spira brevi, depressiuscula, apice acuminatiuscula; anfr. 5, superne exquisite decussatim striatis, infra laevibus; apertura circulari; peritremate revoluto, latere umbilicali tenui, expanso; umbilico magno, intus laevi," (Sow.)

Cyclostoma rugosum, Sow. Thes. p. 121. N. 87. t 26. f. 123.
— semidecussatum, Pfr. in Zeitschr. f. Mal. 1847. p. 106.

Gehäuse ziemlich weitgenabelt, kuglig-kegelförmig, oberseits faltenstreifig und durch feine Querlinien gegittert, unterseits glatt, glänzend, einfarbig gelblich-weiss. Gewinde niedrig-kegelförmig erhoben. Umgänge 6, gerundet, ziemlich schnell zunehmend. Mündung kreisrund. Mundsaum ziemlich breit umgeschlagen, besonders am Spindelrande. — Höhe 9‴. Durchmesser 11—12‴.

Deckel unbekannt.

Aufenthalt: Trinidad. (Sowerby.)

Bem. Diese Schnecke wird von Sowerby für C. rugosa Lam. gehalten, stimmt aber weder mit der Beschreibung, noch mit Delessert's Abbildung überein. (Vgl. unsre N. 149: C. cinctum Sow.) Der Name musste daher verändert werden, und Fig. 19 ist eine Kopie des C. rugosum Sow. (nec Lam.) Fig. 17 und 18 die Abbildung eines kleineren, unvollendeten Exemplares der Cumingschen Sammlung.

169. Cyclostoma Olivieri Sowerby. Olivier's Kreismundschnecke.

Taf. 21. Fig. 20. 21.

T. subumbilicata, globoso-conica, tenuiuscula, lineis confertis elevatis et striis incrementi clathratula, carneo-albida; spira conica, apice obtusa, fulva; anfr. 5 convexis, celeriter crescentibus, ultimo antice soluto, dorso carinato; apertura verticali, subangulato-rotunda; perist. simplice, recto, margine columellari subincrassato. — Operc.?

Cyclostoma Olivieri, Sow. mss.
— — Charp. in Zeitschr. f. Mal. 1847. p. 144.
— syriacum, Zgl. (teste Charp.)

Diese Art ist sowohl in der Gestalt, als in der Skulptur sowohl dem C. fulvescens Sow., als auch dem C. costulatum Zgl. sehr ähnlich, unterscheidet sich aber von dem ersten leicht durch ihr höheres, kegelförmiges, abgestumpftes Gewinde und durch den ganz graden, gar nicht umgeschlagenen Mundsaum. Viel näher steht sie dem C. costulatum, unterscheidet sich aber auch von diesem ausser der beträchtlichern Grösse (Höhe 10‴ mit der Mündung, Durchmesser 8‴) hinreichend durch geringere Erhebung des Gewindes, durch ihre nach Verhältniss etwas weitere Nabelöffnung, und besonders durch das Lostreten des oben gekielten letzten Umganges.

Deckel: mir unbekannt, ohne Zweifel dem des costulatum ähnlich.

Aufenthalt: Syrien; bei Beirut (Boissier, Charpentier).

170. Cyclostoma citrinum Sow. Die zitrongelbe Kreismundschnecke.

Taf. 21. Fig. 22.

„C. testa subglobosa, spira conoidali, anfractibus 5 ventricosis, pallide aurantiacis, superne spiraliter striatis, infra laevigatis: sutura distincta; apertura circulari, peritremate valde reflexo, rotundato, albo; umbilico magno, spiraliter sulcato.“ — Operc.?

Cyclostoma citrinum, Sow. Thes. p. 117. N. 76. t. 25. f. 104.

„Gehäuse fast kuglig, mit konoidalischem Gewinde; Umgänge 5, bauchig, blass orangefarbig, oberseits spiralstreifig, unterseits glatt; Naht glatt; Mündung kreisrund; Peristom stark umgeschlagen, gerundet, weiss; Nabel weit, spiralisch gefurcht.“ — Höhe 1″. Durchmesser 14‴.

Deckel und Aufenthalt unbekannt.

Von dieser, wie von der folgenden, beiderseits unter sich und mit C. fulvescens nahe verwandten Arten, konnte ich Abbildung und Beschreibung nur nach Sowerby geben.

171. Cyclostoma pyrostoma Sow. Die feuerrothmündige Kreismundschnecke.

Taf. 21. Fig. 23.

„C. testa subgloboso-conica, tenuiuscula, flavescente, aurantiaco pallide strigata, spira mediocri, apice obtusiusculo, anfractibus 5, rotundatis, postice spiraliter striatis; sutura distincta; apertura fere circulari, peritremate aurantiaco, subincrassato, rotundato, subreflexo, postice subacuminato, prope ultimum anfractum subinterrupto; umbilico magno.“ — Operc.?

Cyclostoma haemastoma, Grat. in Act. Bord. XI. p. 437. t. 3. f. 5.
Nec Anton.

Cyclostoma pyrostoma, Sow. Spec. Conch. f. 227. 228.
— — Sow. Thes. p. 129. N. 108. t. 29. f. 200.
— — Reeve Conch. syst. II. t. 183. f. 9.

„Gehäuse fast kuglig-kegelförmig, ziemlich dünn, gelblich, mit blass orangefarbenen Streifen; Gewinde mässig erhoben, mit etwas stumpfem Wirbel; Umgänge 5, gerundet, nach hinten spiralstreifig, nach vorn glatt; Naht deutlich; Mündung beinahe kreisrund, mit einem etwas verdickten, orangefarbigen, gerundeten, etwas umgeschlagenen Saume, nach hinten etwas zugespitzt und gerade am vorletzten Umgange auf eine kurze Strecke unterbrochen; Nabel ziemlich weit.“ — Höhe 9‴. Durchmesser 10‴. (In der Sammlung von Miss Saul.)

Deckel unbekannt.

Aufenthalt: Madagascar. (Grateloup.)

172. Cyclostoma vitreum Lesson. Die glasartige Kreismundschnecke.

Taf. 21. Fig. 24—26. Taf. 28. Fig. 16—18.

C. testa perforata, turbinato-globosa, tenui, striatula, diaphana, pallide succinea; spira turbinata, acuta; anfr. $5\frac{1}{2}$ convexiusculis, ultimo magno, rotundato; apertura ampla, subverticali, fere circulari; perist. subcontinuo, incrassato, breviter expanso, infra umbilicum angustissimum, non pervium, lunatim exciso, margine sinistro medio angulatim dilatato, patente.

Cyclostoma vitrea, Lesson voy. de la Coquille p. 346. t. 13 f. 6.
— — Lam. ed. Desh. 31. p. 367.
— lutea, Quoy et Gaim. Voy. de l'Astrol. Zool. II. p. 180. t. 12. f. 11. 12.
— vitreum, Sow. Thes. p. 134. N. 124. t. 30. f. 252.
Leptopoma? vitreum, Pfr. in Zeitschr. f. Mal. 1847. p. 108.

Gehäuse durchbohrt, kreiselförmig-kuglig, dünnschalig, sehr zart gestreift, durchscheinend, blassgelblich. Gewinde kreiselförmig, mit feinem, spitzem Wirbel. Umgänge $5\frac{1}{2}$, mässig gewölbt, der letzte rundlich, gross. Mündung fast scheitelrecht, ziemlich kreisrund, innen gelblich, glänzend. Mundsaum fast zusammenhängend, verdickt, kurz ausgebreitet, der linke Rand oben mit dem rechten einen undeutlichen Winkel bildend, den vorletzten Umgang kurz berührend, dann seicht-mondförmig ausgeschnitten und unter dem Ausschnitte winklig verbreitert-abstehend. Nabelloch sehr eng, nicht durchgehend. Höhe $4\frac{3}{4}'''$. Durchmesser $5\frac{1}{2}'''$. (Aus H. Cuming's Sammlung.)

Deckel: von Schalensubstanz, aussen konkav, mit 4—5 Windungen (?) nach Sowerby.

Aufenthalt: Neu-Irland, Neu-Guinea, Molukken.

Bem. Die beschriebene Schnecke wird von Sowerby für C. vitrea Less. gehalten und in der That passt dessen Beschreibung und Abbildung recht gut, nur dass Lesson den Deckel als dünn und rothbraun angiebt. Auch scheint C. lutea Quoy (kopirt auf Taf. 28. Fig. 16—18) von Deshayes mit Recht hierhergezogen zu werden, wenigstens als grössere Varietät.

173. Cyclostoma cornu venatorium Sowerby. Das Jägerhorn.

Taf. 22. Fig. 1—3.

C. testa late umbilicata, depressa, subdiscoidea, solida, striatula, albida, rufovariegata vel epidermide olivaceo-fusca undique obducta; spira mucronata, coeruleonigrescente; anfr. 4—$4\frac{1}{2}$ teretibus, ultimo antice soluto, descendente; apertura obliqua, circulari; perist. continuo, recto, acuto. — Operc. corneum, terminale, planorbiforme, fistulosum, arctispirum, oblique irregulariter striatum, medio concaviusculum, margine convexo peristomatis marginem undique includente.

Cyclostoma cornu venatorium, Sow. Thes. p. 107. N. 48. t. 24. f. 41. 42.
— Itierii, Guérin in Revue zool. 1847. p. 2?
Cornu venatorium, Chemn. IX. P. 2. p. 104. t. 127. f. 1132. 33?
Helix cornu venatorium, Gmel. p. 3641. N. 227?
Aulopoma Hofmeisteri, Trosch. in Zeitschr. f. Mal. 1847. p. 43?

Gehäuse mit offnem, kreiselförmigem Nabel, festschalig, fast scheibenförmig, schwach gestreift, nach Sowerby weiss mit einer röthlichen Binde unterhalb der Mitte und röthlichbraunen Strahlen auf der Oberseite, bei dem abgebildeten Exemplare mit einer einfarbigen, olivenbräunlichen Epidermis bedeckt, welche am Umfange eine abgeriebene, weisse Binde zeigt. Gewinde flach, in der Mitte in ein kurzes, blauschwarzes Spitzchen erhoben. Umgänge 4—$4\frac{1}{2}$, rundlich, der letzte ziemlich stielrund, nach vorn abgelöst und etwas herabgesenkt. Mündung schräg (ungefähr 45°) gegen die Axe gestellt, kreisrund. Mundsaum einfach, scharf, geradeaus. — Höhe 5—$5\frac{1}{2}'''$. Durchmesser 10—11'''. (Aus H. Cuming's Sammlung.)

Deckel: höchst eigenthümlich, einen flachen, in der Mitte vertieften, Planorbis mit rundlichem Rande ähnlich, endständig, hornartig, mit vielen allmälig zunehmenden unregelmässig schräggestreiften Windungen, welche eine spirale Höhlung umschliessen, und deren letzte innerseits eine kreisrunde Rinne bildet, in welcher der Rand des Peristoms liegt.

Aufenthalt: unbekannt; Ceylon?

Hinsichtlich der Synonymik muss ich für jetzt noch auf meinen Aufsatz in der Zeitschr. f. Malak. (1847. S. 52) so wie auf das bei Nr. 174 Gesagte verweisen, da die Frage gegenwärtig noch nicht zu erledigen ist. — Die zunächst mit dieser verwandte Art ist:

(26.) Cyclostoma helicinum Chemnitz. Die helixähnliche Kreismundschnecke.

Taf. 22. Fig. 4. 5.

C. testa late umbilicata, subdiscoidea, tenuiuscula, striata, pallide cornea, rufomarmorata et unifasciata; spira mucronate, coerulescenti-fusca, anfr. 4 teretibus, ultimo antice descendente, soluto; apertura obliqua, subcirculari; perist. continuo, recto, acuto, tenui. — Operc. corneum, utrinque concavum, angustissime spiratum, anfr. convexis, extus confertim plicatis.

Turbo helicinus, Chemn. IX. P. 2. p. 59. t. 123. f. 1067. 68?
— helicoides, Gmel. p. 3602. N. 103?
Aulopoma helicinum, Pfr. in Zeitschr. f. Mal. 1847. p. 111.

Gehäuse dem der vorigen Art sehr ähnlich, doch viel kleiner (meine Exemplare haben nur 7''' Durchmesser, 4''' Höhe, obgleich sie, wie der losgelöste letzte Umgang schliessen lässt, völlig ausgewachsen sind), dünnschaliger, nicht so flach scheibenförmig, sondern bis zur bräunlichblauen Spitze mehr allmälig erhoben. — Doch würde ich diese Form als eine kleinere Varietät der vorigen betrachten, wenn nicht der

Deckel beträchtliche Verschiedenheit zeigte. Zwar besitzt derselbe ebenfalls die Charaktere der von Troschel begründeten Gattung Aulopoma, er ist aber viel enger gewunden, als bei der vorigen Art, die Windungen nach aussen konvex und dicht quergefaltet.

Aufenhalt: auf der Insel Ceylon von Dr. Th. Philippi gesammelt. Vgl: Cyclost. helicinum N. 26. p. 35. t. 4. f. 5. 6 (die Chemnitzsche Originalabbildung).

174. Cyclostoma planorbulum Sow. Die planorbisförmige Kreismundschnecke.

Taf. 22. Fig. 6—16.

C. testa latissime umbilicata, discoidea, solidula, subtiliter striatula, pallide fulvescente, unicolore vel castaneo eleganter et undatim strigata vel tessellata, interdum infra peripheriam unifasciata; spira plana, vertice haud prominulo, saepe nigricante; anfr. 4 convexiusculis, ultimo terete; apertura subobliqua, circulari; perist. duplice, limbo interno brevi, continuo, externo subexpanso, superne dilatata, ad anfractum penultimum auriculato. — Operc. subimmersum, crassum, testaceum, arctispirum, extus medio concavum.

Cornu venatorium, Chemn. IX. P. 2. p. 104. t. 126. f. 1132. 33?
Cyclostoma planorbula, Encycl. méth. t. 461. f. 3?
— — Lam. 1. p. 143. ed. Desh. p. 353?
— planorbulum, Sow. Thes. p. 110. N. 58. t. 25. f. 85! 83. 84?
— Voigt in Cuv. Thierr. III. p. 177.
— cornu venatorium Chemn.? Pfr. in Zeitschr. f. Mal. 1847. p. 55.
Cyclotus planorbulus, Swains. Malak. p. 336.
Aperostoma planorbulum, Pfr. in Zeitschr. für Mal. 1847. p. 104.

Gehäuse sehr weit genabelt, scheibenförmig, oberseits ganz flach, unterseits ausgehöhlt, ziemlich festschalig, feingestreift, mattglänzend, blass horngelblich, einfach oder mit zierlicher kastanienbrauner Zeichnung, der nicht erhobene, feine Wirbel häufig schwärzlich. Umgänge meist 4½, etwas gewölbt, der letzte stielrund, nach vorn kaum merklich herabsteigend. Mündung wenig schief zur Axe gestellt, kreisrund. Mundsaum (bei den ausgebildeten Exemplaren) doppelt, am vorigem Umgange anliegend, der innere kurz, zusammenhängend, der äussere etwas ausgebreitet, nach oben fast ohrförmig verlängert. Durchmesser 7—10‴. Höhe 2—3‴.

Deckel etwas eingesenkt, von Schalensubstanz, mit vielen engen Windungen, nach aussen in der Mitte konkav, nach innen fast flach, und wie die meisten, mit glänzendem Callus überzogen.

Varietäten:

1. Einfarbig, gelblich, gross.
2. Ebenso mit hellkastanienbraunen Flammen. (Fig. 9—11.)
3. Kleiner, mit dunkelbraunen Zickzacklinien und schwärzlichem Wirbel. (Fig. 12—14.)

4. Mit braunfleckiger, nach oben würfliger Zeichnung und einer feinen Binde. (Fig. 6—8.)

5. Noch kleiner, überall sehr zierlich kastanienbraun und gelb schachbrettartig gezeichnet. (Fig. 15. 16.)

Aufenthalt: auf den Philippinischen Inseln gesammelt von H. Cuming.

Bem. Dass ich diese Schnecke für das wahre C. cornu venatorium Chemn. zu halten Grund habe, habe ich in dem mehrmals erwähnten Aufsatz in der Zeitschr. f. Mal. (1847. S. 52) ausführlicher erörtert. In anderer Beziehung haben sich aber meine Ansichten geändert, seitdem ich das früher (S. 149 Anmerkung zu N. 159.) erwähnte Exemplar der Cumingschen Sammlung sah, was gänzlich mit der Abbildung und Deshayes's Beschreibung in der Enc. méth. übereinstimmt, und wie auch die in Sow. Thes. gegebenen Fig. 83 und 84 weder zu der oben beschriebenen Philippinenschnecke, noch zu C. stenostomum gehören können. In dieser ist also der Typus des C. planorbula Lam. zu suchen und planorbulum Sow. muss entweder als cornu venatorium Chemn. anerkannt werden oder einen neuen Namen erhalten. Im erstern Falle muss C. cornu venatorium Sow. umgetauft werden und da entsteht die Frage, ob dasselbe nicht mit C. Hierii Guér. oder mit Aul. Hoffmeisterii Trosch. zusammenfällt. Ueber die richtige Deutung der Chemnitzschen Figur von C. cornu venatorium, wie auch von C. helicinum, könnte vielleicht Herr Beck in Kopenhagen Auskunft geben.

175. Cyclostoma annulatum Troschel. Die geringelte Kreismundschnecke.

Taf. 22. Fig. 17—19. Taf. 29. Fig. 14. 15.

C. testa umbilicata, depressissima, subdiscoidea, solidula, ruguloso-striata, sub epidermide tenui, olivaceo-cornea alba, superne obsolete fusco-maculata, infra peripheriam unicingulata; spira plana; anfr. 4½—5½ convexiusculis, ultimo lente descendente; umbilico lato, profundo; apertura obliqua, subovali-rotundata; perist. subsimplice, undique expansiusculo, marginibus approximatis, infra medium anfractus penultimi callo brevi subangulatim junctis.

Cyclostoma annulatum, Trosch. mss.
— discus, Sow. in sched. Cuming.
Cyclophorus annullatus, Pfr. in Zeitschr. f. Mal. 1847. p. 108. 150.

Gehäuse sehr weit und tief genabelt, scheibenförmig niedergedrückt, ziemlich festschalig, runzlig-streifig, unter einer dünnen, bräunlich-olivengrünen Oberhaut weiss, oberseits mit undeutlichen braunen Flecken und einer schmalen, unterbrochenen braunen Binde unter der Mitte, Gewinde in einer Ebene liegend, der feine Wirbel kaum bemerklich darüber hervortretend. Umgänge 4½, schwach gewölbt, allmälig zunehmend, der letzte aus der Ebene allmälig herabgesenkt, breiter als hoch. Mündung schief oval-rundlich. Mundsaum fast einfach, überall sehr kurz ausgebreitet, den vorletzten Umgang wenig berührend, beide Ränder unter der Mitte desselben winklig verbunden, Höhe 3—4'''. Durchmesser 9—10'''. (Aus dem K. Zoologischen Museum zu Berlin; die grössere Var. (Taf. 29.) von Herrn Cuming erhalten.)

Deckel: eingesenkt, dünn, hornartig, braun, nach aussen konkav, enggewunden, die Ränder der Windungen etwas erhoben.

Aufenthalt: auf der Insel Ceylon gesammelt von Hoffmeister.

176. Cyclostoma cingulatum Sow. Die schwarzgürtelige Kreismundschnecke.

Taf. 22. Fig. 20—22.

C. testa mediocriter umbilicata, depressa, crassiuscula, undique irregulariter rugoso-granulata, nitidula, olivaceo-castanea; spira brevissima, obtusiuscula; anfr. 4½ convexiusculis, rapide accrescentibus, ultimo carinato, infra medium fascia late nigricante ornato; apertura subcirculari; superne vix anguluta, intus coerulescente; perist. simplice, recto, continuo, margine dextro semicirculari, sinistro subincrassato, leviter arcuato. — Operc. testaceum, albidum, arctispirum.

Cyclostoma cingulatum, Sow. Thes. p. 93. t. 29. f. 213. 14.

Gehäuse mässig weit und durchgehend genabelt, niedergedrückt, festschalig, überall unregelmässig runzlig-körnig, matt glänzend, schwarzgrünlich, nach oben kastanienbraun. Gewinde sehr wenig erhoben, mit feinem, stumpflichem, fleischfarbigem Wirbel. Umgänge 4½, flach gewölbt, schnell zunehmend, der letzte breit, stumpfgekielt, unter der Mitte mit einer breiten, nach unten verwaschenen, schwärzlichen Binde. Mündung etwas schief, unregelmässig rundlich, innen bläulich. Mundsaum einfach, geradeaus, scharf, frei, zusammenhängend, die Ränder oben winklig zusammenstossend, der rechte stark, der linke seicht gebogen. Durchmesser 17'''. Höhe 9½'''. (Aus H. Cuming's Sammlung.)

Deckel kalkartig, fest, weisslich, ganz flach, enggewunden mit leistenförmig vorstehender Spirale.

Aufenthalt: in Neu-Granada. (Powis, Sowerby.)

177. Cyclostoma croceum Sow. Die safranfarbige Kreismundschnecke.

Taf. 24. Fig. 15. 16.

C. testa perforata, oblongo-turrita, solidula, oblique striatula, diaphana, cornea; spira turrito-conica, apice acutiuscula; anfr. 7—8 convexiusculis, ultimo ⅖ longitudinis fere aequanto, antice pallescente; apertura angulato-ovali, intus concolore, basi axin testae excedente; perist. duplicato, limbo interno continuo, expansiusculo, adnato, externo incrassato, expanso, albo, ad anfractum penultimum breviter interrupto.

Cyclostoma croceum, Sow. Thes. p. 150. t. 29. f. 190. 191.

Megalomastoma croceum, Pfr. in Zeitschr. f. Mal. 1847. p. 109.

Gehäuse durchbohrt, länglich-thurmförmig, ziemlich festschalig, zart längsstreifig, durchscheinend, safranfarbig. Gewinde gethürmt-kegelförmig, mit sehr feinem, spitzlichem Wirbel. Umgänge 7—8, mässig gewölbt, der letzte nach unten verschmälert, nach vorn bleicher gefärbt. Mündung oval, nach oben spitzwinklig, innen gleichfarbig, glänzend, mit ihrer Basis über die Axe hervortretend. Mundsaum doppelt, der innere dünn, zusammenhängend, safrangelb, etwas ausgebreitet-anliegend, der äussere weiss, stark verdickt, an der kurzen Berührungsfläche mit dem vorletzten Umgange unterbrochen. Länge 15‴. Durchmesser 6½‴. (Aus H. Cuming's Sammlung.)

Deckel unbekannt.

Aufenthalt unbekannt.

178. Cyclostoma sectilabrum Gould. Die eingeschnittenlippige Kreismundschnecke.

Taf. 24. Fig. 17. 18.

C. „testa turrita, spira acuminata, arcte umbilicata, brunnea; anfr. 8 subventricosis, vix striatis, penultimo subgibbo; apertura suborbiculari, intus rubescente, peritremate duplici, albo, prope angulum posticum canali parvo interrupta.

Cyclostoma sectilabrum, Gould in Journ. Bost. Soc. 1844. p. 459. t. 24. f. 12.

Megalomastoma sectilabrum, Pfr. in Zeitschr. f. Mal. 1847. p. 109.

„Gehäuse verlängert, mit spitzem Gewinde, hell röthlich-braun; Windungen ungefähr 8, konvex, fast glatt, schimmernd; der vorletzte Umgang in der Profilansicht etwas gibbös, der letzte nicht mit der Axe der vorhergehenden übereinstimmend, sondern vorwärts gezogen, so dass die Fläche der Mündung über eine Parallele mit der Axe hervortritt; Mündung innen gleichfarbig; Lippe weiss, mässig ausgebogen (everted), mit einer leichten Spalte oder Kanal, welche nach hinten quer am äussern Winkel der Mündung liegt; nach hinten ist die Lippe doppelt, der innere Theil zusammenhängend, der äussere da aufhörend, wo er das Gehäuse berührt; Nabel klein. Länge 1″, Breite ¼″.

Deckel: dünn, hornartig.

Aufenthalt: in der Provinz Tavoy in Brittisch-Burmah.

Bem. Gould sagt, die Schnecke sey dem C. altum Sow. (Vgl. N. 131. S. 127.) sehr ähnlich, habe aber die Spalte im Peristom auf der entgegengesetzten Seite. — Wenn er aber vermuthet, C. croceum Sow. sey ein abgeblichenes Exemplar derselben Art, so ist dies nicht wohl zu glauben, wenn man beide Beschreibungen und Abbildungen (unsre Fig. 17, 18 ist genau nach Gould kopirt) vergleicht.

179. Cyclostoma tortuosum (Turbo) Chemnitz. Die gedrehte Kreismundschnecke.

Taf. 24. Fig. 19. 20.

C. testa profunde rimata, fusiformi-oblonga, solidula, subtilissime striata, nitida, albida; spira ovato-turrita, apice acutiuscula; anfr. 7 convexis, 2 penultimis latis, ultimo graciliore, soluto, deorsum protracto, basi carina filiformi, juxta aperturam latiore, signato; apertura subcirculari; perist. continuo, albo, reflexo, basi distincte canaliculato, margine dextro subflexuoso.

Turbo tortuosus, Chemn. Conch. Cab. XI. p. 158. t. 195. f. 1882. 83.
Pupa tortuosa, Gray in Ann of Phil. New. ser. IX. p. 413.
Helix Cochlodina? tortuosa, Féruss. prodr. 504.
Urocoptis? tortuosa, Beck ind. p. 83.
Cyclostoma tortuosum, Sow. Thes. p. 152. t. 28. f. 185. 186.
Megalomastoma tortuosum, Pfr. in Zeitschr. f. Mal. 1847. p. 109.

Gehäuse tief geritzt, länglich-spindelförmig, ziemlich festschalig, sehr zart gestreift, glänzend, durchsichtig, weisslich. Gewinde getbürmt-eiförmig, mit spitzlichem Wirbel. Umgänge 7, gewölbt, die 4 obersten regelmässig zunehmend, einen kurzen Kegel bildend, die 2 folgenden breit, der letzte verschmälert, an der Basis mit einem fadenförmigen, gegen den Mundsaum verbreiterten Kiele, nach vorn ganz abgelöst, schräg herabsteigend. Mündung ziemlich parallel mit der Axe, rundlich, mit einer deutlichen Rinne an der Stelle des äussern Kieles. Mundsaum zusammenhängend, weiss, zurückgeschlagen, oben und unten etwas winklig, der rechte Rand etwas ausgeschweift. Länge 9‴. Durchmesser in der Mitte 3‴. (Aus H. Cuming's Sammlung.)

Deckel unbekannt.

Aufenthalt: auf den Nikobarischen Inseln.

Vgl. Zeitschr. f. Malak. 1847. Apr. S. 55.

180. Cyclostoma breve (Lituus) Martyn. Die schnabelmündige Kreismundschnecke.

Taf. 24. Fig. 1. 2.

C. testa late umbilicata, conoideo-semiglobosa, solida, striatula, nitidula, castanea, fulvido-variegata; spira brevi, obtusiuscula; sutura late impressa, marginata; anfr. 5 convexis, ultimo basi angulatim in umbilicum infundibuliformem abeunte; apertura subcirculari, intus albida; perist. incrassato, reflexo, superne ad anfractum penultimum in appendicem triangularem, profunde canaliculatum protracto, extus superne tuberculo lato prominente munito.

Lituus brevis, Martyn fig. of non descr. shells t. 28 c. Ed. Chenu (Bibl. conch. II.) p. 21. t. 8. f. 2.
Turbo Petiverianus, Wood suppl. t. 6. f. 2.
Cyclostoma Petiverianum, Gray in Wood suppl. p. 36.
— — Sow. Spec. f. 97. 98.
— — Reeve Conch. syst. II. t. 184. f. 15.
— — Sow. Thes. p. 116. t. 25. f. 100. 101.
Myxostoma Petiverianum, Troschel in Zeitschr. f. Mal. 1847. p. 44.
— breve, Pfr. ibid. 1847. p. 111.

Gehäuse offen genabelt, kegelförmig-halbkuglig, dickschalig, schwer, längsstreifig, ziemlich glänzend, kastanienbraun, mit gelblichen Flecken und Striemen. Gewinde kurz erhoben, mit feinem, aber stumpflichem Wirbel. Naht wulstig-berandet. Umgänge 5, gewölbt, allmälig zunehmend, neben der Nahtwulst breit eingedrückt, der letzte mit einer dunklern Binde unterhalb der Mitte, nach vorn ein wenig herabgesenkt, unterseits durch eine stumpfe Kante von dem trichterförmigen, durchgehenden Nabel getrennt. Mündung fast rund, etwas breiter als hoch, innen weisslich. Mundsaum doppelt, der innere kurz, etwas ausgebreitet, an den äussern angedrückt, an der linken Seite undeutlich, der äussere blass bläulich, stark verdickt, zurückgeschlagen, an der kurzen Berührungsfläche mit dem vorletzten Umgange wie der Schnabel einer Lampe vorgezogen, innen eine tiefe, schmale, mit der Naht gleichlaufende Rinne, aussen einen stark erhobenen länglichen Höcker bildend. Durchmesser 18‴. Höhe 11‴. (Aus H. Cuming's Sammlung.)

Deckel: spiral, dick, hornartig nach Sowerby, — mit vielen Windungen, dick, lamellös nach Troschel.

Aufenthalt: Pulo Condore. (Martyn.)

Bemerk. Während des Druckes des 4ten Bogens konnte ich noch die Verweisung auf eine später zu gebende vollständigere Beschreibung hinzufügen, welche nun hier folgt:

21 et 22. Cyclostoma aurantiacum Schumacher.

Taf. 4. Fig. 8. 9. Taf. 23. Fig. 4. 5.

C. testa depresso-turbinata, solida, confertim striata, lineis spiralibus, confertis obsolete decussata, nigricanti-catanea, fulvido et albido marmorata; spira brevi, acutiuscula; anfr. 5½ convexis, ultimo permagno, subdepresso, peripheria obsolete carinato, basi pallido, castaneo-lineato; umbilico magno, infundibuliformi; apertura subobliqua, ampla, subcirculari, intus coerulescente; perist. continuo, anfractui penultimo breviter adnato, undique incrassato-expanso, carneo.

Turbo volvulus var., Chemn. IX. P. 2. p. 158. t. 123. f. 1064. 65.
Annularia aurantiaca, Schumacher essai p. 196.
Cyclostoma pernobilis, Gould et.
— aurantiacum, Pfr. in Chemn. ed. II. p. 30 et 31.
— — Pfr. in Zeitschr. f. Mal. 1847. p. 57.
Cyclophorus aurantiacus, Pfr. ibid. p. 107.

Ueber die Identität der hier vereinigten Arten wird wohl nicht leicht ein Zweifel übrig bleiben können, da das hier abgebildete Exemplar mit dem Chemnitzschen vollständig übereinstimmt und mit dem Gouldschen (Taf. 3. Fig. 15 kopirten) sogar das Vaterland gemein hat, indem das vorliegende von Dr. Theodor Philippi aus Mergui im Binnenlande mitgebracht ist. Der Deckel fehlt leider auch bei diesem. — Uebrigens ist den Abbildungen und Beschreibungen nichts hinzuzufügen, als dass je nach der Frische der Exemplare die Färbung sowohl der Schale als auch des Peristoms mehr oder weniger intensiv erscheint, und dass der Kiel am Umfange der letzten Windung mehr oder weniger scharf hervortritt.

181. Cyclostoma linguiferum Sow. Die zungentragende Kreismundschnecke.

Taf. 23. Fig. 1—3.

C. testa umbilicata, depresso-turbinata, crassa, spiraliter obsolete striata, fulvescente, maculis brunneis angulatim variegata; spira elevatiuscula, apice obtusa; anfr. 5 convexis, ultimo terete; umbilico mediocri, pervio; apertura subverticali, circulari, intus lactea; perist. subincrassato, duplicato, intus pallide fulvo late limbato, margine supero vix expanso, columellari in appendicem semilunarem, patentem, basi anguste protractum, dilatato, — Operc. tenue, corneum, extus concavum, anfr. 5.

Cyclostoma linguiferum, Sow. in Proc. Zool. Soc. 1843. p. 31.

— — Sow. Thes. p. 125. N. 98. t. 29. f. 198.

Cyclophorus linguiferus, Pfr. in Zeitschr. f. Mal. 1847. p. 107.

Gehäuse offen genabelt, niedrig kreiselförmig, festschalig, undeutlich spiralstreifig, fast glanzlos, braungelb mit kastanienbraunen Flecken und Striemen und einer hellen Binde am Umfange. Gewinde flach pyramidal, mit feinem, aber abgestumpftem Wirbel. Umgänge 5, gewölbt, der letzte gerundet, nach vorn nicht herabsteigend. Mündung fast parallel mit der Axe, kreisrund, innen milchweiss, glänzend. Mundsaum etwas verdickt, doppelt, der innere zusammenhängend, meist innen braungelb-gesäumt, kaum ausgebreitet mit Ausnahme der Spindelseite, wo er sich abstehend verbreitert, der äussere am vorletzten Umgange unterbrochen, über dem Verbindungswinkel in ein kurzes Oehrchen, über dem Nabel in eine halbmondförmige, etwas zurückgewölbte, aber ganz freie weisse Platte verbreitert. — Höhe 11‴. Durchmesser 16‴.

Deckel: dünn, hornartig, nach aussen tief konkav, ausser dem Nucleus aus 5 ziemlich gleichbreiten Windungen bestehend.

Aufenthalt: auf der Philippineninsel Bohol gesammelt von H. Cuming.

182. Cyclostoma lingulatum Sow. Die schmalzüngige Kreismundschnecke.

Taf. 23. Fig. 6—10.

C. testa umbilicata, subdepresso-conoidea, tenuiuscula, sublaevigata, castanea, ad suturam et peripheriam albo-articulata; spira brevi, acuminata; anfr. 5 vix convexis, ultimo superne costis 3—4 obtuse angulato, plerumque acute carinato, basi convexo; umbilico infundibuliformi; apertura subcirculari, intus coerulescente; perist.

continuo, plerumque duplice, interno acuto, vix porrecto, externo incrassato, margine sinistro ala superne in appendicem linguiformem dilatata cincto. — Operc. tenue, corneum, planum, multispirum.

Cyclostoma lingulatum, Sow. in Proc. Zool. Soc. 1843. p. 64.
— — Sow. Thes. p. 126. N. 101. t. 29. f. 208—10.
Cyclophorus lingulatus, Pfr. in Zeitschr. f. Mal. 1847. p. 107.

Gehäuse offen genabelt, niedergedrückt-kegelförmig mit etwas konvexer Basis, ziemlich glatt, mit einigen flach erhobenen Leisten oberseits besetzt, kastanienbraun mit weissen Striemen und Flammen oder weisslich mit braunen Striemen und Fleckenbinden, meist mit einer weiss und braun gegliederten Binde am Umfange und an der Naht. Gewinde kurz erhoben, zugespitzt. Umgänge 5, wenig gewölbt, der letzte mehr oder weniger scharf gekielt, nach vorn nicht herabsteigend. Nabel trichterförmig, in der Tiefe eng. Mündung kaum von der Axe abweichend, kreisrund, innen bläulichschimmernd. Mundsaum verdoppelt, der innere zusammenhängend, kurz vorgestreckt, der äussere etwas verdickt, am vorletzten Umgange kaum unterbrochen, an der Spindelseite einen über dem Nabel in ein schmales, zungenförmiges Plättchen verbreiterten Flügel bildend. Höhe 8'''. Durchmesser 10½'''.

Deckel: dünn, hornartig, flach, mit vielen Windungen.

Aufenthalt: auf den Philippinischen Inseln Siquijor, Bohol und Zebu gesammelt von H. Cuming.

183. Cyclostoma tuba Sow. Die Trompeten-Kreismundschnecke.

Taf. 23. Fig. 10. 11.

„C. testa suborbiculari, depressiuscula, laevi, albicante, rufescente fusco variegata et nubeculata; spira brevi, subdepressa, acuminata; anfr. 5 planiusculis, primis carinatis, ultimo maximo, rotundato; apertura maxima, circulari, expansa, albicante; perist. albicante, tenui, lato, revoluto, supra anfractum penultimum interrupto; umbilico magno.“ — Alt. 1, 5 — lat. 2, 3''. (Sow.)

Cyclostoma tuba, Sow. in Proc. Zool. Soc. 1842. p. 83.
— — Sow. Thes. p. 122. N. 91. t. 27. f. 129. 130.
Cyclophorus tuba, Pfr. in Zeitschr. f. Mal. 1847. p. 107.

Von dieser Schnecke gebe ich die Abbildung und Beschreibung nach Sowerby, weil meine von Hrn. Cuming selbst unter diesem Namen erhaltenen Exemplare nicht so ausgebildet sind, als das dargestellte. Die Art steht dem C. perdix (Vgl. S. 60. Nr. 55) überaus nahe, namentlich wenn der Mundsaum nicht so breit ist, als auf dem Bilde. Dennoch lässt sie sich, wie es mir scheint, an folgenden Merkmalen von jenem unterscheiden. Die Mündung ist weniger kreisrund, sondern mehr niedergedrückt, breiter als hoch, wie überhaupt die ganze Schnecke mehr niedergedrückt ist (meine Exemplare haben ungefähr 3/4″ Höhe auf 1 1/3″ Durchmesser). Ausserdem ist aber der Deckel sehr verschieden, nämlich bei C. tuba beinahe ganz flach, gelbroth, mit dünnem, zerschlitztem Rande, bei C. perdix aber tief konkav, regelmässig gerundet, ganzrandig. — Von C. aquilum Sow. unterscheidet sich unsre Art hauptsächlich durch den dünnen Bau der ganzen Schale und insbesondere des Peristoms, durch den Kiel, u. s. w.

Aufenthalt: auf dem Berge Ophir auf der Halbinsel Malacca gesammelt von H. Cuming.

184. Cyclostoma speciosum Philippi. Die prächtige Kreismundschnecke.

Taf. 25. Fig. 1—3.

C. testa anguste umbilicata, depresse turbinata, solida, striis impressis, spiralibus, confertis, subundulatis, sculpta, castaneo et albido marmorata; spira late conoidea, obtusiuscula; anfr. 6 convexiusculis, ultimo permagno, ad peripheriam carina obsoleta alba cincto, basi nigricanti-castaneo multifasciato; apertura obliqua, ampla, subcirculari, intus submargaritacea; perist. albo, undique late expanso, continuo, anfractui penultimo breviter adnato, margine columellari refloxo.

Cyclostoma speciosum, Phil. in Zeitschr. f. Mal. 1847. p. 123.
Cyclophorus speciosus, Pfr. ibid. 1847. p. 107.

Gehäuse enggenabelt, niedergedrückt-kreiselförmig, fastschalig, mit gedrängten, eingedrückten, etwas welligen Spirallinien umgeben, oberseits kastanienbraun und weiss marmorirt. Gewinde breit konoidalisch, mit stumpflichem Wirbel. Umgänge 6, mässig gewölbt, der letzte sehr gross, am Umfange mit einem undeutlichen weissen Kiele versehen, unterseits mit vielen schwärzlich-kastanienbraunen Binden geziert. Mündung schräg zur Axe, weit, ziemlich kreisförmig, innen etwas perlschimmernd. Mundsaum weiss, ringsum weit ausgebreitet, zusammenhängend, an der vorletzten Windung kurz anliegend, am Spindelrande zurückgeschlagen. — Höhe 17½'''. Durchmesser 30'''.

Deckel und Aufenthalt unbekannt. (In Hrn. Dr. Philippi's Sammlung.)

185. Cyclostoma Menkeanum Philippi. Menke's Kreismundschnecke.

Taf. 28. Fig. 6—8.

C. testa umbilicata, turbinata, solida, superne confertim concentrice striata, striis incrementi obliquis subdecussata, castaneo et albo marmorata; spira brevi, conoidea, obtusa; anfr. 5 convexis, ultimo angulato, infra cingulum periphericum album altero latiore nigricanti-castaneo ornato, basi laeviore, circa umbilicum mediocrem albo; apertura obliqua, subcirculari, intus pallide aurantia; perist. duplice, externo incrassato, expanso, superne angulato, ad anfr. penultimum interrupto, interno continuo, rugoso, latere supero et dextro longe porrecto.

Cyclostoma Menkeanum, Phil. in Zeitschr. f. Mal. 1847. p. 123.

Cyclophorus Menkeanus, Pfr. ibid. 1847. p. 107.

Diese Schnecke hat ziemlich genau die Gestalt und Grösse des C. involvulus (Höhe 9—10, Durchmesser 13½—15'''), unterscheidet sich aber durch die Skulptur, indem die obere Seite durch ziemlich dichtstehende, gleiche konzentrische Streifen rauh gemacht wird, bei jenem aber nur einzelne stumpfe, vorragende Spiralleisten vorhanden sind. Ausserdem ist die Mündung schiefer und höher als bei jenem. Durch die Skulptur steht sie dem C. stenomphalum und ceylanicum näher, unterscheidet sich aber von ersterm durch gleichmässige Streifung, viel weitern Nabel und kleine Mündung, von letzterm durch dieselben Charaktere wie involvulus.

Deckel und Vaterland unbekannt. (Aus der Philippischen Sammlung, die mittlere Figur nach einem frischeren Exemplar der Menkeschen Sammlung kolorirt.)

Bemerkung. Die Originalbeschreibung der Art (Phil. a. a. O.) wurde nach einem etwas abgebleichten Exemplare entworfen.

186. Cyclostoma ceylanicum Sow. Die ceylonische Kreismundschnecke.

Taf. 29. Fig. 1—3.

C. testa umbilicata, depresso-turbinata, solida, liris permultis elevatis acutis (interpositis minoribus) striisque longitudinalibus confertissimis decussata, suturate castanea, strigis albis, angustis, undulatis picta; spira conoidea, obtusiuscula; anfr. 5 convexis, ultimo infra carinam submedianam, acutiorem fascia lata nigricante ornato, circa umbilicum infundibuliformem subcompresso, stramineo; apertura subobliqua, subcirculari, intus coerulescenti-alba; perist. incrassato, candido, marginibus callo tenui superne angulatim junctis, dextro expanso, columellari reflexo. — Operc. corneum, arctispirum, extus vix concavum.

Cyclostoma ceylanicum, Sow. mss.

Diese schöne Schnecke ist dem von mir früher (Nr. 54. S. 59) beschriebenen C. stenomphalum am nächsten verwandt. Die Gestalt ist ganz dieselbe, aber die Spiralleisten sind weit stärker hervortretend und schärfer, der Nabel ist trichterförmig, in der Tiefe eng, nach aussen stark erweitert und durch eine stumpfe Kante gegen die Basis der letzten Windung abgegränzt. Der Mundsaum ist einfach und weiss, nach oben stärker winklig vorgezogen, als bei stenomphalum, wo er verdoppelt und orangefarbig ist. — Höhe 12‴. Durchmesser 18‴.

Deckel sehr dünn, hornartig, durchsichtig, nach aussen wenig konkav mit 7—8 langsam zunehmenden Windungen.

Aufenthalt: auf der Insel Ceylon. (Geschenk des Hrn. H. Cuming.)

187. Cyclostoma candidum Sow. Die reinweisse Kreismundschnecke.

Taf. 25. Fig. 6.

„T. subglobosa, spira obtusa; anf. 5 rotundatis, spiraliter sulcatis, candidis; apertura subcirculari, superne acuminata: peristomate incrassato, superne subsinuoso; infra externe crasso, reflexo; margine interno calloso, supra umbilicum magnum partim extenso.“ (Sow.)

Cyclostoma candidum, Sow. Thes. p. 117. N. 77. t. 26. f. 107.

„Gehäuse fast kuglig, mit stumpfem Gewinde, welches aus 5 gerundeten, weissen, spiralgefurchten Windungen besteht. Mündung fast kreisrund, nach oben zugespitzt. Mundsaum verdickt, nach oben etwas buchtig, der äussere Rand dick und nach unten zurückgeschlagen, der innere Rand schwielig und zum Theil über den weiten Nabel ausgebreitet. Es giebt eine Varietät, bei welcher der Nabelcallus viel kleiner und zurückgeschlagen ist. Bisweilen hat der untere Theil der oberen Windungen eine rostbraune Färbung."

Deckel und Aufenthalt unbekannt.

Scheint mit C. naticoides zunächst verwandt zu sein.

188. Cyclostoma unifasciatum Sow. Die einbindige Kreismundschnecke.

Taf. 25. Fig. 4. 5.

„C. testa subglobosa, spira acuminata, decollata, anfr. 4 rotundatis, laevigatis, obsolete spiraliter striatis, albicantibus, ultimo fascia basali fusca unica; sutura distincta; apertura circulari, intus aurantiaca, peritremate albo, reflexo, superne sinuato, prope umbilicum calloso; umbilico minori, spiraliter sulcato."

Cyclostoma unifasciatum, Sow. Thes. p. 119. N. 81. t. 26. f. 105. 106.

„Gehäuse fast kuglig, mit zugespitztem, aber oben abgestossenem Gewinde, welches aus 4 gerundeten, glatten Umgängen mit undeutlichen Spiralstreifen besteht. Windungen weisslich, die letzte mit einem einzelnen bräunlichen Bande nahe an der Basis. Naht deutlich. Mündung kreisförmig, innen orangefarbig. Mundsaum weiss, zurückgeschlagen, oben buchtig, an der Seite des engen und spiralgefurchten Nabels verdickt."

Deckel unbekannt.

Aufenthalt: Madagascar.

189. Cyclostoma melanostoma Petit. Die schwarzmündige Kreismundschnecke.

Taf. 25. Fig. 12—15.

„C. testa ventricoso-conica, tenuissima, alba, subdiaphana, perforata; anfr. 6 rotundatis, transversim striatis, infimis lineolis rufescentibus interdum fasciatis; spira subacuta; peritremate reflexo, tenui, fusco-nigricante, nitidissimo. — Operc. cartilagineum, tenuissime 6 spiratum."

Cyclostoma melanostoma, Petit in Revue zool. 1841. p. 308.

— — Petit in Guérin mag. 1842. t. 56.

Leptopoma melanostomum, Pfr. in Zeitschr. f. Mal. 1847. p. 108.

„Diese Schnecke ist bauchig; ihre Windungen, 6 an der Zahl, sind sehr gerundet: sie erscheinen dem blossen Auge glatt, aber mit Hülfe der Lupe unterscheidet man schräge und unregelmässige Anwachsstreifen welche von queren Streifen und braunrothen Linien durchschnitten werden. — Diese weisse, ziemlich durchscheinende Art steht unverkennbar einigen von Quoy und Lesson beschriebenen Arten nahe; sie scheint aber durch mehrere Kennzeichen, namentlich durch das breite, umgeschlagene, dünne, glänzend schwärzlich-kastanienbraune Peristom, von jenen verschieden. Durchmesser 12 Mill. Höhe 14 Mill.“

Deckel sehr dünn, knorpelartig, mit 6 Windungen.

Aufenthalt: angeblich von Neu-Guinea. (In der Sammlung des Hrn. Petit de la Saussaye.)

190. Cyclostoma tenue Sow. Die dünne Kreismundschnecke.

Taf. 25. Fig. 11.

„C. testa globoso-pyramidali, tenui, albicante, opaca; spira acuminatiuscula, apice obtuso; anfr. 5—6 rotundatis, postice spiraliter substriatis, ultimo fulvo-unifasciato, antice laevi; sutura profunda; apertura rotundata; peristremate tenui, subreflexo; umbilico mediocri.“

Cyclostoma tenue, Sow. Thes. p. 138. N. 134. t. 31. f. 265.

„Gehäuse kuglig-pyramidalisch, dünn, fast weiss, undurchsichtig. Gewinde ziemlich zugespitzt, aber mit stumpfem Wirbel. Umgänge 5—6, gerundet, nach hinten schwach spiralstreifig, die letzte mit einem einzelbräunlichen Band, nach vorn glatt. Naht tief. Mündung kreisrund. Mundsaum dünn, sehr wenig umgeschlagen. Nabel mittelmässig.“

Deckel unbekannt.

Aufenthalt: Afrika nach Gray.

191. Cyclostoma unicarinatum Lamarck. Die einkielige Kreismundschnecke.

Taf. 25. Fig. 7.

C. testa umbilicata, globoso-conica, tenuiuscula, spiraliter obsolete striata, luteorubente; spira conica; anfr. $5\frac{1}{2}$ convexiusculis, ultimo antice violacescente, medio carina 1 compressa, acuta munito, circa umbilicum confertim sulcato; apertura subverticali, fere circulari, intus concolore; perist. simplice, campanulata-expanso, marginibus junctis, supero perdilatato, columellari reflexo.

Cyclostoma unicarinata, Lam. 5. p. 144. ed. Desh. p. 355.
— — Encycl. méth. t. 461. f. 1.
— — Desh. in Enc. méth. II. p. 40. N. 4.

Cyclostoma unicarinatum, Sow. Thes. p. 120. N. 84. t. 26. f. 120.
— fulvifrons, Sow. spec. conch. f. 122.
— — Reeve Conch. syst. II. t. 185. f. 120.
Cyclophora unicarinata, Swains. Malac. p. 336.

Gehäuse genabelt, kuglig-kegelförmig, ziemlich dünnschalig, mit undeutlichen Spiralfurchen, röthlich gelb mit bläulicher Schattirung. Gewinde kegelförmig, mit gewöhnlich kurz abgestossenem Wirbel. Umgänge 5½, ziemlich gewölbt, der letzte nach vorn violettgrau, nicht herabsteigend, in der Mitte mit einem zusammengedrückten, scharf vorstehenden weisslichen Kiele besetzt, unterseits einen trichterförmigen, spiralisch gefurchten Nabel bildend. Mündung fast parallel mit der Axe, fast kreisrund, innen gleichfarbig. Mundsaum einfach, zusammenhängend, am vorletzten Umgange kurz anliegend, weiss oder orangefarbig, glockig ausgebreitet, der obere Rand sehr verbreitert, der Spindelrand zurückgeschlagen. Höhe 12—14'''. Durchmesser 15—18'''. (Beschreibung nach einem Exemplare in der Sammlung des Hrn. Dr. v. d. Busch, Abbildung nach Sowerby.)

Deckel unbekannt.

Aufenthalt: Madagascar.

192. Cyclostoma Deshayesianum Petit. Deshayes's Kreismundschnecke.

Taf. 25. Fig. 8—10.

„C. testa orbiculato-convexa, carinata, roseo-aurantia; anfr. 5 convexo-depressis, carinis sublamellosis et decurrentibus sculptis, ultimo anfractu antice gradatim inclinato, et subtus striis regularibus creberrimisque pulchre ornato; sutura anguste canaliculata; perist. albo, crasso, externe carina lamellosa circumdato; umbilico largo, profundo, spirali"

Cyclostoma Deshayesianum, Petit in Revue zool. 1844. p. 3.
— — Petit in Guérin mag. 1844. t. 98.

„Diese Schnecke, von rosiger Orangefarbe, ist ausgezeichnet durch ihre lamellenartigen, parallelen Kiele, welche, auf der Mitte des letzten Umganges beginnend, schwächer werden, indem sie am Gewinde hinaufsteigen, und nur noch Streifen bilden. Ein anderes besonderes Merkmal dieser Art ist die Herabsenkung der letzten Windung in der Nähe der Mündung; sie ist in mancher Beziehung mit C. Cuvierianum verwandt, aber kleiner, mehr niedergedrückt; der Nabel ist weiter und offner. — Höhe 17, Durchmesser 25 Millim."

Deckel unbekannt.

Aufenhalt: bei Nesse-Bé auf Madagascar gesammelt vom Corvetten-Kapitän Guilain.

Bemerkung. Die Figuren 4—15 der Tafel 25 sind sämmtlich Kopien der Originalabbildung.

193. Cyclostoma guadeloupense Pfr. Die guadeloupische Kreismundschnecke.

Taf. 28. Fig. 9—11.

C. testa anguste perforata, oblongo-turrita, decollata, solidula, liris transversis elevatis costulisque longitudinalibus acutis, liras supercurrentibus sculpta, cinnamomea; sutura denticulis albis subdistantibus munita; anfr. 4 convexis; apertura verticali, ovali; perist. rubello, continuo, duplicato, interno expansiusculo, appresso, externo breviter patente, juxta anfractum penultimum subinterrupto. — Operc. tenue, cartilagineum.

Chondropoma guadeloupense, Pfr. in Zeitschr. f. Mal. 1847. p. 124.

Gehäuse eng-durchbohrt, länglich-gethürmt, mit abgestossener Spitze, ziemlich festschalig, ziemlich dicht mit erhobenen Spiralleistchen besetzt und mit scharfen erhobenen Längsstreifen, welche über jene hinauslaufen, enggegittert. Farbe zimmtbraun, bei einigen ins Bläuliche spielend. Umgänge 4, mässig gewölbt, der letzte gegen den vorletzten etwas zurücktretend. Naht mit weisslichen, näher oder entfernter stehenden Zähnchen besetzt. Mündung parallel mit der Axe, oval, innen rothgelb, mit punktirten braunen Linien. Mundsaum frei, röthlich, verdoppelt, der innere zusammenhängend, wenig ausgebreitet, an den äussern angedrückt, letzterer am obern Winkel in ein kurzes Oehrchen verbreitert, am vorletzten Umgange kurz unterbrochen, übrigens kurz abstehend, unten etwas wellig. Länge 5—5½'''. Durchmesser 2½'''.

Deckel dünn, knorpelig, mit wenigen Windungen.

Aufenthalt: Insel Guadeloupe nach Petit.

Zunächst verwandt mit C. crenulatum m. und xanthostomum Sow.

194. Cyclostoma pudicum Orbigny. Die schamhafte Kreismundschnecke.

Taf. 28. Fig. 19.

„T. oblongo-conica, tenui, violacea, decussatim striata; spira elevata, conica, apice acuminato-truncata; anfr. 5 convexis; suturis excavatis; apertura orbiculari; labro dilatato, acuto, reflexo; latere bilobato, uno auriculato, altero umbilicum operiente. — Long. 15, diam. 11 mill.“ (Orb.)

Cyclostoma pudicum, Orb. moll. cub. I. p. 259. t. 22. f. 6—8.
— — Sow. Thes. p. 143. N. 147. t. 31. f. 282.

„Gehäuse eiförmig-pyramidal, ziemlich dick, sehr fein gegittert, röthlich hellbraun; Spitze abgestossen; Umgänge 3, gerundet; Peristom doppelt, das innere dünn, das äussere einfach, breit, zurückgeschlagen mit einem Einschnitte an der Spindelseite gerade dem Nabel gegenüber, verdickt und über den Nabel zurückgeschlagen, so dass dieser völlig bedeckt ist.“ (Sow.)

Deckel ausserhalb lamellös gewunden. (Orb.)

Aufenthalt: auf der Insel Cuba.

Bemerkung. Unsere Figur 19 ist aus Sow. Thes. kopirt, welchem auch die deutsche Beschreibung entlehnt ist. Die Abbildung von d'Orbigny, dessen Originaldiagnose mitgetheilt ist, stimmt nicht ganz mit der von Sowerby überein, sondern ist meinem C. Ottonis (Nr. 36. S. 45) sehr ähnlich, nur dass der untere Lappen des Spindelrandes nicht gerundet ist, wie bei jenem, sondern scharfwinklig. — Weitere Beobachtungen müssen entscheiden, ob d'Orbigny's und Sowerby's Schnecke 2en oder einer Art angehören.

195. Cyclostoma multilabre Lamarck. Die viellippige Kreismundschnecke.

Taf. 28. Fig. 20—22. Taf. 29. Fig. 4—6.

„C. testa ventricoso-conica, perforata, diaphana, cinerea; apice coerulescente; ultimo anfractu striis 5 prominentibus asperato; spira brevi, acuta; labro margine reflexo, postice marginibus pluribus antiquis subimbricato. — Lat. bas. 5 lin.“ (Lam.)

Cyclostoma multilabris, Lam. 25. p. 148. ed. Desh. 24. p. 360.
— — Quoy et Gaim. Voy. Astrol. II. p. 183. t. 12. f. 20—22.
— Delessert recueil t. 29 f. 14.
— — Chenu Illustr. conch. Livr. 73. t. 1. f. 14.

Diese Art scheint noch nicht ganz hinsichtlich ihrer Synonymik aufgeklärt zu sein. Delessert giebt die (Taf. 29. Fig. 4—6 kopirte) Abbildung des Lamarckschen Exemplares und hiernach halte ich dasselbe, wie ich schon früher (S. 21) erwähnte, für eine Monstrosität des C. atricapillum Sow. — Auch Quoy und Gaimard erklären die Lamarcksche Art für monströs und geben eine Abbildung der Schnecke, welche von ihnen für die Normalform gehalten wird. (Vgl. die treue Kopie derselben Taf. 28. Fig. 20—22.) — Wie es sich damit verhält, ist weiter zu untersuchen.

Aufenthalt: Neuholland (Labillardière, Lamarck), Port-Dorey auf Neu-Guinea (Quoy).

196. Cyclostoma ambiguum Lamarck. Die zweideutige Kreismundschnecke.

Taf. 29. Fig. 7—9.

„C. testa ovato-conoidea, obtusa, perforata, tenui, pellucida, albida; lineolis luteis interruptis, transversim seriatis; striis longitudinalibus prominentibus; labro margine reflexo, valde dilatato. — Long. 7 lin.“ (Lam.)

Cyclostoma ambigua, Lam. 11. p. 145. ed. Desh. p. 357.
— interrupta, Delessert recueil t. 29. f. 2.
— — Chenu Illustr. conch. Liv. 73. t. 1. f. 2.

Lamarck sagt zur nähern Bezeichnung der Art weiter nichts als: „weniger bauchig als C. interrupta, und überdies durch die erhobenen Längslinien von jenem unterschieden.“ Delessert giebt dann eine gute (hier kopirte) Abbildung der Art, wobei jedoch unglücklicherweise dieselbe mit C. interruptum Lam. vertauscht worden ist. Weder Sowerby noch mir ist bisher eine hierher zu zählende Form vorgekommen.

Aufenthalt: unbekannt.

197. Cyclostoma decussatum Lamarck. Die kreuzweise liniirte Kreismundschnecke.

Taf. 29. Fig. 10—13.

„C. testa ventricoso-conica, subperforata, decussatim striata, luteo-rufescente lineis fuscis longitudinalibus flexuosis; anfr. 6 convexis; labro margine albo, reflexo. — Long. 7 lin.“ (Lam.)

Cyclostoma decussata, Lam. 18. p. 147. ed. Desh. 17. p. 358.
— — Delessert recueil t. 29. f. 6.
— — Cheuu Illustr. conch. Livr. 73. t. 29. f. 6.

Lamarck sagt nur: „der letzte Umgang ist nahe an seiner Basis etwas winklig.“ Ich habe früher die Art in dem C. truncatum Mus. Berol. (vgl. N. 121. S. 118) zu erkennen geglaubt, allein die gekerbte Naht des letztern scheint dieser Annahme zu widersprechen. Unsere Figuren sind nach Delessert kopirt.

Aufenthalt: die Insel Portorico. (Maugé, Lamarck.)

198. Cyclostoma fimbriatum Lamarck. Die gefranste Kreismundschnecke.

Taf. 30. Fig. 34. 35.

„C. testa ventricoso-conoidea, subperforata, transversim striata, albido-lutescente; anfractuum margine superiore plicis fimbriato; spira brevi, acuta; apertura lutea. — Lat. bas. $5\frac{1}{2}$ lin.“ (Lam.)

Cyclostoma fimbriata, Lam. 24. p. 148. ed. Desh. 23. p. 360.
— — Quoy et Gaim. Astrol. II. p. 188. t. 12. f. 31—35.
— Delessert recueil t. 29. f. 12.
— — Cheuu Illustr. conch. Livr. 73. t. 1. f. 12.

„Auf dem letzten Umgange ist eine braune Binde.“ — Ich gebe die Kopie der Delessertschen Abbildung, glaube aber doch, dass weder diese noch die Quoy'schen Figuren die richtige Lamarcksche Art darstellen, welche ich vielmehr nach den Worten: „der obere Rand der Umgänge mit Falten gefranst“ in C. undulatum suchen möchte. (Vgl. N. 94. S. 97 und Zeitschr. f. Mal. 1846. S. 30 und 31.) Die von Quoy und Delessert dargestellte Art scheint eher identisch mit C. Listeri Gray (vgl. N. 95. S. 98) und vielleicht auch mit C. Philippi Grat. zu seyn.

Aufenthalt: Neuholland (Labillardière, Lamarck), Isle de France? (Quoy.)

199. Cyclostoma Novae Hiberniae Quoy. Die neuirländische Kreismundschnecke.

Taf. 30. Fig. 36. 37.

„C. testa minima, ventricoso-conica, perforata, apice acuta, longitrorsum striata, rufula; spira virescenti; anfr. quinis et sesqui; apertura dilatata, intus rubra, tantisper reflexa. — Long. 5, diam. 4 lin.“

Cyclostoma Novae Hiberniae, Quoy et Gaim. Astrol. II. p. 182. t. 12. f. 15—19.
— — — Lam. ed. Desh. 33. p. 368.

„Kleiner als C. luteum Quoy, eben so gestaltet, aber durch mangelnden Kiel und Querstreifen unterschieden. Es sind nur schiefe Längsstreifen vorhanden. Mündung gross, vollständig, mit ausgebreitetem, kaum umgeschlagenem Peristom. Die Farbe ist ein röthliches Orange, auf der letzten Windung ins Bläuliche spielend; Spitze des Gewindes grünlich."

Thier: kurz, mit ovalem Fuss. Fühler dick, kurz, stumpf, röthlich.

Deckel: kalkartig, gerundet, mit vielen Windungen.

Aufenthalt: am Hafen Carteret in Neu-Irland.

200. Cyclostoma erosum Quoy. Die angefressene Kreismundschnecke.

Taf. 30. Fig. 32. 33.

C. „testa turrita, conica, perforata, apice acuta, ultimo anfractu semper erosa, violacea aut rubra; spira luteola; anfr. 5½ convexis; apertura rubeola; perist. simplice, integro, subovali; umbilico canaliculato. — Long. 4, diam. 2 lin." (Quoy.)

Cyclostoma erosa, Quoy et Gaim. Astrol. II. p. 191. t. 12. f. 40—44.
— — Lam. ed. Desh. 37. p. 370.
Hydrocena? erosa, Pfr. in Zeitschr. f. Mal. 1847. p. 112.

„Gehäuse gebaut wie bei C. rubens, aber etwas grösser, kegelförmig, mit spitzem Gewinde, dessen 5½ gerundete Windungen durch eine tiefe Naht getrennt sind. Die letzte ist so gross wie die übrigen zusammen, etwas bauchig und fein schräg-runzelstreifig, wodurch ein in der Nähe des Nabels bemerklicher Kiel theilweise verwischt wird. Der Nabel ist eine halbrunde Spalte, nach aussen mit einer Wulst begränzt. Mündung halbrund, nach hinten etwas winklig. Peristom einfach und zusammenhängend. Letztgenannte Theile sind rosenroth, übrigens die Schale röthlich oder trübviolett an der Basis, nach oben gelblich mit kleinen röthlichen Flammen.

Thier: mit langem, gelbem Rüssel. Fühler dick, kurz, die grossen schwarzen Augen auf einer kleinen Anschwellung an der Basis jener. Fuss gelb. Deckel häutig, mit wenigen Windungen."

Aufenthalt: auf der Marianeninsel Guam.

201. Cyclostoma Belangeri Pfr. Belanger's Kreismundschnecke.

Taf. 30. Fig. 1—3.

C. testa perforata, ovato-conica, solidula, concentrice minutim et confertim striata, opaca, rubra; spira conica, acuta; anfr. 6—7 vix convexiusculis, ultimo longitudinaliter striato, medio linea elevata subcarinato, basi juxta perforationem linea altera elevata, munito; apertura obliqua, ovali, intus concolore; perist. subincrassato, albo, expansiusculo, marginibus disjunctis, columellari simplice, superne dilatato. — Operc. membranaceum, corneum.

Cyclostoma aurantiacum, Desh. in Belanger voy. Zool. p. 416. t. 1. f. 16. 17. Nec Schum.
— Müller synops. p. 38.
— Lam. ed. Desh. 43. p. 373.
— Belangeri, Pfr. in Zeitschr. f. Mal. 1847. p. 82.
Hydrocena? Belangeri, Pfr. ibid. 1847. p. 112.

Gehäuse durchbohrt, oval-kegelförmig, ziemlich festschalig, mit feinen und dichtstehenden Spirallinien umgeben, undurchsichtig, roth. Gewinde konisch, spitz, mit blutrothem Wirbel. Umgänge 6—7, fast flach, der letzte etwa 4/9 der ganzen Länge bildend, längsgestreift, am Umfange und dicht neben dem engen Nabelloche mit einer kielartigen erhobenen Linie versehen, bisweilen mit einigen ähnlichen schwächern unterhalb der mittlern. Mündung schief gegen die Axe, abgestutzt-oval, innen gleichfarbig. Mundsaum schwach verdickt, weiss, kaum merklich ausgebreitet, die Ränder getrennt, der Spindelrand einfach, nur oben in ein 3eckiges, nicht zurückgeschlagenes Plättchen verbreitert. — Länge 4¾‴. Durchmesser 2¾‴.

Deckel: dünn, fast häutig, hornartig.

Aufenthalt: bei Pondichery entdeckt von Belanger.

202. Cyclostoma rubens Quoy. Die röthliche Kreismundschnecke.

Taf. 30. Fig. 10—12.

C. testa perforata, ovato-conica, tenuiuscula, obsoletissime concentrice striata, opaca, rufulo et albido marmorata; spira conica, acuta; anfr. 7 planiusculis, ultimo a medio lineis nonnullis elevatis angulato, basi distinctius carinato; apertura vix obliqua, ovali; perist. simplice, expansiusculo, albido, marginibus conniventibus.

Cyclostoma rubens, Quoy et Gaim. Astrol. II. p. 189. t. 12. f. 36—39.
— — Lam. ed. Desh. 34. p. 368.
— Rangii, Potiez et Michaud gal. I. p. 240. t. 24. f. 18. 19.
Hydrocena? rubens, Pfr. in Zeitschr. f. Mal. 1847. p. 112.

Gehäuse dem der vorigen Art sehr ähnlich, ausser der Grösse hauptsächlich durch die gänzlich fehlenden Spirallinien zu unterscheiden. Die Farbe ist ein helles Rothbraun, mit weisslicher Marmorzeichnung und häufig einer dunklern Binde unter der Mitte des letzten Umganges. An diesem befinden sich 3 fadenartig erhobene Leistchen, das oberste wie ein Kiel am Umfange, das 2te etwas unter jenem, das 3te und stärkste als Begränzung der nach aussen trichterförmig erweiterten, feinen Nabelritze. Mündung fast oval. Mundsaum getrennt, scharf, weiss, kaum merklich ausgebreitet. — Länge 4'''. Durchmesser 2¼'''.

Thier: nach Quoy mit langem Rüssel. Fühler lang, zylindrisch, lebhaft roth, mit grossen schwarzen Augen an ihrer Basis. Fuss lang, gelblich grün.

Deckel: häutig, mit wenigen Windungen.

Aufenthalt: auf der Insel Isle de France. (Quoy und Gaimard.)

203. Cyclostoma dubium Pfr. Die zweifelhafte Kreismundschnecke.

Taf. 30. Fig. 4—6.

C. testa perforata, ovato-conica, sublaevigata, tenuiuscula, rubello-cornea; spira conica, acutiuscula; anfr. 6 convexiusculis, ultimo spira vix breviore, juxta perforationem subangulato; apertura subverticali, ovali, basi subeffusa; perist. simplice, acuto, marginibus disjunctis, dextro recto, columellari brevissime reflexiusculo.

Cyclostoma dubium, Pfr. in Zeitschr. f. Mal. 1847. p. 86.
Hydrocena? dubia, Pfr. ibid. 1847. p. 112.

Auch diese Schnecke ist den vorigen so ähnlich in den allgemeinen Charakteren, dass man nicht zweifeln kann, dass sie zu derselben Gattung gehört. Sie ist bauchiger, weniger gestreckt, einfach gelblich-roth und es fehlen ihr die erhobenen Spirallinien des letzten Umganges. Auch die kielartige Begränzung des sehr feinen Nabelloches ist kaum angedeutet. Von den 6 etwas gewölbten Windungen ist die letzte nur wenig kürzer als die übrigen zusammen. Mundsaum einfach, nur der Spindelrand etwas verdickt. — Deckel wie bei dem vorigen.

Aufenthalt: auf der Insel Opara. (Cuming.)

204. Cyclostoma hieroglyphicum Fér. Die hieroglyphische Kreismundschnecke.

Taf. 30. Fig. 7—9.

C. testa perforata, turrita, tenuiuscula, rubello-albida, corneo strigata et marmorata; spira turrita, acuta; anfr. 9 planiusculis, ultimo 1/3 longitudinis non aequante, basi juxta perforationem non perviam carina prominente, arcuata munito; apertura truncato-ovali, basi subangulata, intus rubella; perist. simplice, recto, marginibus distantibus, columellari reflexiusculo. — Operc. membranaceum.

Helix hieroglyphica, Fér. Mus.!
Bulimus hieroglyphicus, Pot. et Mich. gal. I. p. 144. t. 14. f. 21. 22.
Cyclostoma hieroglyphicum, Pfr. in Zeitschr. f. Mal. 1846. p. 86.
Hydrocena? hieroglyphica, Pfr. ibid. 1847. p. 112.

Gehäuse langgestreckt, gethürmt, glatt, gelbroth und weissgelb marmorirt, wie mit Hieroglyphen bemalt. Umgänge 9, ziemlich flach, der letzte wenig mehr als 1/4 der ganzen Länge betragend. Mündung wie bei der vorigen, aber das feine Nabelloch mit einer erhobenen Leiste umgeben, welche bis an den Mundsaum sich verlängert und die Mündung winklig macht (fast wie bei C. succineum Sow.).

Deckel: wie bei dem vorigen.

Aufenthalt: unbekannt. (In meiner Sammlung aus dem Pariser Museum.)

205. Cyclostoma pupoides Anton. Die pupaähnliche Kreismundschnecke.

Taf. 30. Fig. 13—15.

C. testa subperforata, oblongo-turrita, striatula, nitidula, lutescenti-cornea; spira sursum attenuata, acutiuscula; anfr. 8 vix convexiusculis, ultimo subcarinato, circa perforationem subcompresso; apertura rotundo-ovali; perist. simplice, marginibus disjunctis vel callo tenuissimo junctis, dextro subsinuoso, columellari reflexiusculo.

Bulimus pupoides, Anton Verz. p. 42. N. 1535.
Assiminia spec. Cuming in sched.
Hydrocena oparica, Pfr. in Zeitschr. für Mal. 1847. p. 112.

Gehäuse fast undurchbohrt, länglich-thurmförmig, feingestreift, glänzend, durchsichtig, gelblich-hornfarbig. Gewinde langgestreckt mit spitzem Wirbel. Umgange 8, fast flach, der letzte stumpf gekielt, neben der punktförmigen Durchbohrung zusammengedrückt. Mündung rundlich-oval. Mundsaum einfach, seine Ränder getrennt oder durch sehr dünnen Callus verbunden, der rechte etwas ausgeschweift, der Spindelrand kurz zurückgeschlagen. Länge 3‴. Durchmesser kaum 1⅓‴.

Deckel: dünn, hautartig.

Aufenthalt: auf der Insel Opera gesammelt von Cuming.

206. Cyclostoma cattaroense Pfr. Die cattaro'sche Kreismundschnecke.

Taf. 30. Fig. 16—18.

C. testa obtecte perforata, turbinata, tenui, striata, luteo-rubella; spira conica, acuta; anfr. 5 convexiusculis, ultimo spiram subaequante; apertura ovali; intus aurantiaca; perist. simplice, marginibus disjunctis, columellari reflexo, adnato. — Operc. rubellum, paucispirum.

Cyclostoma cattaroense, Pfr. in Wiegm. Arch. 1841. I. p. 225.
Hydrocena Sirkii, Parr. in sched.
— cattaroensis, Pfr. in Zeitschr. f. Mal. 1847. p. 112.

Diese zierliche Schnecke ist der Typus der vorläufig angenommenen Gattung Hydrocena, welcher ich fraglich die vorstehend beschriebenen angereihet habe. Ob sie wirklich zu der Familie der Cyclostomaceen gehören, oder mehr in die Verwandschaft der Littorina, bleibt vorläufig noch unentschieden. —

Gehäuse bedeckt-durchbohrt, kreiselförmig, dünn, gestreift, gelbröthlich, oft mit einem graulichen Ueberzuge bedeckt. Gewinde kegelförmig, spitz. Umgänge 5, ziemlich gewölbt, der letzte ungefähr die Hälfte der ganzen Höhe bildend. Mündung schräg zur Axe gestellt, oval, innen orangeroth. Mundsaum einfach, seine Ränder getrennt, der Spindelrand zurückgeschlagen, angewachsen. — Länge 1½‴. Durchmesser 1¼‴,

Deckel: röthlich, mit wenigen Windungen.

Aufenthalt: an Felsen in der Fiumera von Cattaro in Dalmatien.

207. Cyclostoma auritum Ziegler. Die geöhrte Kreismundschnecke.

Taf. 26. Fig. 4—6.

C. testa obtecte subperforata, turrita, corneo-cinerea, confertim capillaceo-costulata: costis aliis in anfractibus mediis majoribus, argute elevatis; spira sursum attenuata, obtusiuscula; anfr. 9 convexiusculis, ultimo terete; apertura fere verticali, subcirculari; perist. duplice, limbo interno subcontinuo, anfractui penultimo appresso, albo-labiato, expanso, externo dilatato, patente, utrinque angulatim auriculato.

Cyclostoma auritum, Ziegler Mus.
— — Rossm. Icon. VI. p. 50. f. 398.
— Sow. Thes. p. 148. N. 162. t. 28. f. 172.
— excisssilabrum, v. Mühlf. Mus.
— Pot. et Mich. gal. I. p. 236. t. 24. f. 5. 6.
— — Cantr. Malac. médit. t. 5. f. 8.
Pomatias excissilabre, Jan catal. p. 6.
— aurita, Troschel in Zeitschr. f. Mal. 1847. p. 43.

Gehäuse mit schwacher Spur eines Nabelloches, gethürmt mit lang ausgezogener Spitze, hellhornfarbig-graulich, der Länge nach dicht rippenstreifig, mit einigen stärker vortretenden Rippen auf den mittlern Windungen. Umgänge 9, mässig gewölbt, der letzte stielrund. Mündung parallel mit der Axe, fast kreisrund. Mundsaum doppelt (bei unausgebildeten einfach), der innere zusammenhängend, ziemlich lang an den vorletzten Umgang angewachsen, ausgebreitet, der äussere von dem obern Einfügungspunkte an einen ziemlich gleichbreiten, abstehenden, unter der Nabelstelle ohrförmig verbreiterten und dann plötzlich aufhörenden Flügel bildend. — Länge 9‴. Durchmesser fast 3‴.

Deckel: tief eingesenkt, dicht gewunden, aus 2 Platten mit einer halben spiralen Scheidewand bestehend.

Aufenthalt: Cattaro in Dalmatien, Montenegro (Küster), Albanien (Potiez und Michaud).

208. Cyclostoma tessellatum Rossm. Die würfelfleckige Kreismundschnecke.

Taf. 26. Fig. 7—9.

C. testa subimperforata, conica, confertim argute costulata, cinerascenti-alba, seriatim luteo-maculata; spira elongato-conica, obtusiuscula; anfr. 8 parum convexis, ultimo basi subangulato; apertura verticali, angulato-rotundata; perist. subduplicato, limbo interno continuo, anfractui penultimo appresso, externo campanulatim expanso, superne auriculato, margine columellari angulatim exciso.

Cyclostoma tessellatum, Rossm. Icon, VI. p. 53. f. 404.
— — Sow. Thes. p. 134. t. 30. f. 339.
— conspersum, Ziegl. (Menke synops ed. 2. p. 40.)
— maculatum var. Pot. et. Mich. gal. I. p. 239.
Pomatias tessellatum, Andr. Villa disp. p. 28.
— tessellatus, Pfr. in Zeitschr. f. Mal. 1847. p. 110.

Gehäuse fast undurchbohrt, länglich-kegelförmig, gedrängt-längsrippig, glanzlos, undurchsichtig, graulichweiss mit reihenweise geordneten gelben Flecken. Gewinde verlängert, mit stumpflichem Wirbel. Umgänge 8, mässig gewölbt, der letzte an der Basis etwas winklig, Mündung fast parallel mit der Axe, rundlich, nach oben winklig. Mundsaum undeutlich verdoppelt, der innere zusammenhängend, am vorletzten Umgange angewachsen, mit dem äussern ziemlich verschmolzen, letzterer glockig ausgebreitet, nach oben ohrförmig verbreitert, am Spindelrande winklig ausgeschnitten. — Länge 4½'''. Durchmesser 2'''.

Deckel: schalig, die innern Windungen eng, schwärzlich, die äusserste breiter, gelbgrau.

Aufenthalt: auf der Insel Corfu.

209. Cyclostoma obscurum Draparnaud. Die dunkle Kreismundschnecke.

Taf. 26. Fig. 1—3. 31—33.

C. testa perforata, conico-turrita, confertim costulato-striata, cornea, castaneo interrupte trifasciata; spira apice obtusiuscula; anfr. 8—9 parum convexis, ultimo lineis spiralibus distantibus (interdum obsoletis) subdecussato, basi obsolete angulato; apertura verticali, ovali-rotundata; perist. subduplicato, albo, limbo interno vix continuo, externo albo-labiato, angulatim patente, margine sinistro subauriculato.

Cyclostoma obscurum, Drap. hist. p. 39. t. 1. f. 13.
— — Rossm. Ic. VI. p. 53. f. 405.
— — Dupuy moll. du Gers. p. 64. N. 2.
— Mermet moll. pyren. p. 74. N. 4.
— patulum, Sow. Thes. p. 147. N. 159. t. 28. f. 170.
Pomatius Studeria, Hartm. in Neue Alpina I. p. 214.
— obscurum, Jan catal. p. 6.
— obcurus, Pfr. in Zeitschr. f. Mal. 1847. p. 110.

Gehäuse durchbohrt, kegelförmig-gethürmt, gedrängt-rippenstreifig, hornfarbig, mit 3 unterbrochenen kastanienbraunen Binden. Gewinde kegelförmig, stumpflich. Umgänge 8—9, flach gewölbt, der letzte mit einzelnstehenden, bisweilen kaum bemerkbaren Spirallinien undeutlich gegittert, an der Basis etwas winklig. Mündung parallel mit der Axe, oval-rundlich. Mundsaum undeutlich verdoppelt, weiss, der innere nur bei ganz ausgebildeten zusammenhängend, der äussere weiss-gelippt, winklig abstehend, an der Spindelseite in ein schmales, eckiges Oehrchen vorgezogen. Länge 6½‴. Durchmesser 2¼—2½‴.

Deckel: tief eingesenkt, ähnlich dem vorigen.

Varietät: kleiner, mit dünnem, ausgebreitetem Mundsaum. Länge 5‴. Durchmesser 2‴. (Taf. 26. Fig. 31—33.)

Cyclostoma fimbriatum, Held. in coll.

Aufenthalt: in den Pyrenäen, die Var. nach Held auch bei Triest?

210. Cyclostoma striolatum Porro. Die gestrichelte Kreismundschnecke.

Taf. 26. Fig. 16—18.

C. testa perforata, turrita-conica, tenuiuscula, confertim oblique et subarcuatim costulato-striata (interjectis costis elevateoribus), pallide cornea, rufo-trifasciata: fasciis 2 superis interruptis; spira regulariter conica, obtusiuscula; anfr. 8 convexis, ultimo subterete; apertura obliqua, ovali-rotundata; perist. simplice, interrupto, undique breviter expanso.

Pomatius striolatum, Porro in Revue zool. 1840. p. 106.
— — Villa disp. syst. p. 59.
— striolatus, Pfr. in Zeitschr. f. Mal. 1847. p. 110.
Cyclostoma striolatum, Phil. Sicil. II. p. 119. t. 21. f. 7.
— — Sow. Thes. p. 148. N. 161. t. 31. f. 286.
— turriculatum, Phil. Sicil. I. p. 144.

Gehäuse gethürmt-kegelförmig, ziemlich dünnschalig, dicht mit schrägen etwas bogigen Rippenstreifen, von welcher einzelne schärfer erhoben sind, besetzt, hornfarbig, mit 3 rothbraunen Binden, wovon die 2 oberen unterbrochen sind. Gewinde regelmässig kegelförmig, stumpflich. Umgänge 8, gewölbt, der letzte ziemlich stielrund. Mündung schief zur Axe, oval-rundlich. Mundsaum einfach, am vorletzten Umgange kurz unterbrochen, übrigens überall schmal ausgebreitet. — Länge 4—4¼‴. Durchmesser 2‴.

Deckel: fast endständig, übrigens wie bei den vorigen.
Aufenthalt: Italien, Sizilien.

211. Cyclostoma patulum Draparnaud. Die weitmündige Kreismundschnecke.

Taf. 26. Fig. 10—12.

C. testa subimperforata, attenuato-turrita, nitidula, violacescenti-fusca; spira turrita, sursum attenuata, acutiuscula, glabra; anfr. 8—10 convexis, mediis costulatis, 2 ultimis sublaevigatis, ultimo terete; apertura verticali, subrotunda; perist. duplice, interno breviter porrecto, externo tenui, dilatato, expanso, utrinque subauriculato, auricula columellari anfractum penultimum tangente.

Cyclostoma patulum, Drap. tabl. d. moll. p. 39. N. 2.
— — Drap. hist. p. 38. t. 1. f. 9. 10.
— Lam. 27. p. 149. ed. Desh. 26. p. 362.
— Rossm. Ic. VI. p. 52. f. 401—3.
— Mermet moll. pyr. p. 73. N. 2.
— Schmidt, Land- u. Süssw. Conch. in Krain. p. 11.
— turriculatum b, Menke syn. ed. 2. p. 40.
— maculatum, var. patulum, Fitzing. syst. Verz. p. 115.
Pomatias Studeri β, Hartm. in Neue Alpina I. p. 214. (ex parte.)
— patulum, Jan catal. p. 6.

Gehäuse fast undurchbohrt, gethürmt, matt glänzend, violett- oder graulich-hornfarbig. Gewinde lang und schlank ausgezogen, mit spitzlichem, glattem Wirbel. Umgänge 8—10, gewölbt, die mittleren feingerippt, die untern ziemlich glatt, der letzte stielrund. Mündung parallel mit der Axe, fast kreisrund. Mundsaum doppelt, der innere kurz vorgestreckt, der äussere dünn, verbreitert, ausgebreitet, beiderseits kurz geöhrelt, und zwar so, dass das Oehrchen der Spindelseite den vorletzten Umgang berührt. — Länge $3^3/_4$—$5^1/_2$'''. Durchmesser $1^1/_2$—$1^3/_4$'''.
Deckel: eingesenkt.
Aufenthalt: im südlichen Frankreich, sehr häufig in den Alpengegenden von Kärnthen, Krain, der östreichischen Küstenprovinz.

212. Cyclostoma maculatum Draparnaud. Die gefleckte Kreismundschnecke.

Taf. 26. Fig. 13—15. 25—27.

C. testa subimperforata, conico-turrita, undique confertim costulata, fere absque nitore, lutescenti-cornea, fasciis interruptis rufis ornata; spira conico-turrita, acutiuscula; anfr. 8—9 convexiusculis, 2 ultimis magis rotundatis, ultimo antice luteo; apertura subverticali, subtruncato-rotundata; perist. duplice, interno expanso, appresso, albo-labiato, externo campanulato-dilatato, margine columellari in auriculam anfractum penultimum non attingente producto.

Cyclostoma maculatum, Drap. hist. p. 39. t. 1. f. 12.
— — Sturm Fauna VI. H. 4. Taf. 3.
— C. Pfr. Naturg. III. p. 43. t. 7. f. 30. 31.
— — Lam. ed. Desh. 45. p. 373.
— — Rossm. Ic. VI. p. 51. f. 399. 400.
— — Pfr. in Wiegm. Arch. 1841. I. p. 225.
— Sow. Thes. p. 148. N. 160. t. 28. f. 171.
— Dupuy moll. du Gers p. 64. N. 3.
— Mermet moll. pyr. p. 73. N. 3.
— Schmidt, Land- u. Süssw. Conch. in Krain. p. 11.
— Held Wassermoll. Bayerns. p. 22.
— turriculatum a et c, Menke syn. ed. 2. p. 40.
Helix septemspiralis, Razoum. (Stud. p. 12.)
Turbo maculatus, Wood suppl. t. 6. f. 11.
Pomatias Studeri β, Hartm. in Neue Alpana I. p. 214. (ex parte.)
— maculatum, Jan catal. p. 6.
— maculata, Troschel in Zeitschr. f. Mal. 1847. p. 43.

Gehäuse fast undurchbohrt, konisch-thurmförmig, überall dicht und fein gerippt, fast glanzlos, gelblich-hornfarbig, mit unterbrochenen braunrothen Binden. Gewinde hoch, mit spitzlichem Wirbel. Umgänge 8—9, ziemlich gewölbt, die beiden letzten gerundet, der letzte nach vorn gelb. Mündung fast vertikal, abgestutzt-rundlich. Mundsaum (bei den ausgebildeten) verdoppelt, der innere ausgebreitet, angedrückt, weissgelippt, der äussere glockig-ausgebreitet, am Spindelrande in ein breites, den vorletzten Umgang nicht berührendes Oehrchen vorgezogen. — Länge $3\frac{1}{2}-4\frac{3}{4}'''$. Durchmesser $1\frac{2}{3}-2'''$.

Deckel wenig eingesenkt.

Aufenthalt: in Süddeutschland (Tegernsee, Regensburg (Held), Salzburg, Ischl u. s. w., dort mitunter sehr klein), Illyrien, Schweiz, Frankreich.

213. Cyclostoma cinerascens Rossm. Die grauliche Kreismundschnecke.

Taf. 26. Fig. 34—36.

C. testa subperforata, turrita, oblique et subarcuatim costata, opaca, fusculo-cinerea; spira regulariter attenuata, apice cornea, acutiuscula; anfr. 8 convexis, ultimo terete; apertura obliqua, circulari; perist. simplice, vix expansiusculo, marginibus approximatis, callo tenui junctis, columellari reflexo, non auriculato.

Cyclostoma cinerascens, Rossm. Ic. VI. p. 53. f. 206.
— rude, Ziegl. (Menke syn. ed. 2. p. 40.)
— brevilabre, Parr. Anton Verz. p. 54. N. 1962.
Pomatius cinerascens, Villa disp. syst. p. 28.

Gehäuse engdurchbohrt, gethürmt, mit schrägen etwas bogigen Rippenstreifen besetzt, glanzlos, bräunlich-aschgrau. Gewinde regelmässig verjüngt, mit hornfarbigem, spitzlichem Wirbel. Umgänge 8, gewölbt, der letzte stielrund. Mündung sehr schief zur Axe, kreisrund. Mundsaum einfach, kaum merklich ausgebreitet, die Ränder sehr genähert, durch dünnen Callus verbunden, der Spindelrand zurückgeschlagen, nicht geöhrt. — Länge 3½'''. Durchmesser 1½'''.

Deckel tief eingesenkt.

Varietät: mit etwas breiterem Peristom.

Cyclostoma turgidulum, Parr. } teste Anton.
— latilabre, Schmidt }

Aufenthalt: Dalmatien! Nach Anton Croatien.

214. Cyclostoma scalarinum Villa. Die treppenförmige Kreismundschnecke.

Taf. 26. Fig. 19—24.

C. testa subimperforata, turrita, oblique et confertim costata, cinerascenti-cornea, maculis rubiginosis biseriatis obsolete ornata; spira subventrosa, apice acutiuscula; anfr. 8—9 convexis; ultimo terete; apertura subobliqua, ovali-rotundata; perist. subduplicato, interno brevi, externo expanso, patente, margine columellari obsolete auriculato.

Pomatius scalarinum, Villa disp. syst. p. 58.

Gehäuse fast undurchbohrt, thurmförmig, schief und dicht gerippt, graulich-hornfarbig, mit 2 undeutlichen Reihen rostbrauner Flecke. Gewinde etwas bauchig, mit spitzlichem Wirbel. Umgänge 8—9, konvex, der letzte stielrund. Mündung sehr wenig schief gegen die Axe, ovalrundlich. Mundsaum undeutlich verdoppelt, der innere kurz, der äussere ausgebreitet, abstehend, mit undeutlichem Oehrchem am Spindelrande. — Länge 4'''. Durchmesser 1½'''.

Deckel: wenig eingesenkt.

Varietät: kleiner, 3''' lang, 1⅕''' Durchmesser.

Cyclostoma cinarescens, Schmidt in sched.

Aufenthalt: Dalmatien, Istrien und bei Zaule in der Nähe von Triest!

Bem. Hierher und nicht zu C. cinerascens gehört auch das (S. 8 erwähnte) mir bis jetzt allein bekannte linksgewundene Exemplar eines Cyclostoma's. (Taf. 26. Fig. 22—24.)

215. Cyclostoma gracile Küster. Die schlanke Kreismundschnecke.

Taf. 26. Fig. 28—30.

C. testa imperforata, turrita, oblique costata (interstitiis costis filaribus multo latioribus) corneo-cinerascente, fere absque nitore; spira turrita, apice acuta, nigricanti-cornea; anfr. 8 perconvexis, apertura subobliqua, ovali-rotundata; perist. simplice, marginibus distantibus; callo tenui junctis, dextro breviter expanso, columellari a medio sursum exciso.

Cyclostoma gracile, Küster mss.
Pomatias gracile, Pfr. in Zeitschr. f. Mal. 1847. p. 110.

Gehäuse undurchbohrt, thurmförmig, schiefgerippt (die Zwischenräume viel breiter als die fädlichen Rippen), hornfarbig-graulich, fast glanzlos. Gewinde regelmässig verjüngt, mit spitzem, schwärzlichem oder hornfarbigem Wirbel. Umgange 8, ziemlich stark gewölbt. Mündung fast vertical, oval-rundlich. Mundsaum einfach, die Ränder entfernt, durch dünnem Callus verbunden, der rechte kurz ausgebreitet, der Spindelrand von der Mitte an aufwärts ausgeschnitten. — Länge 3'''. Durchmesser 1¼'''.

Deckel: tief eingesenkt, dünn fast durchsichtig.

Aufenhalt: bei Almissa in Dalmatien entdeckt von Küster.

216. **Cyclostoma exiguum Sow. Die unbedeutende Kreismundschnecke.**

Taf. 28. Fig. 24.

„C. testa subdiscoidea, spira elevatiuscula; anfr. 4 rotundatis, albis, laevibus; sutura profunda impressa; apertura circulari, peritremate marginato; umbilico magno.“ (Sow.)

Cyclostoma exiguum, Sow. Thes. p. 112. N. 63. t. 25. f. 92.

„Gehäuse fast scheibenförmig, mit etwas erhobenem Gewinde und 4 gerundeten, weissen, glatten Windungen; Naht tief eingedrückt; Mündung kreisrund, mit zurückgeschlagenem, berandetem Mundsaum; Nabel weit.“ (Sow.)

Deckel und Vaterland unbekannt. (Kopie aus Sowerby.)

Pterocyclos Benson. Die Flügelmundschnecke.

Pterocyclos Benson (Journ. As. Soc. 1832. I. Zool. Journ. 1835. V. p. 462.), Gray (Syn. Brit. Mus.), Sowerby (Conch. Man.), Pfeiffer, Troschel (1847).; Steganotoma Troschel (1837.), v. d. Busch, Philippi; Cyclostoma Souleyet, Sowerby (Thes.).

Die Gattung Pterocyclos ist eine in der Natur sehr wohl begründete, wenn gleich Cyclostoma Petiverianum Wood einen unverkennbaren Uebergang dieser Formen zu den übrigen Gruppen der Cyclostomaceen vermittelt. Dass mehrere von diesen ebenfalls zu selbstständigen Gattungen erhoben zu werden geeignet sind, hat neuerlich Troschel (Zeitschr. f. Malak. 1847. S. 42.) überzeugend dargethan und ich habe den von ihm aufgestellten Gattungstypen noch einige weitere hinzugefügt.

Die Arten der Gattung Pterocyclos sind im Allgemeinen den scheibenförmigen Cyclostomaceen sehr ähnlich, werden aber durch die Bildung der Mündungspartie und durch den Deckel leicht unterschieden. Die Gattungscharaktere sind daher folgende: Mundsaum doppelt, an die vorletzte Windung anlehnend, der innere mit einem Einschnitte an der vorletzten Windung, über welchem der äussere eine dachartige Wölbung bildet. Deckel (übereinstimmend bei den 5 bekannten Arten) nach aussen hoch konvex, mit einer engspiraligen vorstehende Leiste umgeben, innen tief konkav.

Ueber das Thier und dessen Lebensweise ist noch nichts bekannt.

1. Pterocyclos bilabiatus Benson. Die zweilippige Flügelmundschnecke.

Taf. 24. Fig. 11—14.

P. testa umbilicata, depressa, fere discoidea, striatula, albida, castaneo-undulata; spira vix elevata, apice obtusiusculo nigricante; anfr. 5—5½ convexiusculis, sensim accrescentibus; apertura obliqua, circulari; perist duplicato, limbo interno subcontinuo, superne profunde inciso, externo juxta anfractum penultimum cucullatim inflato, margine dextro et basali undulato-crispis. — Operc. circulare, spirale, intus concavum, extus convexum, lamellosum.

Pterocyclos bilabiatus, Benson in Zool. Journ. V. p. 462.
Cyclostoma bilabiatum, Sow. Thes. p. 110. t. 25. f. 81. 82.

Gehäuse weit und offen genabelt, niedergedrückt, fast scheibenförmig, zart gestreift, weisslich, mit brauner, welliger und flammiger Zeichnung und einer braunen Binde unterhalb der Mitte. Gewinde sehr flach erhoben, mit feinem, stumpflichem, schwärzlichem Wirbel. Umgänge 5—5½, mässig gewölbt, allmälig zunehmend. Mündung etwas schief gegen die Axe, innen ziemlich kreisrund. Mundsaum doppelt, der innere den vorletzten Umgang kurz berührend, aber von demselben etwas abstehend, und wo er denselben verlässt, tief und scharf eingeschnitten, der äussere über dem Einschnitte ein 3eckiges, zeltartiges Dach bildend, von da an bis zum linken Rande wellenförmig-gekräuselt. Durchmesser 7½‴. Höhe 3¼‴. (Fig. 13. 14 aus H. Cuming's Sammlung. — Das von Sowerby abgebildete Exemplar Fig. 11. 12 ist etwas grösser.)

Deckel kreisrund, innen konkav, aussen konvex, lamellös. (Sowerby.)

Aufenthalt: zu Salem bei Madras (Heath, Sowerby), bei Sicrigully in der Nähe des Ganges in Bahar (Benson).

2. Pterocyclos pictus Troschel. Die bemalte Flügelmundschnecke.

Taf. 24. Fig. 21—25.

P. testa late umbilicata, depressa, suborbiculari, solida, albida, fascia fusca cincta et strigis undulatis fuscis marmorata; spira prominula; anfr. sub 6 convexis; apertura obliqua, subcirculari; perist. duplicato, interno recto, superne profunde inciso, externo expansiusculo, supra incisuram fornicatim dilatato. — Operc. extus convexum, confertim spiratum, lamellatum, intus concavum, nitidum.

Steganotoma picta, Troschel in Wiegm. Arch. 1837. I. p. 165. t. 3. f. 12. 13.
— — Phil. Abbild. I. 5. p. 105. Cyclost. t. 1. f. 5.
Cyclotoma picta, Sow. Conch. Man. f. 531?
Pterocyclos pictus, Trosch. in Zeitschr. f. Mal. 1847. p. 44.

Gehäuse niedergedrückt, fast kreisförmig, fest, wenig durchscheinend, wenig glänzend. Auf dem schmutzig weissen Grunde finden sich ausser einer braunen Binde, welche auf der Mitte der Windungen verläuft,

Flecke und blitzähnlich geschlängelte Linien von derselben Farbe, die strahlenförmig vom Mittelpunkte auslaufen, doch so, dass sie auf der obern Fläche breiter und dunkler, auf der untern dagegen schmaler und heller sind. Die obere Fläche ist fast eben, und die Spira springt nur wenig hervor; die untere stark konkav und bildet einen offenen und weiten Nabel, in dem man fast alle Windungen verfolgen kann. Die Windungen sind genau zylindrisch, nehmen allmälig an Weite zu, und legen sich nur in einer sehr schmalen Fläche an einander, so dass die runde Gestalt der Mündung durchaus nicht durch die vorhergehende Windung verändert wird, und dass sowohl auf der obern als untern Fläche tiefe Nähte entstehen. Der Mundsaum ist doppelt, der innere ziemlich scharf, nicht umgelegt, steht etwas vor dem äussern vor und hat einen starken, tiefen, gegen die vorletzte Windung gekrümmten Einschnitt. Der äussere Rand dagegen ist etwas umgelegt, daher etwas kürzer und bildet so fast in dem ganzen Umfange der Apertur aussen eine scharfe Wulst. An der Stelle, welche dem Einschnitte des innern Mundsaumes entspricht, erhebt sich der äussere in eine scharfe Wölbung, und bildet so gleichsam ein Dach über dem Einschnitt. Durchmesser 8‴. Höhe 3½‴.

Deckel: nach aussen (Fig. 24) hoch konvex, saugnapfähnlich, mit einer schraubenförmig in 7—8 ziemlich engen Windungen bis zum glatten Gipfel sich windenden Lamelle, innen konkav, glatt, glänzend braun (Fig. 25.).

Bem. Rossmässler (Ikonogr. V. VI. S. 51.) vermuthet zuerst (gegen Troschel's ursprüngliche Angabe) mit Recht, dass die konkave Seite des Deckels die innere sey; der weitere Schluss aber, dass diese Schnecke sowohl wie Cycl. volvulus etc. Wasserbewohner seyen, dürfte allen Angaben nach als ungegründet zu betrachten seyn.

3. Pterocyclos Prinsepi v. d. Busch. Prinsep's Flügelmundschnecke.

Taf. 24. Fig. 7—10.

P. testa late umbilicata, discoidea, solida, lineis elevatis, confertis, concentricis, striisque incrementi subtilissime decussata, sub epidermide olivaceo-fusca, saturatius lineata alba; spira plana; anfr. 5½ subdepressis, ultimo antice descendente; apertura coerulescenti-albida; obliqua, subcirculari; perist. duplice, interno expansiusculo, undique appresso, superne triangulatim exciso, externo expanso, superne ad anfractum penultimum in cucullam planam dilatato. — Operc. lamella anguste 3 — 4 spirata circumvolutum, vertice lato, plano.

Steganotoma Prinsepi *), v. d. Busch in Phil. Abbild. I. 5. p. 106. Cyclost. t. 1. f. 6.

Gehäuse weit genabelt, scheibenförmig, festschalig, unter einer olivenbraunen Oberhaut weiss, mit erhobenen, nahestehenden, schwärzlichen Spirallinien umgeben und durch die feinen Anwachsstreifen dicht gegittert. Gewinde ganz platt, mit feinem, nicht vorstehendem Wirbel. Umgänge 5½, etwas niedergedrückt, der letzte nach vorn allmälig sich herabsenkend, mit dem vorletzten nur eine schmale Berührungsfläche darbietend. Mündung schief, fast kreisrund, innen bläulichweiss. Mundsaum doppelt, jedoch beide Ränder überall an einandergedrückt, der innere etwas ausgebreitet, nach oben mit einem 3eckigen Ausschnitte, der äussere länger, weiter abstehend, etwas verdickt, den Einschnitt des innern ausfüllend und über denselben hinaus am vorletzten Umgange mit flacher Wölbung verlängert. (An dem abgebildeten Exemplar aus der Sammlung des Hrn. Dr. v. d. Busch ist etwa ⅓ Umgang hinter der Mündung eine 3eckige Vorragung der Schale sichtbar, welche von einer frühern fertig gebildeten Lippe herrührt.) Höhe 4‴. Durchmesser 14‴.

Deckel dem Gattungscharakter entsprechend nach aussen konvex, mit einer in 3 — 4 engen Windungen aufsteigenden Lamelle versehen, oberseits platt, mit wenig vorstehendem Rande der Windungen, innen schalenförmig, kastanienbraun, glatt.

Aufenthalt: in Bengalen.

4. Pterocyclos anguliferus Souleyet. Die winkelmündige Flügelmundschnecke.

Taf. 24. Fig. 3—6.

P. testa late umbilicata, discoidea, solida, sublaevigata, nigricanti-castanea, albido irregulariter flammulata; spira plana; anfr. vix 5 convexiusculis, ultimo non descendente; apertura obliqua, subcirculari, intus fulvescenti-margaritacea; perist. duplice, interno breviter expanso, superne vix inciso, externo albo, late expanso, superne ad anfractum penultimum in rostrum obtusum, subtus profunde excavatum, dilatato. — Operc. extus conicum, lamella late 3 — 4 spirata circumvolutum.

*) Irrig steht dort Princepsi, da der Name des Sekretärs der asiat. Gesellschaft der schönen Schnecke gegeben werden sollte.

Cyclostoma angulifera, Soul. in Revue zool. 1841. p. 347.
— — Soul. in Voy. de la Bonite.
— spiraculum, Sow. Thes. p. 110. t. 31. f. 270—72?
Pterocyclos anguliferus, Pfr. in Zeitschr. f. Mal. 1847. p. 111.

Gehäuse weit genabelt, scheibenförmig, ziemlich festschalig, fast glatt, nur mit feinen Anwachsstreifen, dunkelbraun, mit unregelmässigen weisslichen Flammen. Gewinde ganz flach, mit feinem, nicht vorstehenbem Wirbel. Naht breit eingedrückt. Umgänge kaum 5, flach gewölbt, der letzte nach vorn nicht herabsteigend, am Umfange undeutlich winklig. Mündung schief, fast kreisrund, innen braungelblich, glänzend. Mundsaum doppelt, der innere zusammenhängend, etwas ausgebreitet, an den äussern angedrückt, am vorletzten Umgange etwas verbreitert und beim Ablösen von demselben unbeträchtlich eingeschnitten; der äussere Rand ist weiss, etwas verdickt, an der Berührungsfläche mit dem vorletzten Umgange unterbrochen, nach rechts ziemlich breit rechtwinklig abstehend, nach oben schnabelförmig verlängert und mit dem vordern Rande eingebogen, so dass über dem kurzen Ausschnitt ein 3eckiges tief ausgehöhltes Dach gebildet wird. — Höhe etwa 3‴. Durchmesser fast 1″.

Deckel nach aussen konvex, kegelförmig, nach der stumpfen Spitze stark verschmälert, in 3 breiten Windungen von einer scharf vorstehenden Lamelle umgeben, mit glattem Wirbel, innen tief ausgehöhlt, glatt, hornartig, mit Andeutung der Windungen.

Aufenthalt: bei Touranne in Cochinchina (Souleyet). Von daher ist auch das abgebildete Exemplar, welches ich dem verstorbenen Hrn. B. Delessert verdanke.

Bem. Ich weiss nicht recht, ob Sowerby's Cycl. spiraculum zu dieser oder der vorigen Art gehört; die Beschreibung scheint fast aus beiden zusammengesetzt, der Deckel (Fig. 272) gehört gewiss zu Pt. Prinsepi.

5. Pterocyclos Albersi Pfr. Albers's Flügelmundschnecke.

Taf. 28. Fig. 1—5.

P. testa latissime umbilicata, discoidea, solidula, striatula, sub epidermide cornea alba, castaneo-marmorata et fascia lata nigricante infra medium circumdata; spira medio vix elevata; anfr. 5 planiusculis, sutura profunda, canaliculata discretis, ultimo antice soluto, dorso squamoso-carinato; apertura subcirculari, intus albida; perist.

duplice, interno recto, prominulo, expansiusculo, superne profunde inciso, externo subincrassato, patente, superne in rostrum antrorsum incurvatum, liberum, postice in carinam abiens, protracto. — Operc. extus convexum, spiraliter lamellatum: lamellis inferis spinis erectis dense coronatis, centralibus obsoletis, verticem planum nudum formantibus.

Pterocyclos Albersi, Pfr. in Zeitschr. f. Mal. 1847. p. 151.

Gehäuse weit und in Verhältniss der fast scheibenförmigen Gestalt tief genabelt, ziemlich festschalig, fast glatt, unter der grünlich-hornfarbigen Oberhaut weiss, mit kastanienbraunen Zickzackstriemen und mit einer breiten schwarzbraunen Binde, die von der Mitte des letzten Umganges abwärts verlauft. Gewinde sehr flach und allmälig erhoben mit feinem Wirbel. Umgänge 5, ziemlich flach, regelmässig zunehmend, sämmtlich auch von unten sichtbar, der letzte durch eine ziemlich breite, nach der Mitte seichter und schmaler werdende rinnenartige Naht getrennt, neben derselben in einen erhobenen, etwas schuppigen Kiel aufgetrieben, vorn ganz frei. Die Mündung steht in geringem Winkel von der Axe ab, ist fast kreisrund, innen weiss. Der Mundsaum ist doppelt, der innere etwas vorstehend, kaum ausgebreitet, neben dem vorletzten Umgange tief eingeschnitten; der äussere ist etwas verdickt, abstehend, an der Berührungsfläche mit dem vorletzten Umgange etwas unterbrochen, über dem Einschnitte in einen nach vorn gekrümmten ganz freien Schnabel verlängert, dessen oberer Rand nach hinten in den Rückenkiel übergeht. — Höhe 4½—5‴. Durchmesser 13‴.

Deckel flach gewölbt, mit ziemlich plattem, nacktem Scheitel, nach unten mit einer spiralen Lamelle umwunden, die nach oben mit aufrechtstehenden, hornartigen Zähnchen dicht besetzt sind.

Aufenthalt: unbekannt. (Aus der Sammlung des Hrn. Geheime-Medizinalrathes Albers in Berlin.)

Pupina Vignard, Pupine.

Pupina Vignard, Sowerby, Reeve, Jacquenot, Hinds; Moulinsia Grateloup; Pupa, Grateloup; Cyclostoma Sowerby, Registoma Van Hasselt?; Rhegostoma Agassiz?

Diese merkwürdige Gattung wurde zuerst von Vignard (Annales des sciences naturelles vol. XVIII. (1829) p. 440 für eine kleine von Lesson entdeckte Schnecke begründet *). Der Autor kannte aber weder den Deckel noch die Lebensweise, und hielt sie für eine Seeschnecke, eine Ansicht, welcher sich Deshayes in seiner kurzen Bemerkung über diese Gattung (Encycl. méth. II. p. 406.) anschliesst, und dieselbe als Sektion von Buccinum zu betrachten geneigt ist. — Eine 2te Art erwähnte Grateloup in den Actes de la Soc. Linn. de Bordeaux (1841.) XI. p. 166 unter dem Namen Pupa aurantia, und stellte dann (ebenda p. 429.) eine neue Gattung Moulinsia für dieselbe auf. Kurz nachher wurden aber durch Hugh Cumings's Entdeckungen eine Anzahl neuer Arten bekannt, aus welchen sich ergab, dass die Gattung zu den gedeckelten Landschnecken, und zwar wegen des spiralen Deckels zu den Cyclostomaceen gehörte. Leider ist über das Thier noch nichts bekannt geworden, doch lässt sich, wenn man mit Gray die Gattung Callia abscheidet, die Gattung Pupina leicht charakterisiren.

Gehäuse von der Gestalt einer Pupa, in der Regel mit einem sehr glänzenden Callus überzogen. Mundsaum einfach, verdickt oder zurückgeschlagen mit einem offnen, oder röhrenartig geschlossenen Kanale im Spindelrand. — Deckel ziemlich flach, membranös, enggewunden.

Bei einigen Arten ist das Gewinde ganz regelmässig gebaut, bei anderen verschoben, in ähnlicher Weise wie bei vielen Arten von Streptaxis. Hiernach hat Sowerby die Arten gruppirt; bei dem allmäligen

*) Vielleicht hat der schon 1823 von Van Hasselt publizirte Name Registoma, welchen Agassiz im Nom. zool. in Rhegostoma verbessert, Priorität; ich weiss aber nicht, ob jene Gattung mit der Vignardschen gleich ist, da Gray eine gleichnamige neben Pupina und Callia aufstellt. (Vgl. Registoma in Herrmannsen Index.)

Uebergehen aus einer regelmässigen in eine unregelmässige Form wird es aber bequemer seyn, sie danach einzutheilen, je nachdem die Mündung einfach ist oder durch eine Lamelle an den Mündungsrand ein 2ter Kanal gebildet ist. (Vgl. Pfr. in Zeitschr. f. Malak. 1847. p. 110.)

A. Mündung einfach.

1. Pupina Sowerbyi Pfr. Sowerbyi's Pupine.

Taf. 27. Fig. 7. 8.

P. testa aperte perforata, oblonga, sub lente regulariter et confertim striata, brunnea; spira superne sensim attenuata, acutiuscula; anfr. 7 convexiusculis, ultimo penultimo breviore et angustiore; columella rima obliqua, lineari, extus in foramen apertum terminata dissecta; apertura subcirculari, verticali; perist. sordide carneo, late expanso, reflexo, marginibus callo tenuissimo junctis, columellari plano, patente, circa foramen columellare incrassato et in carinam rotundatam, perforationem ambientem producto.

Cyclostoma pupiniforme, Sow. in Proc. Zool. Soc. 1842. p. 84.
— — Sow. Thes. p. 152. N. 174. t. 28. f. 188.
Pupina Sowerbyi, Pfr. in Zeitschr. f. Mal. 1847. p. 110.

Gehäuse offen durchbohrt, länglich pupaförmig, fettglänzend (von feinen, unter der Lupe sichtbaren, gedrängten und regelmässigen Längsfalten), einfarbig braun. Gewinde nach oben verjüngt, ziemlich zugespitzt. Umgänge 7, die 5 obern ziemlich gewölbt, der vorletzte flächer, länger und breiter als der letzte, welcher dicht neben dem offnen Nabelpunkt in einen vorstehenden, stumpfen, bogigen Kiel zusammengedrückt ist. Die Mündung ist der Axe parallel, ziemlich kreisrund. Der Mundsaum ist schmutzig fleischfarbig, weit ausgebreitet und zurückgeschlagen, die beiden Ränder durch eine dünne Schwiele verbunden, der rechte regelmässig bogig; der Spindelrand ist platt, nach der Basis durch einen schiefen, linienförmigen Einschnitt von dem unterm Rande getrennt. Nach aussen bildet dieser Einschnitt ein kleines, rundliches, offnes Loch, um welches der Mundsaum wulstig herumgeht und sich dann in den Basalkiel fortsetzt. — Länge $8\frac{1}{2}'''$. Durchmesser $3\frac{1}{3}'''$.

Deckel mir unbekannt.

Aufenthalt: in der Provinz Cagayan auf der Insel Luzon entdeckt von H. Cuming.

Bem. Wegen der grossen Verwandschaft mit Cyclost. album und tortuosum, wie auch wegen des fehlenden Emails der Schale, wird diese Art von Sowerby zu den Cyclostomen gerechnet. Nimmt man aber, wie es wohl natürlicher ist, den ausgebildeten Kanal unter der Spindel als wesentlichstes Gattungsmerkmal an, so muss diese Art zu Pupina gebracht und dagegen Pupina lubrica Sow. ausgeschieden werden.

2. Pupina Nunezii Grateloup. Nunez's Pupine,

Taf. 27. Fig. 1—6.

P. testa ovato-cylindracea, apice obtusa, glabra, nitidissima, subpellucida, sulphurea, citrina, carnea vel daucino-rubicunda; anfr 5 convexis, ultimo spira breviore, valde deviante, subplanulato, antice castaneo-limbato; sutura impressa, subsimplice; apertura subcirculari; columella dilatata, plana, suboblique incisa: incisura ad marginem foraminulum apertum, extus costam parum prominentem formante; perist. undique late expanso, obtuso.

Moulinsia Nunezii, Grat. in Act. Bord. XI. p. 429. t. 3. f. 22. 23.
Pupa aurantia, Grat. ibid. p. 166.
Pupina Nunezii, Sow. in Proc. Zool. Soc. 1841. p. 101.
— — Sow. Thes. p. 17. N. 1. t. 4. f. 8—11.
— — Reeve Conch. syst. II. t. 181. f. 5. 6.
— Namezii, Sow. Conch. Man. ed. II. f. 527.

Gehäuse undurchbohrt, zylindrisch-eiförmig, glatt, sehr glänzend, durchscheinend, meist zitrongelb, seltner weisslich-strohgelb, fleischfarbig, gelblich-ziegelroth oder bräunlich. Gewinde regelmässig erhoben, mehr oder weniger stumpf. Umgänge 5, ziemlich gewölbt, die beiden letzten aus der bisherigen Axe heraustretend, der letzte fast die Hälfte der ganzen Länge bildend, nach vorn aufsteigend, hinter der Mündung kastanienbraun gesäumt. Mundöffnung ziemlich kreisrund, innen gleichfarbig. Mundsaum weit ausgebreitet, stumpf, gelb oder ziegelroth, beide Ränder weit entfernt, der Spindelrand platt, abstehend, durch einen offnen, etwas schiefen Einschnitt von dem untern getrennt. Dieser Einschnitt bildet auf dem Rande ein kleines 3eckiges Loch und aussen an der Basis eine kurze, schwache Hervorragung. — Länge $5^{3}/_{4}'''$. Durchmesser $3^{2}/_{3}'''$.

Deckel mir unbekannt.

Aufenthalt: auf den Philippinischen Inseln Samar, Luzon, Catanduanas, Siquijor und Leyte gesammelt von H. Cuming.

3. Pupina pellucida Sowerby. Die durchsichtige Pupine.

Taf. 27. Fig. 17. 18.

P. testa oblique ovata, apice obtusa, glaberrima, pellucida, fulvescente; anfr. $5\frac{1}{2}$, supremis depressis, penultimo prominente, ultimo spira breviore, deviante, antice breviter ascendente; sutura subsimplice; columella planata retrorsum curvata, canali subtecto in foramen apertum desinente perforata; apertura subcirculari; perist. subincrassato, undique breviter expanso.

Pupina pellucida, Sow. in Proc. Zool. Soc. 1841. p. 102.
— — Sow. Thes. N. 2. p. 17. t. 4. f. 18—20.

Gehäuse schief eiförmig, sehr dünn, sehr glänzend, ganz glatt, durchsichtig, bräunlich-fleischfarbig. Gewinde halbkuglig, stumpf, mit warzenartigem Spitzchen. Naht flach, undeutlich berandet. Umgänge $5\frac{1}{2}$, die oberen flach, der vorletzte vorstehend, der letzte zurücktretend, kürzer als das Gewinde, an der Mündungsseite platt. Spindel glatt, etwas verbreitert, an der Basis nach hinten gekrümmt und etwas vorstehend. Mündung ziemlich parallel mit der Axe, fast kreisrund. Mundsaum halbkreisförmig, unmerklich verdickt, kurz ausgebreitet, durch einen geschlossenen Einschnitt, welcher nach hinten in ein feines offnes Loch ausläuft, von der Spindel getrennt. Länge $3\frac{3}{4}'''$. Durchmesser $2\frac{1}{2}'''$.

Deckel dünn, nach aussen konkav, nach innen in der Mitte mit einem vorstehenden Wärzchen versehen.

Aufenthalt: auf den Philippinischen Inseln Luzon und Zebu entdeckt von H. Cuming. (Aus meiner Sammlung.)

4. Pupina similis Sow. Die ähnliche Pupine.

Taf. 27. Fig. 13. 14.

P. testa ovata, subelongata, apice acutiuscula, glabra, nitida, pellucida, pallide fulvescente; anfr. 6 planiusculis; sutura lineari, subsimplice; columella incrassata, fornicata, incisura obliqua, profunda, in foramen dorso testae conspicuum a peristomate separata; apertura subverticali, basi protracta, circulari; perist. undique incrassato, expanso, lutescenti-albido.

Pupina similis, Sow. in Proc. Zool. Soc. 1841. p. 102.
— — Sow. Thes. N. 15. p. 18. t. 4. f. 4. 5.
— — Reeve Conch. syst. II. t. 181. f. 3. 4.

Gehäuse länglich-eiförmig, dünn, glatt, glänzend, durchsichtig, bräunlich-fleischfarbig. Gewinde regelmässig nach oben verdünnt, mit spitzlichem Wirbel, fast doppelt so lang als die Mündung. Naht flach, linienförmig. Umgänge 6, ziemlich flach, der letzte unten gerundet. Mündung kreisrund, nach unten über die Axe hervortretend. Spindel und Mundsaum gelblich-weiss, verdickt, gewölbt, letzterer halbkreisförmig und ausgebreitet, mit einer verbreiterten Stelle nach hinten in die Spindel übergehend. Zwischen beiden liegt ein schräger Einschnitt, welcher in ein offnes, auf dem Rücken der Schale sichtbares Loch auslauft. Länge 5½‴. Durchmesser 2¾‴.

Deckel mir unbekannt.

Aufenthalt: bei Bolino in der Provinz Zambales auf der Insel Luzon entdeckt von Cuming. (Aus meiner Sammlung.)

5. Pupina vitrea Sow. Die glasartige Pupine.

Taf. 27. Fig. 9—12.

P. testa ovato-acuminata, glaberrima, nitida, pellucida, brunnescenti-fulva; anfr. 6½—7 convexis, ultimo penultimo angustiore, sutura simplice, leviter callosa; columella brevi, convexiuscula, incisura subhorizontali in foramen subtriangulare, dorso testae non conspicuum desinente terminata; apertura majuscula, circulari, subverticali; perist. dilatato, complanato, undique expanso, aurantio vel luteo, margine basali perarcuato.

Pupina vitrea, Sow in Proc. Zool. Soc. 1841. p. 102.
— — Sow. Thes. N. 4. p. 18. t. 4. f. 6. 7.
— — Reeve Conch. syst. II. t. 181. f. 1. 2.
— — Sow. Conch. Man. ed. II. f. 524.

Gehäuse länglich-eiförmig, ganz glatt, glänzend, durchsichtig, braunroth. Gewinde nach oben regelmässig verjüngt, mit spitzlichem Wirbel. Umgänge 6½—7, mässig konvex, der letzte schmaler als der vorletzte, an der Basis gerundet, kaum halb so lang als das Gewinde. Mündung ziemlich parallel mit der Axe, kreisrund. Spindel kurz, breit, etwas gewölbt, durch einen fast horizontalen Einschnitt, welcher in ein ziemlich dreieckiges, auf dem Rücken des Gehäuses nicht sichtbares Loch auslauft, begränzt. Mundsaum verdickt, ausgebreitet, mehr als halbkreisförmig, nach unten stark bogig, nebst der Spindel feurig-orangeroth oder strohgelb. Länge 5½‴. Durchmesser 2⅔‴.

Deckel mir unbekannt.

Aufenthalt: auf der Insel Mindanao und Luzon entdeckt von H. Cuming. (Aus meiner Sammlung.)

6. Pupina exigua Sow. Die kleine Pupine.

Taf. 30. Fig. 38.

„P. testa parva, translucida, alba, cylindrica; anfractu penultimo inflato; margine aperturae paululum incrassato, incisura diviso. — Long 0,26, lat. 0,16 poll." (Sow.)

Pupina exigua, Sow. in Proc. Zool. 1841. p. 103.
— — Sow. Thes. N. 6. p. 18. t. 4. f. 17.

„Diese kleine, durchsichtig weisse Art hat einen nur wenig verdickten Rand und einen tiefen Einschnitt." (Sow.)

Aufenthalt: bei S. Nicolas auf der Insel Zebu. (Cuming.)

B. Mündung mit einem zweiten Kanale neben der Einfügung des rechten Mündungsrandes.

7. Pupina humilis Jaquenot. Die unansehnliche Pupine.

Taf. 27. Fig. 15. 16.

„P. testa ovali, solida, pallide lutea, anfractibus subrotundatis, ultimo prope aperturam paululum complanato; apertura rotundata, margine crasso, expanso, reflexo, labio interno crasso, postice plicato; columella crassa, lata, tortuosa, reflexa; incisura ad dorsum lata. — Long. 0,60, lat. 0,40 poll." (Sow.)

Pupina humilis, Jaquenot in Ann. d. sc. nat. 1841.
— — Sow. in Proc. Zool. Soc. p. 103.
— — Sow. Thes. N. 7. p. 18. t. 4. f. 2.
— — Reeve Conch. syst. II. t. 181. f. 7. 8.
— antiquata, Sow. Conch. Man. ed. II. f. 526.

„Diese leergefundene Schale hat den Glanz ihres Emails verloren. Die Zähne oder Falten am hintern Theil der innern und äussern Lippe bilden einen sehr deutlichen Kanal. Die Spindel ist gewunden und rückwärts gekehrt, und der Einschnitt ist auf dem Rücken sichtbar, wie der entsprechende Theil bei einem Buccinum." (Sow.)

Aufenthalt: unbekannt. (Aus H. Cuming's Sammlung. Kopie.)

8. Pupina bicanaliculata Sow. Die 2rinnige Pupine.

Taf. 27. Fig. 19. 20.

P. testa ovato-acuminata, tenuiuscula, pellucida, laevigata, nitida, fulvescente vel hyalina; anfr. 6, ultimo spira breviore, regulariter descendente; sutura distincta, impressa; apertura subverticali, circulari, superne canaliculata; pariete aperturali juxta insertionem marginis dextri lamella parva, erecta munito; columella oblique, angustissime incisa; perist. simplice, margine dextro vix incrassato. — Operc. succineum, tenue.

Pupina bicanaliculata, Sow. in Proc. Zool. Soc. 1841. p. 103.
— — Sow. Thes. N. 9. p. 19. t. 4. f. 1.

Gehäuse regelmässig, pupaförmig, dünnschalig, durchsichtig, glatt, glänzend, bernsteinfarbig oder glashell. Gewinde in der Mitte verbreitert, mit kegelförmigem, spitzlichem Wirbel. Umgänge 6, flach, der letzte kürzer als die Spira, regelmässig herabsteigend. Naht deutlich, eingedrückt. Mündung parallel mit der Axe, kreisrund, nach oben in einen schmalen Kanal verlängert, der durch eine kleine, scharfe Lamelle der Mündungswand gebildet wird. Von dieser Lamelle geht eine bogenförmige Schwiele bis in die verdickte Spindel, welche unten schräg durch einen engen Einschnitt begränzt wird. Mundsaum einfach, der rechte Rand oben ausgeschweift, kaum merklich verdickt. Länge 3—3¼‴. Durchmesser 2‴.

Deckel: dünn, gelblich-hornfarben.

Aufenthalt: an niedrigen Pflanzen auf der Philippinischen Insel Zebu gesammelt von H. Cuming. (Aus meiner Sammlung.)

9. Pupina aurea Hinds. Die goldene Pupine.

Taf. 27. Fig. 21. 22.

P. testa ovata, apice acutiuscula, nitidissima, laevigata, rubello-aurea; anfr. 6, supremis planiusculis, ultimo spiram subaequante valde descendente, ad aperturam breviter ascendente; sutura callosa, lineari, submarginata; apertura verticali, circulari, adjecto canali supero; pariete aperturali lamella arcuata, superne soluta, intrante munito; columella profunde et obliqua incisca; perist. simplice, albido, obtuso, margine dextro sinuato, superne intus subincrassato.

Pupina aurea, Hinds in Ann. and mag. of nat. hist. X. 1842. p. 83. t. 6. f. 6.
— — Hinds Zool. of the voy. of the Sulphur t. 16. f. 20. 21.

Gehäuse etwas schief eiförmig, sehr glänzend, röthlich-bernsteinfarbig. Gewinde nach oben konisch zugespitzt. Naht ganz flach, schwielig. Umgänge 6, die obern ziemlich platt, der vorletzte konvex, der untere kürzer als die Spira, stark herab- und gegen die Mündung wieder etwas aufsteigend. Mündung parallel mit der Axe, kreisrund mit einem oben angehängten Kanal. Auf der Mündungswand steht eine bogige, nach vorn etwas abstehende Lamelle, deren rechtes Ende in der Nähe des rechten Randes frei in die Mündung hineinragt; das linke geht bis zur Basis der kurzen, breiten, schwieligen Spindel, welche durch einen offnen, nach dem Rücken aufsteigenden Kanal von dem Mundsaume getrennt ist. Peristom einfach, weisslich, stumpf, der rechte Rand etwas ausgeschweift, nach innen und oben etwas verdickt. Länge 4½'''. Durchmesser 2½'''.

Deckel unbekannt.

Aufenthalt: Neu-Irland (Hinds). (Aus meiner Sammlung.)

10. Pupina Keraudreni Vignard. Keraudren's Pupine.

Taf. 27. Fig. 23. 24.

P. testa pupiformi, apice obtusiuscula, diaphana, glabra, nitidissima, flavido-albida; anfr. 5, ultimo spira breviore; sutura callosa; apertura verticali, circulari, superne lamella minuta parietis aperturalis subcanaliculata; columella horizontaliter incisa; perist. simplice, obtuso.

Pupina Keraudrenii, Vign. in Ann. d. sc. nat. XVIII. (1829.) p. 440. t. 11. C.

— Desh. in Enc. méth. II. p. 406.

— Sow. in Proc. Zool. Soc. 1841. p. 103.

— mitis, Hinds in Ann. and. mag. X. p. 83. t. 6. f. 7.

Gehäuse regelmässig pupaförmig, durchscheinend, sehr glänzend, glatt, gelblichweiss. Gewinde länglich, mit stumpf-kegelförmiger Spitze. Naht undeutlich, schwielig. Umgänge 5, ziemlich flach, der letzte kaum länger als ⅓ des Gehäuses, schief herabsteigend, nach unten verjüngt. Mündung parallel mit der Axe, ziemlich kreisrund, oben mit einem kleinen, durch eine schwache Lamelle der Mündungswand gebildeten Kanale. Spindel kurz, quer abgeschnitten, durch einen schmalen, nach innen punktförmig offenstehenden Kanal von dem einfachen, stumpfen Mundsaume getrennt. Länge 3'''. Durchmesser 1½'''.

Deckel unbekannt.

Aufenhalt: Neu-Guinea (Vignard), Neu-Irland (Hinds).

Callia Gray. Callie.

Callia Gray (Ann. and. mag. 1840. VI. p. 77.), Herrmannsen, Pfeiffer; Pupina Sowerby.

Die Gattung Callia ist in allen übrigen Beziehungen der Gattung Pupina ganz gleich, nur fehlt der Kanal zwischen der Spindel und dem untern Mundsaume, welchen wir doch als wesentliches generisches Merkmal von Pupina betrachten müssen, ohne welches wir sie nicht wohl von manchen Gattungen der Cyclostomaceen trennen könnten. (Vgl. Pfr. in Zeitschr. f. Mal. 1846. p. 44 und 1847. p. 110.) Es ist bis jetzt nur eine Art davon bekannt.

1. Callia lubrica Sow. Die schlüpfrige Callie.

Taf. 27. Fig. 25—33.

C. testa obtecte perforata, ovato-acuta, glabra, nitida, pellucida, fulvescenti-hyalina; anfr. 5 convexiusculis, ultimo spira multo breviore, antice adscendente; sutura impressa, callosa; apertura subcirculari, basi protracta; columella brevi, fornicata, perforationem plane tegente, cum perist. obtuso, expansiusculo angulum obtusum formante. — Operc. tenue, fulvidum.

Pupina lubrica, Sow. in Proc. Zool. Soc. 1841. p. 102.
— — Sow. Thes. N. 3. p. 18. t. 4. f. 12. 13.
— — Reeve Conch. syst. II. t. 171. f. 9. 10.
— — Sow. Conch. Man. ed. II. p. 90. f. 528.
Callia lubrica, Gray l. c.
— — Pfr. in Zeitschr. f. Mal. 1847. p. 110.

Gehäuse bedeckt-durchbohrt, pupaförmig, ganz glatt, glänzend, durchsichtig, bräunlich-fleischfarbig oder fast glashell. Gewinde nach oben in einen spitzlichen Kegel auslaufend. Naht eingedrückt, etwas schwielig. Umgänge 5, etwas konvex, der vorletzte über der Mündung etwas abgeplattet, der letzte etwas zurücktretend, viel kürzer als die Spira, nach vorn kurz aufsteigend. Mündung fast kreisrund, unten etwas über die Axe vortretend. Spindel kurz, gewölbt-zurückgeschlagen, die bei den jüngeren (Fig. 32. 33.) sichtbare Durchbohrung völlig schliessend, an der Basis in sehr stumpfem Winkel in das stumpfe, kaum merklich ausgebreitete Peristom übergehend. — Länge 4‴. Durchmesser 2½‴.

Deckel: wenig eingesenkt, kreisrund, flach, hornfarbig, mit enger, oft kaum bemerklicher Spirale.

Varietäten:

1. Grösser, festschaliger, nur durchscheinend. Länge 5½‴. Durchmesser 3‴. (Fig. 28. 29.)

2. Kleiner, fleischfarbig, ins Grauliche spielend. Länge 3½‴. Durchmesser 2‴. (Fig. 25—27.)

Vaterland: auf den Philippinischen Inseln Luzon, Panay und Siquijor gesammelt von H. Cuming. (Aus meiner Sammlung.)

Acicula Hartmann. Nadelschnecke.

Acicula Hartmann 1821, Pfeiffer; Acme Hartmann 1823, Gray; Turbo Boys et Walker, Wood; Carychium Studer, Férussac, C. Pfeiffer, Rossmässler; Auricula Draparnaud; Pupula Agassiz, Hartmann 1840, Rossmässler, Villa, Schmidt; Truncatella Held.

Diese Gattung wurde 1821 von Hartmann (Neue Alpina I. S. 205) für Draparnaud's Auricula lineata richtig begründet und auch schon die Vermuthung aufgestellt, dass sie gedeckelt sey. Freilich meinte er, dass die Gattung in diesem Falle mit Acmea zusammenfallen werde, welche aber durchaus unhaltbar war, da sie ausser Truncatella nur einige Rissoen enthielt. In Sturm's Fauna VI. H. 6. (1823.) T. 2 überträgt der Verfasser den Gattungsnamen Acme auf seine Acicula lineata und vertauschte ihn dann 1840 (Erd- und Süssw. Gast. I. p. 1) mit dem von Agasssiz vorgeschlagenen Namen Pupula. Warum ich dessenungeachtet den Namen Acicula für die Gattung beibehalte, darüber habe ich mich in Wiegm. Arch. 1841. I. S. 225 ausgesprochen.

Die lange Zeit hindurch allein bekannte Art der Gattung wurde zuerst von Walker als Turbo, von Draparnaud 1801 als Bulimus, 1805 als Auricula, dann von Studer und Férussac als Carychium angenommen. Hartmann ist Derjenige, welchem wir die systematische Begründung und Einordnung der Gattung verdanken, welche sich kurz folgendermassen charakterisiren lässt:

Gehäuse fast undurchbohrt, walzenförmig, Mundsaum etwas verdickt, mit fast parallelen, durch dünnen Callus vereinigten Rändern. Deckel sehr dünn, glashell, mit wenigen Windungen.

Thier wie bei Cyclostoma, Augen an der Basis der feinen zugespitzten Fühler. Nach Held (Wassermoll. Bayerns S. 17) befindet sich hinter dem Auge der rechten Seite ein drittes fühlerähnliches Organ, etwas stärker und mehr kegelförmig als die Fühler, ohne Bewegung herabhängend oder angelegt.

Die Arten leben stets an feuchten, schattigen Stellen, meist unter dichten Schichten von abgefallenem Buchenlaube, wahrscheinlich nur auf Kalkboden, scheinen wenig gesellig zu seyn und sich wahrscheinlich nur spärlich fortzupflanzen, weshalb sie überall, wo sie vorkommen, selten zu seyn pflegen *).

1. A. spectabilis Rossmässler. Die ansehnliche Nadelschnecke.

Taf. 30. Fig. 29—31.

A. testa cylindraceo-turrita, obtusa, solidula, confertim costulata, nitidula, cornea; anfr. 7 convexiusculis, ultimo $^{2}/_{7}$ longitudinis subaequante; apertura subverticali; oblique semiovali; perist. extus incrassato, marginibus remotis, callo tenui junctis, columellari brevi, dextro medio antrorsum sinuato.

Carychium spectabile, Rossm. Ic. X. p. 36. f. 659.
Acicula spectabilis, Pfr. in Wiegm. Arch. 1841. I. p. 226.
Pupula spectabilis, Rossm. Ic. XI. p. 12.
— — Schmidt syst. Verz. p. 15.
Truncatella spectabilis, Held Wassermoll. Bayerns p. 22.

Gehäuse mit kaum angedeutetem Nabelritz, walzenförmig-gethürmt, sehr fein längsrippig, atlasglänzend, durchscheinend, hornbraun. Gewinde verlängert, allmählig verjüngt, mit stumpflichem Wirbel. Umgänge 7, mässig gewölbt, langsam zunehmend, der letzte an der Basis gerundet. Mündung ziemlich parallel mit der Axe, schief halbeiförmig, etwas länger als breit. Mundsaum aussen mit einer gerundeten Wulst belegt, die beiden Ränder fast parallel, durch anliegenden Callus verbunden, der Spindelrand kurz, der rechte bogig vorwärts-geschweift. Länge $2^{1}/_{2}'''$, Durchmesser $^{4}/_{5}'''$.

Deckel sehr dünn, hornfarbig.

Aufenthalt: am Nanosberge in Krain entdeckt von F. Schmidt

---

*) Held (a. a. O.) vereinigt die Gattung mit Truncatella Risso, was durchaus unzulässig erscheint, falls wirklich, wie ausser mehren früheren Beobachtern auch Hr. Pr. Küster mir brieflich versichert, die Augen bei letzterer Gattung an der innern Basis der Fühler stehen.

in Laibach, sodann von mir im Isonzothale (1 Stunde oberhalb Karfreid), später von Schmidt auch in Unterkrain und von Kokeil bei Oberlaibach gefunden.

2. Acicula fusca Walker. Die braune Nadelschnecke.

Taf. 30. Fig. 23. Vergrössert Fig. 24. 25.

A. testa subimperforata, cylindrica, lineis longitudinalibus impressis, distantibus sculpta; nitida, corneo-fusca, spira superne attenuata, obtusa; anfr. 6½–7 planiusculi, apertura acute semiovalis; perist. extus subincrassato-limbatum, marginibus callo junctis.

Turbo fuscus, Boys et Walker test. min. rar. 12. t. 2. f. 42.
— — Wood suppl. t. 6. f. 15.
Bulimus lineatus, Drap. tabl. d. moll. p. 67. N. 6.
— subdiaphanus, Bivona teste Villa.
Auricula lineata, Drap. hist. p. 57. t. 3. f. 20. 21.
Helix cochlea, Studer in Coxe travels. }
Auricella lineata, Jurine in helv. Alman. 1817. } Hartm.
Carichium acicularis, Fér. essai p. 53. 124. }
Carychium lineatum, Fér. pr. p. 104. N, 1.
— — Mich. complém. p. 74.
— cochlea, Stud. Verz. p. 21.
— fuscum, Flem. brit. anim. p. 270.
Acicula lineata, Hartm. in Neue Alpina I. p. 215.
Acme lineata, Hartm. in Sturm Fauna VI. H. 6. T. 2.
— — Fitzing. syst. Verz. p. 110.
— fusca, Beck ind. p. 101.
— — Gray Man. p. 223. t. 6. f. 66.
— — Thomps. cat. of the land-and fresh-water moll of. Ireland p. 29.
Cyclostoma lineatum, Porro?
Pupula lineata, Agass. in Charp. cat. N. 116. p. 22.
— — Villa disp. syst. p. 29.
— acicularis lineata, Hart. Erd- u. Süssw, I. p. 1. t. 1.
Truncatella lineata, Held Wassermoll. Bayerns p. 22.

Gehäuse mit punktförmig eingedrückter Nabelstelle, walzenförmig, der Länge nach mit parallelen, abstehenden, eingedrückten Linien bezeichnet, glänzend, durchsichtig, hornbraun. Gewinde nach oben allmälig verjüngt mit stumpfem Wirbel. Umgänge 6½—7, fast flach, der letzte kaum mehr als ¼ der ganzen Länge bildend. Naht eingedrückt, mit einer dunkelblutrothen Linie berandet. Mündung der Axe parallel, zugespitzt-halbeiförmig. Mundsaum etwas ausgebreitet, hinter dem Rande mit einer dunkelrothen Wulst belegt, beide Ränder durch eine dünne Schicht von Callus verbunden. Länge 1½‴, Durchmesser kaum ½‴.

Thier: nach Hartmann fast farblos durchsichtig, nach Gray bisweilen dunkelbraun, bald blass, gelblichweiss.

Deckel: tief einsenkbar, sehr fein, farblos, glänzend, mit ziemlich schnell zunehmenden Windungen.

Aufenthalt: in Deutschland sehr selten, mit Sicherheit nur bei Regensburg (Forster) und bei Erlangen, Mergentheim (Küster!), Südbayern (Held), Klagenfurt (Kokeil), in der Schweiz, Frankreich, England, Oberitalien.

3. Acicula polita Hartmann. Die polirte Nadelschnecke.

Taf. 30. Fig. 26. Vergrössert Fig. 27. 28.

A. testa subimperforata, cylindracea, apice obtusa, glaberrima, nitidissima, pellucida, fusco-cornea; anfr. 5½—6 convexiusculi, sutura profunda discreti; apertura verticalis, truncato-ovalis; perist. extus incrassatum, marginibus callo tenuissimo junctis.

Carychium lineatum, C. Pfr. III. p. 43. t. 7. f. 26. 27.
— — Rossm. VI. p. 54. f. 408.
Pupula polita, Hartm. Erd- und Süssw. Gast. I. p. 5. t. 2.
— lineata var., Villa disp. syst. p. 29.
Acicula polita, Pfr. in Wiegm. Arch. 1841. I. p. 226.
Truncatella lubrica, Held Wassermoll. Bayerns p. 22.

Gehäuse dem der vorigen Art sehr ähnlich, doch leicht zu unterscheiden. Es hat nur 5½ bis höchstens 6 Umgänge, welche viel stärker gewölbt und durch eine stark vertiefte, nicht so deutlich berandete Naht getrennt sind. Die Längslinien fehlen gänzlich und die Schale ist viel glänzender als bei Acicula fusca. Ausserdem ist der Mundsaum aussen mit einer viel stärkern, gerundeten, gleichfarbigen Wulst belegt. Länge 1 1/4‴. Durchmesser kaum 1/2‴.

Varietäten.

1) Fast doppelt so gross und dick, als die Grundform, sonst aber nicht abweichend, 2 1/3‴ lang, 3/4‴ im Durchmesser.

Pupula lineata var. banatica, Rossm. XI. p. 12. f. 736.

Truncatella banatica, Held Wassermoll. Bayerns p. 22.

2) Um 1/3 kleiner, sehr schlank, hellgelbbraun.

Aufenthalt: in Deutschland, hin und wieder, z. B. in Hessen, im Ahnethale bei Kassel, am Schartenberg bei Zierenberg und auf dem Schöneberg bei Hofgeismar! Am Hübichenstein auf dem Harze! Bei Nyon (Hartmann). Die Var. 1 im Banat von Frivaldszky, die Var. 2 bei Karfreid im Isonzothale von mir gefunden.

Geomelania Pfeiffer. Landmelanie.

Anhangsweise möge hier noch die von mir in den Proceed. of the Zoological Society of London 1845. p. 45 aufgestellte Gattung Geomelania folgen, obgleich das Thier bis jetzt nicht bekannt und also nicht zu bestimmen ist, in welche Familie dieselbe gehört. Ich weiss weiter nichts von ihr, als dass sie nach Herrn Attanasio's Angabe bestimmt eine Landbewohnerin ist. Ich habe sie durch folgende Charaktere bezeichnet:

Gehäuse undurchbohrt, gethürmt (bei den bekannten Arten oben abgestossen). Mündung länglich, nach unten ausgegossen. Mundsaum zusammenhängend, der rechte Rand an der Basis in ein spitzlich-zungenförmiges Anhängsel verbreitert. Die Aehnlichkeit der Bildung mit einigen Melanien bestimmte mich, ihr den davon entnommenen Namen zu geben.

Deckel dünn, häutig, durchsichtig, mit 1 1/2 Windungen, deren Anfang an der Basis liegt.

1. Geomelania jamaicensis Pfr. Die grössere Landmelanie.

Taf. 30. Fig. 19. 20.

G. testa turrita, truncata, solidula, arcuatim et subconferte costata, parum nitente, alba; anfr. 6—7 convexiusculis, ultimo basi subangulato, fere 1/6 longitudinis formante; apertura subverticali, ovali; perist. continuo, marginibus superne angulatim junctis, dextro et basali intus incrassatis, subreflexis, columellari appresso, appendice linguiformi acuta, porrecta.

Geomelania jamaicensis, Pfr. in Proceed. Zool. Soc. 1845. p. 45.

Gehäuse thurmförmig, nach der abgestossenen Spitze allmälig verjüngt, ziemlich festschalig, mit bogigen Längsrippen ziemlich dicht besetzt, wenig glänzend, weiss. Umgänge 6—7, mässig gewölbt, der letzte unterhalb der Mitte etwas winklig, fast 1/3 der ganzen Länge bildend. Mündung fast parallel zur Axe, oval, oben winklig. Mundsaum zusammenhängend, etwas schwielig-verdickt, der rechte Rand nach aussen schmal ausgebreitet, nach innen winklig vorstehend, der untere zurückgeschlagen, zwischen beiden der zungenförmige Anhang spitz und schräg nach unten vorgestreckt, der Spindelrand angedrückt. — Länge 6—7‴. Durchmesser 1 3/4‴.

Aufenthalt: auf der Insel Jamaika entdeckt von Attanasio.

2. Geomelania minor Pfr. Die kleinere Landmelanie.

Taf. 30. Fig. 21. 22.

G. testa turrita, truncata, tenuiuscula, confertim et arcuatim costato-striata, hyalino-alba; anfr. 7 convexis, ultimo 1/4 longitudinis paulo superante, apertura ovali-subtriangulari; perist. tenui, vix expanso, marginibus callo junctis, dextro et basali repandis, appendice linguiformi obtusa.

Geomelania minor, Pfr. mss.

Der vorigen sehr ähnlich, früher von mir für Varietät oder unentwickelte Form derselben gehalten. Nachdem ich mehrere Exemplare zu vergleichen Gelegenheit hatte, finde ich, dass sie sich durch folgende Merkmale constant unterscheidet. Die Schale ist dünner, durchscheinend weisslich und etwas glänzend. Die 7 nach der Abstossung der Spitze übrigen Umgänge sind schmaler, langsamer an Breite zunehmend, stärker gewölbt, nur mit sehr gedrängten, bogigen Rippenstreifen besetzt. Der letzte Umgang ist an der Basis etwas zusammengedrückt. Die Mündung ist oval-dreiseitig, der Mundsaum dünn, sehr schmal ausgebreitet, der Spindelrand schmal, zurückgeschlagen-angedrückt, der rechte und untere ausgeschweift, zwischen beiden der zungenförmige Anhang gerundet seitlich-vorgestreckt. — Länge 5‴. Durchmesser kaum 1½‴.

Deckel: häutig, hell hornfarbig.

Aufenthalt: auf Jamaika, ebenfalls von Attanasio gesammelt.

Erklärung der Tafeln.

Taf. A.

Thiertafel zu den Familien der Helicinaceen und Cyclostomaceen.

Taf. 1.

Fig. 1. 2. 3. 4. Cycl. Cuvierianum, p. 9. — 5. 6. 7. C. Inca, p. 12. — 8. 9. 10. C. translucidum, p. 13. — 11. 12. 13. 14. C. giganteum, p. 11.

Taf. 2.

Fig. 1. 2. C. aquilum var. p. 14. — 3. 4. C. pileus, p. 18. — 5. 6. 7. C. goniostoma, p. 18. — 8. 9. 10. C. perludicum, p. 19. — 11. 12. C. atricapillum, p. 20. — 13. 14. C. corrugatum, p. 17. — 15. 16. 17. C. jamaicense, p. 16. — 18. 19. C. Moulinsii, p. 15.

Taf. 3.

Fig. 1. 2. C. volvulus p. 27. — 3. 4. C. haemastoma, p. 24. — 5. 6. oculus capri, p. 26. — 7. C. immaculatum, p. 22. — 8. C. tricarinatum, p. 25. — 9. 10. 11. C. flavum, p. 23. — 12. 13. 14. C. succineum, p. 30. — 15. C. pernobile, p. 30

Taf. 4.

Fig. 1. 2. C. labeo, p. 34. — 3. 4. C. involvulus, p. 28. — 5. 6. C. helicinum, p. 35. — 7. C. immaculatum, p. 22. — 8. 9. C. aurantiacum, p. 31. — 10. 11. C. foliaceum, p. 36. — 12. 13. C. ligatum, p. 33. — 14. 15. C. obsoletum? p. 32. — 16. 17. C. tricarinatum, p. 25

Taf. 5.

Fig. 1. 2. 3. 4. C. naticoides, p. 37. — 5. 6. 7. C. clathratulum, p. 38. — 8. 9. C. obsoletum, p. 32. — 10. 11. C. fulvescens, p. 39. — 12. 13. C. punctatum, p. 40. — 14. 15. 16. C. canaliferum. p. 40. — 17. 18. C. Philippinarum p. 42.

Taf. 6.

Fig. 1. 2. C. lincinum, p. 43. — 3. 4. 5. 6 C. lima, p. 44. — 7. 8. C. Ottonis, p. 45. — 9. 10. C. fascia, p. 45. — 11. 12. C. limbiferum, p. 46. — 13. 14. C. columna, p. 47. — 15. 16. C. Grayanum, p. 49. — 17. 18. 19. C. album, p. 51. — 20. 21. C. Adamsi, p. 48. — 22. 23. C. bilabre, p. 52. — 24. 25. 26. C. Bronni, p. 50. — 27. 28. C. lincolatum, p. 49.

Taf. 7.

Fig. 1. 2. 3. C. Woodianum, p. 53. — 4. 5. 6. C. maculosum, p. 54. — 7. 8. 9. 10. C. Popayanum, p. 55. — 11. 12. 13. C. mucronatum, p. 58. — 14. 15. C. plebejum, p. 56. — 16. 17. C. pusillum, p. 59. — 18. 19. 20. C. substriatum, p. 57. — 21. 22. C. mexicanum, p. 56. — 23. 24. C. immaculatum var., p. 23.

Taf. 8.

Fig. 1. 2. C. aquilum, p. 14. — 3. 4. C. ligatum, p. 33. — 5. 6. C. stenomphalum, p. 59. — 7. 8. 9. C. perdix p. 60. — 10. 11. 12. C. involvulus var.? p. 30. — 13. 14. 15. 16. C. tigrinum, p. 61. — 17. 18. C. affine, p. 62.

Taf. 9.

Fig. 1. 2. C. interruptum, p. 63. — 3. 4. 5. C. glaucum, p. 72. — 6. 7. 8. C. costulatum, p. 71. — 9. 10. C. costatum, p. 64. — 11. 12. C. carneum, p. 65. — 13. 14. C. versicolor, p. 65. — 15. 16. 17. 18. 19. C. megachilum, p. 66. — 20. C. labeo, p. 34. — 21. 22. 23. C. multisulcatum, p. 69. — 24. 25. 26. C. sulcatum, p. 67. — 27. 28. C. ferrugineum, p. 70. — 29. 30. 31. 32. 33. C. elegans, p. 73.

Taf. 10.

Fig. 1. 2. C. pulchrum, p. 75. — 3. 4. 5. C. fimbriatulum, p. 76. — 7. 8. C. scabriculum, p. 77. — 9. 10. 11. C. Humphreyanum, p. 80. — 12. 13. C. quaternatum, p. 81. — 14. 15. C. plicatulum, p. 82. — 16. 17. 18. C. thysanoraphe, p. 81. — 19. 20. C. elongatum, p. 84. — 21. 22. 23. C. obesum, p. 83. — 24. 25. C. Sauliae, p. 85. — 26. 27. C. latilabre, p. 78. — 28. 29. C. Gruneri, p. 79.

Taf. 11.

Fig. 1. 2. C. semisulcatum, p. 86. — 3. 4. C. asperum, p. 90. — 5. 6. C. vittatum, p. 87. — 7. 8. C. flexilabrum, p. 91. — 9. 10. C. validum, p. 89. — 11. 12. C. calcareum, p. 88. — 13. 14. C. albicans, p. 87.

Taf. 12.

Fig. 1. 2. 3. C. Cumingii, p. 92. — 4. 5. C. distomella, p. 95. — 6. 7. C. stramineum, p. 94 — 8. 9. C. guimarasense, p. 99. — 10. 11. 12. C. suturale, p. 109. — 13. 14. 15. C. brasiliense, p. 108. — 16. 17. 18. C. rufescens, p. 109. — 19. 20. C. insigne, p. 107. — 21. 22. 23. C. luteostomum, p. 96. — 24. 25. 26. C. undulatum, p. 97. — 27. 28. 29. C. nitidum, p. 96. — 30. 31. C. Listeri, p. 98. — 32. 33. C. Chemnitzii, p. 92.

Taf. 13.

Fig. 1. 2. 3. 4. C. virgatum, p. 106. — 5. 6. 7. C. virgatum var., p. 106. — 8. 9. 10. C. Goudotianum, p. 106. — 11. 12. C. acuminatum, p. 105. — 13. 14. C. laevigatum, p. 102. — 15. 16. C. parvum, p. 100. — 17. 18. C. turbinatum, p. 100. — 19. 20. 21. C. conoideum, p. 101. — 22. 23. C. laevigatum var., p. 102. — 24. 25. C. melitense, p. 133. — 26. 27. C. lucidum, p. 110. — 28. 29. C. thysanoraphe var., p. 81. — 30. 31. C. zebra, p. 132. — 32. 33. 34. C. Philippinarum, p. 42.

Taf. 14

Fig. 1. 2. 3. C. chlorostoma, p. 115. — 4. 5. C. solidum, p. 116. — 6. 7. 8. C. xanthostoma, p. 115. — 9. 10. 11. C. rugulosum, p. 117. — 12. 13. 14. C. Binneyanum, p. 124. — 15. 16. C. pupiforme, p. 121. — 17. 18. 19. C. mirabile, p. 123. — 20. 21. C. truncatum, p. 118. — 22. 23. Delatreanum, p. 119. — 24. 25. C. crenulatum, p. 119. — 26. 27. C. Largillierti, p. 121. — 28. 29. C. mammillare, p. 122. — 30. 31. C. crenulatum var., p. 120.

Taf. 15.

Fig. 1—11. C. pictum, p. 125. — 12. 13. 14. C. altum, p. 127. — 15. 16. C. Antillarum, p. 127. — 17. 18. C. semilabre, p. 126. — 19. 20. 21. 22. C. acutimarginatum, p. 128. — 23. 24. C. fibula, p. 130. — 25. 26. C. helicoides, p. 129.

Taf. 16.

Fig. 1. 2. 3. C. helicoides var., p. 129. — 4. C. fibula, p. 130. — 5. C. goniostoma var., p. 19. — 6. 7. C. atricapillum var., p. 20. — 8. C. perludicum var., p. 20. — 9. C. immaculatum var., p. 23. — 10. C. nitidum var., p. 96. — 11. 12. C. perplexum, p. 130. — 13. 14. C. ortyx,

p. 203. — 13. 14. P. similis, p. 202. — 15. 16. P. humilis, p. 204. — 17. 18. P. pellucida, p. 202. — 19. 20. P. bicanaliculata, p. 204. — 21. 22. P. aurea, p. 205. — 23. 24. P. Keraudrenii, p. 206. — 25—33. Callia lubrica, p. 207.

Taf. 28.

Fig. 1—5. Pterocyclos Albersi, p. 197. — 6. 7. 8. Cycl. Menkeanum, p. 171. — 9. 10. 11. C. guadeloupense, p. 176. — 12. 13. C. plicatulum var., p. 82. — 14. 15. C. papua, p. 36. — 16. 17. 18. C. vitreum, p. 159. — 19. C. pudicum, p. 177. — 20. 21. 22. C. multilabre, p. 177. — 23. C. elegans var., p. 75. — 24. C. exiguum, p. 192.

Taf. 29.

Fig. 1. 2. 3. C. ceylanicum, p. 171. — 4. 5. 6. C. multilabre, p. 177. — 7. 8. 9. C. ambiguum, p. 178. — 10. 11. 12. 13. C. decussatum, p. 178. — 14. 15. C. annulatum var., p. 163. — 16. 17. 18. C. planorbula, p. 150.

Taf. 30.

Fig. 1. 2. 3. C. Belangeri, p. 181. — 4. 5. 6. C. dubium, p. 182. — 7. 8. 9. C. hieroglyphicum, p. 183. — 10. 11. 12. C. rubens, p. 181. — 13. 14. 15. C. pupoides, p. 183. — 16. 17. 18. C. cattaroense, p. 184. — 19. 20. Geomelania jamaicensis, p. 214. — 21. 22. Geom. minor. p. 214. — 23. 24. 25. Acicula fusca, p. 211. — 26. 27. 28. Ac. polita, p. 212. — 29. 30. 31. Ac. spectabilis, p. 210. — 32. 33. Cycl. erosum, p. 180. — 34. 35. C. fimbriatum, p. 179. — 36. 37. C. Novae Hiberniae, p. 179. — 38. Pupina exigua, p. 204.

Alphabetisches Verzeichniss

der Gattungen und Arten mit ihren Synonymen.

(Die beschriebenen Gattungen und Arten sind mit stehender, die Synonymen mit Kursivschrift gedruckt.)

magna Chemn. = *C. labeo.*
mirabilis Wood = *C. mirabile.*
Petiverianus Wood = *C. breve.*
pulcher Wood = *C. pulchrum.*
reflexus Olivi = *C. elegans.*
striatus Da Costa = *C. elegans.*
tortus Wood = *C. tortum.*
tortuosus Chemn. = *C. tortuosum.*
volvulus Chemn. = *C. involvulus.*
volvulus var. Chemn. = *C. aurantiacum.*

Truncatella

lineata Held = *Acicula fusca.*
lubrica Held = *Acicula polita.*
obesa Menke = *Cyclostoma obesum.*
solida Menke = *C. solidum.*
spectabilis Held = *Acicula sp.*

Urocoptis?

tortuosa Beck = *Cyclostoma tortuosum.*

Valvata

hebraica Lesson = *Cyclostoma distomella.*
mucronata Menke = *C. lucidum.*

CYCLOSTOMACEEN.

Zweite Abtheilung.

Bearbeitet von **Dr. L. Pfeiffer.**

1853.

Pterocyclos Benson. Vgl. S. 193.

In der Zeitschrift für Malakozoologie 1851. Nr. 1. S. 1. habe ich eine historische Uebersicht dieser Gattung gegeben und dabei erklärt, dass ich die von Troschel begründete Gruppe Myxostoma als Sektion derselben betrachte. Nach dieser Auffassungsart gehören zu Pterocyclos folgende Arten:

1. Pterocyclos bilabiatus Benson.

Taf. 24. Fig. 11—14.

Ausführlich beschrieben in der ersten Abtheilung dieser Familie S. 193.

2. Pterocyclos rupestris Benson.

Taf. 24. Fig. 21—25. Taf. 31. Fig. 3—5. 9—11.

Der Beschreibung dieser Art unter dem Namen Pt. pictus (S. 194.) ist nichts Wesentliches hinzuzufügen; doch gebe ich noch einmal die treue Darstellung einer grössern und einer kleinern Varietät. (Taf. 31. Fig. 9—11.) Hinsichtlich des Namens ist aber zu bemerken, dass die Art schon 1832 von Benson beschrieben wurde, dessen Name also vorangestellt werden muss.

Die Synonymik ist demgemäss folgende:

Pterocyclos rupestris, Bens. in Journ. Asiat. Soc. I. p. 11. t. 2.
— — Bens. 1848. in Ann. and. Mag. nat. hist. 2. d. ser. I. p. 346.
— pictus, Trosch., Pfr. Cyclost. p. 194.
Cyclostoma pictum, Petit in Journ. de Conchyl. I. p. 43.
Steganotoma picta, Trosch., Philippi olim.

3. Pterocyclos hispidus Pearson.

Taf. 24. Fig. 7—10.

Ebenfalls früher unter einem ihm nicht gebührenden Namen beschrieben. Die berichtigte Synonymik ist folgende:

Spiraculum hispidum, Pears. in Journ. Asiat. Soc. II. p. 391. t. 20.
Cyclostoma spiraculum, Sowerby Thesaur. p. 110. t. 31. f. 270—272.
— — Petit in Journ. Conchyl. I p. 43.
Steganotoma Princepsi, v. d. Busch in Philippi Abbild. I. 5. p. 106. Cyclost. t. 1. f. 6.
Pterocyclos Princepi, Pfr. in Zeitschr. f. Malak. 1847. p. 111. Cyclost. p. 195.
— hispidus, Bens. in Journ. As. Soc. V. p 355.
— — Bens. in Ann. and Mag. 2d. ser. I. p. 346.

4. Pterocyclos anguliferus Souleyet.

Taf. 24. Fig. 3—6.

In der ersten Abtheilung dieser Familie S. 196. genügend beschrieben.

5. Pterocyclos Albersi Pfr.

Taf. 28. Fig. 1—5.

Die Beschreibung ist nachzusehen S. 197. Der Synonymik ist hinzuzufügen:

Cyclostoma Albersi, Petit in Journ. Conch. I. p. 43.

6. Pterocyclos Cumingi Pfr. Cuming's Flügelmundschnecke.

Taf. 31. Fig. 6—8.

P. testa latissime umbilicata, depressa, solida, striatula, nitida, fulvo-lutea, strigis castaneis fulgaratis, bifasciatim latioribus et saturatioribus picta; spira plana; anfractibus 5 convexis, ultimo tereti, antice juxta penultimum in prominentiam elongatam, fornicatam, sulco circumscriptam tumefacto; apertura parum obliqua, subcirculari, intus margaritacea; perist. simplice, albo, incrassato, reflexo, superne sulco triangulari subinterrupto; in linguam inflexam, tenuiusculam producto. — Operc.?

Pterocyclos Cumingi, Pfr. in Zeitschr. f. Malak. 1851. p. 5.

Gehäuse sehr weit und schüsselförmig genabelt, niedergedrückt, festschalig, feingestreift, seidenglänzend, horngelb, mit kastanienbraunen Zickzackstriemen, welche oberseits und am Umfange in dunklere unterbrochene Binden zusammenlaufen. Gewinde ganz platt, Wirbel fein, nicht vorragend. Naht tief eingedrückt. Umgänge 5, gerundet, der letzte am Umfange mit der Andeutung eines Winkels. Mündung wenig schräg gegen die Axe, ziemlich kreisrund, innen perlschimmernd. Mundsaum verdickt, weiss, umgeschlagen. Die Bildung der generischen Mündungsbeschaffenheit ist bei dieser Art sehr eigenthümlich. Zwischen der Anfügungstelle des Peristoms am vorletzten Umgange und dem rechten Rande befindet sich ein mit Callus begränzter, tiefer, 3eckiger Einschnitt, der von einer verlängerten dachförmigen Auftreibung des letzten Umganges, welche an der Naht anliegt und auf der andern Seite durch eine Längsfurche begränzt ist, bedeckt wird. Nach vorn biegt sich diese gewölbte Decke zungenförmig herab, und bildet dadurch eine kanalförmige Fortsetzung jenes 3eckigen Ausschnittes. — Höhe 3''', Durchmesser 16'''. (Aus H. Cuming's Sammlung.)

Deckel: unbekannt.

Vaterland: die Insel Ceylon.

7. Pterocyclos parvus Pearson. Die kleine Flügelmundschnecke.

Taf. 31. Fig. 12 — 14.

P. testa late umbilicata, depressa, solidula, striatula; corneo-lutescente, fascia ramosa castanea ad peripheriam strigisque angulatis superne variegata; spira subplana, medio vix prominula; anfr. $3^1/_2$ convexiusculis, ultimo terete, antice descendente, basi pallidiore; apertura obliqua, circulari; perist. duplice, interno breviter porrecto, superne sinu circulari emarginato; externo latiusculo, reflexo, albo, supra sinum angulatim recedente, ascendente, cucullatim dilatato. — Operc. ?

Spiraculum parvum, Pears. in Journ. As. Soc. II. p. 392. t. 20.
Cyclostoma spiraculum var., Sow. Thes. t. 31. f. 273?
Pterocyclos parvus, Bens. in Ann. and Mag. 2d. ser. I. 1848. p. 346.
— — Bens. in Journ. etc. Soc. V. p. 357.
— — Pfr. in Zeitschr. f. Malak. 1851. p. 5.

Gehäuse weit und tief genabelt, niedergedrückt, ziemlich festschalig, feingestreift, unter einer gelblichen Oberhaut weiss, mit einer verästelten, kastanienbraunen Binde an der Peripherie und zackigen Striemen auf der Oberfläche. Gewinde fast platt, mit kaum vorstehendem, stumpflichen Wirbel. Naht tief eingedrückt. Umgänge $4^1|_2$, ziemlich gewölbt, der letzte nach vorn etwas herabgesenkt, unterseits blassgefärbt. Mündung diagonal gegen die Axe, fast kreisrund, innen weiss. Mundsaum doppelt, weiss, der innere kurz vorgestreckt, neben dem vorletzten Umgange kreisförmig tief ausgeschnitten, der äussere verdickt, ausgebreitet, zurückgeschlagen, oberseits bis über den Einschnitt des innern fortgesetzt, hier plötzlich winklig zurücktretend und mit der Wand des letzten Umganges eine aufgerichtete, mit der offenen Seite nach dem vorletzten gerichtete Nische bildend. — Durchmesser 7'''. Höhe 2½'''. (Aus Herrn Benson's Sammlung.)

Deckel: mir unbekannt.

Vaterland: die Khasya-Berge an der Nordostgränze von Bengalen.

8. Pterocyclos biciliatus Mousson. Die doppeltgewimperte Flügelmundschnecke.

Taf. 43. Fig. 1—3.

P. testa latissime umbilicata, depressa, subdiscoidea, tenuissima, subtiliter striatula, vix nitidula, corneo-flavescens, strigis fulguratis castaneis elegantissime picta; spira plana, vertice corneo, mucronato; sutura profunda; anfr. 5 convexis, ultimo subbiangulato, in quovis angulo serie pilorum nigrorum ciliato, antice deflexo, pone aperturam tubulo recurvato suturae incumbente munito; apertura perobliqua, subcirculari, intus margaritacea; perist. subduplicato: interno expanso, adnato, breviter interrupto, externo ad anfractum penultimum subinciso, margine sinistro breviter reflexo, dextro late expanso, supero tectiformi, dilatato. — Operc.?

Pterocyclos biciliatus, Mouss. jav. Moll. p. 49. t. 20. f. 9.
Cyclostoma biciliatum, Petit in Jour. Conch. 1850. I. p. 43.

Gehäuse sehr weit und offen genabelt, fast scheibenförmig, niedergedrückt, sehr dünnschalig, feingestreift, wenig glänzend, horngelblich, sehr zierlich mit zackigen kastanienbraunen Striemen gezeichnet. Gewinde flach, mit feinem, vorstehenden, hornfarbigen Wirbel. Naht tief eingedrückt. Umgänge 5, rundlich, der letzte undeutlich 2winklig, auf jedem Winkel mit einer Reihe schwarzer Haare besetzt, nach vorn herabgesenkt, einige Linien hinter der Mündung mit einem rückwärtsgekrümmten, auf der Naht aufliegenden Röhrchen versehen. Mündung sehr schräg gegen die Axe, ziemlich kreisrund, innen perlglänzend. Mundsaum undeutlich verdoppelt, der innere angewachsen, am letzten Umgange mit einer seichten Rinne bis zur innern Oeffnung des Röhrchens eingeschnitten, der äussere ausgebreitet, zurückgeschlagen, kurz unterbrochen, der obere Rand dachförmig ausgebreitet. — Höhe 3''', Durchmesser 8½'''. (Aus H. Cuming's Sammlung.)

Deckel: unbekannt.

Vaterland: zweifelhaft. Die von Mousson beschriebene unvollkommene Schnecke, an deren Identität mit der vorliegenden ich nicht zweifeln kann, soll in einem Nepenthes-Blatte von Birmah gefunden worden sein.

9. Pterocyclos incomptus Sowerby. Die ungeschmückte Flügelmundschnecke.

Taf. 31. Fig. 1. 2.

P. testa late umbilicata, depressa, solida, ruditer striata, opaca, subepidermide fuscocornea, decidua alba; spira parum elevata, vertice prominulo; anfr. 5 convexis, rapide accrescentibus, ultimo terete, obsolete angulato; apertura diagonali, subcirculari; perist. simplice, margine columellari incrassato, breviter adnato, a supero alatim dilatato sinu profundo sejuncto. — Operc.?

Cyclostoma incomptum, Sowerby Thes. Suppl. p. 160* nr. 183. t. 31 A. f. 298. 299.

Pterocyclos incomptus, Pfr. in Zeitschr. f. Malak. 1851. p. 9.

Gehäuse weit und offen genabelt, niedergedrückt, festschalig, grob gestreift, weiss, theilweise mit einer gelbbraunen, leicht vergänglichen Epidermis bekleidet. Gewinde sehr wenig erhoben, mit stumpflichem Wirbel. Naht ziemlich tief eingedrückt. Umgänge 5, mässig convex, sehr schnell zunehmend, der letzte rundlich, am Umfange etwas winklig, nach vorn nicht herabgesenkt. Mündung diagonal, oval-rundlich. Mundsaum geradeaus, im vorletzten Umgange kurz angewachsen, dann abwärts verdickt, der rechte Rand dünn, nach oben in einem etwas rückwärts gewandten Flügel verbreitert, der durch eine tiefe Bucht vom linken Rande getrennt ist. — Durchmesser 20‴. Höhe $7^1|_2$‴. (Aus H. Cuming's Sammlung.)

Deckel unbekannt.

Vaterland: nach Sowerby wahrscheinlich Indien, nach Cuming's Angabe Brasilien?

Diese Art macht eine Art von Uebergang zu Myxostoma Trosch., dessen Repräsentant hier nur erwähnt werden mag, als:

10. Pterocyclos brevis Martyn.

Taf. 24. Fig. 1. 2.

Die Synonymik ist bei Cyclost. breve Nr. 180. p. 166. vollständig angegeben.

Pupina Vignard. Vergl. S. 199.

Dass der glänzende Callus nicht zur Charakterisirung der Gattung benutzt werden kann, ist schon früher erwiesen worden, und die 4 neuen hier zu beschreibenden Arten beweisen es noch mehr. Der Kanal ist also jedenfalls das wichtigste Merkmal, wodurch Pupina von Cyclostoma zu unterscheiden ist, und da dieser eben so gut an der Basis der Mündung liegen kann, als in der linken Mündungswand, so ist auch die nächstfolgende Art dieser Gattung anzuschliessen, in welcher sie eine eigne Gruppe begründet.

11. Pupina Templemani Pfr. Templeman's Pupine.

Taf. 31. Fig. 15. 16.

P. testa subperforata, subfusiformi-oblonga, solidula, striata, parum nitida, non callosa, castanea; spira oblongo-turrita, apice acutiuscula; anfr. 8 convexiusculis, ultimo basi acute et prominenter carinato, circa umbilicum angustissimum profunde striato; apertura circulari, basi subproducta; perist. continuo, aurantiaco, superne breviter adnato, margine dextro sinistroque reflexo-patentibus, basali deorsum dilatato, canaliculato; canali extus lato, intus lineari. — Operc.?

Pupina Templemani, Pfr. in Proceed. Zool. Soc. 1851.

Gehäuse eng-durchbohrt, spindelförmig-länglich, ziemlich festschalig, gestreift, wenig glänzend, nicht mit Callus bekleidet, purpurkastanienbraun; Gewinde länglich-thurmförmig, mit spitzlichem Wirbel. Naht seicht eingedrückt. Umgänge 8, mässig convex, der vorletzte etwas mehr gewölbt, der letzte nach vorn etwas aufsteigend, an der Basis in einen vorragenden Kiel zusammengedrückt, um den sehr engen Nabel tief gestreift. Mündung kreisrund, unten etwas über die Axe hervortretend. Mundsaum zusammenhängend bräunlich-roth, oben kurz quer-angewachsen, der rechte und linke Rand winklig abstehend und zurückgeschlagen, der untere Rand 3eckig verbreitert, mit einem nach aussen erweiterten, nach innen haarfeinen, offenen Kanal durchbohrt. — Länge 10—13''', Durchmesser $3^1|_2$—5'''. (Aus H. Cuming's Sammlung.)

Deckel: unbekannt.

Vaterland: auf der Insel Ceylon gesammelt von Kapitän Templeman.

12. Pupina Layardi Gray. Layard's Pupine.

Taf. 31. Fig. 17. 18.

P. testa subperforata, subfusiformi-oblonga, solida, distincte arcuato-striata, pallide straminea; spira oblongo-turrita, apice acutiuscula; anfr. 8 planiusculis, ultimo basi carina elevata, compressa munito, circa umbilicum angustissimum costulato; apertura verticali, subcirculari, basi canali subaperto aucta; perist. continuo, albo, superne breviter adnato, duplice interno porrecto, externo incrassato-reflexo, basi subangulatim producto, canali extus lato, introrsum angustiore excavato. — Operc.?

Megalomastoma Layardii, Gray Catal. Cycloph. p. 31.
Pupina Templemani β, Pfr. in Proc. Zool. Soc. 1851.

Diese Art ist der vorigen so nahe verwandt, dass ich sie anfangs als Varietät derselben betrachtete. Sie hat dieselbe Grösse und dieselben Verhältnisse wie die kleineren Exemplare der vorigen, lässt sich aber ausser der fast glanzlosen, bleich strohgelben Färbung durch die deutlich bogig-geriefte Schale, flachere Umgänge, deren letzter um das enge Nabelloch längsrippig ist und durch den deutlich verdoppelten, stark verdickten, weissen Mundsaum als Art hinlänglich unterscheiden. (Aus H. Cuming's Sammlung.)

Deckel: unbekannt.

Vaterland: Ceylon; gesammelt von Bayard.

13. Pupina Mindorensis Adams & Reeve. Die Mindoro'sche Pupine.

Taf. 31. Fig. 21. 22.

P. testa imperforata, pupiformi, solidula, confertissime striata, sericina, fusca; spira oblongo conica, apice acutiuscula; sutura profunda; anfr. 7 convexis, ultimo angustiore, rotundato; apertura subcirculari, basi axin excedente, superne callo triangulari parietis aperturalis juxta insertionem peristomatis posito sinuata; perist. lato, incrassato, angulatim reflexo, bicanaliculato, ad canalem superiorem subito attenuato, margine columellari plano, rectangule truncato, canalem apertum, extrorsum dilatatum formante. — Operc.?

Pupina Mindorensis, Adams & Reeve in Voy. of the Sammarang. Moll. p. 57. t. 14. f. 2.

Gehäuse undurchbohrt, länglich-eiförmig, ziemlich festschalig, gedrängt-haarstreifig, seidenglänzend, gelbbraun oder rothbraun. Gewinde verlängert-kegelförmig, mit spitzlichem Wirbel. Naht tief eingedrückt, berandet. Umgänge 7, gewölbt, der letzte verschmälert, gerundet. Mündung fast kreisrund, mit der Basis über die Axe vortretend, mit 2 Kanälen versehen, wovon der eine durch eine auf der Mündungswand liegende, dreieckige Schwiele gebildet wird. Mundsaum breit, verdickt, der rechte Rand nach oben, wo er der Schwiele gegenüber steht, verschmälert und nach oben verlängert, der Spindelrand breit, platt, rechtwinklig abgestutzt, von dem untern durch einen nach aussen erweiterten Kanal getrennt. — Länge 5½''', Durchmesser 2½'''. (Aus meiner Sammlung.)

Deckel: unbekannt.

Vaterland: an der Südspitze der Philippinischen Insel Mindoro entdeckt von Sir. E Belcher.

14. Pupina Forbesi Pfr. Forbes's Pupine.

Taf. 31. Fig. 19. 20.

P. testa profunde ed breviter rimata, pupoidea, solida, malleato-corrugata, opaca, fulvo-carnea; spira medio turgida, apice conoidea, obtusiuscula; anfr. 6, primis 4 convexis, regularibus, quinto latere aperturali applanato, ultimo multo angustiore, antice descendente, ad aperturam ascendente, basi juxta rimam umbilicarem, arcuato-carinato; apertura basi producta, subcirculari; perist. crasso, fulvo-aurantiaco, reflexo, bicanaliculato; canali altero ad insertionem marginis dextri, exiguo, altero profundissimo, callo circumvallato inter marginem parietalem arcuatum et sinistrum. — Operc. immersum, planum, corneum, arctispirum, lamellosum.

Pupina grandis, Forbes in Proc. Zool. Soc. 1851. Nec. Gray.

Gehäuse mit einer tiefen, bogigen Nabelritze, unregelmässig eiförmig-länglich, festschalig, schwer, quer-gehämmert-runzlig, glanzlos, bräunlich-fleischfarbig. Gewinde in der Mitte aufgetrieben, nach oben conoidisch, mit stumpflichem Wirbel. Umgänge 6, die 4 ersten convex, regelmässig zunehmend, der 5te an der Mündungsseite abgeplattet, der letzte viel schmaler und gegen den vorletzten zurücktretend, nach vorn erst sehr herabgesenkt, dann wieder kurz aufsteigend, an der Basis etwas abgeplattet und neben der Nabelritze vortretend-gekielt. Mündung fast kreisrund, an der Basis über die Axe heraustretend. Mundsaum bräunlich-orangenfarbig, verdickt, zurückgeschlagen, mit einer seichten Rinne zwischen dem rechten Rande und der Mündungswand, und einem tiefen offenen, nach hinten erweiterten, von dickem, wulstigem Callus begränzten Kanale der Spindelseite. — Länge 15''', Durchmesser 7½'''. (Aus H. Cuming's Sammlung.)

Deckel: eingesenkt, hornartig, undeutlich gewunden, ziemlich flach, aussen etwas lamellös, innen glänzend.

Vaterland: auf dem Louisiaden-Archipelagus gesammelt von Macgillivray.

Cyclostoma Lamarck.

Fortsetzung.

217. Cyclostoma chrysallis Pfr. Die puppenförmige Kreismundschnecke.

Taf. 31. Fig. 23. 24.

C. testa umbilicata, distorto-ovata, solida, striatula et punctato-malleata, fusco-carnea; spira regulariter ovata, apice conoidea, acutiuscula; sutura levi; anfr. 6 convexiusculis, penultimo latere apertnrali planulato, ultimo angustiore; apertura verticali, circulari; perist. crasso, dilatato, patente, reflexo, margine supero linea horizontali adnato. — Operc.?

Cyclostoma chrysallis, Pfr. in Proceed. Zool. Soc. 1851.

Gehäuse genabelt, puppenförmig, unregelmässig eiförmig, festschalig, feingestreift und eingedrückt-punktirt, fast glanzlos, bräunlichfleischfarbig. Gewinde in der Mitte aufgetrieben, nach oben konoidisch, mit spitzlichem Wirbel. Naht seicht eingedrückt. Umgänge 6, mässig gewölbt, der vorletzte an der Mündungsseite abgeplattet, der letzte zurücktretend, schmaler, um den offenen Nabel kaum merklich zusammengedrückt. Mündung klein, kreisrund, parallel mit der Axe. Mundsaum zusammenhängend, verdickt, breit abstehend und zurückgeschlagen, der obere Rand in einer geraden Querlinie angewachsen. — Länge 8''', Durchmesser 4½'''. (Aus H. Cuming's Sammlung.)

Deckel: unbekannt.

Vaterland: Arva. (Cuming.) Am Flusse Arva in Columbia?

218. Cyclostoma Guildingianum Pfr. Guilding's Kreismundschnecke.

Taf. 31. Fig. 25. 26.

C. testa subperforata, oblongo-turrita, solidula, sublaevigata, nitida, castanea; spira elongata, apice truncatula; anfr. 8 convexiusculis, ultimo angustiore, spiraliter obsolete sulcato, basi rotundato; apertura subverticali, subcirculari; perist. duplice, albo, interno continuo, expanso, latere sinistro subcanaliculato, externo reflexo, superne subangulato, margine columellari subdilatato-patente. — Operc.?

Cyclostoma Guildingianum Pfr. in Zeitschr. f. Malak. 1851. p. 28.

Gehäuse kaum durchbohrt, länglich-thurmförmig, ziemlich festschalig, glatt, hin und wieder undeutlich spiralfurchig, glänzend, dunkel kastanienbraun. Gewinde lang ausgezogen, an der Spitze weisslich, etwas abgestossen. Umgänge 8, ziemlich convex, der letzte schmäler und kürzer als der vorletzte, an der Basis gerundet. Mündung ziemlich parallel mit der Axe, kreisrund. Mundsaum weiss, doppelt, der innere zusammenhängend, ausgebreitet, angewachsen, an der linken Seite seichtrinnig, der äussere winklig-abstehend, an der linken Seite etwas verbreitert. — Länge 11''', Durchmesser 4'''. (Aus Herrn Benson's Sammlung.)

Deckel: unbekannt.

Vaterland unbekannt.

Bemerkung. Herr Benson glaubte in dieser Art vielleicht das bisher unbekannt gebliebene Megalomastoma suspensum Guild. (Swains. Malac. p. 186. f. 29) suchen zu müssen; was nicht unmöglich, aber der Abbildung nach kaum anzunehmen ist.

219. Cyclostoma funiculatum Benson. Die fadenkielige Kreismundschnecke.

Taf. 31. Fig. 27. 28.

C. testa breviter rimata, turrito-oblonga, tenui, striata et irregulariter malleata, subpellucida, fusca; spira elongata, apice obtusiuscula; anfr. 7 convexiusculis, ultimo 1/3 longitudinis subaequante, basi carina funiformi munito, apertura subverticali, basi vix producta; circulari; perist. continuo, carneo, breviter adnato, undique expanso-reflexo. — Operc.?

Cyclostoma funiculatum, Bens. in Journ. As. Soc. VII. 1838. p. 317.
— — Sow. Thesaur. Suppl. p. 166* Nr. 195. t. 31. f. 316. 317.

Gehäuse kurz nabelritzig, länglich-thurmförmig, dünnschalig, gestreift und unregelmässig gehämmert, etwas durchscheinend, ziemlich glänzend, gelbbraun, Gewinde langgestreckt, mit stumpflichem Wirbel. Naht eingedrückt, undeutlich gekerbt. Umgänge 7, mässig convex, der letzte etwas verschmälert, an der Basis mit einem abgesetzten, strickähnlichen Kiele versehen. Mündung fast kreisrund, innen kaffeebraun, mit der Basis ein wenig über die Axe hervortretend. Mundsaum fleischfarbig, zusammenhängend, oben kurz angewachsen, ringsum ausgebreitet und kurz zurückgeschlagen. — Länge 11''', Durchmesser 4 1/4'''. (Aus Herrn Benson's Sammlung.)

Deckel: unbekannt.

Vaterland: Darjiling, Sikkim-Himalaya.

220. Cyclostoma halophilum Benson. Die salzliebende Kreismundschnecke.

Taf. 31. Fig. 29—31.

C. testa umbilicata, globoso-conica, tenui, striatula, parum nitida, fulvida, castaneo plerumque anguste fasciata; spira conica, acutiuscula; anfr. 5 rotundatis, ultimo non descendente; umbilico angusto, non pervio; apertura parum obliqua, subcirculari; perist. simplice, recto, breviter interrupto, margine columellari vix reflexo. — Operc. membranaceum, pallide lutescens, arctispirum.

Cyclostoma halophilum, Bens. in Ann. and. Mag. 1851. Mart. p. 265.

Gehäuse genabelt, kuglig-konisch, dünnschalig, feingestreift, durchscheinend, wenig glänzend, hellhornfarbig oder gelbbraun, meist mit schmalen helleren und dunkleren Binden. Gewinde kreiselförmig, mit spitzlichem, meist schwarzem Wirbel. Naht tief, einfach. Umgänge 5, gerundet, der letzte nicht herabsteigend, allmählig in den engen, nicht durchgehenden Nabel abfallend. Mündung wenig schräg gegen die Axe, ziemlich kreisrund. Mundsaum einfach, geradeaus, scharf, am letzten Umgange kurz unterbrochen oder durch ein Plättchen Callus verbunden, der linke Rand nach oben kaum merklich verbreitert-abstehend. — Durchmesser 3''', Höhe 2'''. (Aus meiner Sammlung.)

Deckel häutig, blassgelblich, eng gewunden, eingesenkt.

Varietät: grösser, Durchmesser 3½''', Höhe 3'''. (In H. Cuming's Sammlung.)

Vaterland: die Insel Ceylon, die Hauptform bei Point de Galle von Benson, die Var. bei Colombo von Kapitän Templeman gesammelt.

221. Cyclostoma formosum Sowerby.

Taf. 32. Fig. 1. 2.

C. testa umbilicata, depresso-trochiformi, solidiuscula, acute tricarinata, interstitiis lineis elevatis spiralibus et confertioribus transversis cancellata, fulvo-rufescente ad carinas et suturam albo-articulata; spira scalari, subacuminata; anfr. 5 contabulatis, unicarinatis, ultimo magno infra carinam tertiam confertim spiraliter sulcato; umbilico infundibuliformi; apertura diagonali, subcirculari; perist. simplice, marginibus callo tenui, emarginato junctis, dextro expanso, bicanaliculato, columellari anguste reflexo. — Operc.?

Cyclostoma formosum Sow. in Proceed. Zool. Soc. 1849. p. 15. Moll. t. 2. f. 8. 9.

Tropidophora carinata var. Gray. Catal. Cycloph. p. 38.

Gehäuse genabelt, niedergedrückt-trochusförmig, ziemlich festschalig, scharfkielig, in den Zwischenräumen mit flach erhobenen Spiralleisten und gedrängter stehenden schrägen Linien gegittert, rothbraun, hin und wieder weissgescheckt, an den Kielen weissgefleckt. Gewinde treppenförmig, in der Mitte erhoben. Umgänge 5, platt, winklig, die oberen mit einem scharfen Kiele in der Mitte und einem flach auf der Naht aufliegenden; der letzte Umgang gross, 3kielig, die 2 oberen Kiele flach zusammengedrückt, scharf lamellenartig, der 3te an der Basis, den weiten trichterförmigen, innen stark spiralfurchigen Nabel begränzend, scharf, aber nicht so hoch erhoben, als die anderen. Mündung fast diagonal gegen die Axe, fast kreisrund. Mundsaum einfach, dünn, die Ränder durch einen ausgerandeten Callus verbunden, der rechte etwas ausgebreitet, an der Stelle der Kiele rinnig, der linke Rand schmal zurückgeschlagen. — Durchmesser 21''', Höhe 11—12'''. (Aus H. Cuming's Sammlung.)

Deckel: unbekannt.

Vaterland: Madagascar.

222. Cyclostoma Barclayanum Pfr. Barclay's Kreismundschnecke.

Taf. 32. Fig. 3. 4.

C. testa obtecte perforata, globoso-conica, solida, longitudinaliter confertim striatula et carinis multis acute elevatis munita, violascenti-fusca, strigis saturatioribus et pallidioribus variegata; spira conica, apice saepe truncatula; anfr. 5 parum convexis, ultimo carinis 3 validioribus, prominentioribus munito; maxima mediana secunda basali, tertia in parte supera; apertura fere verticali, subcirculari, intus livido-sanguinea; perist. sanguineo, subincrassato, expanso, ad anfractum penultimum lunatim emarginato, margine dextro carinis crenulata, columellari fornicato-reflexo, perforationem fere claudente. — Operc. testaceum, 5 spiratum, extus concavum, album.

Cyclostoma Barclayanum, Pfr. in Proceed. Zool. Soc. 1851.
— carinatum var., Sow. Thesaur. t. 26. f. 118.

Gehäuse bedeckt-durchbohrt, kuglig-konisch, dickschalig, dicht längsgestreift und mit vielen scharf erhobenen Kielen besetzt, violettbräunlich mit einzelnen dunkleren und helleren Striemen. Gewinde konisch, oft etwas abgestossen. Umgänge 5, wenig gewölbt, der letzte mit 3 Hauptkielen, wovon der peripherische der schärfste und erhabenste, der 2te in der Nähe des Nabels etwas stumpfer und der 3te (der 4te von der Naht an) wenig stärker als die übrigen. Mündung fast parallel zur Axe, fast kreisrund, innen schmutzig-blutroth. Mundsaum blutroth, verdickt, ausgebreitet, am vorletzten Umgange mondförmig ausgeschnitten, der rechte Rand strahlig-gekerbt, der linke bogig-zurückgeschlagen, das Nabelloch verschliessend. — Länge 14½''', Durchmesser 11½'''. (Aus H. Cuming's Sammlung.)

Deckel: von Schalensubstanz, weiss, aussen concav, mit 5 Windungen.

Vaterland: Isle de France (Sir. D. Barclay).

223. Cyclostoma Bourcieri Pfr. Bourcier's Kreismundschnecke.

Taf. 32. Fig. 5—7.

C. testa late umbilicata, orbiculata, conoidea, solida, subtiliter striata et lineis elevatis spiralibus, plus minusve confertis sculpta, epidermide fusco-olivacea vestita; spira breviter conoidea, vertice nudo, subpapillato; anfr. 4½—5 convexis, lente accrescentibus, ultimo terete, antice subdescendente; apertura obliqua, subangulato-circulari, intus margaritacea; perist. simplice, recto, anfractui penultimo breviter adnato. — Operc. tenuissimum, corneum, arctispirum, extus concavum, intus nitidum, medio umbonatum.

Cyclostoma Bourcieri, Pfr. in Proceed. Zool. Soc. 1851.

Gehäuse sehr flach conoidisch, festschalig, feingestreift und mit erhobenen mehr oder weniger gedrängt stehenden Spirallinien besetzt, wenig glänzend, mit einer bräunlich-olivengrünen Epidermis bekleidet. Gewinde sehr niedrig conoidisch, mit mattem, röthlichem, warzenähnlichem Wirbel. Umgänge 4½—5, gewölbt, langsam zunehmend, der letzte stielrund, nach vorn etwas herabgesenkt. Mündung schräg gegen die Axe, winklig-gerundet, innen perlglänzend. Mundsaum zusammenhängend, einfach, geradeaus, am vorletzten Umgange kurz angewachsen. — Durchmesser 9½''', Höhe 4½'''. (Aus H. Cuming's und meiner Sammlung.)

Deckel eingesenkt, sehr dünn, hornartig, eng gewunden, aussen concav, innen glänzend, in der Mitte knopfförmig erhoben.

Vaterland: bei Mindo in der Republik Equador gesammelt von Generalkonsul Bourcier.

224. Cyclostoma heliciniforme Pfr. Die helicinenähnliche Kreismundschnecke.

Taf. 32. Fig. 8—10.

C. testa obtecte umbilicata, conoideo-globosa, solidula, striatula, parum nitente, virenti-cornea, spira parvula, conoidea, acutiuscula; anfr. 6 convexiusculis; ultimo inflato, antice subascendente, pone columellam profunde excavato, calloso; apertura subverticali, angulato-ovali; columella subverticali, retrorsum in dentem acutum desinente; perist. incrassato, albo, undique late expanso, reflexiusculo. — Operc. profunde immersum, rufo-corneum, paucispirum.

Cyclostoma heliciniforme, Pfr. in Proceed. Zool. Soc. 1851.

Gehäuse vom Ansehen einer Helicine, verschlossen-genabelt, conoidisch-kuglig, ziemlich festschalig, sehr fein gestreift, fast glanzlos, grünlich-hornfarbig. Gewinde sehr klein, conoidisch, mit zugespitztem Wirbel. Umgänge 6, die oberen wenig convex, schmal, der letzte sehr gross, aufgeblasen, nach vorn etwas aufsteigend, an der Basis in der Mitte tief ausgehöhlt. Mündung sehr wenig schräg gegen die Axe, winklich-eiförmig. Mundsaum weisslich, weit ausgebreitet, die Ränder getrennt, durch Callus verbunden, der obere abschüssig, der linke erst gewölbt zurückgeschlagen, die Nabelpartie ganz verschliessend, dann in einen spitzen, rückwärtsgerichteten Zahn verbreitert. — Durchmesser fast 9''', Höhe 5½'''. (Aus H. Cuming's Sammlung.)

Deckel: tief eingesenkt, hornartig, kastanienbraun, mit wenigen, schnell zunehmenden Windungen.

Vaterland: im Thale Yaraqui der Republik Equador gesammelt von Bourcier.

Bemerkung. Trotz der abweichenden Bildung der Nabelpartie würde man diese Schnecke doch gewiss zu Helicina zählen, wenn sie nicht den deutlich gewundenen Deckel hätte, der sie von jener Gattung ausschliesst. Ich nehme für diese Art eine eigne Sektion Helicinoides in der Gattung Cyclostoma an.

225. Cyclostoma Bensoni Pfr. Benson's Kreismundschnecke.

Taf. 32. Fig. 11 — 13.

C. testa umbilicata, subgloboso-turbinata, solida, lineis obliquis et confertis spiralibus subtiliter decussata, albido-fulva, castaneo-variegata; spira turbinata, obtusiuscula; anfr. 5 convexis, supremis unicoloribus luridis, sequentibus flammulato-pictis, ultimo magno, obsolete angulato, ad carinam fascia nigricante et utrinque fasciis inaequalibus castaneis ornato, circa umbilicum angustum, infundibuliformem pallido, subcompresso; apertura parum obliqua, subcirculari, intus lactea; perist. continuo, igneo-aurantiaco, breviter adnato, breviter fornicato-reflexo. — Operc.?

Cyclostoma Bensoni, Pfr. in Proceed. Zool. Soc. 1851.

Gehäuse genabelt, kuglig-kreiselförmig, fein schräg gestreift und mit dichtstehenden, etwas welligen, erhobenen Spirallinien durchkreuzt, wenig glänzend, bräunlichweiss, mit brauner Zeichnung. Gewinde kreiselförmig, mit stumpflichem Wirbel. Umgänge 5, convex, die obersten einfarbig graubraun, die folgenden zackig-flammig gezeichnet, der letzte gross, am Umfange undeutlich winklig und mit einer schwärzlichen Binde, so wie mit vielen etwas unterbrochenen kastanienbraunen Binden oberseits geziert, um den engen, trichterförmigen Nabel bleich, etwas zusammengedrückt. Mündung wenig schräg gegen die Axe, ziemlich kreisrund, innen bläulichweiss. Mundsaum zusammenhängend, feurig-orangeroth, am vorletzten Umgange kurz angewachsen, übrigens ringsum gleichmässig gewölbt-zurückgeschlagen. — Höhe 13''', Durchmesser 21'''. (Aus H. Cuming's Sammlung.)

Deckel: unbekannt.

Vaterland: unbekannt.

226. Cyclostoma purum Forbes. Die reinweisse Kreismundschnecke.

Taf. 32. Fig. 14. 15.

C. testa latissime umbilicata, depressa, tenui, lineis confertis elevatis filoso-sculpta, striis incrementi confertissimis subclathrata. unicolore alba; spira vix elevata, vertice subacuminato; anfr. 6 convexiusculis, rapide accrescentibus, ultimo lato, subdepresso, basi convexo; apertura obliqua, angulato-circulari; perist. simplice, acuto, marginibus remotis. — Operc.?

Cyclostoma purum, Forbes in Proceed. Zool. Soc. 1850. p. 56. Moll. t. 9. f. 9.

Gehäuse sehr weit und offen genabelt, niedergedrückt, dünnschalig, durch gedrängtstehende Anwachsstreifen und fädlich erhobene ziemlich dichtstehende Spirallinien etwas gegittert, durchscheinend, wenig glänzend, reinweiss. Gewinde sehr wenig erhoben, mit feinem, zugespitztem Wirbel. Umgänge 6, mässig gewölbt, neben der Naht etwas abgeplattet, schnell zunehmend, der letzte etwas niedergedrückt, mit einer stärker erhobenen kielartigen Leiste am Umfange, unterseits gerundet. Mündung schräg gegen die Axe, winklig-rundlich. Mundsaum einfach, geradeaus, am vorletzten Umgange ziemlich lange unterbrochen. — Durchmesser 25''', Höhe 10'''. (Aus H. Cuming's Sammlung.)

Deckel: unbekannt.

Vaterland: unbekannt.

226 a. Cyclostoma elatum Pfr. Die hochgewundene Kreismundschnecke.

Taf. 32. Fig. 16. 17.

C. testa umbilicata, conica, tenuiuscula, oblique striata, lineis spiralibus distantibus elevatis sub lente munita, vix diaphana, albida; spira conica, acutiuscula; anfr. $5^1/_2$ parum convexis, ultimo convexiore, subacute carinato, basi confertius reticulato; umbilico angustissimo, non pervio; apertura diagonali, truncato-ovali; perist. simplice, marginibus distantibus, aequilatis, angulatim patentibus, columellari subangustato. — Operc.?

Cyclostoma elatum, Pfr. in Proceed. Zool. Soc. 1851.

Gehäuse genabelt, kegelförmig, ziemlich dünnschalig, schräggestreift, unter der Lupe mit entferntstehenden, erhobenen Spirallinien bezeichnet, kaum durchscheinend, weisslich. Gewinde conisch, mit spitzlichem Wirbel. Umgänge $5^1|_2$, wenig gewölbt, der letzte convexer, ziemlich scharf gekielt, unterseits dichter-netzig. Nabel sehr eng, nicht durchgehend. Mündung diagonal zur Axe, abgestutzt-oval. Mundsaum einfach, die Ränder entfernt, der rechte und untere gleichbreit, winklig-abstehend, der Spindelrand etwas verschmälert. — Höhe $5^1|_4'''$, Durchmesser $5^3|_4'''$. (Aus H. Cuming's Sammlung.)

Deckel: unbekannt.

Vaterland: die Insel Ceylon.

227. Cyclostoma eximium Mousson. Die ausgezeichnete Kreismundschnecke.

Taf. 33. Fig. 1. 2.

C. testa umbilicata, turbinato-depressa, solida, carinata, sub epidermide castaneo-fulva albida, fusco angulatim strigata; spira breviter turbinata, apice acutiuscula; anfr. 5 convexiusculis, costis 3 obtusis spiralibus sculptis, lineis spiralibus et obliquis reticulatis, ultimo permagno, infra carinam subacutam nigro-castaneo, tumido, circa umbilicum majusculum, infundibuliformem subcompresso; apertura parum obliqua, subcirculari; perist. pallide carneo-lutescente, duplice, interno continuo, expanso, cum externo connato, externo subinterrupto, horizontaliter expanso, margine columellari dilatato, subreflexo.

Cyclostoma eximium, Mousson javan. Moll. p. 53. t. 7. f. 1.

Gehäuse genabelt, niedergedrückt-kreiselförmig, festschalig, gekielt, unter einer dunkel-kastanienbraunen Epidermis weisslich, mit braunen Zikzakstriemen. Gewinde niedrig-kreiselförmig, mit spitzlichem Wirbel. Umgänge 5, mässig convex, nächst der Naht platt, oberseits mit 3 mässig erhobenen Spiralleisten besetzt, in den Zwischenräumen durch schräge und spirale Linien feingegittert, der letzte gross, vom Kiele an abwärts schwarzbraun, aufgeblasen, um den ziemlich weiten, trichterförmigen Nabel etwas zusammengedrückt. Mündung wenig schräg gegen die Axe, fast kreisrund. Mundsaum blass fleischfarbig-gelblich, doppelt, der innere zusammenhängend, ausgebreitet, angewachsen, der äussere kurz unterbrochen, horizontal ausgebreitet, der Spindelrand verbreitert, etwas zurückgeschlagen. — Höhe 16''', Durchmesser über 2½''. (Aus H. Cuming's Sammlung.)

Deckel: unbekannt, ohne Zweifel wie bei den verwandten Cyclophoren.

Aufenthalt: die Khasya-Berge in Ostindien (nach Cuming), Java (Mousson).

228. Cyclostoma Himalayanum Pfr. Die Himalaya-Kreismundschnecke.

Taf. 33. Fig 10. 11.

C. testa umbilicata, globoso-turbinata, solidula, costis spiralibus obtusis 10—12 lineisque interjacentibus obsoletis sculpta subepidermide decidua (...., ?) albida; spira turbinata, superne rufa, acutiuscula; anfr. 5 convexiusculis, ultimo ventroso, circa umbilicum angustum infundibuliformem vix compresso; apertura subverticali, circulari; perist. simplice, continuo, breviter adnato, fusco-igneo, subincrassato, breviter expanso, superne subangulato.

Cyclostoma Himalayanum, Pfr. in Proceed. Zool. Soc. 1851.

Gehäuse genabelt, kuglig-kreiselförmig, ziemlich festschalig, mit 10—12 stumpfen Spiralleisten besetzt, in den Zwischenräumen undeutlich spiralstreifig, unter einer abfälligen (bei dem abgebildeten Exemplar ganz fehlenden) Epidermis glatt, glänzend, weisslich. Gewinde kreiselförmig, nach oben braunroth, mit feinem, spitzlichen Wirbel. Umgänge 5, mässig convex, der letzte bauchig, um den engen, trichterförmigen Nabel kaum merklich zusammengedrückt. Mündung fast parallel mit der Axe, kreisrund. Mundsaum einfach, zusammenhängend, bräunlich-feuerroth, kurz am vorletzten Umgange angewachsen, etwas verdickt, schmal ausgebreitet, nach oben etwas winklig. — Durchmesser 2'', Höhe 1¾''. (Aus H. Cuming's Sammlung.)

Deckel: unbekannt.

Aufenthalt: im Himalayagebirge.

229. Cyclostoma indicum Deshayes. Die ostindische Kreismundschnecke.

Taf. 33. Fig. 3. 4.

C. testa anguste umbilicata, turbinato-conica, solida, carinis multis subelevatis sculpta, in fundo albo fusco et rutilo marmorata; spira turbinata, acutiuscula; anfr. $5^1/_2$ convexis, ultimo infra medium distinctius carinato, fascia nigricante ornato; apertura parum obliqua, subcirculari; perist. duplice, interno aurantiaco, breviter expanso, externo albo, expanso, superne triangulatim dilatato, reflexo, umbilicum semioccultante.

Cyclostoma indica, Desh. in Bélanger voy. p. 415. t. 1. f. 4. 5.
— — Desh. in Lam. hist. ed. alt. VIII. p. 363. nr. 28.
— indicum, Müller synops. p. 38.

Gehäuse genabelt, kreiselförmig-conisch, festschalig, mit vielen ungleichweitabstehenden und ungleichstarken kielartigen Leisten, welche unterseits ziemlich verschwinden, besetzt, auf weisslichem Grunde bräunlich-nebelfleckig und rothbraun marmorirt. Gewinde kreiselförmig, mit spitzlichem Wirbel. Umgänge $5^1|_2$, gewölbt, der letzte nahe unter der Peripherie mit einem deutlichern Kiele versehen, mit einer dunkelbraunen Binde dicht unter diesem, überhaupt unterseits mässig aufgeblasen, schnell in den engen, tiefen Nabel abfallend. Mündung wenig schräg gegen die Axe, kreisrund, nur nach oben etwas winklig. Mundsaum doppelt, der innere zusammenhängend, orangenfarbig, kurz ausgebreitet, mit dem äussern verwachsen, der äussere weiss, winklig abstehend, schmal, nach oben etwas verbreitert, am vorletzten Umgange etwas ausgeschnitten, über dem Nabel in eine breite, abstehende Zunge verbreitert, diesen etwas deckend. — Höhe $12^1|_2'''$, Durchmesser $19'''$. (Aus H. Cuming's Sammlung.)

Deckel: unbekannt.

Aufenthalt: auf der Insel Elephanta bei Bombay gesammelt von Bélanger.

Bemerkung. Diese seltene Art, welche nach einem authentischen, auch mit der Originalabbildung völlig übereinstimmenden Exemplare dargestellt ist, hat schon manche Verwechslungen, bald mit Cyclost. oculus capri, bald mit C. ceylanicum, welches von Sowerby Suppl. p. 163* t. 31. B. f. 320. 321. unter diesem Namen dargestellt ist, erfahren müssen, ist aber von allen gut unterschieden. Die nächstverwandte Art ist C. stenomphalum m. (S. Abth. I. S. 59. Taf. 8. Fig. 5. 6.), aber auch dieses unterscheidet sich genügend von ihm. Herr Petit hat ihm (Journ. de Conch. I. p. 40) genau seinen richtigen Platz angewiesen.

230. Cyclostoma aplustre Sowerby. Die Flaggen-Kreismundschnecke.

Taf. 33. Fig. 5—7.

C. testa umbilicata, globoso-turbinata, tenui, lineis incrementi et spiralibus confertissimis subtiliter reticulata, haud nitida, alba, fasciis 5—6 fuscis superne ornata; spira turbinata, acutiuscula; anfr. $5^1/_2$ convexis, celeriter accrescentibus, ultimo terete, non descendente, basi subunicolore; umbilico mediocri, profundo; apertura obliqua, subangulato-circulari, fasciis intus castaneis; perist. simplice, tenui, interrupto, breviter expanso, margine columellari breviter dilatato-reflexo.

Cyclostoma aplustre, Sow. in Proceed. Zool. Soc. 1849. p. 15. Moll. t. 2. f. 4. 5.

Gehäuse genabelt, kuglig-kreiselförmig, dünnschalig, durch sehr gedrängte Anwachsstreifen und Spirallinien feingegittert, nicht glänzend, weiss, oberseits mit 5—6 mattbraunen Binden. Gewinde kreiselförmig, mit spitzlichem Wirbel. Umgänge $5^1|_2$, gerundet, schnell zunehmend, der letzte fast stielrund, nicht herabgesenkt, unterseits fast einfarbig, gerundet in den mittelweiten, tiefen Nabel abfallend. Mündung etwas schräg gegen die Axe, fast kreisförmig, oben winklig, innen weiss, mit glänzenden, kastanienbraunen Binden. Mundsaum unterbrochen, einfach, dünn, der rechte Rand kaum merklich ausgebreitet, der linke schmal verbreitert-zurückgeschlagen. — Höhe 11''', Durchmesser $14^1|_2$'''. (Aus H. Cuming's Sammlung.)

Deckel: unbekannt.

Aufenthalt: auf der Insel Madagascar.

231. Cyclostoma volvuloides Sowerby. Die volvolusartige Kreismundschnecke.

Taf. 33. Fig. 8. 9.

C. testa umbilicata, turbinato-depressa, superne et basi confertim spiraliter lirata, nitida, carneo et fusco-violaceo variegata; spira turbinata, obtusiuscula; anfr. 5 perconvexis, ultimo lato, peripheria rotundato, sublaevigato, umbilico lato, profundo; apertura vix obliqua, subcirculari, intus fulvida; perist. simplice, breviter interrupto, albo, margine supero repando-expanso, dextro brevi, columellari perdilatato, patente.

Cyclostoma volvuloides, Sowerby Thesaur. Suppl. p. 162* nr. 187. t. 31. B. f. 312. 313.

Gehäuse genabelt, kreiselförmig-niedergedrückt, oberseits und unterseits mit feinen Spiralleistchen dichtbesetzt, glänzend, fleischfarbig, bräunlich-violett-bunt. Gewinde niedrig kreiselförmig, mit feinem, etwas stumpflichem Wirbel. Umgänge 5, stark gewölbt, die letzten schnell zunehmend, der letzte breit, am Umfange gerundet, ziemlich geglättet, unterseits allmählig in den weiten, tiefen Nabel abfallend. Mündung wenig schräg gegen die Axe, fast kreisrund, innen rothgelb, glänzend. Mundsaum einfach, dünn, weiss, kurz unterbrochen, der obere Rand ausgeschweift-ausgebreitet, der rechte schmal, der linke stark verbreitert, abstehend. — Höhe 7''', Durchmesser etwas über 1''. (Aus H. Cuming's Sammlung.)

Deckel: unbekannt.

Aufenthalt: unbekannt.

232. Cyclostoma tenebricosum Adams & Reeve. Die finstere Kreismundschnecke.

Taf. 33. Fig. 12. 13.

C. testa anguste umbilicata; globoso-conica, tenui, substriata, subpellucida, fusca, saturatius strigata et variegata; spira turbinata, obtusiuscula; anfr. 4 perconvexis, ultimo rotundato, ad peripheriam anguste luteo-fasciato; apertura parum obliqua, subcirculari, intus coerulescenti-nitida; perist. simplice, recto, interrupto, margine columellari subreflexo.

Cyclostoma tenebricosum, Adams & Reeve. Voy. of the Samarang. Moll. p. 57. t. 14. f. 6.

Gehäuse genabelt, kuglig-conisch, dünnschalig, fast ungestreift, glänzend, ziemlich durchsichtig, braun, mit dunkleren Striemen. Gewinde kreiselförmig, mit stumpflichem Wirbel. Umgänge 4, stark gewölbt, der letzte gerundet, nicht herabsteigend, mit einer schmalen gelben Binde an der Peripherie, unterseits flacher, schnell in den engen, kaum durchgehenden Nabel abfallend. Mündung etwas schräg gegen die Axe, fast kreisrund, oben etwas ausgeschnitten, innen bläulich-glänzend. Mundsaum einfach, geradeaus, am vorletzten Umgange unterbrochen, der linke Rand etwas verbreitert-abstehend. — Höhe 6''', Durchmesser 7'''. (Aus H. Cuming's Sammlung.)

Deckel: unbekannt.

Aufenthalt: Balambangan auf der Insel Borneo, an Pandamusblättern.

(171.) Cyclostoma pyrostoma Sowerby.

Taf. 34. Fig. 1—4.

C. testa umbilicata, globoso-turbinata, solidiuscula, sublaevigata, superne spiraliter subsulcata, nitida, fulvescenti-carnea vel albida, obsolete strigata et infra peripheriam pallide lilaceo-unifasciata; spira turbinata, acutiuscula; anfr. $5^1/_2$ convexis, ultimo terete, basi glabro; umbilico mediocri; apertura parum obliqua, subovali-rotunda, intus antice nigricante; perist. simplice, igneo, marginibus callo brevi, emarginato junctis, dextro vix expanso, columellari reflexiusculo. — Diam. $12^1/_2$''', Alt. 9'''.

Synonymik und Beschreibung dieser seltenen Schnecke, deren Deckel noch unbekannt ist, habe ich nach Sowerby in der ersten Abtheilung der Cyclostomaceen (S. 157. Nr. 171. Taf. 21. Fig. 23. Kopie aus Sowerby) gegeben; hier liefere ich nun die Abbildung zweier Varietäten aus H. Cuming's Sammlung nach der Natur und eine emendirte Diagnose der Art nach, zur Vergleichung mit:

233. Cyclostoma xanthocheilum Sowerby. Die rothlippige Kreismundschnecke.

Taf. 34. Fig. 5. 6.

C. testa umbilicata, globoso-conica, solida, irregulariter striatula, parum nitida, griseofulva, spadiceo obsolete strigata et fasciata; spira turbinata, acutiuscula; anfr. 6 convexis, ultimo rotundato, basi subplanato; umbilico angusto, vix pervio; apertura fere verticali, subcirculari, intus nitida, nigricante; perist. subinterrupto, undique breviter expanso fusco-aurantiaco, marginibus callo brevi, subemarginato junctis. — Operc. testaceum, planum, 4—5 spiratum, nucleo subcentrali.

Cyclostoma xanthocheilum, Sow. Thes. Suppl. nr. 179. p. 158* t. 31. A. f. 294. 295.

Gehäuse genabelt, kuglig-conisch, festschalig, unregelmässig feingestreift, wenig glänzend, graulichgelb, mit blass-blaubraunen Striemen und Andeutung von Binden. Gewinde kreiselförmig, mit spitzlichem Wirbel. Umgänge 6, convex, der letzte gerundet, unterseits etwas flacher, schnell in den engen, kaum durchgehenden Nabel abfallend. Mündung fast parallel mit der Axe, ziemlich kreisrund, innen glänzend, schwärzlich. Mundsaum einfach, kurz unterbrochen, nach allen Seiten kurz ausgebreitet, bräunlich-orangenfarbig, die sehr genäherten Ränder durch eine etwas ausgerandete Schwiele verbunden. — Höhe 10''', Durchmesser $18^1/_2$'''. (Aus H. Cuming's und meiner Sammlung.)

Deckel: von Schalensubstanz, flach, mit 4 Windungen, Kern fast in der Mitte.

Aufenthalt: auf Madagascar.

234. Cyclostoma Guillaini Petit. Guillains Kreismundschnecke.

Taf. 34. Fig. 7. 8.

C. testa umbilicata, globoso-conica, solida, striata, nitidula, albida; spira conica, apice acutiuscula; anfr. 6 convexis, prope suturam lineis 6 — 8 elevatis sculptis, ultimo ventroso; apertura parum obliqua, angulato circulari; perist. incrassato, subinterrupto, margine dextro et basali breviter reflexis, columellari perdilatato, umbilicum angustum fornicatim fere tegente. — Operc. calcareum, 4 spirale, anfractibus exterioribus plane concavis, nucleo subcentrali.

Cyclostoma Guillaini, Petit in Journ. de Conchyl. 1850. I. p. 51. t. 4. f. 3.

Gehäuse genabelt, kuglig-conisch, festschalig, fein längsgestreift, mattglänzend, weisslich. Gewinde conisch, mit feinem, spitzlichem Wirbel. Naht tief. Umgänge 6, gerundet, mit 6—8 erhobenen Spirallinien in der Nähe der Naht, der letzte bauchig. Mündung wenig schief gegen die Axe, winklig-kreisrund, innen weiss. Mundsaum verdickt, am vorletzten Umgange kurz unterbrochen, der obere Rand etwas ausgeschweift und bis zum Spindelrande kurz zurückgeschlagen, dieser in eine zurückgewölbte, den engen Nabel beinahe deckende Platte verbreitert. Höhe 1″, Durchmesser 13‴. (Aus H. Cuming's Sammlung.)

Deckel: kalkartig, mit 4 Windungen, die äussere plan-concav, der Kern fast in der Mitte liegend.

Aufenthalt: Mogadoxa an der Nordostküste von Afrika.

235. Cyclostoma margarita Pfr. Die Perlen-Kreismundschnecke.

Taf. 34. Fig. 9. 10.

C. testa perforata, globoso-conica, solidula, laevigata, nitidula, rubello-succinea; spira conica, apice acutiuscula, sanguinea; anfr. 5 convexiusculis, ultimo subrotundato; apertura parum obliqua, ovali; perist. interrupto, simplice, recto, margine columellari perarcuato, subincrassato.

Cyclostoma margarita, Pfr. in Proceed. Zool. Soc. 1851.

Gehäuse durchbohrt, kuglig-conisch, ziemlich festschalig, glatt, fettglänzend, röthlich-bernsteinfarbig. Gewinde kegelförmig, mit blutrothem, spitzlichen Wirbel. Umgänge 5, mässig convex, der letzte ziemlich gerundet, unterseits schnell in den engen, nicht durchgehenden Nabel abfallend. Mündung wenig schräg gegen die Axe, winklig-oval. Mundsaum unterbrochen, einfach, dünn, geradeaus, der Spindelrand stark-bogig, etwas verdickt. — Höhe 3''', Durchmesser $3^1|_2$'''. (Aus H. Cuming's Sammlung.)

Deckel: unbekannt.

Aufenthalt: auf der Insel Rapa im Stillen Meer.

336. Cyclostoma gratum Petit. Die dreifarbige Kreismundschnecke.

Taf. 34. Fig. 11. 12.

C. testa perforata, oblongo-conica, lineis elevatis spiralibus et longitudinalibus confertissimis subtiliter decussata, carnea; spira scalari-conica; apice obtusiusculo purpurea; anfr. 5 convexis, ultimo basi planiusculo, ad peripheriam et circa perforationem subangulato; apertura obliqua, subcirculari, superne angulata, intus ignea; perist. simplice, continuo, recto, margine sinistro breviter appresso, inferne subreflexo.

Cyclostoma gratum, Petit in Journ. de Conch. 1850. II. p. 53. t. 3. f. 10.
— tricolor, Pfr. 1850 in Zeitschr. f. Malak. 1849. p. 128.

Gehäuse durchbohrt, länglich-kegelförmig, festschalig, mit erhobenen Spirallinien und sehr gedrängten Längslinien fein gegittert, etwas glänzend, fleischroth. Gewinde treppen-kegelförmig, nach oben blutroth, mit feinem, stumpflichem Wirbel. Umgänge 5, convex, der letzte unterseits ziemlich flach, an der Peripherie und um das enge, tief eindringende Nabelloch etwas winklig. Mündung etwas schräg gegen die Axe, fast kreisrund, nach oben etwas winklig, innen feuerroth. Mundsaum einfach, zusammenhängend, geradeaus, der linke Rand nach oben kurz angewachsen, nach unten etwas zurückgeschlagen. — Höhe $3^1|_2$''', Durchmesser $2^1|_2$'''. (Aus H. Cuming's Sammlung.)

Deckel: unbekannt.

Aufenthalt: auf der Insel Abd-el-Goury unweit Socotora (Guillaim).

237. Cyclostoma reticulatum Adams & Reeve. Die netzige Kreismundschnecke.

Taf. 34. Fig. 13—16.

C. testa umbilicata, turbinata, tenuiuscula, lineis elevatis spiralibus subobsoletis cincta, castanea, diaphana, strigis et maculis albis opacis irregulariter reticulata; spira turbinata, acutiuscula; anfr. 5 perconvexis, celeriter accrescentibus, ultimo rotundato, in umbilico mediocri obsolete sulcato; apertura parum obliqua, subangulato-circulari; perist. simplice, castaneo, albo-limbato, marginibus breviter interruptis, callo junctis. — Operc. testaeum, extus in medio concavum, anfr. 4—5, margine sulcato.

Cyclostoma reticulatum, Adams & Reeve in Voy. of the Samarang. Moll. p. 57. t. 14. f. 8.

Gehäuse genabelt, kreiselförmig, ziemlich dünnschalig, mit undeutlichen erhobenen Spirallinien umgeben, kastanienbraun, durchscheinend, mit weissen undurchsichtigen Zickzackstriemen und Flecken unregelmässig netzförmig gezeichnet. Gewinde kreiselförmig, mit feinem, spitzlichem Wirbel. Umgänge 5, stark gewölbt, schnell zunehmend, der letzte gerundet, allmählig in den mittelweiten, undeutlich-spiralfurchigen Nabel abfallend. Mündung wenig schräg gegen die Axe, fast kreisförmig, nach oben etwas winklig. Mundsaum einfach, kastanienbraun, weissbesäumt, die Ränder kurz unterbrochen, kaum etwas ausgebreitet, durch Callus verbunden. — Höhe $6^1/_2—7^1/_2'''$, Durchmesser $8—11'''$. (Aus H. Cuming's Sammlung.)

Variirt ausser der Grösse durch mehr oder weniger deutliche oder fast verwischte Spirallinien, etwas weiteren Nabel und weiter ausgebreiteten Mundsaum.

Deckel: von Schalensubstanz, aussen in der Mitte concav, mit 4 bis 5 Windungen und eingefurchtem Rande. (Ad. u. R.)

Aufenthalt: Madagascar.

238. Cyclostoma zonulatum Férussac. Die braungürtelige Kreismundschnecke.

Taf. 31. Fig. 17. 18.

C. testa subumbilicata globoso-pyramidata, tenuiuscula, longitudinaliter confertim striata et acute multicarinata, cinerea; spira conica, acutiuscula; anfr. 5 convexis, ultimo per pheria acute carinato, superne spiraliter lirato et carinis 3 subelevatis sculpto, basi confertim spiraliter sulcato et fasciis pluribus fusco-corneis ornato; apertura fere verticali, subcirculari;

perist. breviter interrupto, albo, margine dextro dilatato, rectangule patente, crenato, sinistro angusto, superne lamina fornicatim reflexa umbilicum angustum fere claudente. — Operc. terminale, testaceum, 4 spiratum, nucleo subcentrali.

Cyclostoma zonulatum, Féruss. Mus.
— — Sowerby Thesaur. Suppl. p. 159* nr. 180. t. 31. A. f. 296. 297.

Gehäuse genabelt, kuglig-pyramidal, ziemlich dünnschalig, feinlängsgestreift und mit vielen schärflichen Kielen besetzt, aschgrau. Gewinde treppen-kegelförmig, mit feinem, etwas spitzlichen Wirbel. Umgänge 5, eckig-gewölbt, schnell zunehmend, der letzte am Umfange scharfgekielt, oberseits mit 3 mässig erhobenen schärflichen und gedrängtstehenden fädlichen Spiralleisten besetzt, unterseits regelmässig spiralfurchig, mit einer breiteren und mehren schmalen hornbraunen Binden. Mündung fast parallel mit der Axe, beinahe kreisrund. Mundsaum am vorletzten Umgange kurz unterbrochen, weiss, der rechte Rand verbreitert, rechtwinklig-abstehend, gekerbt, der linke sehr schmal, nach oben mit einer feinen, gewölbt-zurückgeschlagenen Platte den engen Nabel beinahe ganz schliessend. — Höhe 9½''', Durchmesser 10½'''. (Aus H. Cuming's Sammlung.)

Deckel: endständig, kalkartig, weiss, platt, mit 4 Windungen, der Kern fast in der Mitte.

Aufenthalt: wahrscheinlich Madagascar, wie aus der sehr nahen Verwandtschaft mit C. zonatum Petit zu vermuthen ist.

239. Cyclostoma deliciosum Férussac. Die angenehme Kreismundschnecke.

Taf. 34. Fig. 19. 20.

C. testa umbilicata, globoso-turbinata, tenuiuscula, striata, medio carinis 3 acutis pluribusque minoribus munita, cinnomomea; spira turbinata, apice acutiuscula; anfr. 5½ angulato-convexis, ultimo superne convexiusculo, lineis nonnullis elevatis sculpto, basi convexiore, circa umbilicum mediocrem, infundibuliformem subconfertim spiraliter lirato; apertura obliqua, ovali; perist. simplice, marginibus approximatis, callo tenui junctis, dextro expanso, columellari reflexo.

Cyclostoma deliciosum, Féruss. Mus.
— — Sowerby Thesaur. Suppl. p. 162* nr. 188. t. 31. B. f. 314. 315.

Gehäuse genabelt, kuglig-kreiselförmig, ziemlich dünnschalig, gestreift, in der Mitte mit 3 scharfen und ausserdem verschiedenen kleineren Kielleisten besetzt, zimmetbraun. Gewinde treppenförmig-conisch, mit spitzlichem Wirbel. Umgänge 5½, eckig-gewölbt, der letzte oberseits mässig convex mit einigen erhabenen Spiralreifen, unterseits convexer, um den mittelweiten, trichterförmigen Nabel mit gleichweit-abstehenden, fädlichen Spiralreifen besetzt. Mündung ziemlich schräg gegen die Axe, oval. Mundsaum einfach, die Ränder mehr zusammenkommend, durch dünnen Callus verbunden, der rechte ausgebreitet, der Spindelrand zurückgeschlagen. — Höhe 8½''', Durchmesser fast 1''. (Aus H. Cuming's Sammlung.)

Deckel: unbekannt.

Aufenthalt: Madagascar.

240. Cyclostoma zebrinum Benson. Die flammenstreifige Kreismundschnecke.

Taf. 34. Fig. 21—23.

C. testa umbilicata, depresso-turbinata, solidula, carinata, oblique subsquamose striata, costis spiralibus nonnullis elevatis superne subangulata, fulva, maculis latis castaneis, strigisque undatis albidis irregulariter variegata; spira turbinata, apice obtusa; anfr. 5 convexiusculis, ultimo lato, basi convexo, circa umbilicum angustum, infundibuliformem subcompresso; apertura parum obliqua, circulari, intus coerulescente; perist duplice, albo, interno continuo, expanso, cum externo crasso, reflexo connato.

Cyclostoma zebrinum, Bens. in Journ. Asiat. Soc. V. (1836) p. 355.
— — Sowerby Thesaur. Suppl. p. 157* nr. 176. t. 31 A. f. 287. 288.

Gehäuse genabelt, niedergedrückt-kreiselförmig, ziemlich festschalig, gekielt, schräg, etwas schuppig-gestreift, oberseits durch einige erhobene Spiralleisten winklig, gelbbraun, mit breiten kastanienbraunen Flecken und weissen Wellenlinien unregelmässig gezeichnet. Gewinde kreiselförmig, mit erhobenem, stumpfem Wirbel. Umgänge 5, mässig gewölbt, schnell zunehmend, der letzte breit, unterseits convex, um den engen, trichterförmigen Nabel etwas zusammengedrückt, weisslich. Mündung schräg gegen die Axe, kreisrund, etwas bläulich. Mundsaum weiss, doppelt, der innere zusammenhängend, ausgebreitet, mit dem äussern verdickten, zurückgeschlagenen verwachsen. — Höhe 10½''', Durchmesser 17'''. (Aus H. Cuming's Sammlung.)

Deckel: mir unbekannt.
Aufenthalt: Khasya-Berge in Ostindien.

241. Cyclostoma turgidum Pfr. Die dickschalige Kreismundschnecke.

Taf. 35. Fig. 15. 16.

C. testa umbilicata, turbinato-globosa, crassa, striata et minute malleata rubello-fulva vel albida, fasciis et lineis interruptis castaneis ornata; spira turbinata, obtusiuscula; anfr. 5 convexis, ultimo superne turgido, infra medium carina funiformi et fascia latiore nigricante circumdato, basi subplanulato, circa umbilicum angustum infundibuliformem subcompresso; apertura obliqua, subangulato-rotunda, intus rubella; perist. duplice, interno continuo, externo crasso, expanso, ad anfractum penultimum breviter interrupto.

Cyclostoma turgidum, Pfr. mss.
— crassum, Pfr. in Proceed. Zool. Soc. 1851. Nec Adams.

Gehäuse genabelt, kreiselförmig-kuglig, dickschalig, gestreift, bisweilen gehämmert-punktirt, rothgelb oder weisslich, mit unterbrochenen kastanienbraunen Binden und Linien. Gewinde kreiselförmig, mit stumpflichem Wirbel. Umgänge 5, gewölbt, schnell zunehmend, der letzte oberseits aufgetrieben, unter der Mitte mit einem stumpfen strickförmigen Kiele und einer breitern schwärzlichen oder dunkelbraunen Binde umgeben, unterseits flacher, rings um den engen, trichterförmigen Nabel etwas zusammengedrückt. Mündung ziemlich schräg gegen die Axe, ziemlich kreisrund, oben etwas winklig, innen röthlich oder weiss. Mundsaum doppelt, der innere ununterbrochen, der äussere verdickt, ausgebreitet, am vorletzten Umgange etwas unterbrochen. — Höhe 9''', Durchmesser 13½'''. (Aus H. Cuming's und meiner Sammlung.)

Varietät: kleiner, mit fast einfachem Mundsaum.
Deckel: unbekannt.
Aufenthalt: Liew Kiew, die Var. auf der Bashee-Insel Ibyat.

242. Cyclostoma ponderosum Pfr. Die schwere Kreismundschnecke.

Taf. 35 Fig. 12—14.

C testa late umbilicata conoideo-depressa, crassa, ponderosa, subtiliter et oblique malleato-rugulosa, olivaceo-fuscula; spira breviter conoidea, obtusa; anfr. 5 parum convexis, celeriter accrescentibus, ultimo lato, subdepresso, ad peripheriam obtuse funiculato-carinato; apertura obliqua, angulato-ovali, intus alba, nitida; perist. crasso, recto, subcontinuo, superne angulato-dilatato, margine columellari perarcuato. — Operc. membranaceum, fusculum, arctispirum.

Cyclostoma ponderosum, Pfr. in Proceed. Zool. Soc. 1851.

Gehäuse genabelt, conoidisch-niedergedrückt, dickschalig, schwer, gestreift und mit feinen, schrägen, wie gehämmerten Eindrücken, glanzlos, olivenfarbig-bräunlich. Gewinde niedrig conoidisch, mit stumpfem Wirbel. Umgänge 5, wenig gewölbt, schnell zunehmend, der letzte breit, etwas niedergedrückt, am Umfange stumpf-strickförmig-gekielt. Mündung fast diagonal gegen die Axe, fast kreisförmig, oben etwas winklig, innen weiss, glänzend. Mundsaum dick, geradeaus, zusammenhängend, kurz angewachsen, oben winklig verbreitert, der Spindelrand sehr stark bogig. Durchmesser 18''', Höhe 10'''. (Aus H. Cuming's Sammlung.)

Deckel: häutig, durchsichtig, bräunlich, enggewunden.

Aufenthalt: Guatemala.

Bemerk. Diese Art soll von Morelet mit C. stramineum Sow. verwechselt worden sein; ich habe deshalb Taf. 35. Fig. 7—9 ein grösseres Exemplar von diesem nebst dem Deckel abbilden lassen.

243. Cyclostoma texturatum Sowerby. Die überwebte Kreismundschnecke.

Taf. 35. Fig. 10. 11.

C. testa late umbilicata, depressa, solidula, pliculis longitudinalibus undulatis ramosis et confluentibus foveolata, olivaceo-fulva; spira brevissime conoidea, apice obtusa; anfr. 5 convexis, rapide crescentibus, ultimo terete; apertura fere verticali, subcirculari, intus coerulescente; perist. simplice, recto, continuo, breviter adnato, superne vix subangulato, margine supero fere horizontali, columellari subincrassato. — Operc. tenue, cartilagineum, arctispirum, extus concaviusculum.

Cyclostoma texturatum, Sowerby Thes. Suppl. p. 160* nr. 182. t. 31. A. f. 303.

Gehäuse genabelt, niedergedrückt, festschalig, durch längliche, wellenförmige, verästelte und zusammenfliessende Fältchen überall feingrubig, unter der Lupe gekörnelt, fast glanzlos, grünlich-braungelb. Gewinde sehr niedrig erhoben, mit stumpfem Wirbel. Umgänge 5, convex, sehr schnell zunehmend, der letzte fast stielrund, oben an der Naht etwas flachgedrückt, unterseits allmählig in den weiten, offenen Nabel abfallend. Mündung fast parallel mit der Axe, kreisförmig, innen bläulich. Mundsaum einfach, geradeaus, zusammenhängend, sehr kurz am vorletzten Umgange angewachsen, oben kaum winklig, der obere Rand fast horizontal vom vorletzten Umgange abgehend, der Spindelrand stark bogig, etwas verdickt. — Höhe 8''', Durchmesser fast $1^1|_2$''. (Aus H. Cuming's Sammlung.)

Deckel: knorpelartig, dünn, enggewunden, aussen graulich, etwas concav.

Aufenthalt: Guatemala.

244. Cyclostoma Dysoni Pfr. Dyson's Kreismundschnecke.

Taf. 35. Fig. 5. 6.

C. testa umbilicata, conoidea-orbiculata, solida, pliculis confertis undulatis, subconfluentibus sculpta, fusco-olivacea, pallidius strigata et obsolete fasciata; spira conoidea, obtusula; anfr. $4^1/_2$ convexiusculis, celeriter accrescentibus, ultimo rotundato; umbilico mediocri. conico; apertura fere verticali, angulato-subcirculari, intus coerulescente, nitida; perist. simplice, recto, superne angulato, breviter adnato, margine dextro declivi, columellari subdilatato-patente. — Operc.

Cyclostoma Dysoni, Pfr. in Proceed. Zool. Soc. 1851.

Gehäuse genabelt, flach conoidisch, ziemlich festschalig, durch geschlängelte hin und wieder zusammenlaufende Fältchen bienenzellenartig-grubig, mattglänzend, bräunlich-olivengrün, mit helleren Striemen und schmalen Binden. Gewinde niedrig-conoidisch, mit stumpfem Wirbel. Umgänge $4^1|_2$, ziemlich gewölbt, schnell zunehmend, der letzte gerundet, unterseits schnell in den mittelweiten, conischen Nabel abfallend. Mündung fast parallel mit der Axe, winklig-gerundet, innen glänzend, bläulich. Mundsaum einfach, geradeaus, kurz angewachsen, nach oben winklig, der rechte Rand abschüssig, der linke etwas verbreitert-abstehend. — Höhe 8''', Durchmesser $13^1|_2$'''. (Aus H. Cuming's Sammlung.)

Deckel: unbekannt.

Aufenthalt: Honduras (Dyson).

245. Cyclostoma laxatum Sowerby. Die schlaffgewundene Kreismundschnecke.

Taf. 35. Fig. 3. 4.

C. testa latissime umbilicata, depressa, subdiscoidea, ambitu auriformi, confertim costato-striata et oblique malleato-rugosa, fulvo-castanea; spira vix elevata vertice rubro, obtuso;

anfr. $4^1/_2$ convexis, rapide accrescentibus, ultimo antice dilatato, medio subcarinato, ad carinam nigro-castaneo unifasciato, subtus validius plicato, minute malleato; apertura obliqua, transverse subovali, intus margaritacea; perist. simplice, recto, continuo, breviter adnato. — Operc. ?

Cyclostoma laxatum, Sowerby Thesaur. Suppl. nr. 181. p. 159* t. 31. A. f. 302.

Gehäuse genabelt, niedergedrückt, fast scheibenförmig, im Umfange ohrförmig, gedrängt-rippenstreifig und schräg gehämmert-runzelig, hell kastanienbraun. Gewinde fast platt, mit wenig vorstehendem, rothem, stumpfem Wirbel. Naht tief eingedrückt. Umgänge $4^1|_2$, gewölbt, sehr schnell zunehmend, der letzte nach vorn sehr verbreitert, am Umfange stumpfwinklig, mit einer schwärzlich-kastanienbraunen Binde unter dem Kiele, unterseits stärker gerippt, feingrubig, allmählig in den weiten, offenen Nabel übergehend. Mündung fast diagonal zur Axe, quer, fast oval, viel breiter als hoch, innen bläulich-perlschimmernd. Mundsaum einfach, geradeaus, zusammenhängend, kurz angewachsen. — Durchmesser $1^1|_2''$, Höhe $6^1|_2'''$. (Aus H. Cuming's Sammlung.)

Deckel: unbekannt.

Aufenthalt: Columbia.

246. Cyclostoma disjunctum Moricand. Die abgetrennte Kreismundschnecke.

Taf. 35. Fig. 1. 2.

C. testa late umbilicata, turbinato-depressa, solidula, sub lente regulariter filoso-costata, opaca, albida; spira subturbinata, acutiuscula; anfr. $4^1/_2$ convexis, ultimo terete, antice breviter disjuncto; apertura vix obliqua, circulari; perist. simplice, continuo, tenui, recto. — Operc. terminale; concaviusculum; concentrice (?) striatum (ex Moric.)

Cyclostoma disjunctum, Moric. Mém., 3e suppl. p. 64. t. 5. f. 26—29.

Gehäuse genabelt, niedergedrückt-kreiselförmig, ziemlich festschalig, unter der Lupe regelmässig fadenrippig, undurchsichtig, glanzlos, weisslich. Gewinde niedrig, conoidisch, mit spitzlichem Wirbel. Umgänge $4^1|_2$, gewölbt, der letzte stielrund, nach vorn kurz abgelöst. Mündung kaum schräg gegen die Axe, kreisrund. Mundsaum einfach, dünn, geradeaus. — Höhe $2'''$, Durchmesser $3'''$. (Aus meiner Sammlung).

Deckel: nach Moricand endständig, etwas concav, concentrisch gestreift (muss wohl heissen: enggewunden).

Aufenthalt: Brasilien.

247. Cyclostoma depressum Sowerby. Die niedergedrückte Kreismundschnecke.

Taf. 35. Fig. 17 — 19.

C. testa umbilicata, depressa, solida, superne liris 6 spiralibus sculpta, nitidula, alba, flammis et strigis angulatis, pallide corneis variegata; spira plana, vertice subpapillatim prominulo; sutura profunda; anfr. $4^1/_2$ convexiusculis, ultimo superne carinato, basi rotundato, laevigato; umbilico lato, profundo; apertura diagonali, subcirculari; perist. simplice, recto, subinterrupto, margine supero subemarginato.

Cyclostoma depressum, Sowerby Thesaur. Suppl. nr. 185. p. 161* t. 31. B. f. 306. 307.

Gehäuse genabelt, niedergedrückt, festschalig, oberseits mit 6 vorstehenden Spiralreifen, etwas glänzend, weiss, mit hellhornfarbigen zackigen Striemen und Flammen. Gewinde flach, mit warzenartig vorstehendem Wirbel. Naht ziemlich tief. Umgänge $4^1|_2$, mässig gewölbt, allmählig zunehmend, der letzte am obern Umfange gekielt, unterseits gerundet, glatt, allmählig in den weiten, schüsselförmigen Nabel abfallend. Mündung diagonal gegen die Axe, ziemlich kreisrund, innen fleischfarbig. Mundsaum einfach, geradeaus, sehr kurz unterbrochen, der obere Rand etwas ausgebuchtet. — Höhe 2''', Durchmesser 6'''. (Aus H. Cuming's Sammlung.)

Deckel: unbekannt.

Aufenthalt: unbekannt.

248. Cyclostoma niveum Petit. Die schneeweisse Kreismundschnecke.

Taf. 35. Fig. 20—22.

C. testa late umbilicata, depressiuscula, solida, superne spiraliter obsolete sulcata, nitidula, alba; spira parum elevata, mucronata; sutura profunda; anfr. $4^1/_2$ convexiusculis, ultimo supra medium carinato, basi convexa, laevigato; apertura diagonali, subcirculari, intus carnea; perist. subsimplice, breviter interrupto, marginibus callo tenui junctis, supero repando, expansiusculo. — Operc.?

Cyclostoma niveum, Petit in Journ. de Conch. 1850. I. p. 52. t. 3. f. 7.

Gehäuse genabelt, ziemlich niedergedrückt, festschalig, oberseits undeutlich spiralfurchig, mattglänzend, weiss. Gewinde wenig conoidisch-erhoben, mit warzenförmigem Wirbelspitzchen. Naht ziemlich tief. Umgänge $4^1|_2$, ziemlich gewölbt, der letzte über der Mitte gekielt, unterseits gerundet, glatt, schnell in den ziemlich weiten, offenen, tiefen Nabel abfallend. Mündung diagonal gegen die Axe, fast kreisrund, innen fleischfarbig. Mundsaum fast einfach, die Ränder genähert, durch dünnen Callus verbunden, der obere ausgeschweift, etwas umgeschlagen. — Höhe 2½‴, Durchmesser 5½‴. (Aus meiner Sammlung.)

Deckel: unbekannt.

Aufenthalt: Herr Petit vermuthet, dass sie aus Yemen in Arabien herstamme, in der Cuming'schen Sammlung ist sie bezeichnet: von Madagascar.

249. Cyclostoma Souleyetianum Petit. Souleyet's Kreismundschnecke.

Taf. 35. Fig. 23. 24.

C. testa umbilicata, solida, convexo-conoidea, superne liris elevatis spiralibus 6 cincta, striisque transversis confertis sculpta, nitida, fusco-carnea; spira conoidea, apice obtusiuscula; anfr. 5 convexis, ultimo terete, antice deflexo, basi laevigato; umbilico lato, perspectivo; apertura perobliqua, intus crocea, irregulariter rotundata; perist. albo, subincrassato, marginibus remotis, supero expansiusculo, basali breviter reflexo, columellari subito arcuatim ascendente. — Operc. testaceum, 4 spiratum, nucleo subcentrali.

Cyclostoma Souleyetianum, Petit in Journ. Conch. 1850. I. p. 52. t. 3. f. 6.
— paradoxum, Pfr. 1850 in Zeitschr. f. Malak. p. 128.

Gehäuse genabelt, conoidisch-gewölbt, festschalig, oberseits mit 6 erhobenen Spiralleisten besetzt und fein schräggestreift, etwas glänzend, bräunlich fleischfarbig. Gewinde conoidisch, mit stumpflichem Wirbel. Umgänge 5, gewölbt, der letzte stielrund, nach vorn stark herabgesenkt, unterseits glatt, ziemlich flach, schnell in den ziemlich weiten, tiefen Nabel abfallend. Mündung sehr schief gegen die Axe, unregelmässig rundlich, innen safranfarbig. Mundsaum weiss, etwas verdickt, unterbrochen, die Ränder entfernt, der obere schmal ausgebreitet, der untere kurz zurückgeschlagen, der Spindelrand plötzlich bogig-aufsteigend. — Höhe 2¼‴, Durchmesser 4‴. (Aus meiner Sammlung.)

Deckel: von Schalensubstanz, mit 4 Windungen, Kern fast in der Mitte.

Aufenthalt: auf der Insel Abd-el-Goury unweit Socotora (Guillaim).

250. Cyclostoma desciscens Pfr. Die abweichende Kreismundschnecke.

Taf. 35. Fig. 25. 26.

C. testa late umbilicata, depresso-semiglobosa, superne confertim sulculata, albida; spira convexa; anfr. $4^1/_2$ convexiusculis, ultimo terete, antice subito deflexo, basi laevigato; apertura fere horizontali, lunato-rotundata, intus alba; perist. incrassato, marginibus remotis, callo junctis, basali reflexo, columellari subito arcuatim ascendente. — Operc.?

Cyclostoma desciscens, Pfr. in Proceed. Zool. Soc. 1851.

Gehäuse genabelt, niedergedrückt-halbkuglig, oberseits gedrängt-spiralisch, feinfurchig, weisslich. Gewinde gewölbt, mit wenig erhobenem Wirbel. Umgänge $4^1|_2$, mässig gewölbt, der letzte stielrund, nach vorn plötzlich herabsteigend, unterseits geglättet, schnell in den mittelweiten, tiefen Nabel abfallend. Mündung fast horizontal, mondförmig-rundlich, innen weiss. Mundsaum verdickt, die Ränder entfernt, durch Callus verbunden, der untere zurückgeschlagen, der Spindelrand plötzlich bogig-aufsteigend. — Höhe $2^3|_4'''$, Durchmesser 5'''. (Aus H. Cuming's Sammlung.)

Deckel: unbekannt.

Aufenthalt: auf Socotora.

Bemerkung. Ich bin nicht ganz sicher, ob diese Art nicht mit der vorigen zu vereinigen ist, indem Zwischenformen vorkommen, welche die sehr abweichenden typischen Formen beider zu verbinden scheinen.

251. Cyclostoma majusculum Morelet. Die mittelgrosse Kreismundschnecke.

Taf. 36. Fig. 1. 2.

C. testa subperforata, oblonga, truncata, solida, lineis elevatis longitudinalibus et transversis minute reticulata, violaceo-fusca; sutura eleganter albo-denticulata; anfr. superst. 3 convexis, ultimo rotundato; apertura subverticali, intus livida; perist. incrassato, continuo, breviter adnato, superne angulatim ascendente, margino dextro superne recedente, repando, infra medium antrorsum producto, columellari dilatato, patente. — Operc. extus testaceum, lamellis elevatis infundibuliformibus spiratum.

Cyclostoma majusculum, Morelet mss.

Gehäuse mit tiefer, schräger Nabelritze, festschalig, länglich, stark abgestossen, mit feinen erhobenen Längs- und Spirallinien gegittert, violett-braun, mit in unterbrochene Binden und Striemen geordneten kastanienbraunen Punkten und Zickzacklinien. Naht tief, mit starken, weissen, ungleichabstehenden Kerbzähnen sehr zierlich besetzt. Uebrig bleibende Umgänge 3, convex, der letzte gerundet. Mündung der Axe ziemlich parallel, fast kreisrund, innen bräunlich-bleifarbig. Mundsaum verdickt, zusammenhängend, kurz angewachsen, nach oben winklig-emporsteigend, der rechte Rand oberseits zurücktretend, ausgeschweift, unter der Mitte bogig nach vorn verbreitert, der Spindelrand verbreitert, abstehend. — Länge 13''', Durchmesser 7½'''. (Aus H. Cuming's Sammlung.)

Deckel: innen knorplig, hornartig, aussen kalkig mit trichterförmigen erhobenen Lamellen der Windungen.

Aufenthalt: auf der Insel Cuba.

252. Cyclostoma bifasciatum Sowerby. Die zweibindige Kreismundschnecke.

Taf. 36. Fig. 3. 4.

C. testa profunde rimata, ovato-conica, solidiuscula, laevigata, carnea, nitida; spira convexo-conica, acutiuscula; anfr. 8 convexiusculis, ultimo castaneo-late-bifasciato, basi rotundato; apertura subverticali, angulato-ovali; perist. duplice, interno breviter expanso, adnato, externo incrassato, obtuso, margine sinistro angusto, ad anfractum penultimum emarginato.

Cyclostoma bifasciatum, Sowerby Thesaur. Suppl. nr. 198. p. 167 * t. 31 B. f. 322. 323.

Gehäuse mit tiefer Nabelritze, conisch-eiförmig, festschalig, glatt, glänzend, fleischfarbig. Gewinde convex-conisch, mit feinem, spitzen Wirbel. Umgänge 8, mässig gewölbt, der letzte nach vorn mit 2 breiten, kastanienbraunen Binden geschmückt, an der Basis gerundet. Mündung ziemlich parallel mit der Axe, oval, oben winklig. Mundsaum doppelt, der innere zusammenhängend, schmal ausgebreitet, der äussere kurz angewachsen, ebenfalls ununterbrochen, der rechte und untere Rand stark verdickt, stumpf, der Spindelrand schmal, am vorletzten Umgange etwas ausgerandet. — Länge 16½''', Durchmesser 7½'''. (Aus H. Cuming's Sammlung.)

Deckel: unbekannt.

Aufenthalt: Guayaquil.

Bemerkung. Diese Art ist dem C. croceum Sow. (vergl. p. 164. nr. 177.), welches nach Benson's Mittheilung von der Moritz-Insel herstammen soll, sehr nahe verwandt.

253. Cyclostoma bituberculatum Sowerby. Die zweiknotige Kreismundschnecke.

Taf. 36. Fig. 5. 6.

C. testa perforata, oblongo-pupoidea, subtruncata, solida, irregulariter et ruditer striata, parum nitida, livido-carnea; spira subturrita; sutura profunda; anfr. 5 perconvexis, ultimo descendente, antice subsoluto, juxta perforationem subcompresso; apertura subverticali, basi paulo producta, circulari, in fundo castanea; perist. valde incrassato, reflexo, limbo externo ad anfractum penultimum exciso, utrinque in tuberculum rotundatum desinente. — Operc.?

Cyclostoma bituberculatum, Sowerby Thes. Suppl. nr. 192. p. 164* t. 31 A. f. 290. 291.

Gehäuse durchbohrt, länglich-pupaförmig, festschalig, trunkirt, unregelmässig und grob-gestreift, fast glanzlos, graulich-fleischfarbig. Gewinde thurmförmig, oben kurz abgestossen. Uebrig bleibende Umgänge 5, sehr stark gewölbt, der letzte nicht höher als der vorletzte, nach vorn herabgesenkt und etwas abgelöst, neben dem engen Nabelloch etwas zusammengedrückt. Mündung unten ein wenig über die Axe hervortretend, kreisrund, in der Tiefe kastanienbraun. Mundsaum stark verdickt und zurückgeschlagen, der äussere Saum am vorletzten Umgange ausgeschnitten, rechts und links mit einem rundlichen Höcker endigend. — Länge 17''', Durchmesser 7½'''. (Aus H. Cuming's Sammlung.)

Deckel: unbekannt.

Aufenthalt: nur im Allgemeinen Westindien angegeben.

254. Cyclostoma Shuttleworthi Pfr. Shuttleworth's Kreismundschnecke.

Taf. 36. Fig. 7. 8.

C. testa clause umbilicata, oblonga, truncata, spiraliter confertim plicata, lineis longitudinalibus obsolete decussata, sericea, pallidissime fulvida, fasciis valde interruptis, castaneis ornata; spira oblonga; anfr. (superst.) 3 convexiusculis, ultimo basi rotundato; apertura verticali, angulato-ovali; perist. duplice, interno brevi, expansiusculo, externo late patente, concentrice striato, radiatim plicato et castaneo-radiato, ad columellam exciso, lamina alba fornicata umbilicum prorsus claudente. — Operc. terminale, cartilagineum, paucispirum, nucleo basali.

Cyclostoma Shuttleworthi, Pfr. in Proceed. Zool. Soc. 1851.

Gehäuse verschlossen-genabelt, länglich, trunkirt, ziemlich dünnschalig, gedrängt-spiralfaltig, mit feinen Längslinien undeutlich gekreuzt, mattglänzend, bräunlichweiss, mit einzelnen sehr unterbrochenen, kastanienbraunen Binden. Gewinde länglich. Uebrig bleibende Umgänge 3, mässig gewölbt, der letzte an der Basis gerundet. Mündung parallel mit der Axe, winklig-oval. Mundsaum doppelt, der innere schmal ausgebreitet, anliegend, der äussere breit, horizontal abstehend, concentrisch gestreift, strahlig-gefaltet und braungestrahlt, in der Nähe des Nabels ausgeschnitten und diesen mit einer zurückgewölbten, überall angewachsenen weissen Platte gänzlich verschliessend. — Länge 11''', Durchmesser 5³|₄'''. (Aus H. Cuming's Sammlung.)

Deckel: endständig, fast knorpelartig, mit wenigen Windungen, deren Kern nahe der Basis der Oeffnung liegt.

Aufenthalt: auf der Insel Cuba.

255. Cyclostoma latilabre Orbigny. Die breitlippige Kreismundschnecke.

Taf. 36. Fig. 9. 10.

C. testa umbilicata, globoso-turbinata, decollata, tenuis, longitudinaliter confertim plicato-striata, diaphana, fulvida, fasciis multis interruptis castaneis ornata; sutura profunda; anfr. 3¹/₂ perconvexis, ultimo rotundato; umbilico mediocri, pervio; apertura subverticali, subovali; perist. duplice, albo, interno vix prominente, expansiusculo, externo dilatato, undique rectangule patente, superne angulato. — Operc. profundum membranaceum, planum, paucispirum, nucleo laterali.

Cyclostoma latilabris, Orb. moll. Cub. I. p. 255. t. 21. f. 12.
— latilabrum, Sow. Thesaur. p. 131. t. 31. f. 281.

Gehäuse genabelt, kuglig-kreiselförmig, trunkirt, dünnschalig, der Länge nach gedrängt-faltenstreifig, durchscheinend, bräunlich-weiss, mit vielen unterbrochenen, schmalen, rothbraunen Binden. Naht tief. Uebrigbleibende Umgänge 3¹|₂, stark gewölbt, der letzte gerundet, hinter der Mündung braun-violett. Nabel eng, aber ganz durchgehend. Mündung wenig schräg gegen die Axe, oval-rundlich. Mundsaum doppelt, der innere kaum vorragend, etwas ausgebreitet, der äussere breit, nach allen Seiten horizontal abstehend, nach oben winklig. — Länge 9''', Durchmesser 6¹|₂'''. (Aus H. Cuming's Sammlung.)

Deckel: tief eingesenkt, häutig, platt, mit wenigen Windungen und seitlichem Kerne.

Aufenthalt: auf der Insel Cuba.

Bemerkung. Dieses scheint die wirkliche gleichnamige Art von d'Orbigny zu sein; dagegen ist die, welche ich (Abth. I. p. 78. t. 10. f. 26. 27.) unter demselben Namen beschrieben und aus der Gruner'schen Sammlung abgebildet habe, eine ganz andere, welche ich nun als Cyclost. platychilum bezeichne.

256. Cyclostoma simulacrum Morelet. Die langgestreckte Kreismundschnecke.

Taf. 36. Fig. 11. 12.

C. testa subperforata, turrita, truncata, solida, laevigata, vix nitidula, virenti-fulva vel castanea; spira elongata, sensim attenuata; sutura submarginata; anfr. (superst.) 6 convexiusculis, ultimo basi filo-carinato, supra carinam striato; apertura verticali, subcirculari; perist. duplice, interno breviter porrecto, externo late expanso, intus concavo, ad perforationem interrupto, margine supero appresso, columellari libero. — Operc.?

Cyclostoma simulacrum, Morelet testac. noviss. p. 22. nr. 54.
— Copanense, Sow. Thesaur. Suppl. p. 165* nr. 194. t. 31 B. f. 310. 311.

Gehäuse engdurchbohrt, gethürmt, trunkirt, festschalig, ziemlich glatt, wenig glänzend, grünlich-gelbbraun oder kastanienbraun. Gewinde langgestreckt, nach oben allmählig verjüngt. Naht fein-berandet. Uebriggebliebene Umgänge 6, mässig gewölbt, der letzte an der Basis fadenförmig-gekielt, über dem Kiele gestreift. Mündung parallel mit der Axe, ziemlich kreisrund. Mundsaum doppelt, der innere zusammenhängend, kurz vorgestreckt, der äussere weit ausgebreitet, schüsselförmig-concav, neben dem Nabelloch ausgeschnitten, der obere Rand am vorletzten Umgange anliegend, der linke frei. — Länge 17½''', Durchmesser 5½'''. (Aus H. Cuming's Sammlung.)

Deckel: unbekannt.

Aufenthalt: in den Wäldern der Provinz Vera Paz in Guatemala.

257. Cyclostoma Guatemalense Pfr. Die Guatemala-Kreismundschnecke.

Taf. 36. Fig. 13. 14.

C. testa perforata, oblonga, solidula, subtruncata, striatula, olivaceo-fusca; spira convexiusculo-turrita; anfr. 6 parum convexis, ultimo angustiore, antice descendente breviter soluto, basi circa perforationem apertam compresso, nec carinato; apertura verticali, subcirculari; perist. albo, duplice, interno continuo, vix porrecto, externo dilatato, horizontaliter expanso, supra perforationem exciso. — Operc.?

Cyclostoma Guatemalense, Pfr. in Proceed. Zool. Soc. 1851.

Gehäuse durchbohrt, länglich, ziemlich festschalig, oben wenig trunkirt, feingestreift, unter einer grünlichbraunen Epidermis weiss. Gewinde mit etwas convexer Aussenlinie, allmählig verjüngt. Umgänge 6, sehr wenig gewölbt, der letzte kürzer, nach vorn herabsteigend und etwas abgelöst, um das enge, offene Nabelloch ziemlich zusammengedrückt, aber nicht gekielt. Mündung parallel mit der Axe, fast kreisrund. Mundsaum frei, weiss, doppelt, der innere zusammenhängend, kaum vorstehend, der äussere verbreitert, wagerecht abstehend, über der Perforation ausgeschnitten. — Länge 1″, Durchmesser 4‴. (Aus H. Cuming's Sammlung.)

Deckel: unbekannt.

Aufenthalt: in der Provinz Vera Paz von Guatemala.

Bemerkung. Diese Art ist vielleicht durch Zwischenformen mit der vorigen verbunden.

258. Cyclostoma retrorsum Adams. Die Kreismundschnecke mit rückwärtsgerolltem Mundsaum.

Taf. 36. Fig. 15. 16.

C. testa perforata, ovato-oblonga, truncata, tenui, lineis spiralibus et costis longitudinalibus confertis arcte clathrata, asperata, non nitente, pallide cornea, rufo irregulariter punctata et strigata; sutura subcanaliculata, denticulata; anfr. 4 ventrosis, ultimo non soluto, terete, circa perforationem liris 4—5 fortioribus munito; apertura verticali, circulari; perist. multiplice, concentrice striato, albo, fornicatim late reflexo, canalem posteriorem formante, ad anfractum penultimum exciso, superne angulato. — Operc. terminale, testaceum, planum, canaliculato-spiratum, nucleo subcentrali.

Cyclostoma retrorsum, Adams Contrib. to Conchol. nr. 6. p. 91.

Gehäuse durchbohrt, oval-länglich, trunkirt, dünnschalig, durch gedrängtstehende, erhobene Spiral- und Längslinien rauh-gegittert, glanzlos, weisslich-hornfarbig, mit braunrothen Punkten und Striemen unregelmässig bestreut. Naht etwas rinnig, feingezähnt. Uebrigbleibende Umgänge 4, gerundet, der letzte nicht abgelöst, stielrund, mit 4—5 stärkeren Spiralreifen um das enge, ritzenförmige Nabelloch. Mündung parallel zur Axe, kreisrund. Mundsaum weiss, aus vielen Schichten gebildet, stark zurückgewölbt, so dass hinter ihm ein tiefer Kanal gebildet wird, am vorletzten Umgange ausgeschnitten, nach oben winklig. — Länge 8—8½‴, Durchmesser 4½‴. (Aus meiner Sammlung.)

Deckel: endständig, von Schalensubstanz, platt, mit 4 Windungen, deren Ränder frei vorragen, Kern fast in der Mitte.

Aufenthalt: auf der Insel Jamaica.

259. Cyclostoma monstrosum Adams. Die monströse Kreismundschnecke.

Taf. 36. Fig. 17. 18.

C. testa perforata, oblongo-pupiformi, truncata, solidiuscula, regulariter decussata, vix nitidula, albida, rufo maculata et marmorata; anfr. 4—4$^1/_2$ angustis, convexis, ultimo angustiore, terete, antice soluto, descendente; apertura cum axi diagonali, parvula, circulari; perist. duplice, interno breviter perrecto, externo perdilatato, convexe reflexo, superne angulato.

Cyclostoma monstrosum, Adams Contrib to Conchol. Nr. 1. p. 5.

Gehäuse durchbohrt, länglich-pupaförmig, abgestutzt, ziemlich festschalig; fein und regelmässig gegittert, fast glanzlos, weisslich, mit rothbraunen Flecken und Marmorzeichnungen. Naht vertieft, hin und wieder mit einzelnen Kerbzähnen besetzt. Umgänge 4—4$^1|_2$, schmal, ziemlich gewölbt, der letzte schmaler, stielrund, nach vorn abgelöst und frei herabsteigend. Mündung klein, kreisrund, diagonal gegen die Axe gestellt. Mundsaum doppelt, der innere kurz vorragend, der äussere sehr verbreitert, ringsum mit starker Wölbung zurückgeschlagen, nach oben etwas winklig, gedreht. — Länge 7''', Durchmesser 3$^1|_4$'''. (Aus meiner Sammlung.)

Deckel: dünn, weisslich, fast flach, mit etwas erhobenen Rändern der Umgänge.

Aufenthalt: auf der Insel Jamaica.

260. Cyclostoma salebrosum Morelet. Die unebene Kreismundschnecke.

Taf. 36. Fig. 19—21.

C. testa rimato-subperforata, ovato-turrita, truncata, solidula, costis longitudinalibus confertis, sublamellosis, lineisque spiralibus scabriuscula, haud nitente, albido-cinerascente; sutura irregulariter serrulata; anfr. 3 — 3$^1/_2$ convexis, ultimo rotundato, antice descendente, soluto, dorso carinato; apertura fere verticali, subcirculari; perist. duplicato, interno prominente, expansiusculo, externo superne angulatim producto, latere dextro vix reflexo, columellari dilatato, patente. — Operc. terminale, testaceum, planum, margine profunde sulcatum, anfr. 4 in lamina exteriore oblique profunde sulcatis.

Cyclostoma salebrosum, Morelet testac. noviss. p. 23. Nr. 59.

Gehäuse geritzt-durchbohrt, gethürmt-eiförmig, trunkirt, ziemlich festschalig, durch erhobene Spirallinien und darüber gedrängt-herablaufende, lamellenartige Rippen rauh-gegittert, glanzlos, durchscheinend, graulichweiss. Naht unregelmässig gezähnelt. Uebrig bleibende Umgänge 3—3½, convex, der letzte gerundet, vorn herabsteigend, abgelöst, oben gekielt. Mündung fast parallel mit der Axe, ziemlich kreisrund. Mundsaum weiss, doppelt, der innere ziemlich vorstehend, etwas ausgebreitet, der äussere nach oben winklig-vorgezogen, der rechte Rand kaum zurückgeschlagen, der linke verbreitert, abstehend. — Länge 8‴, Durchmesser 5‴. (Aus meiner Sammlung.)

Deckel: endständig, von Schalensubstanz, platt, am Rande tief gefurcht, mit 4 Umgängen, welche auf der äussern Platte schräg und tief gefurcht sind.

Aufenthalt: am Berge Guajaibon auf der Insel Cuba.

261. Cyclostoma Poeyanum Orbigny. Poey's Kreismundschnecke.

Taf. 36. Fig. 22. 23. Var. Fig. 24—27.

C. testa perforata, ovato-turrita, truncata, solida, lineis spiralibus elevatis, alternis minoribus, scabriuscula, parum nitida, carnea, lineis interruptis rufis cingulata; sutura simplice; anfr. superst. 4 convexiusculis, ultimo antice subascendente, basi angustissime perforato; apertura verticali, angulato-ovali; perist. subduplice, saepe praeter angulum superum connato, albo, expansiusculo, margine columellari strictiusculo, vix dilatato. — Operc. cartilagineum, planum, paucispirum.

Cyclostoma Poeyana, Orbygny Moll. Cub. I. p. 264. t. 22. f. 24—27.
— — Petit Journ. Conchyl. I. p. 46.

Gehäuse durchbohrt, eiförmig-gethürmt, festschalig, abgestossen, durch erhobene Spiralreifen, zwischen welchen je ein etwas schwächerer sich befindet, etwas rauh, wenig glänzend, hell fleischfarbig mit unterbrochenen braunrothen Linien umgeben. Gewinde etwas convex-conisch, breit-abgestutzt. Naht einfach. Uebrige Umgänge 4, mässig convex, der letzte nach vorn etwas aufsteigend, am Grunde sehr eng durchbohrt. Mündung parallel mit der Axe, winklig-oval. Mundsaum verdoppelt, doch oft bis auf den oberen Winkel ganz zusammengewachsen, weiss, schmal ausgebreitet, der Spindelrand fast gestreckt, wenig verbreitert. — Länge 8‴, Durchmesser 4½‴. (Aus meiner Sammlung.)

Varietät 1: etwas grösser, mit etwas mehr ausgebreitetem Mundsaum. (Taf. 36. Fig. 26. 27.)

Cyclostoma Charpentieri, Shuttleworth in sched. Cuming.

Varietät 2: kleiner mit überall doppeltem Mundsaum. (Fig. 24. 25.)

Deckel: knorpelartig, platt, mit wenigen Windungen.

Vaterland: die Insel Cuba. In der Nähe von Havanna. (Orb.)

Bemerkung. Nachdem diese Art, welche ich früher (vgl. S. 125.) für Varietät des C. pictum hielt, mir genau bekannt geworden ist, finde ich, dass sie auf guten Characteren beruht, und sich von C. pictum durch Sculptur, engen Nabel u. s. w., von C. obesum, welchen sie näher steht, als jenem, hauptsächlich durch die Verhältnisse der Mündungspartie unterscheidet, indem der letzte Umgang und die Mündung beträchtlich grösser sind. Ich knüpfe hieran eine genauere Erörterung der Schnecke, welche ich für:

(130.) Cyclostoma semilabre Lamarck

halte und Taf. 37. Fig. 1. 2. in 2 Varietäten nach der Natur habe abbilden lassen. Vgl. S. 126. Taf. 15. Fig. 17. 18, und Zeitschr. f. Malak. 1850. S. 80. 137.

C. testa subperforata, ovato-elongata, solidiuscula, longitudinaliter plicatula (lineis spiralibus obsoletissimis interdum decussatula) nitida, diaphana, albida, lineis interruptis vel fasciis angustis castaneis plerumque ornata; sutura minutissime crenulata; anfr. 4 parum convexis, ultimo antice parum soluto, superne carinato, basi concentrice striato; apertura verticali, oblique acuminato ovali; perist. obtuso, undique breviter expansiusculo. — Operc. cartilagineum, planum, albidum, paucispirum.

Gehäuse kaum durchbohrt, länglich-eiförmig, abgestossen, ziemlich festschalig, mit gedrängten feinen Längsfalten und bisweilen feinen, (undeutlichen Spirallinien,) glänzend, durchscheinend, weisslich, mit rothbraunen unterbrochenen Linien oder schmalen Binden gezeichnet. Gewinde convex-conisch, abgestutzt. Naht sehr fein gezähnelt. Uebrige Umgänge 4, sehr wenig gewölbt, der letzte nach vorn kurz abgelöst, auf dem Rücken gekielt, am Grunde concentrisch gestreift. Mündung parallel mit der Axe, schief zugespitzt, oval. Mundsaum stumpf, überall schmal ausgebreitet. — Länge $9\frac{1}{2}'''$, Durchmesser $4\frac{3}{4}'''$. (Aus meiner Sammlung.)

Deckel: knorpelartig, platt, weisslich, mit sehr wenigen Windungen.

Aufenthalt: auf der Insel Haiti gesammelt von Sallé.

Bemerkung. Diese Schnecke ist ohne Zweifel die von Sowerby unter demselben Namen dargestellte Art, so wie ich auch glaube, dass sie der in Delessert's Werke abgebildeten entspricht. Da nun die ursprünglichen Lamarck'schen Typen nicht mehr durch gängig mit Sicherheit festzustellen sind, so halte ich es für zweckmässig, diese Art gegen Hrn. Petit's Meinung, auch ferner als C. semilabre Lam. zu betrachten, da auch die Diagnose am besten auf diese passt.

262. Cyclostoma Orbignyi Pfr. D'Orbigny's Kreismundschnecke.

Taf. 37. Fig. 3. 4. Var. Fig. 5. 6.

C. testa subperforata, elongato-pupoidea, solida, confertim arcuato-striata, rubello-fulva; spira subcylindrica, sensim attenuata, apice conica; sutura profunda; anfr. 8 vix convexis, penultimo lato, ultimo fascia lata violacea, antrorsum evanescente ornato, basi crista compressa, obtusa munito; apertura verticali, circulari; perist. incrassato, subreflexo, superne appresso, infra cristam anfr. penultimi subexciso. — Operc. tenue, arctispirum, albidum, extus concavum.

Cyclostoma Orbignyi, Pfr. in Proceed. Zool. Soc. 1850.

Gehäuse engdurchbohrt, verlängert-pupaförmig, festschalig, dichtbogiggestreift, bräunlich-weinröthlich. Gewinde ziemlich walzenförmig, nach oben in einen spitzlichen Kegel verschmälert. Naht ziemlich tief eingedrückt. Umgänge 8, fast platt, der vorletzte sehr breit, der letzte mit einer breiten, nach vorn verschwindenden violetten Binde gezeichnet, am Grunde mit einem zusammengedrückten, strickförmigen Kiel besetzt. Mündung parallel mit der Axe, kreisrund. Mundsaum verdickt, etwas zurückgeschlagen, oben angedrückt, unter dem Kiele des vorletzten Umganges etwas ausgeschnitten. — Länge 13½''', Durchmesser 4½'''. (Aus meiner Sammlung.)

Varietät 1: einfarbig, grünlich-braungelb.

Varietät 2: kleiner, bisweilen durchgängig violett, mit etwas convexeren Windungen. (Fig. 5. 6.)

Deckel: dünn, enggewunden, weisslich, nach aussen concav.

Vaterland: auf der Insel Haiti gesammelt von Sallé.

263. Cyclostoma Redfieldianum Adams. Redfield's Kreismundschnecke.

Taf. 37. Fig. 7. 8.

C. testa perforata, ovato-conica, tenui, longitudinaliter confertissime plicata, sericina, albida, fusculo seriatim maculata; spira conica, breviter truncata, superne nigricante, distinctius costata; sutura profunda, nodulis albis irregulariter distantibus crenata; anfr. superst. 3½ convexis, celeriter accrescentibus, ultimo rotundato; apertura verticali, subcirculari; perist. duplice; interno breviter porrecto, externo angulatim patente, superne in corniculum cavum, latere columellari in alam latiusculam dilatato, ad anfractum penultimum exciso. — Operc.?

Cyclostoma Redfieldianum, Adams Contrib. to Conchol. Nr. 1. p. 10.

Gehäuse durchbohrt, eiförmig-conisch, dünnschalig, fein- und gedrängt-längsfaltig, seidenglänzend, weisslich, mit einzelnen Reihen braunrother Punkte gezeichnet. Gewinde conisch, kurz abgestutzt, nach oben schwärzlich, deutlicher gerippt. Naht tief, mit weissen, unregelmässig abstehenden Knötchen besetzt. Uebrige Umgänge $3^1|_2$, convex, schnell zunehmend, der letzte gerundet. Mündung parallel mit der Axe, fast kreisrund. Mundsaum doppelt, der innere kurz-vorgestreckt, der äussere rechtwinklig abstehend, etwas concav, nach oben in ein hohles Tütchen verbreitert, am vorletzten Umgange ausgeschnitten, der linke Rand flügelartig vorgezogen. — Länge $8^1|_2'''$, Durchmesser $5'''$. (Aus meiner Sammlung.)

Deckel: unbekannt.

Vaterland: die Insel Jamaica.

264. Cyclostoma irradians Shuttleworth. Die strahllippige Kreismundschnecke.

Taf. 37. Fig. 9. 10.

C. testa subperforata, ovato-turrita, truncata, tenui, lineis elevatis longitudinalibus et spiralibus confertim decussata et exasperata, pallide cornea, fasciis 4 submaculose interruptis fuscis ornata; sutura simplice; anfr. superst. 5 convexis, ultimo rotundato; apertura verticali, ovali; perist. duplice; interno continuo, breviter expanso, externo ad anfr. penultimum interrupto, horizontaliter late expanso, concentrice striato, radiis 4 castaneis signato, versus marginem radiato-plicato. — Operc. cartilagineum, pallidum, planum, paucispirum.

Cyclostoma irradians, Shuttlew. in sched. Cuming.

Gehäuse kaum durchbohrt, eiförmig-gethürmt, abgestossen, dünnschalig, durch erhabene Längs- und Spirallinien sehr feingegittert und etwas rauh, blass hornfarbig, mit 4 fleckig-unterbrochenen braunen Binden. Gewinde nach oben regelmässig verschmälert, breit-abgestutzt. Naht einfach. Uebrige Umgänge 5, ziemlich gewölbt, der letzte gerundet. Mündung parallel mit der Axe, oval. Mundsaum doppelt, der innere zusammenhängend, schmal ausgebreitet, anliegend; der äussere am vorletzten Umgange unterbrochen, übrigens breit horizontal-abstehend, concentrisch gestreift, mit 4 kastanienbraunen Strahlen gezeichnet, gegen den Rand strahlig-gefaltet. — Länge $9'''$, Durchmesser $4'''$. (Aus meiner Sammlung.)

Deckel: knorpelartig, platt, blass, mit wenigen Windungen.

Vaterland: die Insel Cuba.

265. Cyclystoma tenebrosum Morelet. Die dunkelviolette Kreismundschnecke.

Taf. 37. Fig. 11. 12.

C. testa subclause perforata, ovata, tenuiuscula, lineis elevatis longitudinalibus et distantioribus concentricis decussata, vix nitida, violaceo-nigra; spira conica, breviter truncata; sutura impressa, simplice; anfr. superst. 4 convexis, celeriter accrescentibus; apertura subverticali, magna, ovali; perist. duplice; interno breviter porrecto, externo dilatato, undique rectangule patente, concentrice striato, superne angulato, inde ad anfractum penultimum fornicato-semiadnato, sinum parvulum cum margine basali formante. — Operc.?

Cyclostoma tenebrosum, Morelet testac. noviss. p. 23. Nr. 60.

Gehäuse halbbedeckt-durchbohrt, eiförmig-conisch, ziemlich dünnschalig, mit erhobenen Längs- und etwas entfernteren Spirallinien feingegittert, fast glanzlos, schwärzlich-violett. Gewinde conisch, kurz-abgestutzt. Naht eingedrückt, einfach. Uebrige Umgänge 4, convex, schnell zunehmend, der letzte gerundet. Mündung fast parallel mit der Axe, gross, oval. Mundsaum doppelt, der innere kurz-vorgestreckt, der äussere verbreitert, ringsum rechtwinklig-abstehend, concentrisch gestreift, nach oben etwas winklig vorgezogen, dann am vorletzten Umgange als gewölbte Platte oben angewachsen, nach unten frei, mit dem untern Rande eine offene, zum Nabelloche führende Bucht bildend. — Länge 8''', Durchmesser $4^1|_2$'''. (Aus meiner Sammlung.)

Deckel: platt, knorpelartig, honigfarbig, mit wenigen Windungen.

Vaterland: die Insel Cuba. Am Berge Guajaibon gesammelt von Morelet.

266. Cyclostoma Salleanum Pfr. Sallé's Kreismundschnecke.

Taf. 37. Fig. 13. 14. Var. Fig. 17. 18.

C. testa subperforata, turrito-oblonga, vix truncatula, tenui, striis elevatis confertis regulariter clathrata, non nitente, fusculo-albida, maculis castaneis, subseriatis adspersa; spira conico-turrita; sutura confertissime crenulata; anfr. 6 convexiusculis, ultimo antice vix soluto, infra medium castaneo interrupte fasciato; apertura subobliqua, ovali, superne subangulosa; perist. continuo, simplice, expanso, margine columellari subappresso, basali dilatato. — Operc. membranaceum, albidum, paucispirum.

Cyclostoma Salleanum, Pfr. in Zeitschr. f. Malak. 1850. p. 78.
Chondropoma Salleanum, Pfr. Consp. p. 44. nr. 414.

Gehäuse mit tiefer kurzer Nabelritze, gethürmt-länglich, kurz abgestossen, dünnschalig, durch erhabene Längs- und Spirallinien regelmässig gegittert, glanzlos, bräunlichweiss, mit kastanienbraunen Flecken ziemlich reihenweise besprengt. Gewinde conisch-thurmförmig. Naht wenig vertieft, dicht-kerbzähnig. Uebrige Umgänge 6, wenig gewölbt, der letzte nach vorn sehr kurz abgelöst, unter der Mitte mit einer unterbrochenen braunen Binde gezeichnet. Mündung kaum merklich gegen die Axe geneigt, oval, nach oben winklig. Mundsaum zusammenhängend, einfach, ausgebreitet, der Spindelrand schmäler, fast anliegend, der untere Rand verbreitert. — Länge $10^1|_2'''$, Durchmesser $4^3|_4'''$. (Aus meiner Sammlung.)

Varietät: kleiner, mit nicht abgestossenem, stumpflichem Wirbel, dunklerer striemiger Zeichnung und weiter ausgebreitetem Mundsaume. (Fig. 17. 18.)

Deckel: hautartig, platt, weisslich, mit wenigen Windungen.

Vaterland: auf der Insel Haiti gesammelt von Sallé.

267. Cyclostoma radiosum Morelet. Die strahlige Kreismundschnecke.

Taf. 37. Fig. 15. 16.

C. testa vix subperforata, tenui, ovato-oblonga, truncata, liris concentricis obtusis, lineisque elevatis longitudinalibus confertissimis decussata, haud nitente, diaphana, pallide fulvida, lineis rufis cingulata; sutura simplice; anfr. superst. $4^1/_2$ convexiusculis, ultimo penultimum non superante; apertura verticali, subovali; superne subangulata; perist. simplice, late et rectangule reflexo, concentrice striato et rufo-radiato, ad anfr. penultimum exciso. — Operc. album, testaceum, nitidum, planum, paucispirum, nucleo subcentrali.

Cyclostoma radiosum, Morelet testac. noviss. p. 22. nr. 55.

Cistula radiosa, Pfr. Consp. p. 41. nr. 384.

Gehäuse kaum durchbohrt, eiförmig-länglich, abgestossen, dünnschalig, mit stumpfen Spiralleistchen, über welche sehr gedrängte, in regelmässigen Abständen büschelweise gesonderte Längslinien herablaufen, glanzlos, durchscheinend, blass braungelb, oft, besonders an der Basis, mit dunkleren Linien umgeben. Gewinde convex-conisch, abgestutzt. Naht wenig vertieft, einfach. Uebrige Umgänge $4^1|_2$, mässig convex, der letzte nicht breiter als der vorletzte. Mündung parallel mit der Axe, oval, nach oben etwas winklig. Mundsaum einfach, breit, in rechtem Winkel abstehend, concentrisch-gestreift, mit vielen schmalen braunen Strahlen, am vorletzten Umgange ausgeschnitten, unter dieser Stelle wellig-eingekerbt. — Länge $7^1|_2$—8''', Durchmesser 4'''. (Aus meiner Sammlung.)

Deckel: von Schalensubstanz, weiss, glänzend, platt, mit wenigen Windungen und fast centralem Kerne.

Aufenthalt: in Felsgegenden der Provinz Peten in Guatemala.

268. Cyclostoma Tamsianum Pfr. Tams's Kreismundschnecke.

Taf. 37. Fig. 19. 20.

C. testa subperforata, oblongo-turrita, vix truncatula vel integra, tenuiuscula, longitudinaliter et confertim plicatula, parum nitida, coerulescenti-fusca, lineis castaneis interruptis vel seriebus punctorum ornata; sutura minutissime et confertissime denticulata; anfr. 7 convexis, ultimo antice vix soluto; apertura subverticali, subangulate-rotundata; perist. simplice, continuo, undique breviter expanso. —. Operc. testaceum, 4 spirum, margine anfractuum lamellatim prominente, nucleo subcentrali.

Cyclostoma Tamsianum, Pfr. in Zeitschr. f. Malak. 1850. p. 77.
Cistula Tamsiana, Pfr. Consp. p. 41. nr. 385.

Gehäuse kaum durchbohrt, länglich-gethürmt, kurz oder gar nicht abgestossen, ziemlich dünnschalig, dicht und fein-längsfaltig, fettglänzend, bläulichbraun, mit kastanienbraunen unterbrochenen Binden oder Punktreihen. Gewinde nach oben regelmässig verschmälert. Naht tief, sehr fein- und dicht-gekerbt. Umgänge 6—7, gewölbt, der letzte nach vorn sehr kurz abgelöst. Mündung fast parallel mit der Axe, rundlich, oben etwas winklig. Mundsaum einfach, zusammenhängend, ringsum schmal ausgebreitet. — Länge 8''' (bei ganzer Spitze), Durchmesser $3^1|_2$'''. (Aus meiner Sammlung.)

Deckel: von Schalensubstanz, mit 4 Windungen, deren Rand lamellenartig vorsteht, und beinahe centralem Kerne.

Vaterland: Porto Cabello in Venezuela. (Dr. Tams.)

269. Cyclostoma litturatum Pfr. Die Buchstaben-Kreismundschnecke.

Taf. 37. Fig. 21. 22.

C. testa vix subperforata, ovato-conica, integra, tenuiuscula, lineis impressis subtiliter decussata, nitidula, fusculo-albida, litturis elegantissimis castaneis strigatim picta, basi plerumque unifasciata; spira conico-turrita, obtusa; sutura irregulariter crenulata; anfr. 7 parum convexis, ultimo paulo angustiore; apertura verticali, angulato-ovali; perist. simplice, recto, margine columellari vix reflexiusculo. — Operc. membranaceum, planum, paucispirum.

Cyclostoma litturatum, Pfr. in Zeitschr. f. Malak. 1850. p. 78.
Chondropoma litturatum, Pfr. Consp. p. 44. nr. 416.

Gehäuse kaum durchbohrt, eiförmig-conisch, ziemlich dünnschalig, mit eingedrückten Längs- und Querlinien sehr feingegittert, etwas glänzend, bräunlich mit hellen Striemen nnd striemenweise geordneter, sehr zierlicher, buchstabenähnlicher, kastanienbrauner Zeichnung und einer oder mehreren unterbrochenen Binden an der Basis. Gewinde gethürmt, mit convexer Aussenlinie und stumpflichem unversehrtem Wirbel. Naht flach, unregelmässig gekerbt. Umgänge 9, sehr wenig gewölbt, der letzte etwas schmäler. Mündung parallel mit der Axe, winklig-oval. Mundsaum einfach, scharf, geradeaus, der Spindelrand unmerklich zurückgeschlagen. — Länge 8—8½''', Durchmesser 3¾'''. (Aus meiner Sammlung.)

Deckel: hautartig, dünn, platt, horngelblich, mit wenigen, sehr schnell zunehmenden Windungen.

Vaterland: auf der Insel Haiti gesammelt von Sallé.

270. Cyclostoma Petitianum Pfr. Petit's Kreismundschnecke.

Taf. 37. Fig. 23. 24.

C. testa vix subperforata, oblongo-turrita, tenuiuscula, lineis spiralibus obtuse elevatis subdistantibus, plicisque confertis illas transgredientibus sculpta, vix nitidula, albida, fusculo marmorata et subfasciata; spira gracili, integra vel truncatula; sutura remote et irregulariter crenulata; anfr. 5—5½ convexiusculis, lente accrescentibus, ultimo non soluto; apertura subverticali, ovali; perist. duplice; interno breviter, externo late expanso, castaneo-maculato, superne subauriculato, ad anfr. penultimum exciso, margine sinistro angusto. — Operc. membranaceum, fulvidum, paucispirum.

Cyclostoma Petitianum, Pfr. in Zeitschr. f. Malak. 1850. p. 78.
Chondropoma Petitianum, Pfr. Consp. p. 45. nr. 429.

Gehäuse fast undurchbohrt, länglich-gethürmt, ziemlich dünnschalig, mit stumpfen Spiralleistchen und darüber hinlaufenden sehr gedrängten Längsfalten, wenig glänzend, weisslich mit hornfarbiger und kastanienbrauner Marmorzeichnung. Gewinde schlank, kurz abgestossen, oder mit unversehrtem, stumpflichem Wirbel. Naht ziemlich tief, entfernt- und unregelmässig gekerbt. Umgänge 5—5½, ziemlich gewölbt, allmählig zunehmend, der letzte gerundet. Mündung parallel mit der Axe, oval.

Mundsaum doppelt, der innere schmal ausgebreitet, aufliegend, der äussere am vorletzten Umgange ausgeschnitten, darunter schmal, übrigens breit, etwas glockenförmig abstehend, beiderseits mit schwärzlichen Flecken geziert. — Länge 7''', Durchmesser 2⁵|6'''. (Aus meiner Sammlung.)

Deckel: hautartig, dünn, platt, horngelblich, mit wenigen Windungen.

Vaterland: auf der Insel Haiti gesammelt von Sallé.

271. Cyclostoma Newcombianum Adams. Newcomb's Kreismundschnecke.

Taf. 137. Fig. 25. 26.

C. testa vix perforata, oblongo-turrita, tenui, lineis spiralibus elevatis et plicis longitudinalibus, confertissimis illas transgredientibus sculpta, diaphana, nitidula, fulvo-rubella; spira elongata, vix truncata; sutura denticulata; anfr. $5^1/_2$ — 6 convexiusculis, ultimo subterete, antice breviter soluto, striis spiralibus basi distinctioribus, confertis; apertura verticali, angulato-rotundata; perist. tenui, subduplicato, breviter et horizontaliter expanso. — Operc. cartilagineum, planum, 4 spirum, nucleo subcentrali.

Cyclostoma Newcombianum, Adams Contrib. to Conchol. nr. 1. p. 8.
— — Trosche li, Pfr. in Zeitschr. f. Malak. 1850. p. 64.
— — Swiftianum, Newcomb. mss. teste Cuming.
Chondropoma Newcombianum, Pfr. Consp. p. 45. nr. 424.

Gehäuse sehr eng durchbohrt, länglich-gethürmt, dünnschalig, mit erhabenen Spiralleistchen und darüber hinlaufenden sehr gedrängten Längsfalten, durchscheinend, wenig glänzend, bräunlich-röthlich. Gewinde langgestreckt, kurz abgestossen. Naht gezähnelt. Uebrige Umgänge $5^1|_2$ — 6, mässig gewölbt, der letzte fast stielrund, nach vorn kurz abgelöst, am Grunde deutlicher spiralfurchig. Mündung ziemlich parallel mit der Axe, rundlich, nach oben etwas winklig. Mundsaum dünn, undeutlich verdoppelt, schmal und horizontal ausgebreitet. — Länge $6^1|_2$ — $7^1|_2$''', Durchmesser 3 — $3^2|_3$'''. (Aus meiner Sammlung.)

Deckel: knorpelartig, platt, horngelb, mit ziemlich engen Windungen und fast centralem Kerne.

Aufenthalt: auf der westindischen Insel St. Thomas.

272. Cyclostoma Moreletianum Petit. Morelet's Kreismundschnecke.

Taf. 37. Fig. 27. 28.

C. testa perforata, oblongo-pupaeformi, tenuiuscula, truncata, longitudinaliter subromote filoso-costata, fusco-violascente vel pallide fulva, lineolis saepissime rubellis subinterruptis fasciata; sutura profunda, albo-crenulata; anfr. superst. 4—5 convexiusculis, ultimo antice disjuncto, dorso carinato; apertura verticali, ovali; perist. duplico, interno brevissimo, externo reflexiusculo, in angulo supero uncinato-reflexo. — Operc. testaceum, paucispirum, anfractu extimo profunde striato.

Cyclostoma disjunctum, Morelet testac. noviss. p. 23. nr. 58. Nec. Moricand.
— Morelletiana, Petit in Journ. de Conch. I. p. 46.
— Moreleti, Pfr. in Zeitschr. f. Malak. 1850. p. 88.
Tudora Moreletiana, Pfr. Consp. p. 40. nr. 377.

Gehäuse durchbohrt, länglich-pupaförmig, ziemlich dünnschalig, abgestossen, mit ziemlich abstehenden, fädlichen Längsrippen, glanzlos, violett-bräunlich, oder blass braungelb, oft mit etwas unterbrochenen röthlichen Linien. Gewinde nach oben allmählig verschmälert, abgestutzt. Naht tief, mit weissen Kerbzähnchen ziemlich dicht besetzt. Uebrige Umgänge 4—5, ziemlich gewölbt, der letzte nach vorn ziemlich weit abgelöst, auf dem Rücken gekielt. Mündung parallel mit der Axe, oval. Mundsaum doppelt, der innere sehr kurz, der äussere ringsum schmal und horizontal abstehend, am oberen Winkel schnabelförmig zurückgekrümmt, aber nicht anliegend. — Länge 6¼''', Durchmesser 3⅙'''. (Aus meiner Sammlung.)

Deckel: von Schalensubstanz, platt, mit wenigen schnell zunehmenden Windungen, die äussere tief und schräg gefurcht.

Aufenthalt: auf der Isla de Pinos bei Cuba gesammelt von Morelet.

Zu den nächsten Verwandten dieser Art gehört das schon früher (S. 117. Taf. 14. Fig. 9—11.) von mir dargestellte

(120.) Cyclostoma rugulosum Pfr.,

welches einen ähnlichen, am vorletzten Umgange anliegenden Schnabel des letzten Umganges zeigt, der aber nicht vom Mundsaume selbst ausgeht, sondern hinter demselben liegt. Von dieser Art habe ich neuerlich durch Dr. Gundlach aus einer andern Gegend von Cuba eine Varietät erhalten (Taf. 38. Fig. 11. 12.), welche sich durch etwas beträchtlichere Grösse, weniger gewölbte Windungen und platteren Deckel von der Hauptform unterscheidet.

273. Cyclostoma rubicundum Morelet. Die weinrothe Kreismundschnecke.

Taf. 37. Fig. 29. 30.

C. testa vix subperforata, oblongo-turrita, integra, longitudinaliter confertim plicata, nitidula, diaphana, vinoso-rubicunda; spira turrita, superne violacea; apice acutiuscula; sutura simplice; anfr. 6 convexis, ultimo basi spiraliter subsulcato; apertura verticali, ovali; perist. nitide sanguineo, duplice; interno breviter porrecto, externo rectangule breviter patente, ad anfractum penultimum emarginato. — Operc. membranaceum, corneo-flavidum, planum, paucispirum.

Cyclostoma rubicundum, Morelet testac. noviss. p. 22. nr. 56.
Chondropoma rubicundum, Pfr. Consp. p. 45. nr. 430.

Gehäuse sehr eng durchbohrt, länglich-gethürmt, ziemlich gedrängt-längsfaltig, fettglänzend, durchscheinend, weinroth. Gewinde langgezogen, nach oben violett und stärker gerippt, mit nicht abgestossenem, spitzlichem Wirbel. Naht tief, einfach. Umgänge 6, gewölbt, der letzte am Grunde ziemlich stark spiralgefurcht. Mündung parallel mit der Axe, oval. Mundsaum glänzend blutroth, doppelt, der innere kurz vorgestreckt, der äussere schmal rechtwinklig-abstehend, bei völliger Ausbildung etwas verdickt, durch die auslaufenden Basalfurchen gekerbt, am vorletzten Umgange etwas ausgerandet.—Länge 7—7½‴, Durchmesser 3—3½‴. (Aus meiner Sammlung.)

Deckel: häutig, hornfarbig-gelblich, platt, mit wenigen Windungen.

Vaterland: die Provinzen Peten und Vera Paz in Guatemala.

274. Cyclostoma Agassizii Charpentier. Agassiz's Kreismundschnecke.

Taf. 38. Fig. 1. 2

C. testa umbilicata, oblongo-conica, solidula, spiraliter elevato-lirata, liris alternis minoribus, majoribus sparse castaneo-punctatis, sericea, rubella; spira integra conica, sutura subcanaliculata; anfr. 6 convexis, ultimo basi aequaliter lirato, in umbilico mediocri distincte cancellato; apertura ovali, verticali; perist. continuo, superne angulato, ad anfr. penultimum breviter exciso-sinuato, marginibus breviter expansis. — Operc. subterminale, testaceum, paucispirum.

Cyclostoma Agassizii, Charpent. in sched. Cuming.
Cistula Agassizii, Pfr. Consp. p. 41. nr. 382.

Gehäuse genabelt, länglich-conisch, ziemlich festschalig, seidenglänzend, röthlich, mit erhabenen Spiralreifen umgeben, von denen je der 2te stärker und hin und wieder mit kastanienbraunen Punkten bestreut ist. Gewinde conisch, mit spitzlichem Wirbel. Naht etwas rinnig. Umgänge 6, convex, der letzte am Grunde mit gleich grossen Leisten besetzt und in dem ziemlich engen, offenen Nabel deutlich gegittert. Mündung parallel mit der Axe, winklig-oval. Mundsaum zusammenhängend, oben spitzwinklig, am vorletzten Umgange etwas buchtig-ausgeschnitten, beide Ränder sehr schmal ausgebreitet. — Länge $6^1|_2'''$, Durchmesser $3^1|_2'''$. (Aus meiner Sammlung.)

Deckel: fast endständig, von Schalensubstanz, mit wenigen Windungen und seitlichem Kerne.

Vaterland: die Insel Cuba.

275. Cyclostoma maritimum Adams. Die Seestrand-Kreismundschnecke.

Taf. 38. Fig. 5. 6. Taf. 46. Fig. 38.

C. testa rimata, oblongo-turrita, solida, longitudinaliter conferte plicata, vix nitente, carnea unicolore vel lineis rubris obsolete cincta; spira elongata, breviter truncata; sutura dense serrulata; anfr. $5^1/_2$ parum convexis, ultimo basi spiraliter subsulcato; apertura verticali, oblique subovali; perist. simplice, undique breviter expanso, marginibus ad ventrem anfr. penultimi angulatim junctis, columellari angusto, appresso. — Operc.?

Cyclostoma maritimum, Adams in Proceed. Bost. Soc. 1848. p. 102.
— — Petrarum, Rang. in Mus. Cuming.
Tudora maritima, Pfr. Consp. p. 39. nr. 362.

Gehäuse geritzt, länglich-gethürmt, festschalig, sehr dicht längsfaltig, fast glanzlos, fleisch- oder wachsfarbig, bisweilen mit undeutlichen Reihen rother Punkte. Gewinde langgezogen, kurz abgestossen. Naht sehr dicht und fein gezähnelt. Umgänge $5^1|_2$, sehr wenig gewölbt, der letzte am Grunde etwas spiralfurchig. Mündung parallel mit der Axe, schief-oval. Mundsaum einfach, schmal ausgebreitet, oben winklig, kurz am vorletzten Umgange angewachsen, darunter etwas verschmälert. — Länge $6^1|_2'''$, Durchmesser $2^3|_4'''$. (Aus meiner Sammlung.)

Varietät: grösser, mit etwas stärkeren, entfernteren Falten; Länge $7^3|_4'''$, Durchmesser $3^1|_3'''$. (Taf. 46. Fig. 38.)

Cyclostoma Aurora, Adams Contrib. to Conchol. nr. 1. p. 11.

Deckel: unbekannt.

Aufenthalt: auf der Insel Jamaica.

276. Cyclostoma variabile Adams. Die veränderliche Kreismundschnecke.

Taf. 38. Fig. 7. 8.

C. testa anguste umbilicata, ovato-pyramidali, plerumque decollata, plicis longitudinalibus confertissimis, striisque transversis decussata, lutescente, seriatim fusco-maculata; sutura irregulariter crenata, crenis distantibus; anfr. superst. 4 convexis, ultimo terete; apertura verticali, circulari; perist. subduplice; interno brevi, vix porrecto, externo continuo, undique subaequaliter patente, anfractui penultimo appresso, superne angulato. — Operc. cartilagineum, tenue, margine anfractuum libero, nucleo subcentrali.

Cyclostoma articulatum, Sowerby Thes. p. 142. t. 128. f. 160. 161. Nec. Gray.
— variabile, Adams. Contrib. to Conch. nr. 1. p. 3.
— mutatum, Adams Contrib. to Conch. nr. 9. p. 154.
Choanopoma articulatum, Pfr. in Zeitschr. f. Malak. 1847. p. 107.
— — Gray Catal. Cycloph. p. 52.
Adamsiella variabilis, Pfr. Consp. p. 27. nr. 246.

Gehäuse enggenabelt, eiförmig-pyramidal, meist abgestossen, durch sehr dichte Längsfalten und Querlinien gegittert, seidenglänzend, gelblich mit reihenweise gestellten braunen Flecken. Gewinde gewölbt-conisch, abgestutzt. Naht vertieft, unregelmässig und entfernt-gekerbt. Uebrige Umgänge 4, convex, der letzte stielrund. Mündung parallel mit der Axe, kreisrund. Mundsaum doppelt, der innere kurz, kaum vorragend, der äussere zusammenhängend, überall gleichbreit-abstehend, am vorletzten Umgange angedrückt, oben winklig. — Länge 7''', Durchmesser 4'''. (Aus meiner Sammlung.)

Deckel: knorpelartig, flach, dünn, aussen mit einer etwas abstehenden, spiralen Lamelle.

Vaterland: Demerara, Jamaica.

Bemerkung. Diese Art unterscheidet sich von C. Grayanum (Nr. 42) durch die unregelmässigen Kerben der Naht, von C. mirabile (Nr. 127) durch den engeren Nabel, von beiden durch die Sculptur.

277. Cyclostoma Dominicense Pfr. Die Haitische Kreismundschnecke.

Taf. 38. Fig. 9. 10.

C. testa non perforata, oblonga, truncata, solidiuscula, lineis elevatis spiralibus et confertioribus longitudinalibus, arcte reticulata, vix nitidula, pallide fulvescente; sutura regulariter dentata; anfr. 4 convexiusculis, ultimo antice breviter soluto, dorso carinato; apertura verticali, oblique angulato-ovali, perist. duplice, interno breviter porrecto, externo albo, breviter expanso, angulo supero et basi dilatato. — Operc. testaceum, 4 spirum, margine anfractuum libero.

Cyclostoma Dominicense, Pfr. in Zeitschr. f. Malakoz. 1850. p. 79.

Cyclostomus Dominicensis, Pfr. Consp. p. 38. nr. 354.

Gehäuse undurchbohrt, länglich, abgestossen, ziemlich festschalig, durch erhabene Spiral- und dichterstehende Längslinien eng-netzig, wenig glänzend, blass gelbbraun. Gewinde länglich, nach oben wenig verschmälert. Naht regelmässig gezähnt. Uebrige Umgänge 4, mässig gewölbt, der letzte vorn kurz abgelöst, auf dem Rücken gekielt. Mündung parallel mit der Axe, schief winklig-oval. Mundsaum doppelt, der innere kurz vorragend, der äussere weiss, etwas ausgebreitet, am oberen Winkel und am Grunde etwas verbreitert. — Länge 5''', Durchmesser $2^1/_3$'''. (Aus meiner Sammlung.)

Deckel: von Schalensubstanz, mit 4 Windungen, deren Ränder frei abstehen.

Aufenthalt: auf der Insel Haiti gesammelt von Sallé.

278. Cyclostoma Creplini Dunker. Creplin's Kreismundschnecke.

Taf. 38. Fig. 13—15.

C. testa umbilicata, globoso-conica, solida, subtilissime striata, sericea, straminea vel pallide fuscula, rufo maculata et flammulata, multicarinata, carinis subaequalibus, inaequidistantibus, acutis (in anfr. ultimo circa 12), in umbilico angusto confertioribus, obtusioribus; spira conica, obtusiuscula; anfr. 5 tumidis, angulatis; apertura parum obliqua, subangulato-rotundata; perist. subinterrupto, subduplice, incrassato, carneo-albido, expanso-reflexo, superne angulato-dilatato, margine columellari fornicato-dilatato. — Operc. testaceum, extus concaviusculum, cinereo-corneum, paucispirum, nucleo-subcentrali.

Cyclostoma Creplini, Dunker in Zeitschr. f. Malakoz. 1848. p. 177.

Cyclostomus Creplini, Pfr. Consp. p. 33. nr. 295.

Gehäuse genabelt, kuglig-conisch, festschalig, sehr fein gestreift, seidenglänzend, gelblich oder hellbräunlich, braun marmorirt und geflammt, mit vielen fast gleichen, aber ungleich abstehenden scharfen Kielen besetzt, deren etwa 12 am letzten Umgange zu zählen sind mit Einschluss der kleineren und stumpferen im ziemlich engen, durchgehenden Nabel. Gewinde conisch, mit stumpflichem Wirbel. Umgänge 5, winklig-gewölbt. Mündung wenig gegen die Axe geneigt, rundlich, oben etwas winklig. Mundsaum undeutlich verdoppelt, verdickt, weisslich, ausgebreitet und kurz zurückgeschlagen, nach oben winklig verbreitert, dann kurz unterbrochen und über dem Nabel in ein gewölbtes, abstehendes Plättchen verbreitert. — Durchmesser 9½‴, Höhe 7¾‴. (Aus meiner Sammlung.)

Deckel: tief eingesenkt, von Schalensubstanz, horngrau, aussen etwas concav, mit wenigen Windungen und fast centralem Kerne.

Aufenthalt: auf der Insel Zanzibar gesammelt von Kapitän Rodatz.

279. Cyclostoma tentorium Pfr. Die zeltförmige Kreismundschnecke.

Taf. 38. Fig. 16. 17. Vergr. Fig. 18.

C. testa umbilicata, conoidea, solidiuscula, liris confertis spiralibus, lineisque longitudinalibus asperato-reticulata, sericea, pallide fulvo, interdum rubro punctata; spira conoidea, acutiuscula; sutura crenulata; anfr. 5 convexis, ultimo terete; umbilico lato, conico; apertura obliqua, subangulato-circulari; perist. duplice, interno breviter porrecto, externo campanulato-patente, margine subundulato. — Operc. testaceum, arctispirum, margine anfractuum acuto, erecto.

Cyclostoma tentorium, Pfr. in Zeitschr. f. Malakoz. 1850. p. 77.
Choanopoma tentorium Pfr., Consp. p. 27. nr. 242.

Gehäuse genabelt, breit-conoidisch, ziemlich festschalig, durch gedrängtstehende Spiralreifchen und Längslinien rauh knotig-gegittert, seidenglänzend, blass braungelb, oft mit undeutlichen Reihen rother Punkte. Gewinde conoidisch, mit feinem zugespitzem Wirbel. Naht tief, durch die auslaufenden Rippchen gekerbt. Umgänge 5, gewölbt, der letzte stielrund. Nabel weit, conisch. Mündung gegen die Axe geneigt, rundlich, oben etwas winklig. Mundsaum doppelt, der innere kurz vorragend, der äussere glockig-abstehend, am vorletzten Umgange kurz unterbrochen. — Durchmesser 3¼‴, Höhe 2‴. (Aus meiner Sammlung.)

Deckel: etwas eingesenkt, von Schalensubstanz, enggewunden, mit scharfem, aufgerichteten Rande der Windungen und centralem Kerne.

Vaterland: auf der Insel Haiti gesammelt von Sallé.

280. Cyclostoma Lyonetianum Lowe. Lyonet's Kreismundschnecke.

Taf. 38. Fig. 19—21. Vergr. Fig. 22.

C. testa rimata, subcompresso pyramidata, solidiuscula, striatula, nitida, nigricanti-castanea; spira conica, apice obtusula; anfr. 5 convexis, ultimo antice ascendente, peripheria subcarinato, antice angustato; apertura subverticali, circulari; perist. recto, simplice, continuo, breviter adnato. — Operc. sicut C. lucidi Lowe.

Cyclostoma Lyonetianum, Lowe mss. testibus Wollaston et Albers.
Craspedopoma Lyonetianum, Gray Cyclophor. p. 13.
— — — Pfr. Consp. p. 9. nr. 61.

Gehäuse kurz-nabelritzig, etwas zusammengedrückt-pyramidal, ziemlich festschalig, feingestreift, glänzend, schwärzlich-kastanienbraun. Gewinde conisch, mit stumpflichem Wirbel. Umgänge 5, convex, der letzte am Umfange gekielt, nach vorn etwas aufliegend und dann verengert. Mündung fast parallel mit der Axe, kreisrund. Mundsaum geradeaus, einfach, zusammenhängend, am vorletzten Umgange kurz angewachsen. — Durchmesser $1^{5}|_{6}'''$, Höhe $2'''$. (Aus meiner Sammlung.)

Deckel: wie bei Cyclostoma lucidum Lowe.

Vaterland: die Insel Madera.

Bemerkung. Diese kleine Art erinnert sehr an Boysia Bensoni, ist aber offenbar die nächste Verwandte von Cyclost. lucidum Lowe (Nr. 111), mit welchem sie auch Gray in der Gattung Craspedopoma zusammengestellt hat.

281. Cyclostoma ignilabre Adams. Die feuerlippige Kreismundschnecke.

Taf. 38 Fig. 23. 24.

C. testa perforata, elongato-conica, solida, longitudinaliter confertissime plicata, sericina, fuscula; spira elongata, apice acuta, plerumque truncata; sutura profunda, simplice; anfr. $4^{1}/_{2}$ — 7 convexis; apertura verticali, ovali; perist. igneo, duplice: interno vix porrecto, externo incrassato, angulatim undique reflexo. — Operc. album, testaceum, 3—4 spirum, margine anfractuum subelevato, nucleo subcentrali.

Cyclostoma ignilabre, Adams Contrib. to Conchol. nr. 1. p. 9.
Adamsiella ignilabris, Pfr. Consp. p. 28. nr. 253.

Gehäuse durchbohrt, verlängert-conisch, festschalig, dicht-längsfaltig, seidenglänzend, bräunlich. Gewinde langgezogen, zugespitzt, aber meist abgestossen. Naht tief, einfach. Umgänge $4^{1}|_{2}$ (—7), gewölbt, der letzte gerundet. Mündung parallel mit der Axe, oval. Mundsaum feuerroth, doppelt, der innere kaum vorragend, der äussere verdickt, winklig, nach allen Seiten zurückgeschlagen. — Länge 5½‴, Durchmesser 2½‴. (Aus meiner Sammlung.)

Varietät: grünlich-weiss, mit weissem Mundsaum.

Vaterland: die Insel Jamaica.

282. Cyclostoma integrum Pfr. Die ganzspitzige Kreismundschnecke.

Taf. 38. Fig. 25. 26

C. testa perforata, turrita, tenuiuscula, integra, lineis obsolete elevatis spiralibus et costulis confertis longitudinalibus (tertia vel quarta quavis validiore) subdecussata, fulvida, fasciis interruptis rufis cingulata; spira regulariter turrita, apice obtusiuscula; sutura subconferte denticulata; anfr. 7 convexis, 2 primis laevigatis, ultimo rotundato, antrorsum breviter soluto, vix descendente, basi rotundato, fasciis 2—3 continuis rufis ornato; apertura vix obliqua, ovali; perist. subduplicato; interno continuo, adnato, externo patente, superne subangulato-dilatato, tum emarginato, latere columellari undulato. — Operc. cartilagineum, planum, paucispirum.

Cyclostoma integrum, Pfr. in Proceed. Zool. Soc. 1851.
Chondropoma integrum, Pfr. Consp. p. 45. nr. 432.

Gehäuse durchbohrt, gethürmt, ziemlich dünnschalig, nicht abgestossen, durch undeutliche erhabene Spirallinien und gedrängte Längslinien (von denen je die dritte oder vierte stärker ist) etwas gegittert, braungelb, mit unterbrochenen rothbraunen Linien und einigen ununterbrochenen Binden an der Basis. Gewinde regelmässig thurmförmig, mit stumpflichem Wirbel. Naht ziemlich dicht-gezähnelt. Umgänge 7, gewölbt, die 2 ersten glatt, der letzte gerundet, nach vorn kurz abgelöst, wenig herabsteigend. Mündung wenig schräg gegen die Axe, oval. Mundsaum verdoppelt, der innere zusammenhängend, angewachsen, der äussere abstehend, nach oben winklig-verbreitert, dann ausgerandet und an der linken Seite wellig. — Länge 6‴, Durchmesser 2½‴. (Aus H. Cuming's Sammlung.)

Deckel: knorpelartig, platt, mit wenigen Windungen.

Vaterland: Westindien.

283. Cyclostoma Shepardianum Adams. Shepard's Kreismundschnecke.

Taf. 38. Fig. 40—42. Var. Fig. 43—45.

C. testa perforata, oblongo-turrita, breviter truncata, tenuiuscula, lineis obtuse elevatis spiralibus costulisque longitudinalibus confertissimis (quinta vel septima quavis validiore) illas transgredientibus sculpta, cinnamomea vel albida, castaneo-punctata; spira regulariter attenuata; sutura costularum fasciculis crenata; anfr. superst. 5 convexis, ultimo antice longe soluto, deflexo, dorso serrato-carinato, basi rotundato; apertura subverticali, ovali; perist. aurantiaco, duplice; interno breviter expanso, externo angulatim patente, undulato, superne angulato-dilatato. — Operc. testaceum, margine anfractuum libero, nucleo subcentrali.

Cyclostoma Shepardianum, Adams Contrib. to Conchol. nr. 6. p. 92.

— Gossei, Pfr. in Proceed. Zool. Soc. 1851.

Cistula Shepardiana, Pfr. Consp. p. 43. nr. 410.

Gehäuse durchbohrt, länglich-gethürmt, kurz-abgestutzt, ziemlich dünnschalig, fast glanzlos, zimmtbraun, mit stumpfen Spiralleisten und sehr gedrängten über jene hinüberlaufenden Längsrippchen, wovon je das 5te bis 7te stärker ist. Gewinde regelmässig verschmälert. Naht durch die in Bündelchen vereinigten Rippchen gekerbt. Umgänge 5, gewölbt, der letzte weit abgelöst, herabgesenkt, auf dem Rücken gesägtgekielt, am Grunde gerundet. Mündung ziemlich vertikal, oval. Mundsaum orangenfarbig, doppelt, der innere schmal ausgebreitet, der äussere wellig, winklig-abstehend, nach oben winklig-verbreitert. — Länge 6''', Durchmesser 2¾'''. (Aus meiner Sammlung.)

Deckel: schalig, Kern ziemlich in der Mitte, Ränder der Windungen abstehend.

Varietät: weisslich, mit reihenweise gestellten kastanienbraunen Punkten und weissem, braunstrahligen Peristom.

Aufenthalt: auf Jamaica gesammelt von Gosse.

284. Cyclostoma canescens Pfr. Die grauliche Kreismundschnecke.

Taf. 38. Fig. 36. 37.

C. testa subperforata, oblongo-turrita, truncatula, solida, lineis longitudinalibus et spiralibus elevatis regulariter clathrata, parum nitida, griseo-albida; spira elongata; sutura tuberculis confertis albis crenata; anfr. superst. 7 vix convexiusculis, ultimo basi attenuato, circa perforationem obsoletam distinctius spiraliter sulcato: apertura verticali, angulato-ovali, intus fusco-carnea; perist. duplice; interno vix porrecto, externo undique breviter expanso, superne angulato, anfractui penultimo breviter adnato. — Operc.?

Cyclostoma canescens, Pfr. in Proceed. Zool. Soc. 1851.

Tudora? canescens, Pfr. Consp. p. 40. nr. 373.

Gehäuse undeutlich durchbohrt, länglich-thurmförmig, kurz abgestossen, festschalig, durch erhabene Längs- und Spirallinien regelmässig feingegittert, fast glanzlos, graulich-weiss. Gewinde langgezogen, allmählig verschmälert. Naht mit dichtstehenden weissen Knötchen gekerbt. Umgänge 7, sehr wenig gewölbt, der letzte an der Basis verschmälert, deutlicher spiralfurchig. Mündung vertikal, winklig-oval, innen bräunlich-fleischfarbig. Mundsaum doppelt, der innere kaum vorragend, der äussere am vorletzten Umgange kurz angewachsen, nach oben winklig verbreitert, ringsum schmal ausgebreitet. — Länge 10''', Durchmesser 3½'''. (Aus H. Cuming's Sammlung.)

Deckel: unbekannt.

Vaterland: unbekannt.

(197.) Cyclostoma decussatum Lamarck.

Taf. 29. Fig. 10—13. Taf. 38. Fig. 38. 39.

Ich habe S. 178. die Lamark'sche Diagnose nebst der Delessert'schen Abbildung dieser mir bis dahin räthselhaften Art gegeben, glaube dieselbe aber jezt mit Bestimmtheit in der hier abgebildeten zu erkennen.

Gehäuse kaum durchbohrt, eiförmig-conisch, kurz abgestossen, mit stumpfen erhabenen Spiralleistchen und darüber hinlaufenden dichten Längsfalten etwas gegittert, wenig glänzend, gelblich-bräunlich, mit geschlängelten rothbraunen Längslinien zierlich gemalt. Gewinde regelmässig verschmälert. Naht unregelmässig gekerbt. Umgänge 5, ziemlich gewölbt, der letzte bauchig, an der Basis violettbraun, nach vorn etwas abgelöst. Mündung vertikal, fast eiförmig. Mundsaum weiss, doppelt, der innere kaum vorragend, der äussere winklig-abstehend, nach oben winklig-vorgezogen. — Länge 7¼''', Durchmesser 3⅓'''. (Aus H. Cuming's Sammlung.)

Deckel: von Schalensubstanz, lamellös gewunden, Kern fast in der Mitte.

Vaterland: Westindien.

Bemerkung. In dieser Art glaube ich mit der grössten Wahrscheinlichkeit die bisher räthselhafte Nerita lunulata Müll. zu erkennen.

285. Cyclostoma Taylorianum Pfr. Taylor's Kreismundschnecke.

Taf. 38. Fig. 27—29.

C. testa late umbilicata, depressa, subdiscoidea, tenuiuscula, oblique confertim striata, sub epidermide fulvo-cornea albida, strigis fulguratis castaneis variegata; spira subplana, vertice prominulo, mucronato; anfr. fere 5 rotundatis, ultimo superne obsolete angulato, seriebus 2 pilorum nigrorum munito, antice vix deflexo, 4 mill. pone aperturam tubulo rostellatim recurvato munito; apertura obliqua, subcirculari; perist. subduplice, tenui, patente, superne subfornicato-dilatato, ad anfractum penultimum breviter interrupto. — Operc. testaceum, arctispirum.

Cyclostoma Taylorianum, Pfr. in Zeitschr. f. Malak. 1851. p. 7.

Cyclotus Taylorianus, Pfr. Consp. p. 6. nr. 32.

Gehäuse genabelt, niedergedrückt, fast scheibenförmig, ziemlich dünnschalig, schräg dichtgestreift, unter einer bräunlich-hornfarbigen Epidermis weiss, mit kastanienbraunen Zickzackstriemen. Gewinde fast platt, mit vorragendem, stachelspitzigen Wirbel. Umgänge fast 5, gerundet, der letzte am oberen Umfange undeutlich winklig, hier und weiter unten mit 2 Reihen langer Wimpern besetzt, nach vorn unmerklich herabgesenkt, mit einem etwa 2''' hinter der Mündung stehenden rückwärtsgekrümmten Röhrchen an der Naht. Nabel sehr weit, offen, Mündung diagonal gegen die Axe, fast kreisrund. Mundsaum leicht verdoppelt, dünn, abstehend, oben etwas gewölbt-verbreitert, am vorletzten Umgange kurz unterbrochen. — Höhe fast 3''', Durchmesser 8'''. (Aus meiner Sammlung.)

Deckel: wie bei dem folgenden.

Vaterland: Sarawak auf Borneo (Taylor).

Bemerkung. Es ist nicht unmöglich, dass Mousson's mir im unvollendeten Zustande bekannter Pterocyclos biciliatus dieselbe Schnecke ist, gehört aber dann nicht zu Pterocyclos, sondern zu Cyclotus.

286. Cyclostoma rostellatum Pfr. Die geschnäbelte Kreismundschnecke.

Taf. 38. Fig. 30—34.

C. testa umbilicata, depressa, solidula, striatula, cornea, strigis fulguratis castaneis ornata; spira brevissime turbinata, vertice mucronato, nigro; anfr. $4^1/_2$ convexis, ultimo antice descendente, 5 millim. pone aperturam tubulo rostellatim recurvato munito; umbilico latiusculo; apertura perobliqua, subcirculari; perist. duplice, rubello; interno continuo, subexpanso, adnato, externo angulatim patente, superne breviter fornicato-dilatato, infra anfractum penultimum angustissimo. — Operc. testaceum, arctispirum, utrinque concaviusculum, intus rubrum, nitidum, margine sulcatum.

Cyclostoma rostellatum, Pfr. in Zeitschr. f. Malak. 1851. p. 8.

Cyclotus rostellatus, Pfr. Consp. p. 7. nr. 44.

Gehäuse genabelt, niedergedrückt, festschalig, feingestreift, mattglänzend, hornfarbig mit kastanienbraunen Zickzackstriemen. Gewinde sehr flach kreiselförmig, mit stachelspitzigem, schwarzen Wirbel. Umgänge 4½, gewölbt, der letzte nach vorn etwas herabgesenkt, mit einem 2½''' hinter der Mündung an der Naht freistehenden, schnabelförmig rückwärtsgekrümmten Röhrchen besetzt. Nabel mittelweit, tief. Mündung sehr schräg gegen die Axe, fast kreisrund. Mundsaum doppelt, der innere zusammenhängend, etwas ansgebreitet, anliegend, der äussere winklig-abstehend, oben in eine kurze Wölbung verbreitert, unterhalb des vorletzten Umganges sehr verschmälert. — Höhe 2½''', Durchmesser 5½'''. (Aus H. Cuming's Sammlung.)

Deckel: von Schalensubstanz, enggewunden, beiderseits etwas concav, innen roth, glänzend, am Rande eingefurcht.

Vaterland: Singapore (Taylor).

Bemerkung. Die Eigenthümlichkeit des offenen Röhrchens am letzten Umgange, welche die beiden eben beschriebenen Arten mit einander gemein haben, und für welche eine analoge Erscheinung bei Pterocyclos hispidus Pears. (S. Zeitschr. f. Malak. 1851. S. 6.) vorkommt, hat Hrn. Benson veranlasst, eine Gruppe unter dem Namen Opisthoporus für diese Arten vorzuschlagen. Zu derselben würde auch C. strangulatum Hutt. (vgl. S. 104. Nr. 103. Taf. 17. Fig. 7. 8.) gehören, welches ein von mir früher übersehenes oder für zufällig gehaltenes, ähnliches, aber dicht auf der Naht aufliegendes Röhrchen besitzt, wie die hier Taf. 38. Fig. 35. gegebene vergrösserte Abbildung zeigt.

Ausser den bisher beschriebenen habe ich auf Taf. 38. Fig. 3. 4. noch eine Abbildung von:

(38.) Cyclostoma limbiferum Menke,

gegeben, welche eine neuerlich in Menge erhaltene ausgezeichnete grössere Varietät der zierlichen Art darstellt. Ausser der Grösse weicht dieselbe durchaus nicht von der Stammform ab, und ich habe der frühern Beschreibung (S. 46.) nichts hinzuzufügen, als die des Deckels. Dieser ist endständig, weiss, von Schalensubstanz, mit wenigen Windungen, deren Ränder etwas frei abstehen, und mit gegen die Basis gestelltem Kerne.

287. Cyclostoma Madagascariense Gray. Die Madagascar'sche Kreismundschnecke.

Taf. 39. Fig. 1. 2.

C. testa umbilicata, globoso-turbinata, solida, sublaevigata, lineis elevatis obsoletis sculpta, opaca, carnea, fasciis violaceis inaequalibus ornata; spira turbinata, acutiuscula; anfr. 6 convexis, rapide accrescentibus, ultimo superne albido, peripheria unicarinato, basi convexo, in umbilico lato, subinfundibuliformi spiraliter sulcato; apertura parum obliqua, subcirculari, intus nitide nigricante; perist. simplice, aurantiaco, pallide marginato, campanulato-expanso, ad anfractum penultimum arcuatim emarginato. — Operc.?

Cyclostoma Madagascariense, Gray in Griff. anim. Kingd. t. 28. f. 4.
— — Sow. Thes. Suppl. p. 157 * nr. 177. t. 31. A. f. 289.
— Duisabonis, Gratel in Act. Soc. Linn. Bord. XI. p. 435. t. 3. f. 2.
— obsoletum var., Sow Thes. p. 88. t. 27. f. 125.
Cyclophora Madagascariensis, Swains Malacology. p. 336.
Cyclostomus Madagascariensis, Pfr. Consp. p. 33. nr. 301.

Gehäuse genabelt, kuglig-kreiselförmig, festschalig, ziemlich glatt, mit einzelnen undeutlichen erhabenen Spiralreifen, undurchsichtig, glanzlos, weisslich und fleischfarbig, mit vielen ungleichen, violetten Binden. Gewinde kreiselförmig, mit spitzlichem Wirbel. Umgänge 6, gewölbt, sehr schnell zunehmend, der letzte oberseits weisslich, an der Peripherie fädlich-gekielt, unterseits convex, innerhalb des ziemlich weiten, trichterförmigen Nabels spiralfurchig. Mündung wenig schräg gegen die Axe, fast kreisrund, innen glänzend-schwarz. Mundsaum einfach, orangefarbig mit bleichem Saum, glockig-ausgebreitet, am vorletzten Umgange bogig-ausgerandet. — Höhe $13^1|_2'''$, Durchmesser $19^1|_2'''$. (Aus H. Cuming's Sammlung.)

Deckel: mir unbekannt.

Vaterland: Madagascar.

288. Cyclostoma euchilum Pfr. Die schönlippige Kreismundschnecke.

Taf. 39. Fig. 3. 4.

C. testa umbilicata, turbinato-subglobosa, solidula, oblique confertim striata, lineis impressis distantioribus obsolete clathratula, albida, violaceo-fusco et fulvo variegata, parum nitida; spira turbinato-elevata, apice acutiuscula; anfr. $5^1/_2$ convexis, rapide accrescentibus, ultimo rotundato, ad suturam subdepresso, medio albo-fasciato, basi confertim et valide spiraliter sulcato; umbilico mediocri, infundibuliformi; apertura vix obliqua, subangulato-circulari intus purpurascenti-carneo micante; perist. subcontinuo, albo, marginibus superne dilatatis, callo subemarginato junctis, dextro et basali latissimis, fornicatim revolutis, sinistro angustato, vix reflexo. — Operc.?

Cyclostoma euchilum, Pfr. in Proceed. Zool. Soc. 1851.
Cyclostomus euchilus, Pfr. Consp. p. 33. nr. 303.

Gehäuse genabelt, kreiselförmig-kuglig, ziemlich festschalig, schräg dichtgestreift, mit etwas entfernteren eingedrückten Spirallinien gekreuzt, wenig glänzend, weisslich, mit violett-braunen und braungelben Binden und Striemen. Gewinde hoch-kreiselförmig, mit spitzlichem Wirbel. Umgänge 5½, convex, sehr schnell zunehmend, der letzte gerundet, an der Naht etwas niedergedrückt, am Umfange weissgegürtelt, unterseits dicht und tief spiralfurchig. Nabel mittelweit, trichterförmig. Mündung wenig schräg gegen die Axe, fast kreisförmig, nach oben etwas winklig, innen purpur-fleischfarbig-schillernd. Mundsaum ziemlich zusammenhängend, weiss, beide Bänder gegen die Einfügungsstelle stark verbreitert, durch einen etwas ausgerandeten Callus verbunden, der rechte und untere sehr breit umgeschlagen, zurückgerollt, der linke schmäler, kurz zurückgeschlagen. — Höhe 14''', Durchmesser 21½'''. (Aus H. Cuming's Sammlung.)

Deckel: mir unbekannt.

Vaterland: Madagascar.

289. Cyclostoma unicolor Pfr. Die einfarbige Kreismundschnecke.

Taf. 39. Fig. 5. 6. Var. Fig. 7.

C. testa umbilicata, globoso-conica, solida, longitudinaliter striatula, spiraliter confertim sulcata, opaca, albida; spira conica, apice fulva, obtusiuscula; anfr. 5 convexiusculis, ultimo superne et medio acute carinato, carina tertia validissima circa umbilicum angustum, infundibuliformem, intus profunde spiraliter sulcatum; apertura parum obliqua, angulato-circulari; perist. simplice, marginibus callo lunatim exciso junctis, dextro expansiusculo, sinistro medio angulatim incrassato. — Operc. ?

Cyclostoma unicolor, Pfr. in Proceed. Zool. Soc. 1851.
Cyclostomus unicolor, Pfr. Consp. p. 32. nr. 289.

Gehäuse genabelt, kuglig-conisch, festschalig, fein längsstreifig und dicht spiralfurchig, undurchsichtig, weisslich. Gewinde conisch, nach oben braungelb, mit stumpflichem Wirbel. Umgänge 5, ziemlich gewölbt, der letzte am Umfange scharfgekielt, oberseits mit einem 2ten schwächern und als Begränzung des engen, trichterförmigen, innen tief spiralfurchigen Nabels mit einem dritten sehr starken Kiele besetzt. Mündung wenig schräg gegen die Axe, etwas winklig-gerundet. Mundsaum einfach, die Ränder durch einen etwas ausgeschnittenen Callus verbunden, der rechte schmal ausgebreitet, der linke in der Mitte verdickt, fast winklig nach aussen vorstehend. — Höhe 10''', Durchmesser 14'''. (Aus H. Cuming's Sammlung.)

Varietät: kleiner, einfarbig gelblich, deutlicher und dichtlängsgestreift. (Fig. 7.)

Deckel: unbekannt.

Vaterland: unbekannt.

290. Cyclostoma expansum Pfr. Die ausgebreitete Kreismundschnecke.

Taf. 39. Fig. 20. 21.

C. testa umbilicata, turbinato-subglobosa, solidiuscula, spiraliter confertim striata, opaca, superne castaneo et albido variegata; spira conoidea, apice acutiuscula; anfr. 5 convexiusculis, ultimo convexiore dilatato, peripheria subcarinato, basi fasciis angustis castaneis ornato; umbilico angusto, pervio; apertura subverticali, fere circulari; perist. subsimplice, continuo, breviter adnato, pallide aurantiaco, undique aequaliter angulatim plano-expanso, margine subrevoluto. — Operc.?

Cyclostoma expansum, Pfr. in Proceed. Zool. Soc. 1851.
Cyclophorus expansus, Pfr. Consp. p. 11. nr. 84.

Gehäuse genabelt, kreiselförmig-kuglig, ziemlich festschalig, dicht spiralstreifig, fast glanzlos, oberseits kastanienbraun und weiss marmorirt. Gewinde conoidisch, mit spitzlichem Wirbel. Umgänge 5, mässig convex, der letzte mehr gewölbt verbreitert, am Umfange etwas gekielt, unterseits mit schmalen kastanienbraunen Binden gezeichnet, allmählig in den engen, tiefen Nabel abfallend. Mündung fast parallel mit der Axe, ziemlich kreisrund. Mundsaum fast einfach, zusammenhängend, kurz-angewachsen, ausserdem überall gleichbreit winklig-abstehend, platt, nur der Saum etwas zurückgerollt. — Höhe 9½''', Durchmesser 15'''. (Aus H. Cuming's Sammlung.)

Deckel: dünn, hornartig, enggewunden.

Vaterland: Tavoy im Birmanenlande.

291. Cyclostoma zonatum Petit. Die gegürtelte Kreismundschnecke.

Taf. 39. Fig. 22. 23.

C. testa subumbilicata, globoso-pyramidata, tenuiuscula, sublaevigata (sub lente lineis longitudinalibus et spiraliter decussatula), albo-cinerascente; spira conica, acutiuscula; sutura subprofunda; anfr. 6 rotundatis, ultimo ventroso, fascia late nigrescente infra medium cincto, basi circa umbilicum spiraliter sulcato; apertura subverticali, ovato-circulari; perist. interrupto, lacteo, late reflexo.

Cyclostoma zonatum, Petit in Journ. de Conch. 1850. I. p. 50. t. 4. f. 7.
Cyclostomus zonatus, Pfr. Consp. p. 34. nr. 305.

Gehäuse ziemlich bedeckt-genabelt, kuglig-pyramidenförmig, ziemlich dünnschalig, glatt (unter der Lupe feingegittert), weissgrau. Gewinde hoch-conisch, mit spitzlichem Wirbel. Naht ziemlich tief. Umgänge 6, gerundet, der letzte bauchig, unterhalb der Mitte mit einem breiten schwärzlichen Gürtel gezeichnet, unterseits um den Nabel spiral-gefurcht. Mündung fast vertical, oval-rundlich. Mundsaum unterbrochen, milchweiss, weit ausgebreitet. — Höhe und Durchmesser 14‴. (Die Stammform nach Petit.)

Varietät: kleiner, mit vielen braunen, zum Theil nach vorn blasser werdenden Binden; rechter Rand des Peristoms weit ausgebreitet, Spindelrand schmal, nach oben in ein schmales, den Nabel beinahe verschliessendes Plättchen zurückgeschlagen. — Höhe und Durchmesser 10‴. (Fig. 22. 23. aus H. Cuming's Sammlung.)

Vaterland: Madagascar.

292. Cyclostoma Zanguebaricum Petit. Die Kreismundschnecke von Zanzibar.

Taf. 39. Fig. 24. 25.

C. testa umbilicata, globoso-conica, tenuiuscula, lineis spiralibus obtusis subdistantibus cincta, albida vel lutescente; spira turbinata, acutiuscula; anfr. 5 convexis, ultimo ventroso, lineis nonnullis castaneis fasciaque 1 latiore infra medium ornato, basi circa umbilicum angustum spiraliter sulcato; apertura subverticali, subangulato-circulari; perist. simplice, ad anfr. penultimum vix interrupto, undique brevissime expansiusculo.

Cyclostoma Zanguebaricum, Petit in Journ. de Conch. 1850. I. p. 53. t. 3. f. 5.
Cyclostomus Zanguebaricus, Pfr. Consp. p. 35. nr. 322.

Gehäuse genabelt, kuglig-conisch, ziemlich dünnschalig, mit einigen stumpf-erhobenen Spiralleistchen umgeben, weisslich oder gelblich. Gewinde kreiselförmig, mit spitzlichem Wirbel. Umgänge 5, convex, der letzte bauchig, oberseits mit einigen kastanienbraunen Spirallinien und einer etwas breitern Binde unter der Mitte gezeichnet, rings um und in dem engen, kaum durchgehenden Nabel dicht-spiralfurchig. Mündung ziemlich vertical, fast kreisförmig, nach oben unmerklich winklig, Mundsaum einfach, am vorletzten Umgange sehr kurz unterbrochen, übrigens unmerklich ausgebreitet. — Höhe 4¹|₄''', Durchmesser 5'''. (Aus H. Cuming's Sammlung.)

Vaterland: häufig auf der Insel Zanzibar gesammelt von Guillain.

Bemerkung. Diese Art scheint dem Cyclost. cincinnus Sow. fast allzunahe zu stehen.

293. Cyclostoma solutum Richard. Die abgelöste Kreismundschnecke.

Taf. 39. Fig. 8—10.

C. testa umbilicata, depressa, longitudinaliter confertim filoso-costata, sericea, diaphana, albida, lineis interruptis rufis ornata; spira parum elevata, mucronata; sutura subcanaliculata, obsolete denticulata; anfr. 5 convexis, ultimus teres, antice descendens, solutus, basi in umbilico latissimo spiraliter sulcato; apertura obliqua, fere circulari; perist. duplice; interno continuo, recto, prominente, externo albo, undique rectangule patente, superne dilatato, ad anfractum penultimum inflexo-adnato. — Operc.?

Cyclostoma solutum, Richard in sched. Cuming.

Choanopoma solutum, Pfr. Consp. p. 27. nr. 241.

Gehäuse genabelt, niedergedrückt, strahlig und dicht fädlich-gerippt, seidenglänzend, weisslich, mit unterbrochenen rothbraunen Spirallinien. Gewinde wenig erhoben, stachelspitzig. Naht rinnenförmig, undeutlich gezähnelt. Umgänge 5, convex, der letzte stielrund, nach vorn etwas herabsteigend, kurz-abgelöst, unterseits in dem sehr weiten offenen Nabel durch Spiralfurchen gegittert. Mündung schräg gegen die Axe, fast kreisrund. Mundsaum doppelt, der innere zusammenhängend, gerade vorstehend, der äussere weiss, rechtwinklig-abstehend, nach oben verbreitert, gewölbt, fast kappenförmig am vorletzten Umgange anliegend. — Höhe 2³|₄''', Durchmesser 6¹|₂'''. (Aus H. Cuming's Sammlung.)

Deckel: unbekannt.

Aufenthalt: auf der Insel St. Domingo.

294. Cyclostoma disculus Pfr. Die kleine Scheiben-Kreismundschnecke.

Taf. 39. Fig. 11—13.

C. testa umbilicata, depressa, discoidea, solidiuscula, nitida, alabastrina, spira planissima; anfr. vix 4 convexiusculis, ad suturam impressam striatis, ultimo teretiusculo, subdepresso, in umbilico late distinctius striato, antice brevissime soluto; apertura subverticali, circulari; perist. simplice, recto, continuo. — Operc.?

Cyclostoma disculus, Pfr. in Proceed. Zool. Soc. 1851.

Cyclophorus? disculus, Pfr. Consp. p. 16. nr. 144.

Gehäuse genabelt, ganz niedergedrückt, scheibenförmig, ziemlich festschalig, glänzend, alabasterweiss. Gewinde sehr platt mit nicht vorstehendem Wirbel. Umgänge kaum 4, ziemlich gewölbt, unter der tief-eingedrückten Naht gestrichelt, der letzte fast stielrund, etwas niedergedrückt, unterseits in dem weiten, offenen Nabel deutlicher gestreift, nach vorn sehr kurz abgelöst. Mündung fast vertical, kreisrund. Mundsaum einfach, geradeaus, zusammenhängend. — Durchmesser 7''', Höhe 2½'''. (Aus H. Cuming's Sammlung.)

Deckel: mir unbekannt.

Vaterland: mir unbekannt.

295. Cyclostoma globosum Benson. Die kuglige Kreismundschnecke.

Taf. 39. Fig. 14—16.

C. testa umbilicata, globoso-conica, tenui, subtilissime striatula, diaphana, non nitente, cinnamomea, maculis opacis albidis subfasciatim dispositis ornata; spira conica, apice peracuta; anfr. 6, superis vix convexis, ultimo globoso, carina basali subtili, filari munito; apertura parum obliqua, ovali; perist. simplice, marginibus fere contiguis, dextro perarcuato, columellari medio dilatato, patente. — Operc. tenuissimum, corneo-lutescens, extus concaviusculum.

Cyclostoma globosum, Bens. mss.

Omphalotropis globosa, Pfr. in Proceed. Zool. Soc. 1851.

— — Pfr. Consp. p. 49. nr. 462.

Gehäuse genabelt, kuglig-conisch, dünnschalig, sehr fein-längsstreifig, durchscheinend, glanzlos, zimmtbraun, mit weisslichen undurchsichtigen ziemlich reihenweise gestellten Flecken. Gewinde kegelförmig, mit sehr feinem, zugespitzten Wirbel. Naht flach eingedrückt. Umgänge 6, die oberen fast platt, der letzte kuglig, mit einem feinen, fädlichen Kiele neben dem engen, tief-eindringenden Nabel. Mündung wenig gegen die Axe geneigt, oval. Mundsaum einfach; die Ränder beinahe zusammenstossend, der rechte stark-bogig, der Spindelrand in der Mitte verbreitert, abstehend. — Länge 4''', Durchmesser 2½'''. (Aus meiner Sammlung.)

Deckel: sehr dünn, hornfarbig-gelblich, nach aussen etwas concav.

Aufenthalt: auf Waldbäumen der Moritz-Insel. (Sir D. Barclay.)

Bemerkung. Für diese und eine Anzahl verwandter Arten habe ich in den Proceed. Zool. Soc. eine generische Sonderung vorgeschlagen. Ich begreife nämlich unter dem Gattungsnamen:

Omphalotropis Pfr.

alle diejenigen Cyclostomaceen, welche bei einer mehr oder weniger kuglig-conischen oder gethürmten Gestalt und getrennten Rändern des Mundsaumes einen Basalkiel dicht neben dem mehr oder weniger offenen Nabel, eine ovale Mündung und einen aus wenigen Windungen bestehenden dünnen, hornartigen Deckel haben. Ich rechne zu dieser Gattung ausser der eben beschriebenen und der zunächstfolgenden Art noch folgende andere: 1. O. aurantiaca Desh. (Cycl. Belangeri m.) 2. O. erosa Quoy. 3. O. rubens Quoy. 4. O. multilirata m. (Proceed. 1851.) 5. O. dubia m. 6. O. hieroglyphica Fér. 7. O. pupoides Ant. 8. O. rosea Gould. 9. O. terebralis Gould. 10. O. vallata Gould. 11.? O. scitula Gould. — Die meisten dieser Arten hatte ich in meiner frühern Anordnung fraglich mit der von Parreyss aufgestellten Gattung Hydrocena vereinigt, deren Typus: Cyclost. cattarcense m. genaueren Beobachtungen zufolge nach Thier und Lebensweise zu einer andern Familie zu gehören scheint. Von Gray (Cat. Cycloph. p. 63.) sind die meisten zu der von ihm aufgestellten Gattung Realia gezählt worden, deren Typus: R. Egea (Nr. 304. t. 40. f. 17. 18.) aber nicht hierher gehört.

296. Cyclostoma expansilabre Pfr. Die ausgebreitetlippige Kreismundschnecke.

Taf. 39. Fig. 17. 18. Vergr. Fig. 19.

C. testa vix perforata, ovato-conica, tenui, sublaevigata, parum nitida, pallide lutea, corneo minutissime variegata et fascia 1 rufa infra medium (rarius 2) cincta; spira elevato-conica, apice acutiuscula; anfr. 6 vix convexis, ultimo medio et basi filocarinato; apertura obliqua, ovali; perist. undique subaequaliter breviterque expanso, albo, marginibus subdistantibus. — Operc.?

Cyclostoma (Omphalotropis) expansilabre, Pfr. in Proc. Zool. Soc. 1851.
Omphalotropis expansilabris, Pfr. Consp. p. 49. nr. 464.

Gehäuse kaum durchbohrt, eiförmig-conisch, dünnschalig, ziemlich glatt, wenig glänzend, blassgelb, hornfarbig-feinmarmorirt und mit einer rothbraunen Binde unter der Mitte, seltener mit 2 solchen Binden. Gewinde hochconisch, mit feinem, spitzlichen Wirbel. Naht seicht-eingedrückt. Umgänge 5, sehr wenig gewölbt, der letzte am Umfange und am Grunde fein fädlich-gestreift. Mündung ziemlich gegen die Axe geneigt, oval. Mundsaum weiss, schmal ausgebreitet, die beiden Ränder ziemlich entfernt, der rechte stark-bogig, rechtwinklig abstehend, der linke seichtbogig, schmäler zurückgeschlagen, — Länge $2\frac{3}{4}'''$, Durchmesser $1\frac{1}{2}'''$. (Aus meiner Sammlung.)

Deckel: unbekannt.

Aufenthalt: auf Gesträuchen im Innern der Moritz-Insel gesammelt von Sir D. Barclay.

Bemerkung. Vergleiche die Anmerkung zu Nr. 295.

297. Cyclostoma latelimbatum Pfr. Die breitsäumige Kreismundschnecke.

Taf. 40. Fig. 1. 2.

C. testa perforata, globoso-conica, tenui, minute spiraliter striata et lineis obtusis elevatis subaequidistantibus cincta, diaphana, parum nitida, alba, maculis et fasciis pallide fulvis variegata; spira turbinata, acutiuscula; anfr. 5 convexiusculis, rapide crescentibus, ultimo rotundato, medio linea acute elevata subcarinato; umbilico angusto, vix pervio; apertura obliqua, subcirculari; perist. duplice, albo; interno interrupto, breviter porrecto, marginibus callo tenui junctis, externo undique aequaliter dilatato, angulatim patente; supra perforationem exciso. — Operc.?

Cyclostoma latelimbatum, Pfr. in Proceed. Zool. Soc. 1851.

Leptopoma latelimbatum, Pfr. Consp. p. 17. nr. 153.

Gehäuse durchbohrt, kuglig-conisch, dünnschalig, fein spiralstreifig und mit ziemlich gleichweit-abstehenden, stumpf-erhabenen Linien umgeben, durchscheinend, wenig glänzend, weiss mit sehr blass bräunlichen Flecken und Binden. Gewinde kreiselförmig, mit feinem, spitzlichem Wirbel. Umgänge 5, ziemlich gewölbt, sehr schnell zunehmend, der letzte bauchig, am Umfange durch eine schärfer erhabene Linie etwas gekielt, unterseits allmählig in den engen, kaum durchgehenden Nabel abfallend. Mündung ziemlich schräg gegen die Axe, fast kreisförmig. Mundsaum weiss, doppelt, der innere unterbrochen, kurz-vorstehend, seine Ränder durch dünnen Callus verbunden, der äussere rechtwinklig breit-abstehend, über dem Nabelloch ausgeschnitten, oben und an der linken Seite etwas geöhrt. — Durchmesser $8^1|_2'''$, Höhe $5^1|_2'''$. (Aus H. Cuming's Sammlung.)

Deckel: unbekannt, doch unzweifelhaft wie bei den übrigen Leptopomen.

Vaterland: die Philippinischen Inseln.

298. Cyclostoma regulare Pfr. Die regelmässige Kreismundschnecke.

Taf. 40. Fig. 3. 4.

C. testa angustissime perforata, conico-globosa, tenui, liris approximatis superne aequalibus sculpta, interstitiis spiraliter confertim striata, diaphana, albida, maculis fulvis regulariter tessellata: spira turbinata, apice acuta, pallide cornea; anfr. $5^1|_2$ convexiusculis, ultimo convexiore, infra liram periphericam inflato, obsoletius lirato; apertura obliqua, lunato-circulari; perist. interrupto, tenui, albo, breviter patente, margine columellari basi subangulatim dilatato. — Operc.?

Cyclostoma regulare, Pfr. in Proceed. Zool. Soc. 1851.

Leptopoma regulare, Pfr. Consp. p. 18. nr. 168.

Gehäuse sehr eng durchbohrt, conisch-kuglig, dünnschalig, oberseits mit gedrängten gleich grossen Spiralreifen und sehr feinen Spirallinien zwischen denselben, durchscheinend, weisslich, mit braungelben Würfelflecken regelmässig gezeichnet. Gewinde kreiselförmig, mit spitzem, blass hornfarbigem Wirbel. Naht wenig vertieft. Umgänge $5^1|_2$, wenig convex, der letzte mehr gewölbt, unterhalb des peripherischen Reifes aufgeblasen, undeutlicher gereift, schnell in das enge, nicht durchgehende Nabelloch abfallend. Mündung gegen die Axe geneigt, mondförmig gerundet. Mundsaum ziemlich weit unterbrochen, dünn, weiss, schmal-abstehend, der Spindelrand nach unten etwas winklig-verbreitert. Durchmesser $6^1|_4'''$, Höhe 5'''. (Aus H. Cuming's Sammlung.)

Deckel: unbekannt, ohne Zweifel der von Leptopoma.

Vaterland: die Philippinischen Inseln.

Bemerkung. Diese Art ist mit C. atricapillum (Nr. 12.) am nächsten verwandt, unterscheidet sich aber leicht durch das kürzere Gewinde, die regelmässigen Reifen, engeren Nabel u. s. w.

299. Cyclostoma pleurophorum Pfr. Die rippentragende Kreismundschnecke.

Taf. 40. Fig. 5. 6.

C. testa umbilicata, globoso-turbinata, tenui, longitudinaliter conferte striata et costulis filaribus, prominentioribus sculpta, diaphana, parum nitida, albido-fulvescente; spira turbinata, apice acutiuscula, cornea; sutura costis denticulata; anfr. 5 convexis, ultimo subterete, antice breviter soluto; umbilico mediocri, profundo, angulo cariniformi cincto; apertura subverticali, ovali-subcirculari; perist. continuo, simplice, recto, margine columellari expansiusculo. — Operc. duplex, lamina externa testacea, 5 spirata, marginibus anfractuum liberis, interna plana, cartilaginea.

Cyclostoma pleurophorum, Pfr. in Proceed. Zool. Soc. 1851.

Cistula pleurophora, Pfr. Consp. p. 41. nr. 383.

Gehäuse genabelt, kuglig-kreiselförmig, dünnschalig, der Länge nach dicht gerieft und mit fädlichen vorragenden Rippchen besetzt, durchscheinend, wenig glänzend, sehr blass braungelb. Gewinde kreiselförmig, mit feinem, glattem, hornfarbigem Wirbel. Naht vertieft, durch die auslaufenden Rippchen gezähnelt. Umgänge 5, gewölbt, der letzte fast stielrund, nach vorn kurz abgelöst. Nabel mittelweit, tief, conisch, mit einem kielartigen Winkel begränzt. Mündung fast parallel mit der Axe, ovalrundlich. Mundsaum zusammenhängend, einfach, scharf, der Spindelrand etwas ausgebreitet. — Durchmesser 5½''', Höhe 4⅚'''. (Aus H. Cuming's Sammlung.)

Deckel: aus 2 Lamellen bestehend, die äussere von Schalensubstanz mit 5 Windungen, deren Ränder frei abstehen, die innere flach, knorpelartig.

Vaterland: Honduras.

300. Cyclostoma sericatum Pfr. Die seidenglänzende Kreismundschnecke.

Taf. 40. Fig. 7. 8. Var. Fig. 11. 12.

C. testa perforata, globoso-conica, tenui, pellucida, sericea, lineis obliquis subdistantibus sculpta, superne lineis 4—5 elevatis spiralibus munita, hyalino-albida, liris corneis; spira turbinata, acuta, apice nigricante; anfr. 5, superis parum convexis, ultimo inflato, subcarinato, infra carinam fascia 1 castanea ornato, basi liris spiralibus nonnullis obsoletioribus sculpto; umbilico angustissimo, non pervio; apertura parum obliqua, subemarginato-circulari; perist. simplice, interrupto, tenui, horizontaliter patente, margine columellari medio sublingulato-dilatato. — Operc.?

Cyclostoma sericatum, Pfr. in Proceed. Zool. Soc. 1851.
Leptopoma sericatum, Pfr. Consp. p. 17. nr. 155.

Gehäuse durchbohrt, kuglig-conisch, dünnschalig, durchsichtig, seidenglänzend, mit etwas abstehenden schrägen Linien und oberseits mit 4—5 erhobenen Spirallinien besetzt, glashell-weisslich, die Reifen hornfarbig. Gewinde kreiselförmig, mit spitzem, schwärzlichem Wirbel. Umgänge 5, die oberen sehr wenig gewölbt, der letzte aufgeblasen, etwas gekielt, unter dem Kiele mit einer kastanienbraunen Binde gezeichnet, unterseits undeutlicher spiral-reifig, schnell in das sehr enge, nicht durchgehende Nabelloch abfallend. Mündung wenig schräg gegen die Axe, etwas ausgerandet-rundlich. Mundsaum dünn, einfach, unterbrochen, fast rechtwinklig abstehend, der Spindelrand in der Mitte fast zungenförmig-verbreitert. — Durchmesser 6''', Höhe 4½'''. (Aus meiner Sammlung.)

Varietät: kleiner, überall violett-bräunlich, an der Basis blasser, mit 4½ Umgängen. (Taf. 40. Fig. 11. 12.)

Deckel: unbekannt, ohne Zweifel der von Leptopoma.

Aufenthalt: auf der Insel Borneo (Taylor).

301. Cyclostoma marmoratum Férussac. Die marmorirte Kreismundschnecke.

Taf. 40. Fig. 9. 10.

C. testa umbilicata, conoidea-semiglobosa, solida, laevigata, albida, maculis et strigis fulvis subreticulata; spira convexo-conoidea, superne nigricante, obtusiuscula; anfr. 5 convexiusculis, ultimo medio obsolete angulato, basi parum convexo; umbilicum subirregulari, mediocri, pervio; apertura fere verticali, subcirculari, intus alba; perist. continuo, breviter adnato, albo, duplice: interno breviore, externo obtuso, recto, superne angulato, margine columellari subincrassato. — Operc.?

Cyclostoma marmoratum, Fér. Mus. teste Cuming.

Cyclophorus marmoratus, Pfr. Consp. p. 12. nr. 191.

Gehäuse genabelt, conoidisch-halbkuglig, festschalig, glatt, weisslich, mit rothbraunen Flecken und Striemen fast netzartig gezeichnet. Gewinde convex-conoidisch, nach oben schwärzlich, mit stumpflichem Wirbel. Umgänge 5, mässig gewölbt, der letzte am Umfange undeutlich winklig, unterseits fast flach, schnell in den etwas unregelmässigen, mittelweiten, offenen Nabel abfallend. Mündung fast parallel mit der Axe, ziemlich kreisrund, innen weiss. Mundsaum zusammenhängend, kurz am vorletzten Umgange angewachsen, weiss, doppelt, der innere kürzer, anliegend, der äussere stumpf, geradeaus, nach oben etwas winklig, der Spindelrand etwas verdickt. — Höhe 4''', Durchmesser 5¾'''. (Aus H. Cuming's Sammlung.)

Deckel: unbekannt.

Vaterland: unbekannt.

Bemerkung. Diese Art erinnert sehr an C. atramentarium Sow. (Vergl. Nr. 146. S. 139.)

302. Cyclostoma pulverulentum Philippi. Die staubige Kreismundschnecke.

Taf. 40. Fig. 13. 14.

C. testa umbilicata, pyramidata, rudi, plicis confertis obliquis rugata et lineis elevatis spiralibus irregulariter cincta, opaca, virenti-cinerea; spira convexo-conoidea, acuta; sutura mediocri; anfr. 5 vix convexiusculis, ultimo descendente, rotundato, basi circa umbilicum angustum compresso; apertura obliqua, subcirculari; perist. subcontinuo, breviter adnato, simplice, recto. — Operc. circulare, corneum, obsolete spiratum, extus concavum, intus convexum, nitidum, umbonatum.

Cyclostoma plicatum, Gould in Proceed. Bost. Soc. 1848. p. 204. Nec Verneuil.
— — Gould Expeditions shells p. 38. Ed. 1851. p. 103. f. 118.
— pulverulentum, Philippi mss.
Cyclophorus plicatus, Pfr. Consp. p. 13. nr. 114.

Gehäuse genabelt, pyramidal, rauh, schräg und dicht-runzelfaltig, mit unregelmässigen erhobenen Spirallinien, glanzlos, grünlich-grauweiss. Gewinde convex-conoidisch, mit feinem, spitzem Wirbel. Naht Anfangs flach, nach unten tief-rinnig. Umgänge 5, die oberen sehr wenig convex, der letzte herabgesenkt, gerundet, unterseits um den ziemlich engen, tiefen Nabel etwas zusammengedrückt. Mündung diagonal gegen die Axe, fast kreisrund. Mundsaum ziemlich zusammenhängend (die Insertionsstellen durch Callus verbunden), einfach, geradeaus. — Durchmesser $5^1|_4'''$, Höhe $4^1|_2'''$. (Aus meiner Sammlung.)

Deckel: kreisrund, hornartig, mit undeutlichen Windungen, aussen concav, innen convex, mit einem Wärzchen in der Mitte, glänzend.

Aufenthalt: auf der Südsee-Insel Upolu.

303. Cyclostoma strigatum Gould. Die querreifige Kreismundschnecke.

Taf. 40. Fig. 15. 16.

C. testa umbilicata, conoideo-semiglobosa, solidula, concentrice acute lirata, opaca, viridulo vel rubello-albida; spira convexo-conoidea, apice acutiuscula, sutura profunda; anfr. 5 parum convexis, ultimo recedente, basi striatulo, subplano, circa umbilicum latiusculum subcarinato; apertura obliqua, circulari; perist. simplice, continuo, breviter adnato, recto, obtuso. — Operc. ?

Cyclostoma strigatum, Gould in Proceed. Bost. Soc. 1848. p. 204.
— — Gould Expeditions shells p. 38. Ed. 1851. p. 102. f. 117.
Cyclophorus strigatus, Pfr. Consp. p. 13. nr. 115.

Gehäuse genabelt, conoidisch-halbkuglig, festschalig, oberseits mit scharfen ungleichen Querreifen besetzt und fein schräggestreift, glanzlos, undurchsichtig, blass röthlich oder grünlichweiss. Gewinde convex-conoidisch, mit feinem, spitzlichen Wirbel. Naht tief eingedrückt, nach unten rinnig. Umgänge 5, wenig gewölbt, der letzte etwas zurücktretend, unterseits nur fein-spiralstreifig, um den ziemlich weiten, tiefen Nabel gekielt. Mündung fast diagonal gegen die Axe, kreisrund, innen glänzend. Mundsaum zusammenhängend, an der unteren Fläche des vorletzten Umganges sehr kurz angewachsen, geradeaus, stumpf. — Durchmesser 6''', Höhe 4'''. (Aus H. Cuming's Sammlung.)

Deckel: unbekannt.

Vaterland: die Südsee-Insel Upolu.

Bemerkung. So verschieden diese Art von der vorigen zu sein scheint, so giebt es doch Formen, welche zwischen beiden stehen und die Charaktere beider theilen.

304. Cyclostoma Egea (Realia) Gray. Die Egea-Kreismundschnecke.

Taf. 40. Fig. 17. 18.

C. testa subperforata, turrita, solidula, epidermide distanter plicatula, fusca, vix nitidula induta; spira turrita, apice acutiuscula, sutura mediocri, plicata; anfr. $6^1/_2$ convexiusculis, ultimo basi fascia saturate castanea ornato; apertura parum obliqua, ovali; perist. duplice; interno continuo, expansiusculo, superne angulato, externo subinterrupto, dilatato, campanulato-incurvato. — Operc. tenue, corneum, paucispirum.

Realia Egea, Gray in Proceed. Zool. Soc. 1849. p. 167.

— — Pfr. Consp. p. 48. nr. 450.

Gehäuse kaum durchbohrt, länglich-gethürmt, ziemlich festschalig, mit einer in unregelmässigen Abständen faltigen, wenig glänzenden, braunen Epidermis bekleidet. Gewinde thurmförmig, mit spitzlichem Wirbel. Naht mittelmässig, faltig. Umgänge $6^1|_2$, mässig gewölbt, der letzte unter der Mitte stumpf fädlich-gekielt, unter dem Kiele mit einer dunkelbraunen Binde gezeichnet. Mündung sehr wenig gegen die Axe geneigt, oval. Mundsaum doppelt, der innere zusammenhängend, etwas ausgebreitet, nach oben winklig, der äussere kurz unterbrochen, verbreitert, glockenförmig abstehend. — Länge $3^3|_4$''', Durchmesser 2'''. (Aus H. Cuming's und meiner Sammlung.)

Deckel: hornartig, dünn, mit wenigen Windungen.

Aufenthalt: Auckland auf Neu-Seeland.

Bemerkung. Die von Hrn. Gray zuerst in den verschiedenen Ausgaben der Synopsis of Contents of Brit. Museum und dann in Proceed. Zool. Soc. 1847. p. 182 ohne Charakteristik aufgestellte Cyclophoridengattung Egea ist zum ersten Male durch die Beschreibung dieser Art, von welcher ich viele authentische Exemplare gesehen habe, und durch die Charakteristik der Gattung in Gray's Cycloph. Brit. Mus. 1850. p. 63. erkennbar geworden. Die Beschaffenheit des Deckels verbietet, sie mit Pomatias zu vereinigen. Vgl. die Bemerkung zu Nr. 295.

305. Cyclostoma pupoides Morelet. Die pupaförmige Kreismundschnecke.

Taf. 40. Fig. 19. 20.

C. testa obtecte umbilicata, pyramidata, integra, tenui, longitudinaliter subundulato-plicata, fusco-cinerascente vel fulvida; lineis rubiginosis cingulata, diaphana, parum nitida; spira turrita, acutiuscula; sutura profunda, subdistanter crenata; anfr. $6^1/_2$ convexis, ultimo rotundato; apertura verticali, ovali-subcirculari; perist. albo, duplice; interno breviter porrecto, externo dilatato, concentrice striato, subhorizontaliter patente, superne angulatim reflexiusculo, ad anfr. penultimum adnato, margine columellari bilobato, supero umbilicum prorsus claudente, infero semisoluto, radiatim plicato. — Operc. terminale, testaceum, planum, anfractibus $3^1/_2$ oblique sulcatis.

Cyclostoma pupoides, Morelet testac. noviss. p. 23. nr. 57.
Tudora pupoides, Pfr. Consp. p. 40. nr. 376.

Gehäuse bedeckt-genabelt, pyramidal, dünnschalig, der Länge nach etwas wellig-gefaltet, durchscheinend, matt seidenglänzend, bräunlichgrau oder braungelb, mit reihenweise gestellten rothbraunen Pünktchen. Gewinde thurmförmig, mit spitzlichem, nicht abgestossenem Wirbel. Naht tief, durch einzelne auslaufende Falten abstehend-gekerbt. Umgänge $6^1|_2$, convex, der letzte gerundet. Mündung parallel mit der Axe, oval-rundlich. Mundsaum weiss, doppelt, der innere kurz vorgestreckt, der äussere verbreitert, concentrisch gestreift, ziemlich horizontal-abstehend, nach oben etwas winklig zurückgeschlagen, der Spindelrand 2lappig, der obere Lappen den Nabel völlig verschliessend, der untere oben angewachsen, dann frei, strahlig-gefaltet. — Länge $7^3|_4'''$, Durchmesser fast $3^1|_2'''$. (Aus H. Cuming's Sammlung.)

Deckel: endständig, von Schalensubstanz, platt, mit $3^1|_2$ schräg gefurchten Windungen und etwas zur Seite liegendem Kerne.

Aufenthalt: an Klippen der Isla de Pinos bei Cuba.

306. Cyclostoma ovatum Pfr. Die eiförmige Kreismundschnecke.

Taf. 40. Fig. 21. 22.

C. testa obtecte perforata, oblongo-ovata, truncata, tenui, longitudinaliter confertim plicatula, sericea, fusco-cornea, vel pallidissime cornea, maculis rufis seriatim dispositis ornata; spira ovato-conica, truncata; sutura levi, irregulariter tuberculato-crenata; anfr. superst. 5 convexiusculis, ultimo paulo angustiore, basi obsolete spiraliter sulcato; apertura verticali, rotundato-ovali; perist. fusculo, duplice; interno breviter porrecto, externo undique dilatato, campanulato-expanso, radiato-costato, superne angulatim reflexo, anfractui penultimo longe adnato, perforationem claudente, margine sinistro subauriculato, libero. — Operc.?

Cyclostoma ovatum, Pfr. in Proceed. Zool. Soc. 1851.
Tudora ovata, Pfr. Consp. p. 40. nr. 375.

Gehäuse bedeckt-durchbohrt, länglich-eiförmig, abgestossen, dünnschalig, der Länge nach gedrängt-feinfaltig, seidenglänzend, bräunlich-hornfarbig oder sehr blass horngelblich, mit reihenweise gestellten braunrothen Flecken. Gewinde eiförmig-conisch, abgestutzt. Naht wenig vertieft, unregelmässig knotig-gekerbt. Uebrige Umgänge 5, ziemlich gewölbt, der letzte etwas verschmälert, am Grunde unregelmässig spiralstreifig. Mündung parallel mit der Axe, rundlich-oval. Mundsaum bräunlich, doppelt, der innere kurz vorgestreckt, der äussere nach allen Seiten verbreitert, glockig-ausgebreitet, strahlig-gerippt, oben winklig zurückgeschlagen, dann auf einer langen Strecke am vorletzten Umgange angewachsen, den Nabel verschliessend, der linke Rand geöhrt, frei. — Länge 8¾''', Durchmesser 4'''. (Aus H. Cuming's Sammlung.)

Deckel: unbekannt.

Vaterland: die Insel Cuba.

307. Cyclostoma fasciculare Pfr. Die büschelkerbige Kreismundschnecke.

Taf. 40. Fig. 23. 24.

C. testa perforata, acuminato-ovata, solidula, confertissime costulato-striata, vix sericea, griseo-cornea; spira conica, acutiuscula; sutura costularum fasciculis crenata; anfr. 5 convexiusculis, ultimo rotundato, basi spiraliter sulcato; apertura vix obliqua, ovali; perist. simplice, recto, acuto. — Operc. terminale, testaceum, planum, paucispirum, anfractibus oblique striatis.

Cyclostoma fasciculare, Pfr. in Proceed. Zool. Soc. 1851.
Cyclostomus fascicularis, Pfr. Consp. p. 36. nr. 333.

Gehäuse durchbohrt, zugespitzt-eiförmig, ziemlich festschalig, sehr gedrängt-rippenstreifig, schwach seidenglänzend, graulich-hornfarbig. Gewinde conisch, mit ziemlich spitzem Wirbel. Naht wenig vertieft, durch die nach oben büschelweise vereinigten und vorragenden Rippchen gekerbt. Umgänge 5, mässig gewölbt, der letzte gerundet, am Grunde spiralfurchig. Mündung wenig gegen die Axe geneigt, oval. Mundsaum am vorletzten Umgange kaum unterbrochen, einfach, scharf, geradeaus. — Länge 6''', Durchmesser 4'''. (Aus H. Cuming's Sammlung.)

Deckel: endständig, von Schalensubstanz, platt, mit wenigen schräggestreiften Windungen.

Vaterland: unbekannt.

Bemerkung. Diese Art steht in der Gestalt, Mündung und Deckel dem Cycl. elegans am nächsten.

308. Cyclostoma violaceum Pfr. Die violette Kreismundschnecke.

Taf. 40. Fig. 25—27.

C. testa subobtecte perforata, ovato-turrita, truncata, solidula, lineis elevatis spiralibus et confertioribus longitudinalibus oblongo-granulata, haud scabra, non nitente, saturate violacea; spira turrita, truncata; anfr. superst. $4^1/_2$ convexis, ultimo rotundato; apertura subverticali, angulato-ovali; perist. simplice, albo, continuo, margine dextro subincrassato, anguste angulatim patente, columellari in laminam sinuosam, perforationem occultantem, nec claudentem, dilatato. — Operc. immersum, testaceum, planum, cinereum, paucispirum.

Cyclostoma violaceum, Pfr. in Proceed Zool. Soc. 1851.
Tudora violacea, Pfr. Consp p. 40. nr. 369

Gehäuse halbbedeckt-durchbohrt, eiförmig-gethürmt, abgestossen, ziemlich festschalig, durch erhobene Spirallinien und gedrängterstehende Längslinien gegittert, nicht rauh, länglich-gekörnt, glanzlos, dunkel braunviolett. Gewinde gethürmt, abgestutzt. Naht vertieft, einfach. Uebrige Umgänge $4^1|_2$, convex, der letzte gerundet. Mündung fast parallel mit der Axe, winklig-oval. Mundsaum weiss, einfach, zusammenhängend, am letzten Umgange ziemlich lang-angewachsen, der rechte Rand etwas verdickt, schmal winklig-abstehend, der Spindelrand in eine wellig-gewölbte, den Nabel verbergende, aber nicht verschliessende Platte zurückgeschlagen. — Länge 10''', Durchmesser $5^1|_2$'''. (Aus H. Cuming's Sammlung.)

Deckel: eingesenkt, von Schalensubstanz, platt, aschfarbig, mit wenigen Windungen und seitlichem Kerne.

Vaterland: auf der Insel Cuba (Poey).

309. Cyclostoma Grateloupi Pfr. Grateloup's Kreismundschnecke.

Taf. 40. Fig. 28. 29. Var. Fig. 30. 31.

C. testa perforata, oblonga, pupaeformi, truncata, tenuiuscula, spiraliter confertim sulcata et costis longitudinalibus confertis, non interruptis sculpta, diaphana, parum nitida, corneo-albida, fasciis strigatim interruptis castaneis ornata; spira sursum parum attenuata, late truncata; sutura levi, crenata; crenis superne minutis, confertis, in anfr. ultimis fasciculatim dilatatis, obtusis; anfr. superst. 4 vix convexiusculis, ultimo antice breviter soluto, basi rotundato; apertura verticali, ovali; perist. duplice, interno breviter expanso, adnato, externo campanulato-patente, rufo radiato, superne cucullatim elevato, tum emarginato et anfractui penultimo adnato. — Operc. testaceum, planum, anfr. 3, marginibus lamelloso-liberis.

Cyclostoma Grateloupi, Pfr. in Proceed. Zool. Soc. 1851.

Cistula Grateloupi, Pfr. Consp. p. 43. nr. 402.

Gehäuse durchbohrt, länglich, pupaförmig, abgestossen, ziemlich dünnschalig, mit gedrängten Spiralfurchen und eben so dichten ununterbrochenen Längslinien, durchscheinend, wenig glänzend, hornfarbig-weisslich, mit kastanienbraunen, striemenweise unterbrochenen Binden. Gewinde nach oben wenig verschmälert, breit abgestutzt. Naht wenig vertieft, oben fein- und dicht-, nach unten breit-büschelig-gekerbt. Uebrige Umgänge 4, sehr wenig gewölbt, der letzte nach vorn kurz abgelöst, am Grunde gerundet. Mündung parallel mit der Axe, oval. Mundsaum doppelt, der innere schmal ausgebreitet, angewachsen, der äussere etwas glockig-ausgebreitet, rothbraun-strahlig, nach oben kappenartig verbreitert, dann ausgerandet und am vorletzten Umgange angewachsen. — Länge 8''', Durchmesser $3^1|_2$'''. (Aus H. Cuming's Sammlung.)

Deckel: von Schalensubstanz, platt, mit 3 Windungen, deren Ränder lamellenartig abstehen.

Varietät: kleiner, mit gedrängteren, schärferen Kerbzähnen der Naht. (Taf. 40. Fig. 30. 31.)

Vaterland: Yucatan. Die Var. soll aus Westindien sein.

310. Cyclostoma Jayanum Adams. Jay's Kreismundschnecke.

Taf. 40. Fig 32. 33.

C. testa profunde rimata, ovato-conica, solidiuscula, longitudinaliter confertim plicata, parum nitida, albida, strigis latis obliquis, angulosis, fuscis picta; spira elato-conica, vix truncatula; sutura superne minute denticulata, anfractuum inferiorum subsimplice; anfr. $4^1/_2$ convexis, ultimo rotundato, basi ultra axin subproducto; apertura subobliqua, subcirculari, intus nitida, fulvida, nebulosa; perist. lateritio, duplice; interno continuo, late expanso, appresso; externo latiore, horizontaliter patente, superne sinuato-angulato, ad anfractum penultimum breviter interrupto. — Operc. testaceum, album, extus concavum, anfr. $4^1/_2$, nucleo sublaterali.

Cyclostoma solidum, Adams Contrib. to Conch. nr. 1. p. 7. Nec Menke.
— Jayanum, Adams ibid. nr. 4. p. 50.
— histrio, Pfr. in Proceed. Zool. Soc. 1851. Jul.
Cyclostomus Jayanus, Pfr. Consp. p. 37. nr. 345.

Gehäuse tief-nabelritzig, eiförmig-conisch, ziemlich festschalig, gedrängt- und fein-längsfaltig, wenig glänzend, weisslich, mit breiten schrägen, zackigen braunen Striemen. Gewinde hoch-conisch, sehr wenig abgestossen. Naht an den oberen Umgängen feingezähnelt, an den unteren ziemlich einfach. Umgänge $4^1|_2$, gewölbt, der letzte gerundet, am Grunde etwas über die Axe hervorgezogen, daher die Mündung etwas schräg vorwärts-geneigt, fast kreisrund, innen glänzend bräunlich, mit durchscheinenden Striemen. Mundsaum ziegelroth, doppelt; der innere zusammenhängend, breit abstehend, angedrückt, der äussere noch breiter, horizontal abstehend, nach oben buchtig-winklig, am vorletzten Umgange kurz unterbrochen. — Länge 10''', Durchmesser $5^1|_2$'''. (Aus meiner Sammlung.)

Deckel: von Schalensubstanz, weiss, aussen etwas concav, mit $4^1|_2$ Windungen und etwas seitlichem Kerne.

Vaterland: die Insel Jamaica.

311. Cyclostoma Augustae Adams. Augusta's Kreismundschnecke.

Taf. 40. Fig. 34. 35.

C. testa subperforata, oblongo-conica, truncata, solida, striis longitudinalibus superne distinctis, sensim subtilioribus, lineisque obtusis spiralibus subdecussata, fusco-albida, rufo seriatim maculata et basi fasciata; spira turrita, late truncata; sutura confertim crenulata; anfr. superst. $4^1/_2$—5 convexiusculis; apertura subverticali, oblique ovali; perist. albo, duplice; interno expansiusculo, externo dilatato, rectangule patente, ad anfractum penultimum exciso, margine columellari sinuato reflexo, auriculato. — Operc. testaceum, paucispirum, planum, undique confertim transverse rugatum.

Cyclostoma Augustae, Adams Contrib to Conchol. nr. 1. p. 7.
Tudora Augustae, Pfr. Consp. p. 40. nr. 371.

Gehäuse eng-durchbohrt, länglich-conisch, abgestossen, festschalig, mit feinen, nach oben deutlicheren, nach unten schwächeren Längs- und mit stumpfen Spirallinien etwas gegittert, bräunlichweiss, mit reihenweise gestellten braunen Flecken und einer solchen Binde an der Basis. Gewinde thurmförmig, breit-abgestutzt. Naht dicht- und feingekerbt. Uebrige

Umgänge 4½—5, mässig gewölbt, der letzte gerundet. Mündung fast parallel mit der Axe, nach unten etwas vortretend, etwas schief-oval. Mundsaum weiss, doppelt; der innere schmal ausgebreitet, anliegend, der äussere verbreitert, rechtwinklig-abstehend, am vorletzten Umgange ausgeschnitten, der Spindelrand buchtig-zurückgeschlagen, etwas geöhrt. — Länge 9‴, Durchmesser 4‴. (Aus meiner Sammlung.)

Deckel von Schalensubstanz, platt, mit wenigen Windungen, überall schräg gerunzelt.

Vaterland: die Insel Jamaica.

312. Cyclostoma diaphanum Pfr. Die durchscheinende Kreismundschnecke.

Taf. 40. Fig. 36. 37.

C. testa subperforata, oblongo-turrita, truncata, tenuiuscula, lineis elevatis spiralibus confertis, costulisque illas transgredientibus filaribus confertioribus decussata, diaphana, unicolore albida; spira elongata; sutura irregulariter crenata; anfr. superst. 4½ convexis, subaequalibus, ultimo antice soluto, dorso carinato, basi rotundato, distinctius spiraliter sulcato; apertura verticali, angulato-ovali; perist. subsimplice, continuo, undique breviter expanso. — Operc.?

Cyclostoma diaphanum, Pfr. in Proceed. Zool. Soc. 1851.
Chondropoma? diaphanum, Pfr. Consp. p. 45. nr. 427.

Gehäuse fast undurchbohrt, länglich-thurmförmig, abgestossen, ziemlich dünnschalig, durch gedrängte erhobene Spirallinien und fädliche, noch gedrängter über jene hinüberlaufende Längsrippchen gegittert, durchscheinend, einfarbig weisslich. Gewinde langgestreckt, allmählig nach oben verschmälert. Naht wenig vertieft, unregelmässig gekerbt. Uebrige Umgänge 4½, convex, sehr langsam zunehmend, der letzte nach vorn abgelöst, auf dem Rücken gekielt, am Grunde gerundet und deutlicher spiralfurchig. Mündung parallel mit der Axe, winklig-oval. Mundsaum ziemlich einfach, zusammenhängend, nach allen Seiten schmal ausgebreitet. — Länge 6‴, Durchmesser 2½‴. (Aus H. Cuming's Sammlung.)

Deckel: unbekannt.

Vaterland: unbekannt.

313. Cyclostoma turritum Pfr. Die thurmförmige Kreismundschnecke.

Taf. 41. Fig. 1. 2.

C. testa subperforata, turrita, truncatula, lineis elevatis spiralibus et longitudinalibus regulariter clathrata, albida, lineolis rufis interruptis cincta; sutura subprofunda, confertim denticulata; anfr. sup. 6 convexiusculis, regulariter accrescentibus, ultimo rotundato, basi sulcis nonnullis spiralibus profundis munito; apertura verticali, ovali, intus fulvida; perist. subduplice; interno continuo, expansiusculo, externo superne angulato-dilatato, margine dextro vix patente, columellari et sinistro exciso. — Operc.?

Cyclostoma turritum, Pfr. in Proceed. Zool. Soc. 1851. Jul.
Chondropoma? turritum, Pfr. Consp. p. 45. nr. 425.

Gehäuse kaum durchbohrt, thurmförmig, ziemlich festschalig, durch erhobene Längs- und Spirallinien regelmässig enggegittert, glanzlos, weisslich, mit unterbrochenen rothbraunen Linien umgürtet. Gewinde geradlinig, allmälig verjüngt, oben abgestossen. Naht ziemlich tief eingedrückt, dicht mit weissen Kerbzähnchen besetzt. Uebrige Umgänge 6, mässig gewölbt, der letzte gerundet, an der Basis stark spiralfurchig. Mündung parallel zur Axe, oval, innen bräunlichgelb. Mundsaum theilweise verdoppelt, der innere zusammenhängend, schmal ausgebreitet, der äussere am vorletzten Umgange und bis zum Grunde herab fehlend, an der rechten Seite sehr schmal abstehend. — Länge 8''', Durchmesser 3½'''. (Aus H. Cuming's Sammlung.)

Deckel: unbekannt.

Vaterland: Honduras (Dyson).

314. Cyclostoma pallidum Pfr. Die bleiche Kreismundschnecke.

Taf. 41. Fig. 3—6.

C. testa perforata, ovato-turrita, truncata, tenui, lineis elevatis spiralibus et confertissimis longitudinalibus (hic illic-irregularibus, subconfluentibus) minute decussata, pallide cornea, lineolis rufis interruptis obsolete picta; sutura profunda, subsimplice; anfr. 4 convexis, ultimo rotundato; apertura verticali, ovali-circulari; perist. duplice; interno albo, porrecto, expansiusculo, externo dilatato, horizontaliter patente, concentrice striato, anfractui penultimo breviter adnato, margine sinistro angustiore. — Operc. tenue, extus strato testaceo obductum, anfr. 3½, marginibus subliberis.

Cyclostoma pallidum, Pfr. in Proceed. Zool. Soc. 1851. Jul.
Cistula pallida, Pfr. Consp. p. 42. nr. 388.

Gehäuse durchbohrt, eiförmig-gethürmt, abgestossen, dünnschalig, durch erhobene Spiral- und sehr gedrängte, hier und da unregelmässige, zusammenlaufende Längslinien fein-netzig, glanzlos, bleich hornfarbig, mit unterbrochenen rothbraunen Linien undeutlich gezeichnet. Gewinde eiförmig, ziemlich breit abgestossen. Naht tief, kaum merklich durch die vorragenden Längslinien gekerbt. Uebrige Umgänge 4, convex, der letzte gerundet. Mündung parallel der Axe, oval-rundlich. Mundsaum doppelt. der innere weiss, vorgestreckt und etwas ausgebreitet, der äussere verbreitert, horizontal abstehend, concentrisch gestreift, am vorletzten Umgange schmal angewachsen, der linke Rand schmäler. — Länge fast 9''', Durchmesser $4^1|_4$'''. (Aus H. Cuming's und meiner Sammlung.)

Varietät: kleiner, mit 7 Windungen und unversehrter Spitze. (Fig. 5. 6.)

Deckel: dünn, knorplig, mit einer dünnen Schicht von Schalensubstanz, mit $3^1|_2$ Windungen mit etwas abstehenden Rändern.

Vaterland: Almendares bei Havana. (Morelet.)

315. Cyclostoma trochleare Pfr. Die Schrauben-Kreismundschnecke.

Taf. 41. Fig. 7. 8.

C. testa perforata, oblongo-turrita, truncata, costis filaribus spiralibus et longitudinalibus subregulariter clathrata, haud nitente, pallide fuscula, punctis rufis subseriatis variegata; spira elongata, trochleari, late truncata; sutura profunda, simplice; anfr. 5 perconvexis, ultimo antice subsoluto; apertura verticali, subcirculari; perist. duplice; interno vix porrecto, externo horizontaliter expanso, superne in rostrum recurvatum dilatato, ad anfr. penultimum breviter interrupto, latere sinistro inciso-crenulato. — Operc.?

Cyclostoma trochlea, Pfr. in Proc. Zool. Soc. 1851. Jul. Nec. Bens.
Cistula? trochlearis, Pfr. Consp. p. 43. nr. 409.

Gehäuse durchbohrt, gethürmt, durch fädliche Spiral- und Längslinien ziemlich regelmässig gegittert, glanzlos, bleich bräunlich, mit fast reihenförmig geordneten rothbraunen Punkten. Gewinde geradlinig, langgestreckt, schraubenförmig, breit-abgestutzt. Naht tief, einfach. Uebrige Umgänge 5, stark gewölbt, der letzte vorn etwas abgelöst. Mündung parallel mit der Axe, fast kreisförmig. Mundsaum doppelt, der innere kaum vorragend, der äussere wagrecht ausgebreitet, an der Seite des vorletzten Umganges ausgeschnitten, der obere Rand in einen zurückgebogenen, spitzen Schnabel verbreitert, der linke Rand neben dem engen Nabelloch eingekerbt und wellig. — Länge 7''', Durchmesser 3'''. (Aus H. Cuming's Sammlung.)

Deckel: unbekannt.

Vaterland: unbekannt.

Bemerkung. Diese Art ist, abgesehen von dem unbekannten Deckel, dem Cycl. Saulae Sow. am nächsten verwandt.

316. Cyclostoma Küsteri Pfr. Küster's Kreismundschnecke.

Taf. 41. Fig. 9. 10.

C. testa perforata, ovato-turrita, truncata, tenui, sulcis spiralibus et costulis longitudinalibus confertis regulariter granulato-reticulata, subaspera, vix nitente, diaphana, fusco-cornea, lineis obsoletis rufis interruptis picta; spira convexo-turrita, late truncata; sutura profunda, simplice; anfr. 4 convexis, ultimo angustiore, rotundato; apertura subverticali, subcirculari; perist. duplice; interno breviter expanso, adnato, externo campanulato-expanso, concentrice striato, antice concavo, rufo-radiato, superne angulato, ad anfr. penultimum subangustato. — Operc. ?

Cyclostoma Küsteri, Pfr. in Proc. Zool. Soc. 1851. Jul.

Cistula? Küsteri, Pfr. Consp. p. 42. nr. 389.

Gehäuse durchbohrt, eiförmig-gethürmt, abgestossen, dünnschalig, durch gedrängte Spiralfurchen und Längsrippchen regelmässig gekörnt-netzig, etwas rauh, fast glanzlos, durchscheinend, rothbraun-hornfarbig, mit undeutlichen, unterbrochenen rothbraunen Linien. Gewinde gewölbt, breit-abgestutzt. Naht tief, einfach. Uebrige Umgänge 4, convex, der letzte verschmälert, gerundet. Mündung parallel zur Axe, fast kreisrund, wenig verlängert. Mundsaum doppelt, der innere schmal ausgebreitet, angewachsen, der äussere glockig-ausgebreitet, concentrisch gestreift, nach vorn concav, rothbraun-strahlig, nach oben winklig, am vorletzten Umgange etwas verschmälert. — Länge 7''', Durchmesser 3½'''. (Aus H. Cuming's und meiner Sammlung.)

Deckel: unbekannt.

Vaterland: Honduras (Dysen).

317. Cyclostoma lugubre Pfr. Die Trauer-Kreismundschnecke.

Taf. 41. Fig. 11. 12.

C. testa perforata, turrito oblonga, solida, truncata, liris obtusis spiralibus, costulisque submembranaceis illas transgredientibus sculpta, fuscula, violaceo-fusco late unifasciata; spira parum attenuata; sutura confertim et subacute fasciculato-crenata; anfr. 5 convexiusculis, ultimo antice breviter soluto, subdescendente, dorso compresso, basi distantius spiraliter lirato; apertura verticali, oblique ovali; perist. subsimplice, continuo, margine sinistro breviter, reliquis paulo latius expansis, subundulatis. — Operc.?

Cyclostoma lugubre, Pfr. in Proceed. Zool. Soc. 1851. Jul.
Cistula? lugubris, Pfr. Consp. p. 42. nr. 395.

Gehäuse eng-durchbohrt, gethürmt-länglich, festschalig, breit-abgestutzt, mit stumpfen Spiralleistchen, über welche sehr gedrängtstehende, seidenartige Längsrippchen herablaufen, glanzlos, bräunlich, mit einer breiten, violettbraunen Binde. Gewinde sehr allmälig verjüngt. Naht durch die büschelig vereinigten und verdickten Längsrippchen dicht und ziemlich spitz gekerbt. Uebrige Umgänge 5, wenig gewölbt, der letzte nach vorn kurz abgelöst, oben gekielt, um das Nabelloch mit einigen stärker vorragenden Spiralleisten versehen. Mündung parallel zur Axe, schief-eiförmig. Mundsaum fast einfach, zusammenhängend, der linke Rand schmal, die übrigen etwas breiter-abstehend, braungefleckt, etwas wellig. — Länge 8''', Durchmesser fast 3½'''. (Aus H. Cuming's Sammlung.)

Deckel: unbekannt.
Vaterland: Jamaica.

318. Cyclostoma sulculosum Férussac. Die feinfurchige Kreismundschnecke.

Taf. 41. Fig. 15. 17. 22. 23.

C. testa vix rimata, oblonga, truncata, solida, liris elevatis spiralibus, lineisque confertissimis longitudinalibus liras transgredientibus (quarta vel quinta quavis validiore) sculpta, non nitente, fulvo-carnea; spira sensim attenuata, truncata; sutura subcanaliculata, irregulariter et remote calloso-crenata; anfr. 4 convexiusculis, ultimo antice subsoluto; apertura verticali, ovali, intus fuscula; perist albido, duplice: interno expansiusculo, appresso, externo breviter patente, superne in rostrum triangulare elevato, ad anfr. penultimum angustissimo, latere sinistro dilatato. — Operc.

Cyclostoma sulculosum, Féruss. Mus. teste Cuming.
Cyclostomus? sulculosus, Pfr. Consp. p. 38. nr. 353.

Gehäuse kaum geritzt, länglich, abgestuzt, festschalig, mit feinen Spiralleisten und darüber hinablaufenden, sehr gedrängten Längslinien, von welchen je die vierte oder fünfte etwas stärker ist, besetzt, glanzlos, bräunlich-fleischfarbig. Gewinde langsam verjüngt, breit-abgestossen.

Naht etwas rinnig, mit unregelmässigen schwieligen Kerbzähnen in weiten Zwischenräumen besetzt. Uebrige Umgänge 4, mässig gewölbt, der letzte vorn etwas abgelöst, oben gekielt. Mündung parallel mit der Axe, oval, innen bräunlich. Mundsaum weisslich, verdoppelt, der innere etwas ausgebreitet, angedrückt, der äussere schmal-abstehend, nach oben in einen 3eckigen, quergefurchten Schnabel erhoben, am vorletzten Umgange sehr schmal, unterhalb desselben beträchtlich verbreitert. — Länge 7''', Durchmesser 3½'''. (Fig. 15. 17. aus H. Cuming's Sammlung.)

Varietät: kleiner, blassgefärbt, mit tieferer Naht:

Cyclostoma suturale, Fér. Mus. teste Cuming.

Deckel: unbekannt.

Vaterland: die Insel Guadeloupe.

319. Cyclostoma radula Pfr. Die feilenartige Kreismundschnecke.

Taf. 41. Fig. 13. 14.

C. testa perforata, ovato-oblonga, truncata, tenui, lineis elevatis spiralibus et costis acutis longitudinalibus subtiliter asperato-decussata, non nitente, pallide cornea, fasciis angustis, interruptis, rufis ornata; spira sursum attenuata, late truncata; sutura profunda, subsimplice; anfr. 4 convexis, ultimo angustiore, rotundato; apertura verticali, subcirculari; perist. duplice; interno continuo, vix porrecto, externo dilatato, horizontaliter patente, concentrice striato, ad anfr. penultimum subexciso, margine sinistro fimbriato-inciso. — Operc. e duabus laminis compositum, externa subtestacea, anfr. 3½.

Cyclostoma radula, Pfr. in Proceed. Zool. Soc. 1851. Jul.

Cistula radula, Pfr. Consp. p. 42. nr. 390.

Gehäuse durchbohrt, eiförmig-länglich, abgestutzt, dünnschalig, durch erhobene Spirallinien und scharfe Längsrippen fein und rauh gegittert, glanzlos, hell hornfarbig, mit schmalen, unterbrochenen, rothbraunen Binden. Gewinde nach oben verjüngt, breit-abgestutzt. Naht tief, einfach. Uebrige Umgänge 4, gewölbt, der letzte verschmälert, gerundet. Mündung parallel zur Axe, fast kreisrund, wenig länger als breit. Mundsaum doppelt; der innere zusammenhängend, kaum vorragend, der äussere verbreitert, wagrecht abstehend, concentrisch gestreift, braungestrahlt, am vorletzten Umgange kurz ausgeschnitten, neben dem kurzen, ritzenartigen Nabelloch mehrfach wimperig-eingeschnitten. — Länge 7''', Durchmesser 3½'''. (Aus H. Cuming's Sammlung.)

Deckel: sehr ähnlich dem von C. pallidum (Nr. 314.).
Vaterland: die Insel Cuba; Almendares bei Havana (Morelet).

320. Cyclostoma Cumanense Pfr. Die Cumanesische Kreismundschnecke.

Taf. 41. Fig. 18. 19.

C. testa perforata, turrito-oblonga, truncata, tenui, longitudinaliter confertim plicata, sericea, pellucida, corneo-lutescente, maculis castaneis fasciatim dispositis ornata; sutura plicis excurrentibus confertim subcrenata; anfr. 5 subconvexis, ultimo basi rotundato, antice breviter soluto, dorso carinato; apertura subverticali, ovali, superne subangulata; perist. libero, simplice, undique vix expanso. — Operc. cartilagineum, planum.

Cyclostoma Cumanense, Pfr. in Proceed. Zool. Soc. 1851. Jul.
Chondropoma Cumanense, Pfr. Consp. p. 44. nr. 417.

Gehäuse durchbohrt, gethürmt-länglich, abgestutzt, dünnschalig, der Länge nach dicht faltenstreifig, seidenglänzend, durchsichtig, horngelblich mit reihenweise gestellten kastanienbraunen Flecken. Gewinde allmälig verjüngt, breit-abgestutzt. Naht wenig vertieft, durch die scharfauslaufenden Längsfalten dicht und fein gekerbt. Uebrige Umgänge 5, mässig gewölbt, der letzte am Grunde gerundet, vorn kurz abgelöst, mit zusammengedrücktem Rücken. Mündung fast parallel mit der Axe, oval, oben winklig. Mundsaum zusammenhängend, frei, einfach, überall schmal ausgebreitet. — Länge $7^1|_2'''$, Durchmesser $3^3|_4'''$. (Aus H. Cuming's Sammlung.)

Deckel: wie der von C. plicatulum Pfr.
Vaterland: Cumana (Dyson).

321. Cyclostoma pingue Pfr. Die fettglänzende Kreismundschnecke.

Taf. 41. Fig. 20. 21.

C. testa umbilicata, oblongo-turrita, truncata, solida, liris spiralibus obtusis undulata, striis longitudinalibus confertissimis sculpta, oleoso-micans, cinnamomeo-fusca; sutura profunda, simplice; anfr. 4 convexis, regulariter accrescentibus, ultimo rotundato; apertura subverticali, fere circulari; perist. albo, duplice; interno expansiusculo, adnato, externo continuo, horizontaliter expanso, anfractui penultimo brevissime adnato, superne angulato. — Operc.?

Cyclostoma pingue, Pfr. in Proceed. Zool. Soc. 1851. Jul.
Adamsiella pinguis, Pfr. Consp. p. 28. nr. 252.

Gehäuse genabelt, länglich-gethürmt, abgestutzt, festschalig, durch stumpfe Spiralleisten wellig und mit sehr feinen, gedrängten Längslinien, fettglänzend, dunkel zimmtbraun. Gewinde regelmässig verjüngt, breit abgestutzt. Naht tief, einfach. Uebrige Umgänge 4, gewölbt, regelmässig zunehmend, der letzte gerundet, bisweilen am Grunde mit einer dunkleren Binde um den offenen, durchgehenden Nabel. Mündung fast parallel mit der Axe, ziemlich kreisrund. Mundsaum weiss, doppelt; der innere etwas ausgebreitet, angewachsen, der äussere zusammenhängend, wagrecht ausgebreitet, am vorletzten Umgange sehr kurz angewachsen, oben winklig. — Länge 6¼''', Durchmesser 3'''. (Aus H. Cuming's Sammlung.)

Deckel: unbekannt.

Vaterland: unbekannt.

Bemerkung. Diese Art ist dem C. chlorostomum und xanthostomum Sow. und iguilabre Ad. und durch diese der Gruppe des C. articulatum Gray zunächst verwandt.

322. Cyclostoma bilabiatum Orbigny? Die zweilippige Kreismundschnecke.

Taf. 43. Fig. 31. 32.

C. testa vix perforata, turrita, tenuiuscula, lineis elevatis spiralibus confertioribusque longitudinalibus reticulata, vix sericea, fusco-violacea; spira regulariter attenuata, integra; sutura minute crenulata; anfr. 6 convexiusculi, ultimus augustior, antice solutus; apertura verticalis, rotundato-ovalis; perist. duplex; internum breviter porrectum, externum subaequaliter et horizontaliter patens, superne anguloso-dilatatum. — Operc.?

Cyclostoma bilabiata, Orb. Moll. Cub. I. p. 258. t. 22. f. 3—5?
— Dorbignyanum, Petit in Journ. Conch. I. p. 46?
Chondropoma? bilabiatum, Gray Catal. Cycloph. p. 52.
Cistula? bilabiata, Pfr. Consp. p. 43. nr. 401.

Gehäuse kaum durchbohrt, gethürmt, ziemlich dünnschalig, durch erhobene Spirallinien und gedrängte Längslinien netzartig, kaum seidenglänzend, bräunlich-violett. Gewinde regelmässig verjüngt, nicht abgestutzt. Naht fein gekerbt. Umgänge 6, wenig gewölbt, der letzte verschmälert, vorn abgelöst. Mündung parallel zur Axe, rundlich-oval. Mundsaum doppelt, der innere kurz vorragend, der äussere rings ziemlich gleichmässig wagerecht abstehend, nach oben winklig-verbreitert. — Länge 6½''', Durchmesser 3'''. (Aus H. Cuming's Sammlung.

Deckel: unbekannt.

Vaterland: Westindien: Cuba?

Bemerkung. Ich bin nicht sicher, ob die hier beschriebene und abgebildete Schnecke mit der gleichnamigen von D'Orbigny, welcher Petit wegen Pterocyclos bilabiatus Sow. den Namen C. Dorbignyanum gegeben hat, ganz identisch ist, doch ist es sehr wahrscheinlich.

323. Cyclostoma harpa Pfr. Die Harfen-Kreismundschnecke.

Taf. 41. Fig. 28. 29.

C. testa breviter rimata, oblongo-turrita, tenuiuscula, plicis longitudinalibus chordiaeformibus subdistantibus munita, cinnamomeo-carnea, haud nitens, lineis rufis strigatim interruptis ornata; spira turrita, integra, sursum nigro-violacea, apice obtusa; sutura profunda, plicis prominentibus subcrenata; anfr. 6 convexis, ultimo rotundato; apertura verticali, ovali-subcirculari; perist. rubello, duplice; interno expansiusculo, appresso, externo undique vix dilatato-patente, anfractui penultimo breviter adnato. — Operc.?

Cyclostoma harpa, Pfr. in Proceed. Zool. Soc. 1851. Jul.
Chondropoma? harpa, Pfr. Consp. p. 45. nr. 431.

Gehäuse kurz-geritzt, nicht durchbohrt, länglich-gethürmt, ziemlich dünnschalig, mit ziemlich entfernten, saitenartigen Längsfalten besetzt, zimmtbräunlich-fleischfarbig, glanzlos, mit striemig-unterbrochenen schmalen braunrothen Binden. Gewinde gethürmt, nicht abgestossen, regelmässig verjüngt, nach oben schwärzlich-violett, mit stumpfem Wirbel. Naht tief, durch die vorragenden Längsfalten etwas kerbig. Umgänge 6, convex, regelmässig zunehmend, der letzte gerundet. Mündung parallel zur Axe, oval-rundlich. Mundsaum röthlich, doppelt; der innere wenig ausgebreitet, angedrückt, der äussere ringsum kaum verbreitert-abstehend, am vorletzten Umgange kurz-angewachsen. — Länge 6''', Durchmesser 3'''. (Aus H. Cuming's Sammlung.)

Deckel: unbekannt.

Vaterland: Cuba; Almendares bei Havana (Morelet).

324. Cyclostoma alternans Pfr. Die wechselreifige Kreismundschnecke.

Taf. 41. Fig. 30—32.

C. testa umbilicata, conoideo-depressa, tenuiuscula, acute multilirata, liris alternis minoribus, haud nitens, sub epidermide pallide lutescente fugace alba; spira breviter conoideo-elevata, obtusiuscula; sutura subcanaliculata; anfr. 5 convexiusculis, ultimo rotundato; umbilico mediocri, conico; apertura parum obliqua, subcirculari; perist. simplice, recto, fusco-limbato, subcontinuo, marginibus ad anfr. penultimum callo nitido junctis. — Operc. membranaceum, planum, arctispirum, cereum.

Cyclostoma alternans, Pfr. in Proceed. Zool. Soc. 1851. Jul.
Cyclophorus alternans, Pfr. Consp. p. 15. nr. 134.

Gehäuse genabelt, conoidisch-niedergedrückt, ziemlich dünnschalig, mit vielen schärflichen Spiralleistchen besetzt, welche oberseits mit feineren abwechseln, fast glanzlos, unter einer abfälligen blassgelblichen Epidermis weiss. Gewinde niedrig-conoidisch-erhoben, mit stumpflichem Wirbel. Naht etwas rinnig-eingedrückt. Umgänge 5, ziemlich convex, der letzte gerundet, unterseits allmälig in den mittelbreiten, tiefen Nabel abfallend. Mündung wenig schief gegen die Axe, fast kreisrund. Mundsaum einfach, geradeaus, bräunlich-gesäumt, fast zusammenhängend, die Ränder am vorletzten Umgange durch glänzenden Callus vereinigt. — Höhe 5''', Durchmesser 10'''. (Aus H. Cuming's Sammlung.)

Deckel: häutig, enggewunden, ziemlich platt, wachsfarbig.

Vaterland: die Insel Madagascar.

325. Cyclostoma subdiscoideum Sowerby. Die fast scheibenförmige Kreismundschnecke.

Taf. 41. Fig. 33. 34.

C. testa umbilicata, depressa, solidula, undique confertim spiraliter lirata, opaca, pallide carnea, superne maculis fusculis substrigatim picta; spira brevissime turbinata, vertice subpapillari; anfr. 4½—5 convexis, ultimo subterete, antice descendente; umbilico lato; apertura fere diagonali, circulari, intus carnea; perist. simplice, marginibus fere contiguis, supero repando, expansiusculo, columellari breviter reflexo. — Operc. testaceum, immersum, subplanum, arctispirum, anfractuum margine acute elevato.

Cyclostoma subdiscoideum, Sow. Thes. Nr. 184. p. 161* t. 31. B. f. 304. 305.
— rusticum, Pfr. in Proceed. Zool. Soc. 1851. Jul.
Cyclotus Pfeifferi, Gray Catal. Cycloph. p. 9. (absque descript.)
— subdiscoideus, Pfr. Consp. p. 6. nr. 26.

Gehäuse genabelt, niedergedrückt, ziemlich festschalig, überall mit dichtstehenden Spiralreifen besetzt, blass fleischfarbig, oberseits undeutdeutlich striemig mit bräunlichen länglichen Flecken bemalt. Gewinde kaum kreiselförmig erhoben, mit warzenähnlichem Wirbel. Naht wenig vertieft. Umgänge 4½—5, convex, der letzte fast stielrund, oberseits etwas niedergedrückt, nach vorn herabsteigend. Nabel weit und tief.

Mündung fast diagonal gegen die Axe, ziemlich kreisrund, innen fleischfarbig. Mundsaum einfach, die Ränder sehr genähert, am letzten Umgange durch schmalen Callus vereinigt, der obere ausgeschweift, etwas ausgebreitet, der Spindelrand kurz zurückgeschlagen. — Höhe 4''', Durchmesser 8'''. (Aus H. Cuming's Museum.)

Deckel: eingesenkt, kalkartig, ziemlich flach, enggewunden, mit scharf erhobenem Rande der Umgänge. (Brit. Museum.)

Vaterland: unbekannt.

326. Cyclostoma alatum Pfr. Die geflügelte Kreismundschnecke.

Taf. 41. Fig. 35—37.

C. testa umbilicata, conoideo-depressa, solidula, oblique confertim et inaequaliter costulata, vix diaphana, albida, fasciis angustis pallidissime corneis variegata; spira brevissime conoidea, acutiuscula; sutura simplice; anfr. 4 modice convexis ultimo subterete, antice vix descendente, lilacea-nubuloso; umbilico lato, aperto; apertura diagonali, subcirculari, intus lilaceo-fuscula; perist. subduplice: latere dextro et basali connato, expanso, externo superne alatim dilatato, latere sinistro subreflexo. — Operc.

Cyclostoma alatum, Pfr. in Proceed. Zool. Soc. 1851. Jul.

Choanopoma? alatum, Pfr. Consp. p. 27. nr. 240.

Gehäuse weit und offen genabelt, conoidisch-niedergedrückt, ziemlich festschalig, dicht und ungleich schräg-gerippt, matt durchscheinend, weisslich, mit schmalen, sehr bleichen bräunlichen Binden bemalt. Gewinde sehr wenig conoidisch-erhoben, mit spitzlichem Wirbel. Naht vertieft, einfach. Umgänge 4, mässig convex, der letzte fast stielrund, nach vorn unmerklich herabgesenkt, mit Andeutung von Lilaflecken. Mündung diagonal gegen die Axe, innen violett-braun. Mundsaum theilweise verdoppelt, am rechten und untern Rande verwachsen, das äussere nach oben flügelartig-verbreitert, am linken Bande etwas zurückgeschlagen. — Höhe 4''', Durchmesser 8'''. (Aus H. Cuming's Sammlung.)

Deckel: unbekannt.

Vaterland: San Yago de Cuba.

327. Cyclostoma psilomitum Pfr. Die feinfädige Kreismundschnecke.

Taf. 41. Fig. 24. 25.

C. testa umbilicata, depresso-conoidea, solidula, virenti-lutea, nitidula, lineis spiralibus subtilissimis filoso-elevatis obscurioribus cincta; spira breviter conoidea, obtusa; sutura subcanaliculata; anfr 4 convexis, ultimo terete, non descendente; umbilico mediocri, profundo; apertura fere verticali, subcirculari, intus albida; perist. simplice, acuto, marginibus fere contiguis, callo brevi junctis. — Operc.?

Cyclostoma psilomitum, Pfr. in Proceed. Zool. Soc. 1851. Jul.
Cyclophorus psilomitus, Pfr. Consp. p. 15. nr. 137.

Gehäuse genabelt, niedergedrückt-conoidisch, ziemlich festschalig, grünlichgelb, kaum glänzend, mit sehr feinen fädlich erhobenen dunkleren Linien umgürtet. Gewinde niedrig conoidisch, mit stumpfem Wirbel. Naht etwas rinnig-eingesenkt. Umgänge 4, convex, der letzte stielrund, vorn nicht herabsteigend. Nabel mittelweit, tief. Mündung fast parallel zur Axe, ziemlich kreisrund, innen weisslich. Mundsaum einfach, scharf, die Ränder beinahe zusammenstossend, durch sehr dünnen Callus verbunden. — Höhe 4‴, Durchmesser 7½‴. (Aus H. Cuming's Sammlung.)

Deckel: unbekannt.

Vaterland: Venezuela.

328. Cyclostoma scalare Pfr. Die Treppen-Kreismundschnecke.

Taf. 41. Fig. 38. 39.

C. testa umbilicata, conoidea, solidula, oblique striatula, nitidula, corneo-lutea; spira elata, scalari, apice acuta; sutura profunda; anfr. 4½ perconvexis, ultimo terete, antice subsoluto; umbilico angusto, pervio; apertura obliqua, circulari, intus margaritacea; perist. simplice, continuo, undique vix expansiusculo. — Operc.?

Cyclostoma scalare, Pfr. in Proceed. Zool. Soc. 1851. Jul.
Cyclotus scalaris, Pfr. Consp. p. 7. nr. 34.

Gehäuse genabelt, conoidisch, ziemlich festschalig, schräg feingestreift, ziemlich glänzend, hornfarbig-gelblich. Gewinde treppenförmig erhoben, mit feinem, spitzem Wirbel. Naht tief. Umgänge 4, sehr gewölbt, der letzte stielrund, vorn kurz abgelöst. Nabel eng, durchgehend. Mündung schräg gegen die Axe, kreisrund, innen perlschimmernd. Mundsaum einfach, zusammenhängend, ringsum kaum merklich ausgebreitet. — Höhe 3¼‴, Durchmesser 4½‴. (Aus H. Cuming's Sammlung.)

Deckel: unbekannt.

Vaterland: die Philippinischen Inseln.

(154.) Cyclostoma orbella Lam. var.?

Taf. 41. Fig. 26. 27.

Die Figur stellt eine Schnecke dar, welche von oben gesehen dem Cycl. orbella Lam. ganz ähnlich ist, aber sich durch erhobeneres Gewinde mehr herabgesenkten letzten Umgang und dadurch unterscheidet, dass auch die Unterseite mit fädlichen Spirallinien besetzt ist. Der Deckel ist kalkig, enggewunden, lässt also auf den bisher nirgends beschriebenen Deckel des C. orbella schliessen, wodurch diesem seine wahre Verwandtschaft angewiesen würde.

329. Cyclostoma dubium Gmelin. Born's Lippen-Kreismundschnecke.

Taf. 42. Fig. 1. 2.

C. testa umbilicata, oblongo-turrita, solida, spiraliter confertim striata, lineis longitudinalibus distantioribus granulato-decussata, nitida, luteo-albida, strigis angustis, fulguratis, rufis ornata; spira convexo-turrita, breviter truncata; sutura subcanaliculata, crenulata; anfr. $4^1/_2$ perconvexis, ultimo terete; umbilico infundibuliformi, subpervio; apertura parum obliqua, oblongo-rotundata, parvula, intus alba; perist. duplicato: interno expanso, continuo, incumbente, externo anfractui penultimo breviter adnato, lateribus perdilatato, concentrice striato. — Operc.?

Turbo lincina, Born Test. p. 355. t. 13. f. 5. 6.
— dubius, Gmel. Syst. p. 3606. nr. 75.
Cyclostoma Borni, Pfr. in Proc. Zool. Soc. 1851.
Licina Borni, Pfr. Consp. p. 25. nr. 220.

Gehäuse genabelt, länglich-getbürmt, festschalig, durch eingedrückte, dichtstehende Spiral- und etwas entferntere Längslinien körniggegittert, wenig glänzend, gelblichweiss, mit zackigen, etwas unterbrochenen braunen Längslinien in ziemlich regelmässigen Abständen gezeichnet. Gewinde convex-thurmförmig, schmal abgestutzt. Naht etwas rinnig, fein punktförmig-gekerbt. Uebrige Umgänge $4^1/_2$, sehr convex, der letzte stielrund, nach vorn nicht abgelöst. Nabel trichterförmig, ziemlich durchgehend. Mündung wenig geneigt gegen die Axe, klein, länglichrundlich, innen weiss. Mundsaum doppelt, der innere zusammenhängend, ausgebreitet, aufliegend, der äussere am vorletzten Umgange kurz angewachsen, concentrisch gestreift, nach beiden Seiten sehr verbreitert-abstehend. — Länge 18‴, Durchmesser $9^1/_2$‴. (Aus H. Cuming's Sammlung.)

Deckel: unbekannt.
Vaterland: Jamaica.

Diese Schnecke, auf welche Born's Beschreibung vollkommen passt, ist bisher verwechselt worden mit:

(25.) Cyclostoma labeo Müller.

Taf. 4. Fig. 1. 2. Taf. 42. Fig. 3.

C. testa umbilicata, oblongo-turrita, truncata, lineis elevatis spiralibus et longitudinalibus confertis decussata, solida, nitida, subunicolore castanea; spira convexo-conica; anfr. 4 convexiusculis, ultimo rotundato, antice irregulariter pallidius strigato; umbilico infundibuliformi, subpervio, distinctius spiraliter sulcato; apertura subverticali, oblongato-rotunda, intus fusca; perist. subduplicato, late expanso, continuo, anfractui penultimo breviter adnato, margine dextro subrepando. — Operc.?

Cyclostoma labeo, Pfr. in Chemn. ed. II. p, 34. quoad synonyma, exclusis descriptione, synon. Borniano et t. 9. f. 20.

Diese Art unterscheidet sich von der vorigen durch viel weniger starke Körnelung der Oberfläche, einfache Naht, weniger gewölbte Umgänge, Glanz, einförmige braune Färbung und vorzüglich die Bildung des Peristoms. Meine verbesserte Beschreibung ist nach Exemplaren der Cuming'schen Sammlung entworfen, welche genau mit den alten Chemnitz'schen Figuren übereinstimmen, und nach diesen habe ich die Grundansicht (Taf. 42. Fig. 3.) darstellen lassen, da die früher gegebene (Taf. 9. Fig. 20.) zu der folgenden gehört, auf welche auch meine ehemalige Beschreibung sich theilweise bezieht, da ich damals nur das einzige Exemplar meiner Sammlung vor Augen hatte und dieses für eine Uebergangsform zwischen C. labeo und evolutum hielt.

330. Cyclostoma evolutum Reeve. Die abgerollte Kreismundschnecke.

Taf. 9. Fig. 20. Taf. 42. Fig. 4.

C. testa impervie umbilicata, oblongo-turrita, truncata, tenuiuscula, striis spiralibus et longitudinalibus confertis subtilissime decussata, parum nitida, cinereo et fulvo nebulosa, punctis rufis subseriatim conspersa; spira convexo-conica; sutura subcanaliculata; anfr. 4 convexiusculis, ultimo rotundato, antice soluto, subdescendente, basi distinctius spiraliter sulcato; apertura verticali, rotundato-ovali, intus fusca; perist. continuo, libero, subsimplice, expanso, margine columellari angustiore. — Operc.?

Cyclostoma evolutum, Reeve Conch. syst. II. p. 99. t. 185. f. 18.
— subasperum, Sow. Thes. nr. 143. p. 142. t. 28. f. 159.
Cistula decussata, Humphr. mss.
Licina evoluta, Gray Catal. Cycloph. p. 61.
— — Pfr. Consp. p. 25. nr. 221.
Lister Hist. Conch. t. 25. f. 23.

Gehäuse genabelt, länglich-gethürmt, abgestutzt, ziemlich dünnschalig, durch sehr gedrängte spirale und Längslinien sehr fein-gegittert, nicht körnig, wenig glänzend, aschgrau und bräunlich-gewölkt, mit fast reihenweise geordneten rothbraunen Punkten gezeichnet. Gewinde convex-gethürmt. Naht etwas rinnig, einfach, weisslich. Uebrige Umgänge 4, mässig gewölbt, der letzte gerundet, nach vorn etwas abgelöst und herabsteigend, um den zusammengedrückten, nicht durchgehenden Nabel stärker-spiralfurchig. Mündung ziemlich parallel mit der Axe, oval-rundlich, innen bräunlich. Mundsaum zusammenhängend, frei, fast einfach, ringsum ausgebreitet, am linken Rande etwas schmäler. — Länge 18‴, Durchmesser 10‴. (Aus meiner Sammlung.)

Deckel: unbekannt.

Vaterland: nach Sowerby Ostindien, was sehr unwahrscheinlich ist.

331. Cyclostoma Siamense Sowerby. Die Siam'sche Kreismundschnecke.

Taf. 42. Fig. 5. 6.

C. testa umbilicata, turbinato-depressa, solida, laevigata, castanea, strigis albidis fulguratis eleganter picta; spira breviter turbinata, obtusiuscula; anfr. 5 convexis ad suturam profundam subplanatis, ultimo ad peripheriam rotundato, circa umbilicum infundibuliformem obsolete compresso; apertura parum obliqua, ampla, circulari, intus albida; perist. undique subincrassato-reflexo, ad anfr. penultimum breviter adnato, luteo-carneo. — Operc.?

Cyclostoma Siamense, Sow. Thes. Suppl. nr. 178. p. 158* t. 31. A. f. 292. 293.
Cyclophorus Siamensis, Pfr. Consp. p. 10. nr. 67.

Gehäuse genabelt, kreiselförmig-niedergedrückt, festschalig, glatt, mit kaum bemerklichen, gedrängten, eingedrückten Spirallinien, kastanienbraun, mit gelbweissen zackigen Flammen, welche am Umfange fast zu einer Binde sich vereinigen, sehr zierlich bemalt. Gewinde niedrig kreiselförmig, mit stumpflichem Wirbel. Umgänge 5, gewölbt, sehr schnell zunehmend, der letzte sehr gross, gerundet, neben der ziemlich tiefen Naht niedergedrückt, um den trichterförmigen Nabel undeutlich zusammengedrückt. Mündung wenig schräg gegen die Axe, fast kreisrund, innen weisslich. Mundsaum zusammenhängend, gelblich-fleischfarbig, am vorletzten Umgange sehr kurz angewachsen, übrigens ringsum verdickt-ausgebreitet, an der linken Seite etwas breiter zurückgeschlagen. — Höhe 14''', Durchmesser 25'''. (Aus H. Cuming's Sammlung.)

Deckel: unbekannt, ohne Zweifel der eines Cyclophorus.

Vaterland: Siam.

332. Cyclostoma mite Pfr. Die milde Kreismundschnecke.

Taf. 42. Fig. 7. 8.

C. testa umbilicata, turbinato-globosa, breviter truncata, liris obtusis spiralibus munita, costulis membranaceis confertissime decussata, non scabra, unicolore corneo-albida; spira convexa, brevi; anfr. $3^1/_2$ convexis, ultimo terete, circa umbilicum mediocrem, pervium distinctius spiraliter lirato; apertura verticali, circulari; perist. duplice: interno vix porrecto, externo undique aequaliter dilatato, patente, obsolete undulato, concentrice striato, superne subangulato, ad anfr. penultimum subemarginato. — Operc.?

Cyclostoma mite (Choanopoma), Pfr. in Proc. Zool. Soc. 1851.
Choanopoma mite, Pfr. Consp. p. 26. nr. 235.

Gehäuse genabelt, kreiselförmig-kuglig, kurz-abgestutzt, dünnschalig, mit stumpfen Spiralleistchen besetzt und mit sehr dichtstehenden häutigen Längsrippchen gekreuzt, nicht rauh, einfarbig hornfarbig-weisslich. Gewinde niedrig, convex. Uebrige Umgänge $3^1|_2$, gewölbt, der letzte stielrund, um den mittelweiten, durchgehenden Nabel deutlicher spiralfurchig. Mündung parallel mit der Axe, kreisrund. Mundsaum doppelt, der innere kaum vorragend, der äussere ringsum gleichmässig schmal abstehend, undeutlich wellig, concentrisch gestreift, oben etwas winklig, am vorletzten Umgange etwas ausgerandet. — Höhe $4^1|_2$''', Durchmesser $6^1|_2$'''. (Aus H. Cuming's Sammlung.)

Deckel: unbekannt, doch wahrscheinlich ähnlich dem des C. scabriculum.

Vaterland: Jamaica.

Bemerkung. Diese Art unterscheidet sich von allen verwandten (zunächst C. Hillianum Ad.) durch die nicht rauh anzufühlende Oberfläche und durch den schmalen, wenig abstehenden, kaum welligen Mundsaum.

333. Cyclostoma modestum Petit. Die bescheidene Kreismundschnecke.

Taf. 42. Fig. 16—18.

C. testa late umbilicata, depressa, solidula, striatula, spiraliter multilirata, subtricarinata, fusculo-albida; spira plana; anfr. 4 depressis, sutura canaliculata junctis, ultimo basi convexo; apertura obliqua, angulato-ovali; perist. albido, marginibus approximatis, callo tenui junctis, dextro superne repando, fornicatim expanso, carinis angulato, columellari angusto, vix reflexiusculo. — Operc.?

Cyclostoma modestum, Petit in Journ. de Conch. 1850. I. p. 50. t. 4. f. 2.
Cyclostomus modestus, Pfeifer Consp. p. 32. nr. 281.

Gehäuse weit und offen genabelt, niedergedrückt, ziemlich festschalig, mit schärflichen Spiralreifchen dicht besetzt und mit 3—4 stärkeren, scharfen Kielen versehen, glanzlos, bräunlichweiss. Gewinde platt, mit feinem, nicht vorragenden Wirbel. Naht rinnig. Umgänge 4, niedergedrückt, der letzte unterseits gerundet. Mündung schräg gegen die Axe, oval, nach oben etwas winklig. Mundsaum weiss, die Ränder genähert, durch dünnen Callus verbunden, der rechte oben ausgeschweift, bis zur Basis gewölbt-zurückgeschlagen, durch die auslaufenden Kiele winklig, der linke schmal, kaum zurückgeschlagen. — Höhe $4^1|_2'''$, Durchmesser $1''$. (Aus H. Cuming's Sammlung.)

Deckel: unbekannt.

Aufenthalt: auf Bergen der Insel Abd-el-Goury.

334. Cyclostoma subrugosum Sowerby. Die schwachrunzlige Kreismundschnecke.

Taf. 42. Fig. 19. 20.

C. testa late umbilicata, depressa, solida, oblique malleato-rugosula, alba; spira vix elevata, papillata; anfr. $4^1/_2$ convexiusculis, ultimo peripheria obsolete angulato, antice soluto, deflexo, dorso angulato, circa umbilicum obtuso carinato; apertura obliqua, circulari; perist. recto, continuo, subincrassato. — Operc.?

Cyclostoma subrugosum, Sow. Thes. Suppl. Nr. 186. p. 161.* t. 31. B. f. 308. 309.
Cyclotus subrugosus, Pfr. Consp. p. 6. nr. 21.

Gehäuse weit und offen genabelt, niedergedrückt, festschalig, schräggehämmert-runzlig, weiss, wenig glänzend. Gewinde sehr niedrig erhoben, mit warzenähnlichem Wirbel. Naht wenig vertieft. Umgänge $4^1|_2$, mässig gewölbt, schnell zunehmend, der letzte etwas niedergedrückt, am

Umfange unmerklich winklig, nach vorn kurz-abgelöst, niedergesenkt, oben etwas winklig, um den Nabel mit einer stumpfen Leiste besetzt. Mündung diagonal gegen die Axe, rundlich. Mundsaum zusammenhängend, geradeaus, etwas verdickt. — Höhe $3^3|_4'''$, Durchmesser 8'''. (Aus H. Cuming's Sammlung.)

Deckel: unbekannt.

Vaterland: Jamaica.

335. Cyclostoma Guayaquilense Sowerby. Die Guayaquil-Kreismundschnecke.

Taf. 42. Fig. 21. 22.

C. testa umbilicata, conoideo-depressa, solida, confertissime striata et lineis elevatis spiralibus sculpta, flavescente, fasciis angustis castaneis ornata; spira subturbinata, vertice obtusulo; anfr. 5 convexiusculis, sensim accrescentibus, ultimo terete, in umbilico mediocri radiatim striatulo; apertura vix obliqua, subcirculari; perist. simplice, recto, ad anfr. penultimum interrupto. — Operc.?

Cyclostoma Guayaquilense, Sow. Thes. Suppl. Nr. 189. p. 163.* t. 31. B. f. 319.

Gehäuse genabelt, conoidisch-niedergedrückt, ziemlich festschalig, sehr dicht gestreift und mit erhobenen Spiralreifchen besetzt, gelblich, mit schmalen kastanienbraunen Binden. Gewinde niedrig-conoidisch, mit stumpflichem Wirbel. Umgänge 5, mässig convex, schnell zunehmend, der letzte fast stielrund, innerhalb des offenen, mittelweiten Nabels strahlig-feingestreift. Mündung kaum geneigt gegen die Axe, fast kreisrund, innen perlglänzend. Mundsaum einfach, geradeaus, am vorletzten Umgange kurz-unterbrochen. — Höhe 4''', Durchmesser $7^1|_2'''$. (Aus H. Cuming's Sammlung.)

Deckel: unbekannt.

Vaterland: Guayaquil (de Lattre).

336. Cyclostoma fusculum Pfr. Die bräunliche Kreismundschnecke.

Taf. 42. Fig. 23. 24.

C. testa angustissime umbilicata, globoso-conica, tenui, lineis elevatis spiralibus subconfertis, liraque peripherica validiore, cariniformi sculpta, vix nitidula, unicolore fuscula, fascia l angusta rufa infra carinam pallidam ornata; spira conica, obtusiuscula; anfr. 5 convexis, ultimo interdum carina secunda superne notato, basi minute spiraliter sulcato; apertura parum obliqua, rotundato-ovali; perist. simplice, tenui, undique expansiusculo, marginibus approximatis, non junctis. — Operc. testaceum, planum, cinereum, 4-spirum, nucleo subcentrali.

Cyclostoma fusculum, Pfr. in Proc Zool. Soc. 1851. Jul.
Cyclostomus fusculus, Pfr. Consp. p. 33. nr. 299.

Gehäuse sehr enggenabelt, kuglig-conisch, dünnschalig, ziemlich dicht mit erhobenen Spiralleistchen und mit einer stärkern, kielartigen Leiste am Umfange besetzt, wenig glänzend, gelbbraun, mit einer schmalen dunklern Binde unterhalb des blassen Kieles. Gewinde conisch, mit stumpflichem Wirbel. Umgänge 5, gewölbt, der letzte bisweilen oberseits mit einem 2ten Kiele besetzt, unterseits fein-spiralfurchig. Mündung wenig schräg gegen die Axe, rundlich-oval, innen bräunlich. Mundsaum einfach, dünn, überall schmal-ausgebreitet, seine Ränder genähert, aber nicht verbunden. — Höhe $4^1|_2'''$, Durchmesser $5^3|_4'''$. (Aus H. Cuming's Sammlung.)

Deckel: schalig, flach, aschgrau, mit 4 Windungen, Kern fast in der Mitte.

Vaterland: unbekannt.

337. Cyclostoma castaneum Pfr. Die kastanienbraune Kreismundschnecke.

Taf. 42. Fig. 25. 26.

C. testa anguste umbilicata, globoso-conica, tenui, oblique striatula et liris subacutis multis sculpta, nitida, saturate castanea; spira elevato-conica, apice obtusiuscula; anfr. $4^1/_2$ angulato-convexis, ultimo liris 6 subaequalibus, pluribusque minoribus, confertioribus in umbilico munito; apertura parum obliqua, subcirculari; perist simplice, tenui, undique expansiusculo, marginibus approximatis, non junctis. — Operc. testaceum, planum, albidum, nucleo subcentrali.

Cyclostoma castaneum, Pfr. in Proc. Zool. Soc. 1851. Jul.
Cyclostomus castaneus, Pfr. Consp. p. 33. nr. 298.

Gehäuse enggenabelt, kuglig-conisch, dünnschalig, schräg feingestreift und mit vielen schärflichen Spiralleisten besetzt, glänzend, gesättigt-kastanienbraun. Gewinde erhoben-conisch, mit stumpflichem Wirbel. Umgänge $4^1|_2$, winklig-gerundet, der letzte mit 6 ziemlich gleichstarken und vielen kleineren, gedrängteren innerhalb des Nabeleinganges besetzt. Mündung wenig schief gegen die Axe, fast kreisrund. Mundsaum einfach, dünn, überall etwas ausgebreitet, seine Ränder genähert, aber nicht verbunden. — Höhe 4½''', Durchmesser 5½'''. (Aus H. Cuming's Sammlung.)

Deckel: schalig, flach, weisslich, mit wenigen Windungen, Kern fast in der Mitte.

Aufenthalt: auf der Insel Madagascar.

338. Cyclostoma euomphalum Philippi. Die schöngenabelte Kreismundschnecke.

Taf. 42. Fig. 27. 29. Vergr. Fig. 28. 30.

C. testa umbilicata, subgloboso-depressa, solida, laevigata, alba, maculis fuscis in anfr. ultimo obsolete biseriatis nebulosa; spira brevi, conoidea, acutiuscula; anfr. 4. convexis, ultimo terete, circa umbilicum angustum angulo spirali duplice munito; exteriore crenulato, interiore extus prominentia valde conspicua terminato; apertura vix obliqua, subcirculari; perist. crasso, obtuso, superne et latere sinistro angulato. — Operc.?

Cyclostoma euomphalum, Ph. in Zeitschr. f. Mal. 1851. p. 30.

Cyclophorus? euomphalus, Pfr. Consp p. 14. nr. 120.

Gehäuse genabelt, kuglig-niedergedrückt, festschalig, glatt, weiss mit undeutlich reihenweise gestellten bräunlichen Nebelflecken. Gewinde niedrig conoidisch, mit spitzlichem Wirbel. Umgänge 4, gewölbt, der letzte breit, rundlich, um den engen Nabel mit einer doppelten Spiralleiste besetzt, wovon die äussere eingekerbt und die andere am Mundsaum mit einer starken Verdickung endigt. Mündung kaum gegen die Axe geneigt, rundlich. Mundsaum geradeaus, etwas verdickt, stumpf, nach oben und an der linken Seite winklig. — Höhe 3''', Durchmesser 4'''. (Aus der Philippischen Sammlung.)

Deckel: unbekannt.

Vaterland: unbekannt.

Bemerkung. Diese Art erinnert durch einige ihrer Charaktere an die Gattung Stoastoma Adams, ist aber nicht zu derselben zu zählen.

339. Cyclostoma ignescens Pfr. Die feurige Kreismundschnecke.

Taf. 42. Fig. 11. 12.

C. testa perforata, globoso-conica, tenui, lineis spiralibus subtilissimis confertim sculpta, diaphana, nitida, ignescente; spira turbinata, obtusiuscula; sutura profunda; anfr. $4^1/_2$ convexis, ultimo basi distantius sulcato; apertura obliqua, subcirculari; perist. simplice, expanso, marginibus approximatis, non junctis. — Operc.?

Cyclostoma ignescens, Pfr. in Proc. Zool. Soc. 1851. Jul.
Leptopoma ignescens, Pfr. Consp. p. 17. nr. 149.

Gehäuse durchbohrt, kuglig-conisch, dünnschalig, kaum bemerkbar dicht-spiralstreifig, durchscheinend, feurig-orangeroth. Gewinde kreiselförmig, mit abgestumpftem Wirbel. Naht tief. Umgänge $4^1|_2$, gewölbt, schnell zunehmend, um das Nabelloch etwas entfernter-spiralfurchig. Mündung etwas schräg gegen die Axe, fast kreisrund. Mundsaum einfach, seine Ränder genähert, aber nicht verbunden, der linke sehr schmal, der rechte etwas weiter ausgebreitet. — Höhe $5^3|_4'''$, Durchmesser $7'''$. (Aus H. Cuming's Sammlung.)

Deckel: unbekannt, wahrscheinlich der eines Leptopoma.

Vaterland: Neu-Irland.

340. Cyclostoma liratum Pfr. Die gereifte Kreismundschnecke.

Taf. 42. Fig. 13—15.

C. testa late et perspective umbilicata, subdiscoidea, solidula, radiatim striata, superne et basi confertim et acute lirata, non nitens, livido-carnea; spira vix elevata, vertice papillari; sutura profunda; anfr. 4 vix convexis, ultimo ad suturam depresso, ad peripheriam carinis 5—6 distantioribus majoribus munito, antice descendente; apertura perobliqua, oblongo-circulari; perist. duplice; interno continuo, obtuse prominente, externo dilatato, expanso-inflexo, latere sinistro angustissimo. — Operc.?

Cyclostoma liratum, Pfr. in Proc. Zool. Soc. 1851.
Cyclostomus liratus, Pfr. Consp. p. 32. nr. 282.

Gehäuse weit und offen genabelt, fast scheibenförmig, ziemlich festschalig, strahlig gestreift, ober- und unterseits mit scharfen Spiralleisten dicht besetzt, glanzlos, graulich-fleischfarbig. Gewinde kaum erhoben, mit warzenartig vorstehendem Wirbel. Umgänge 4, sehr wenig gewölbt, der letzte neben der Naht niedergedrückt, am Umfange mit 5—6 entfernteren, stärkeren Kielen besetzt, nach vorn herabsteigend. Mündung sehr schräg gegen die Axe, länglich-rundlich. Mundsaum doppelt, der innere zusammenhängend, stumpf vorragend, der äussere verbreitert, ausgebreitet-eingebogen, so dass er nach vorn eine Rinne bildet, an der linken Seite sehr schmal. — Höhe 3½—4‴, Durchmesser 9‴. (Aus H. Cuming's Sammlung.)

Deckel: unbekannt.

Vaterland: unbekannt.

(157.) Cyclostoma clausum Sowerby var.

Taf. 42. Fig. 13—15.

Von dieser interessanten Art gebe ich hier noch die Abbildung einer Varietät von etwas abweichender Gestalt und mit einer schmalen braunrothen Binde. Der mir früher unbekannte Deckel ist im Kleinen ganz der des C. naticoides Récl.; die Art gehört folglich zu der Gattung Otopoma Gray.

341. Cyclostoma Reeveanum Pfr. Reeve's Kreismundschnecke.

Taf. 43. Fig. 4. 5.

C. testa anguste umbilicata, ovato-oblonga, truncata, solida, lineis elevatis spiralibus et longitudinalibus reguleriter decussata, violacea vel carneo-livida; sutura albomarginata; confertissime denticulata; anfr. 4½ convexis, ultimo basi distinctius sulcato; apertura verticali, ovali; perist. duplice, interno breviter expanso, externo dilatato-reflexo, superne angulatim producto, margine columellari latissimo. — Operc.?

Cyclostoma decussatum, Sow. Thes. Suppl. Nr. 193. p. 165.* t. 31. A. f. 300. 301. Nec. Lam.

Licina Reeveana, Pfr. Consp. p. 25. nr. 222.

Gehäuse enggenabelt, eiförmig-länglich, abgestutzt, festschalig, durch erhobene Längs- und Spirallinien sehr fein gegittert, auf den Kreuzungspunkten etwas knotig, nicht rauh, dunkelviolett mit einzeln braunrothen punktirten Striemen, oder fleischfarbig-bleigrau. Naht weissberandet, sehr dicht gezähnelt. Uebrige Umgänge 4½, mässig gewölbt, der letzte am Grunde deutlicher spiralfurchig. Mündung parallel zur Axe, oval. Mundsaum doppelt, der innere schmal ausgebreitet, aufliegend, der äussere verbreitert-zurückgeschlagen, nach oben winklig vorgezogen, auf der linken Seite sehr breit abstehend, den Nabel fast verbergend. — Länge 8‴, Durchmesser 15½‴. (Aus H. Cuming's Sammlung.)

Deckel: unbekannt.

Vaterland: Westindien.

342. Cyclostoma moribundum Adams. Die leichenblasse Kreismundschnecke.

Taf. 43. Fig. 6. 7.

C. testa pervie perforata, oblonga, solidula, truncata, lineis elevatis longitudinalibus (nona vel decima quaque validioribus) et concentricis minutissime decussata, albido-lutescente, infra suturam subcrenatam obsolete maculata; anfr. 4 convexis, ultimo terete, antice breviter soluto; apertura subverticali, fere circulari; perist. duplice, interno breviter porrecto, externo continuo, undique breviter reflexo, superne angulato-auriculato. — Operc. ?

Cyclostoma moribundum, Adams Contrib. to Conch. Nr. 1. p. 5.
Adamsiella moribundum, Pfr. Consp. p. 28. nr. 248.

Gehäuse durchgehend-durchbohrt, länglich, abgestutzt, ziemlich festschalig, mit feinen Längslinien, von denen je die 9te oder 10te unter der Lupe stärker erscheint, und sehr undeutlichen Spirallinien besetzt, fast glanzlos, weissgelblich, unterhalb der unregelmässig gekerbten Naht undeutlich gefleckt. Uebrige Umgänge 4, gewölbt, der letzte stielrund, vorn kurz abgelöst. Mündung ziemlich parallel zur Axe, fast kreisrund. Mundsaum doppelt, der innere kurz vorgestreckt, der äussere zusammenhängend, ringsum schmal ausgebreitet, nach oben winklig-geöhrelt. — Länge 6''', Durchmesser 3¼'''. (Aus H. Cuming's Sammlung.)

Deckel: unbekannt.

Vaterland: Jamaica.

Bemerkung. Diese Schnecke ist zunächst mit C. articulatum Sow. und Grayanum Pfr. verwandt.

343. Cyclostoma mirandum Adams. Die bewundernswerthe Kreismundschnecke.

Taf. 43. Fig. 8. 9.

C. testa perforata, oblongo-conica, truncata, tenui, minutissime reticulata, non nitente, albida, fusco seriatim maculata: maculis ad suturam majoribus, quadratis; anfr. 4½—5 perconvexis, ultimo terete, non soluto; umbilico angustissimo, vix pervio; apertura verticali, subcirculari; perist. duplice: interno stricte porrecto, externo dilatato, rectangule patente, concentrice striato, superne auriculato, ad anfr. penultimum et latere sinistro inciso. — Operc. ?

Cyclostoma mirandum, Adams Contrib. to Conchol. Nr. 1. p. 4.
— mirabile, Sow. Thes. Nr. 153. p. 145. t. 28. f. 164.? Nec Wood.
Adamsiella miranda, Pfr. Consp. p. 27. nr. 244.

Gehäuse durchbohrt, länglich-conisch, abgestutzt, dünnschalig, sehr fein netzig, glanzlos, weisslich, mit bräunlichen, neben der Naht grösseren quadratischen Flecken reihenweise bemalt. Uebrige Umgänge 4½—5. sehr gewölbt, der letzte stielrund, nicht abgelöst. Nabelloch sehr eng, kaum durchgehend. Mündung parallel zur Axe, fast kreisrund. Mundsaum doppelt, der innere gerade und ziemlich lang vorgestreckt, der äussere verbreitert, rechtwinklig-abstehend, concentrisch gestreift, nach oben geöhrelt, am vorletzten Umgange und an der linken Seite ausgeschnitten. — Länge 8½‴, Durchmesser 4‴. (Aus H. Cuming's Sammlung.)

Deckel: unbekannt.

Vaterland: Jamaica.

344. Cyclostoma Carolinense Pfr. Die Carolinische Kreismundschnecke.

Taf. 43. Fig. 10. 11.

C. testa umbilicata, turrito-conica, tenuiuscula, superne leviter et confertim spiraliter lirata, nitidula, alba; spira elongata, apice obtusula; anfr. 6 convexis, ultimo rotundato, infra medium laevigato; umbilico angusto, non pervio; apertura vix obliqua, subcirculari; perist. simplice, acuto, marginibus approximatis, dextro recto, columellari medio dilatato, subreflexo. — Operc. ?

Cyclostoma Canariense, Pfr. in Proc. Zool. Soc. 1851. Jul.
Cyclostomus Carolinensis, Pfr. Consp. p. 35. nr. 318.

Gehäuse genabelt, gethürmt-conisch, ziemlich dünnschalig, oberseits mit gedrängten und feinen Spiralreifchen besetzt, mattglänzend, bläulichweiss. Gewinde langgezogen, mit stumpflichem Wirbel. Umgänge 6, gewölbt, der letzte gerundet, unter der Mitte und auch in dem engen, nicht durchgehenden Nabel glatt. Mündung kaum gegen die Axe geneigt, fast kreisrund, oben etwas winklig. Mundsaum einfach, scharf, die Ränder genähert, der rechte geradeaus, der linke in der Mitte verbreitert, etwas zurückgeschlagen. — Höhe 6‴, Durchmesser 6‴. (Aus H. Cuming's Sammlung.)

Deckel: unbekannt.

Aufenthalt: auf den Carolinischen Inseln.

345. Cyclostoma lutescens Pfr. Die gelbliche Kreismundschnecke.

Taf. 43. Fig. 12—14.

C. testa umblicata, depresso-conoidea, solida, oblique filoso-striata, sericea, fulvo-lutescente; spira breviter conoidea, acutiuscula; sutura profunda, simplice; anfr. $4^1/_2$ convexis, celeriter accrescentibus, ultimo non descendente; umbilico mediocri, profundo; apertura vix obliqua, rotundato-ovali; perist. simplice, recto, acuto, continuo, breviter adnato, superne vix angulato. — Operc. membranaceum, arctispirum.

Cyclostoma lutescens, Pfr. in Proc. Zool. Soc. 1851. Jul.
Cyclophorus lutescens, Pfr. Consp. p. 11. nr. 76.

Gehäuse genabelt, niedergedrückt-conoidisch, festschalig, dicht und schräg fadenstreifig, seidenglänzend, braungrün-gelblich. Gewinde niedrig conoidisch, mit nacktem, spitzlichem Wirbel. Naht tief, einfach. Umgänge $4^1|_2$, gewölbt, ziemlich schnell zunehmend, der letzte nicht herabgesenkt, fast stielrund. Nabel mittelweit, offen und tief. Mündung kaum geneigt gegen die Axe, rundlich-oval, oben kaum winklig, innen perlweiss. Mundsaum einfach, geradeaus, zusammenhängend, am vorletzten Umgange kurz angewachsen. — Höhe 6''', Durchmesser 10'''. (Aus H. Cuming's Sammlung.)

Deckel: häutig, hellhornfarbig, durchsichtig, aussen etwas concav, mit vielen engen Windungen, deren Ränder etwas überstehen.

Vaterland: Brasilien.

Bemerkung. Diese Schnecke ist ohne Deckel dem C. translucidum Sow. sehr ähnlich, jedoch stets durch die dichtstehenden fädlichen Linien, durch minder überwiegenden letzten Umgang, daher kleinere Mündung und verhältnissmässig weitern Nabel zu unterscheiden.

346. Cyclostoma guttatum Pfr. Die betropfte Kreismundschnecke.

Taf. 43. Fig. 15. 16.

C. testa umbilicata, depressa, solida, glabra, nitida, laete castanea, maculis albis subtriangularibus guttata; spira vix elevata, apice fusca, submucronata; anfr. $4^1/_2$ convexiusculis, celeriter accrescentibus, ad suturam impressam striatulis; umbilico latiusculo, pervio; apertura parum obliqua, circulari, intus albida; perist. subduplice: interno vix distinguendo, externo expanso, superne in linguam brevem, anfractui penultimo adnatam, dilatato. — Operc.?

Cyclostoma guttatum, Pfr. in Proc. Zool. Soc. 1851. Jul.
Cyclophorus guttatus, Pfr. Consp. p. 14. nr. 129.

Gehäuse ziemlich weit und offen genabelt, niedergedrückt, festschalig, glänzend, hellkastanienbraun, mit weissen, fast dreieckigen Flecken ziemlich häufig betropft. Gewinde kaum erhoben, mit schwärzlichem etwas zugespitztem Wirbel. Umgänge $4^1/_2$, mässig gewölbt, unter der eingedrückten Naht etwas gestrichelt. Mündung etwas schräg gegen die Axe, kreisrund, innen weisslich. Mundsaum undeutlich verdoppelt, der innere anliegend, der äussere ausgebreitet, nach oben in eine etwas ausgehöhlte, am vorletzten Umgange anliegende Zunge vorgezogen. — Höhe $4^1/_2'''$, Durchmesser $9^1/_2'''$. (Aus H. Cuming's Sammlung.)

Deckel: unbekannt.

Vaterland: unbekannt.

347. Cyclostoma Kraussianum Pfr. Krauss's Kreismundschnecke.

Taf. 43. Fig. 17. 18.

C. testa umbilicata, globoso-conica, solidula, striatula, liris cariniformibus permultis, alternis minoribus sculpta, opaca, livido-cinerea, obsolete subfasciata; spira turbinata, acutiuscula; anfr. 5 convexis, ultimo ad peripheriam distinctius carinato, basi parum convexo; umbilico mediocri, pervio; apertura parum obliqua, intus fulvo-cinerea; perist. albo, tenui, undique expanso, ad anfr. penultimum breviter interrupto. — Operc.?

Cyclostoma Kraussianum, Pfr. in Proc. Zool. Soc. 1851.
Cyclostomus Kraussianus, Pfr. Consp. p. 33. nr. 297.

Gehäuse genabelt, kuglig-conisch, ziemlich festschalig, feingestreift, mit vielen, abwechselnd stärkeren und schwächeren, kielförmigen Reifen besetzt, undurchsichtig, glanzlos, bräunlichgrau mit einigen undeutlichen Binden. Gewinde kreiselförmig, mit spitzlichem Wirbel. Umgänge 5, gewölbt, der letzte am Umfange deutlicher gekielt, unterseits wenig gewölbt, mit gleichmässigeren Leisten besetzt. Nabel mittelweit, durchgehend. Mündung wenig schräg gegen die Axe, innen bräunlichgrau, glänzend. Mundsaum weiss, dünn, am vorletzten Umgange kurz unterbrochen, übrigens ringsum schmal ausgebreitet. — Höhe $6'''$. Durchmesser $7^1/_4'''$. (Aus H. Cuming's Sammlung.)

Deckel: unbekannt.

Vaterland: Natal in Südafrika.

348. Cyclostoma subliratum Pfr. Die feinreifige Kreismundschnecke.

Taf. 43. Fig. 37. 38.

C. testa angustissime umbilicata, globoso-conica, tenui, spiraliter lirata, haud nitente, pallide rubello cornea; spira elevato-turbinata, apice obtusula; anfr. 5 convexis, ultimo rotundato, obsoletius lirato; apertura parum obliqua, oblongato-rotunda; perist. simplice, tenui, vix expansiusculo, marginibus fere contiguis, callo junctis. — Operc.?

Cyclostoma subliratum, Pfr. in Proceed. Zool. Soc. 1851.
Cyclostomus subliratus, Pfr. Consp. p. 35. nr. 323.

Gehäuse sehr eng genabelt, kuglig-kegelförmig, dünnschalig, sehr fein spiralreifig, fast glanzlos, blass röthlich-horngelb. Gewinde hochkreiselförmig, mit stumpflichem Wirbel. Umgänge 5, gewölbt, der letzte gerundet, mit undeutlicheren Reifen. Mündung wenig schräg gegen die Axe, länglich-rundlich, innen gleichfarbig. Mundsaum einfach, dünn, unmerklich ausgebreitet, die Ränder beinahe zusammenstossend, durch Callus verbunden. — Höhe 4$^1|_2$''', Durchmesser 5'''. (Aus H. Cuming's Sammlung.)

Deckel: unbekannt.

Vaterland: unbekannt.

349. Cyclostoma rostratum Pfr. Die geschnäbelte Kreismundschnecke.

Taf. 43. Fig. 26. 27.

C. testa perforata, ovato-turrita, truncata, tenui, longitudinaliter confertim filoso-plicata (plicis singulis validioribus, interstitiis subtiliter decussatis), corneo-albida, lineolis longitudinalibus undulatis fuscis picta; sutura laevi, denticulata; anfr. 4$^1/_2$ parum convexis, ultimo antice breviter soluto; apertura verticali, angulato-ovali; perist. duplice: interno continuo, expansiusculo, externo dilatato, juxta anfr. penultimum subexciso, superne in auriculam recurvatam producto, caeterum rectangule patente. — Operc.?

Cyclostoma rostratum, Pfr. in Proceed. Zool. Soc. 1851.
Cistula? rostrata, Pfr. Consp. p. 43. nr. 399.

Gehäuse durchbohrt, eiförmig-gethürmt, abgestutzt, dünnschalig, dicht mit fädlichen Längsfalten, von denen einzelne in ungleichen Abständen stärker sind, besetzt und in den Zwischenräumen fein quergestreift, hornfarbig-weisslich, mit wellenförmigen braunen Längslinien gezeichnet. Naht wenig vertieft, gezähnelt. Uebrige Umgänge 4$^1|_2$, wenig gewölbt, der letzte nach vorn kurz abgelöst. Mündung parallel zur Axe, winklig-oval. Mundsaum doppelt, der innere zusammenhängend, etwas ausgebreitet, der äussere verbreitert, neben dem vorletzten Umgange etwas ausgeschnitten, nach oben in ein zurückgebogenes Oehrchen verlängert, übrigens rechtwinklig-abstehend. — Länge 9''', Durchmesser $4^1|_3$'''. (Aus H. Cuming's Sammlung.)

Deckel: unbekannt.

Vaterland: unbekannt.

Bemerkung. In dieser Schnecke glaubte ich Anfangs das mir noch immer fremde C. ambiguum Lam. zu erkennen, indem die Bildung des Peristoms der bei Delessert unter dem Namen C. interrupta (t. 29. f. 2.) abgebildeten sehr ähnlich ist; aber die übrigen Charaktere machen diese Vereinigung unmöglich.

350. Cyclostoma patera Pfr. Die Schüssel-Kreismundschnecke.

Taf. 43. Fig. 23—25.

C. testa latissime umbilicata, discoidea, solidula, liris latis granulatis, interpositis linearibus sculpta, epidermide olivaceo-fusca obducta; spira plana; sutura subcanaliculata; anfr. $4\frac{1}{2}$ planulatis, ultimo medio carinis 2 filiformibus munito, basi convexo, circa umbilicum pateraeformem subangulato; apertura verticali, subangulato-rotundata; perist. simplice, recto, marginibus approximatis. — Operc?

Cyclostoma patera, Pfr. in Proceed. Zool. Soc. 1851.

— — Pfr. Consp. p. 468. p. 72.

Gehäuse sehr weit und schüsselförmig-genabelt, scheibenförmig, ziemlich festschalig, mit breiten, platten, gekörnten Reifen und dazwischen linienförmigen besetzt, mit einer etwas rauhen oliven-bräunlichen Epidermis bekleidet. Gewinde ganz platt. Naht rinnig-eingedrückt. Umgänge $4^1|_2$, ziemlich flach, der letzte am Umfange mit 2 durch eine schmale Furche getrennten fädlichen Kielen besetzt, unterseits gewölbt, um den Nabel etwas zusammengedrückt. Mündung vertical, mehr winklig-rundlich. Mundsaum einfach, geradeaus, mit genäherten Rändern. — Höhe $1^1|_4$''', Durchmesser 5'''. (Aus H. Cuming's Sammlung.)

Deckel: unbekannt.

Vaterland: unbekannt.

Bemerkung. Ich habe einigen Zweifel, ob diese Schnecke, deren Habitus an einige Formen von Solarium erinnert, wirklich eine Cyclostomacee ist?

351. Cyclostoma Thoreyanum Philippi. Thorey's Kreismundschnecke.

Taf. 43. Fig. 28—30.

C. testa perforata, turrita, subtruncata, tenuis, longitudinaliter confertim plicata, diaphana, corneo-albida, lineis transversis rufis interruptis picta; anfr. $6\frac{1}{2}$ perconvexis, ultimo longe soluto, superne angulato, apertura verticali, ovali; perist. subduplice, tenui, continuo, margine dextro breviter expanso. — Operc. planum, extus subtestaceum, anfr. 4, marginibus subliberis, nucleo parum excentrico.

Cyclostoma Thoreyanum, Philippi in Zeitschr. f. Mal. 1851. p. 31.
Cistula Thoreyana, Pfr. Consp. p. 42. nr. 398.

Gehäuse durchbohrt, gethürmt, mit unverletzter oder wenig abgestossener Spitze, dünnschalig, gedrängt-längsfaltig, durchscheinend, hornfarbig-weisslich, mit unterbrochenen rothbraunen Querlinien. Nath tief, einfach. Umgänge $6^1|_2$, sehr gerundet, der letzte vorn lang-abgelöst, auf dem Rücken winklich. Mündung parallel zur Axe, oval. Mundsaum undeutlich verdoppelt, dünn, zusammenhängend, der rechte Rand schmal ausgebreitet. — Länge 7‴, Durchmesser $3^1|_4$‴. (Aus Dr. Philippi's Sammlung.)

Deckel: knorplig, aussen dünn mit Schalensubstanz belegt, mit 4 Windungen, deren Ränder etwas abstehen.

Vaterland: Bolivia.

(97.) Cyclostoma zebra Grateloup.

Taf. 43. Fig. 19—22.

Einige interessante Varietäten einer schon früher (S. 138.) in ihrer Hauptform beschriebenen, sehr veränderlichen Art.

352. Cyclostoma saccatum Pfr. Die sackförmige Kreismundschnecke.

Taf. 43. Fig. 33. 43.

C. testa profunde rimata, vix perforata, ovato-oblonga, breviter truncata, tenui, longitudinaliter confertim filoso-costata, diaphana, pallide cornea, maculis castaneis seriatis ornata; sutura profunda, sub lente spinulosa, anfr. $3\frac{1}{2}$ convexis, ultimo antice subascendente, breviter soluto, basi saccato; apertura subcirculari, basi axin excendente; perist. simplice, continuo, vix expansiusculo. — Operc.?

Cyclostoma saccatum, Pfr. in Proceed. Zool. Soc. 1851.
Cyclostomus? saccatus, Pfr. Consp. p. 36. nr. 336.

Gehäuse tiefgeritzt, kaum durchbohrt, eiförmig-länglich, kurz-abgestutzt, dünnschalig, der Länge nach dicht mit fädlichen Rippen besetzt, durchscheinend, blass hornfarbig mit reihenweise geordneten braunen Flecken. Naht tief, unter der Lupe fein-stachelig erscheinend. Uebrige Umgänge 3½, der letzte nach vorn etwas aufsteigend, kurz-abgelöst, am Grunde sackähnlich-aufgetrieben. Mündung ziemlich kreisrund, mit der Basis über die Axe vortretend. Mundsaum einfach, zusammenhängend, unmerklich ausgebreitet. — Länge 6''', Durchmesser 4'''. (Aus H. Cuming's und meiner Sammlung.)

Deckel: unbekannt.

Vaterland: unbekannt.

353. Cyclostoma vitellinum Pfr. Die Dotter-Kreismundschnecke.

Taf. 43. Fig. 35. 36.

C. testa umbilicata, globoso-conica, solida, striis incrementi confertis et liris confertissimis scabre decussata, flavido-rubella, pallidius irregulariter strigata; spira elevato-conica, apice nigricante, obtusula; anfr. 5 convexis, ultimo rotundato, infra medium sublaevigato, in umbilico angusto, pervio spiraliter sulcato; apertura vix obliqua, ovali-rotundata; perist. simplice, marginibus approximatis, callo junctis, dextro subrepando, recto, sinistro medio dilatato, patente. — Operc.?

Cyclostoma vitellinum, Pfr. in Proceed. Zool. Soc. 1851.

Otopoma? vitellinum, Pfr. Consp. p. 30. nr. 268.

Gehäuse genabelt, kuglig-conisch, festschalig, durch gedrängtstehende Anwachsstreifen und schärfliche Leistchen oberseits schräg- und eng-gegittert, undurchsichtig, wenig glänzend, gelbröthlich mit unregelmässigen blasseren Striemen. Gewinde erhoben-conisch, mit schwärzlichem, stumpflichem Wirbel. Umgänge 5, gewölbt, der letzte gerundet, unterhalb der Mitte ziemlich glatt, im engen, durchgehenden Nabel spiralfurchig. Mündung sehr wenig geneigt gegen die Axe, oval-rundlich, oben etwas winklig. Mundsaum einfach, die Ränder genähert, durch Callus verbunden, der rechte ausgeschweift, geradeaus, der linke in der Mitte verbreitert-abstehend. — Höhe 8½''', Durchmesser 9½'''. (Aus H. Cuming's Sammlung.)

Deckel: unbekannt.

Vaterland: Madagascar.

(138.) Cyclostoma zebra Grateloup.

Taf. 43. Fig. 19—22.

Zwei interessante zwergartige Varietäten einer sehr vielgestaltigen, schon in der ersten Abtheilung nach ihren Hauptformen erörterten Art.

354. Cyclostoma tectilabre Adams. Die bedecktlippige Kreismundschnecke.

Taf. 43. Fig. 25—27.

C. testa vix subperforata, ovato-conica, tenuiuscula, longitudinaliter subacute et confertim lamelloso-costata, fulvida, saepe violaceo-nebulosa, seriebus multis punctorum ruforum ornata; spira ovata, breviter truncata; sutura crenata; anfr. superst. 4 convexis, ultimo antice subsoluto; apertura subverticali, ovali-rotundata; peristomate duplice interno continuo, expansiusculo, externo breviter patente, supra perforationem subdilatato. — Operc. testaceum, planum album, 5 spirum, latius quam apertura, margine recurvatum.

Cyclostoma tectilabre, Adams Contrib. to Conch. nr. 1. p. 10.
Cyclostomus tectilabris, Pfr. Consp. p. 36. nr. 335.

Gehäuse punktförmig-durchbohrt, conisch-eiförmig, ziemlich dünnschalig, der Länge nach dicht mit schärflichen lamellenartigen Rippen besetzt, bräunlich weiss, oft mit violett marmorirt, mit zahlreichen Querreihen rothbrauner Punkte. Gewinde conisch-eiförmig, kurz abgestutzt. Naht weisskerbig. Uebriggebliebene Umgänge 4, convex, der letzte nach vorn bisweilen etwas abgelöst, rundlich. Mündung fast parallel zur Axe, oval-rundlich, nach oben kaum etwas winklig. Mundsaum doppelt; der innere zusammenhängend, etwas ausgebreitet und angedrückt, der äussere schmal abstehend, am letzten Umgange etwas ausgeschnitten, über dem Nabelloch etwas verbreitert. — Länge $6^1|_2'''$, Durchmesser $4'''$. (Aus meiner Sammlung.)

Deckel: platt, weiss, mit 5 Umgängen, breiter als die Oeffnung, mit zurückgebogenem Rande das Peristom einschliessend.

Aufenthalt: auf der Insel Jamaica.

Bemerkung. Diese Schnecke ist dem Cycl. Banksianum Sow. (hyacinthinum Adams), welches S. 154 der ersten Abtheilung nach einem unvollkommenen Exemplare beschrieben wurde, sehr nahe verwandt; ich gebe deshalb hier (Taf. 44. Fig. 17. 18) eine nochmalige Abbildung eines frischen Exemplares mit seinem Deckel.

355. Cyclostoma Quitense Pfr. Die Quito-Kreismundschnecke.

Taf. 44. Fig. 19—22.

C. testa umbilicata, depressa, solida, superne striatula, nitida, saturate castanea; spira brevi, conoideo-elevata; sutura profunda; anfr. $4^1/_2$ convexis, rapide accrescentibus, ultimo ad suturam depresso, rugato, peripheria cingulo angusto lutescente et fascia lata nigricante ornato, basi fusco-virente, circa umbilicum infundibuliformem confertim radiato-plicato; apertura parum obliqua, irregulariter ovali, dextrorsum producta, intus livescente; perist. recto, subincrassato, continuo, marginibus superne angulatim junctis, sinistro ad anfr. penultimum breviter appresso. — Operc. C. gigantei Sow.

Cyclostoma Quitense, Pfr. in Proceed. Zool. Soc. 1851.
Cyclotus Quitensis, Pfr. Consp. nr. 2. p. 50. Pneum. Monogr. p. 17.

Gehäuse genabelt, niedergedrückt, festschalig, oberseits fein gestrichelt, glänzend, dunkel kastanienbraun. Gewinde sehr flach conoidisch erhoben. Naht tief. Umgänge 4, ziemlich gewölbt, sehr schnell zunehmend, der letzte längs der Naht etwas niedergedrückt, runzlig, am Umfange mit einem schmalen gelblichen Gürtel und unter diesem mit einer breiten schwärzlichen Binde bezeichnet, unterseits bräunlichgrün, rings um den trichterförmigen Nabel gedrängt strahlig-faltig. Mündung wenig schräg gegen die Axe, unregelmässig oval, nach rechts verbreitert, innen bläulichgrau. Mundsaum geradeaus, etwas verdickt, zusammenhängend, nach oben winklig, der linke Rand am vorletzten Umgange kurz angedrückt. — Höhe $7^1|_2'''$, Durchmesser $1^1|_2''$. (Aus meiner Sammlung.)

Deckel: kalkartig, platt, ganz ähnlich den von C. giganteum.
Aufenthalt: in Quito.

356. Cyclostoma Philippianum Pfr. Philippi's Kreismundschnecke.

Taf. 44. Fig. 23. 24. (Taf. 4. Fig. 14. 15.)

C. testa umbilicata, globoso-turbinata, tenui, striatula, superne lineis subtilibus decussatula, fulvido-albida, fasciis 3—4 angustis rufis superne ornata; spira turbinata, apice nigricante, obtusulo; anfr. 5—$5^1/_2$ rotundatis, ultimo infra medium fascia latiore cincto, basi laevigato, albo; apertura parum obliqua, subangulato-circulari, intus concolore; perist. subinterrupto, marginibus callo tenui junctis, dextro recto, columellari dilatato, libere reflexum, umbilicum angustum, pervium semioccultante.

Turbo ligatus var., Chemn. Conch. IX. P. 2. p. 60 t. 123. f. 1073. 1074.
Cyclostoma ligatum, Sow. Thes. nr. 21. p. 98. t. 23. f. 24. Nec. Müll.
— Philippianum, Pfr. Consp. p. 61.
Otopoma? Philippianum, Pfr. Consp. p. 30. nr. 266

Gehäuse genabelt, kuglig-kreiselförmig, dünnschalig, sehr fein längsriefig, oberseits mit sehr feinen Spirallinien gekreuzt, bräunlichweiss, mit 3—4 schmalen braunen Binden oberhalb der Mitte. Gewinde kreiselförmig, gegen den etwas stumpflichen Wirbel schwärzlich. Umgänge 5—5½, gerundet, der letzte mit einer breitern kastanienbraunen Binde unter der Mitte bezeichnet, unterseits glatt, weiss. Mündung wenig schräg gegen die Axe, rundlich, oben kaum merklich winklig, innen gleichfarbig. Mundsaum auf eine kurze Strecke unterbrochen, die Ränder durch dünnen Callus verbunden, der rechte geradeaus, der Spindelrand verbreitert, frei zurückgeschlagen, den engen aber durchgehenden Nabel zur Hälfte verbergend. — Höhe 11''', Durchmesser 13'''. (Aus meiner Sammlung.)

Deckel: unbekannt.

Vaterland: unbekannt.

357. Cyclostoma varians Adams. Die wechselnde Kreismundschnecke.

Taf. 44. Fig. 7—9.

C. testa umbilicata, depressa, solida, sub epidermide castaneo-rufa pallida; spira vix elevata, vertice rubro, mucronulato; sutura impressa; anfr. 4½ depresso-convexis, 2 ultimis superne valide et oblique angulato-rugosis, ultimo ad suturam depresso, basi minutius oblique sulcato, circa umbilicum latum, infundibuliformem compresso-angulato; apertura parum obliqua, subcirculari, intus rubra; perist. continuo, brevissime adnato, marginibus angulo simplice junctis, dextro leviter arcuato, acuto, sinistro perarcuato, incrassato. — Operculum testaceum, vix concavum, marginibus anfractuum (circa 8) angustissimorum elevato-expansis, fere planum continuum formantibus.

Cyclostoma varians, Adams Contrib. to Conch. nr. 8. p. 143.
Cyclotus varians, Pfr. Consp. p. 5. nr. 19. Pneum. Mon. p. 27.

Gehäuse genabelt, niedergedrückt, festschalig, unter einer rothbraunen Epidermis blass. Gewinde kaum erhoben, mit rothem, fein stachelspitzigem Wirbel. Naht eingedrückt. Umgänge 4½, schnell zunehmend, niedergedrückt-convex, die beiden letzten oberseits mit starken, schrägen, winkligen Runzeln besetzt, der letzte neben der Naht niedergedrückt, unterseits feiner schräg-gefurcht, rings um den breiten, trichterförmigen Nabel zusammengedrückt-winklig. Mündung wenig schief gegen die Axe, fast kreisrund, nach oben rinnig verlängert, innen blutroth. Mundsaum zusammenhängend, sehr kurz zusammengewachsen, die Ränder in einem einfachen Winkel vereinigt, der rechte flach-bogig, scharf, der linke stark gekrümmt, verdickt. — Höhe 5½''', Durchmesser 1''. (Aus meiner Sammlung.)

Deckel: kalkartig, nach aussen wenig concav, mit ungefähr 8 Windungen, deren äusserer Rand erhoben und dann so umgeschlagen ist, dass dadurch eine fast zusammenhängende Ebene entsteht.

Aufenthalt: auf der Insel Jamaica.

358. Cyclostoma jugosum Adams. Die rückenfaltige Kreismundschnecke.

Taf. 44. Fig. 10 — 13.

C. testa umbilicata, depressa, solida, confertim striata, sub epidermide fulvo-fusca alba; spira brevissime elevata, mucronulo rubicundo terminata; sutura levi; anfr. 5 depresso-convexis, rapide accrescentibus, ultimo antice dilatato, superne irregulariter et ruditer nodoso-corrugato, basi oblique corrugato-sulcato, circa umbilicum magnum, infundibuliformem obsolete carinato; apertura perobliqua, transverse ovali, intus alba; perist. continuo, breviter adnato, marginibus superne angulo interdum superstructo junctis, dextro repando, obtuso, columellari leviter arcuato, incrassato. — Operculum concavum, 8-spiratum, marginibus anfractuum angustorum in laminam altam incurvatam erectis.

Cyclostoma jugosum, Adams Contrib. to Conch. nr. 8. p. 143.
Cyclotus jugosus, Pfr. Consp. p. 5. nr. 17.; Pneum. Monogr. p. 27.

Gehäuse genabelt, niedergedrückt, festschalig, dicht strahlig-gerieft, unter einer leicht vergänglichen gelbbraunen Epidermis weiss. Gewinde sehr niedrig erhoben, mit einem feinen, röthlichen Stachelspitzchen endigend. Naht ziemlich seicht. Umgänge 5, niedergedrückt-convex, sehr schnell zunehmend, der letzte nach vorn verbreitert, oberseits unregelmässig und grob knotig-runzlig, unterseits schräg runzlig-gefurcht, um den weiten, trichterförmigen Nabel kaum merklich winklig. Mündung sehr schief gegen die Axe, quer-oval, innen weiss. Mundsaum zusammenhängend, kurz angewachsen, die Ränder oben in einem bisweilen überbauten Winkel vereinigt, der rechte stark ausgeschweift, stumpf, der linke flachbogig, etwas verdickt. — Höhe 6''', Durchmesser 1''. (Aus meiner Sammlung.)

Deckel: kalkig, nach aussen concav, mit 8 Windungen, deren äusserer Rand zu einer hohen, oben einwärtsgekrümmten Lamelle erhoben ist.

Aufenthalt: auf der Insel Jamaica.

Diese Art ist zunächst verwandt mit dem früher beschriebenen:

(8.) Cyclostoma corrugatum Sowerby.

Taf. 44. Fig. 5. 6.

Das hier abgebildete Exemplar meiner Sammlung hat noch seinen Deckel, welcher sehr merkwürdige Abweichungen von denen der verwandten Arten zeigt. Er ist ebenfalls kalkig, nach aussen concav, und besteht aus 9 sehr engen Windungen, deren äusserer Rand sich zu einer hohen, nach oben schmal auswärts ausgebreiteten Lamelle erhebt. Ausserdem ist die Art durch ihren kreiseligen Bau leicht von den vorigen, durch ihre fast regelmässig winkligen Runzeln und den fehlenden Nabelkiel von der folgenden zu unterscheiden.

(7.) Cyclostoma Jamaicense Chemnitz.

Taf. 44. Fig. 1—4.

Nur auf die hier nochmals nebst Varietät abgebildete Art kann ich die gute Beschreibung und Abbildung des Turbo Jamaicensis von Chemnitz beziehen, während Gray dieselbe in C. corrugatum Sow. zu erkennen glaubt, und die hier vorliegende als Cyclotus lineatus bezeichnet. — Chemnitz sagt ausdrücklich: „man siehet sowohl bei der Naht ihrer 5 Umläufe, als auch unten nahe beim hohen Rande, welcher den tiefen trichterförmigen Nabel wie ein Wall umgiebet, gar sehr viele Runzeln und feine Falten.“ — Das früher von mir abgebildete Exemplar (Taf. 2. Fig. 15. 17.) passt genau zu Chemnitz's Figur und ich gebe daher (Taf. 44. Fig. 1.) noch eine Ansicht desselben. Aber der früher abgebildete Deckel (Taf. 2. Fig. 16.) gehört nicht zu dem Exemplare, sondern ist mehr dem von C. jugosum ähnlich. Der Deckel des Cycl. Jamaicense hat, wie ihn auch Sowerby abgebildet hat, nur 6—7 Umgänge, welche breiter sind, als bei den vorigen, und deren äusserer Rand nur wenig erhoben und schmal nach aussen umgeschlagen ist.

Diese Art variirt in mancher Beziehung, nur nicht in der Bildung des Deckels, so weit ich nach einer grossen Anzahl von Exemplaren beurtheilen kann, wie auch Professor Adams den Deckel als ein ganz beständiges Kennzeichen der 7—9 zu dieser Gruppe gehörigen Arten von Jamaica (unter denen einige mir noch unbekannt sind) angiebt. — Die einförmige Färbung der Schale ist nämlich manchmal durch helle Binden sehr zierlich unterbrochen. — Bei einer andern Varietät (Taf. 44. Fig. 2. 3.) ist die ganze Schale ziemlich gleichmässig gehämmert-runzlig und der leistenartige Rand um den Nabel nur von innen, aber nicht von aussen zusammengedrückt, während der Deckel mit dem der Stammform genau identisch ist. — Vielleicht sind mehrere der jetzt gesonderten Arten früher in den Sammlungen mit C. Jamaicense und corrugatum verwechselt worden.

359. Cyclostoma crassum Adams. Die dickschalige Kreismundschnecke.

Taf. 44. Fig. 14—16.

C. testa umbilicata, conoidea-depressa, solida, confertim striata, virenti-fusca vel saturate brunnea; spira breviter conoidea, apice lutescente, acutiuscula; sutura mediocri; anfr. 5 convexis, ultimo obsolete spiraliter striato, superne leviter corrugato, basi convexiusculo, circa mediocrem vix vel non compresso; apertura obliqua, angulato-ovali, intus livida, nitida; perist. continuo, breviter adnato, marginibus angulo subacuto junctis, dextro recto, simplice, sinistro incrassato, subreflexo. — Operculum testaceum, 7spirum, lamina spirali subelevata brevissime reflexa.

Cyclostoma crassum, Adams Contrib. to Conch. nr. 8. p. 143.

Cyclotus crassus, Pfr Consp. p. 6. nr. 23; Pneum. Monogr. p. 29.

Gehäuse genabelt, conoidisch-niedergedrückt, festschalig, dicht strahliggerieft, wenig glänzend, grünlichbraun oder dunkelbraun. Gewinde niedrig conoidisch, mit gelblichem, spitzlichem Wirbel. Naht mittelmässig vertieft. Umgänge 5, gewölbt, der letzte undeutlich spiralriefig, oberseits flachrunzlig, unterseits mässig gewölbt, um den mittelweiten Nabel wenig oder gar nicht zusammengedrückt. Mündung etwas schief gegen die Axe, winklig-oval, innen graulich, glänzend. Mundsaum zusammenhängend, kurz angewachsen, die Ränder in einem ziemlich spitzen Winkel verbunden, der rechte geradeaus, einfach, der linke verdickt und sehr kurz zurückgeschlagen. — Höhe 5''', Durchmesser 9'''. (Aus meiner Sammlung.)

Deckel: kalkig, mit 7 Windungen, die durch eine wenig erhobene, unmerklich zurückgeschlagene Lamelle vereinigt sind.

Aufenthalt: auf der Insel Jamaica.

360. Cyclostoma appendiculatum Pfr. Die breitsäumige Kreismundschnecke.

Taf. 45. Fig. 7. 8.

C. testa umbilicata, depressa, solida, lineis spiralibus elevatis, confertis (4—5 paulo majoribus) sculpta, albida, fusculo-marmorata, prope suturam canaliculatam maculis magnis, subquadrangularibus, castaneis et supra peripheriam subcarinatam, castaneo-articulatam fascia pallida signata; spira brevissime conoidea, apice cornea, obtusula: anfr. $4^1/_2$ rapide accrescentibus, ultimo ad suturam late depresso; umbilico magno, perspectivo; apertura obliqua, circulari; perist. continuo, breviter adnato, albo, undique aequaliter expanso, margine sinistro in appendicem linguaeformem, patentem dilatato. — Operc.?

Cyclostoma appendiculatum, Pfr. in Proceed. Zool. Soc. 1851.
— canaliferum var., Sow. Thes. t. 27. f. 142.
Cyclophorus appendiculatus, Pfr. Consp. p. 14. nr. 128. Mon. Pneum. nr. 156. p. 90.

Gehäuse weit und offen genabelt, niedergedrückt, festschalig, mit gedrängtstehenden feinen Spirallinien, von welchen oberseits 4 oder 5 etwas grösser sind, besetzt, weisslich, bräunlich gestrichelt-marmorirt, neben der rinnenförmig-eingesenkten Naht mit grossen, fast 4eckigen, kastanienbraunen Flecken und über der undeutlich gekielten, kastanienbraungefleckten Peripherie mit einer weissen Binde bezeichnet. Gewinde sehr niedrig conoidisch, mit hornfarbigem, stumpflichem Wirbel. Umgänge $4^1|_2$, sehr schnell zunehmend, der letzte neben der Naht breitniedergedrückt. Mündung schräg gegen die Axe, kreisrund. Mundsaum zusammenhängend, verdickt, am vorletzten Umgange kurz-angewachsen, ringsum gleichmässig ausgebreitet, der linke Rand in ein zungenförmiges abstehendes Anhängsel verbreitert. — Höhe $7^1|_2'''$, Durchmesser $17'''$. (Aus H. Cuming's Sammlung.)

Deckel: ohne Zweifel wie bei den verwandten Cyclophoren C. canaliferum, linguiferum etc.

Vaterland: die Philippinischen Inseln. (H. Cuming.)

361. Cyclostoma fulguratum Pfr. Die blitzstreifige Kreismundschnecke.

Taf. 45. Fig. 9. 10.

C. testa umbilicata, depresso turbinata, solida, oblique striatula, sub lente confertissime decussata, alba, strigis fulguratis castaneis superne elegantissime picta; spira turbinata, apice obtusula, cornea; anfr. 5 convexis, ultimo rotundato, ad peripheriam fascia alba et infra eam nigricanti-castanea ornato, circa umbilicum angustum, vix pervium albo; apertura parum obliqua, subcirculari, intus livescente, nitida; perist. simplice, fulvido, interrupto, marginibus callo tenui junctis, dextro et basali aequaliter expansis, columellari supra umbilicum dilatato, patente. — Operc.?

Cyclostoma fulguratum, Pfr. in Proceed Zool. Soc. 1851.

Cyclophorus fulguratus, Pfr. Consp. nr. 110. p. 13. Mon. Pneum. nr. 137. p. 80.

Gehäuse genabelt, niedergedrückt-kreiselförmig, festschalig, schräg gestreift, unter der Lupe sehr fein gegittert, weiss, oberseits mit breiten, braunen Zickzackstreifen geziert. Gewinde kreiselförmig, mit stumpflichem, hornfarbigem Wirbel. Umgänge 5, gewölbt, der letzte gerundet, unter der Peripherie mit einer weissen Binde, an welche sich eine schwärzlich braune, nach unten blasser werdende und weissgefleckte Binde anschliesst, bezeichnet, rings um den engen, kaum durchgehenden Nabel weiss. Mündung etwas schräg gegen die Axe, fast kreisrund, innen bläulich weiss, glänzend. Mundsaum einfach, braungelb, am vorletzten Umgange etwas unterbrochen, die Ränder durch dünnen Callus verbunden, der rechte und untere ausgebreitet, der linke stärker-bogig, über den Nabel abstehend-verbreitert. — Höhe $9\frac{1}{2}'''$, Durchmesser $14\frac{1}{2}'''$. (Aus H. Cuming's Sammlung.)

Deckel: unbekannt, ohne Zweifel der eines Cyclophorus.

Vaterland: Arva.

362. Cyclostoma amoenum Pfr. Die schöngezeichnete Kreismundschnecke.

Taf. 45. Fig. 11. 12.

C. testa umbilicata, depresso-turbinata, solida, laevigata, alba, lineis castaneo-fulvis crebris, maculis sagittaeformibus interruptis amoenissime picta; spira conoidea, obtusa; anfr. $4\frac{1}{2}$ modice convexis, ultimo superne turgido, ad peripheriam carina subcompressa et infra eam fascia saturatiore signato, basi convexo, circa umbilicum angustum, infundibuliformem albo; apertura parum obliqua, subcirculari; perist. duplice: interno continuo, stricte porrecto, externo crasso, patente, ad anfractum penultimum vix exciso. — Operc.?

Cyclostoma amoenum, Pfr. in Proceed. Zool. Soc. 1851.

Cyclophorus amoenus, Pfr. Consp. p. 11. nr. 87. Mon. Pneum. nr. 113. p. 66.

Gehäuse genabelt, niedergedrückt-kreiselförmig, festschalig, glatt, mit vielen feurig-kastanienbraunen Linien, welche durch weisse, pfeilspitzenförmige Flecke unterbrochen sind, sehr zierlich gezeichnet. Gewinde conoidisch, mit stumpfem, hell hornfarbigem Wirbel. Umgänge $4\frac{1}{2}$, mässig gewölbt, der letzte oberseits aufgetrieben, am Umfange mit einem etwas zusammengedrückten Kiele und unterhalb desselben mit einer dunktern Binde bezeichnet, unterseits gewölbt, um den engen, trichterförmigen Nabel weiss. Mündung wenig schräg gegen die Axe, fast kreisförmig, innen blassgelblich. Mundsaum doppelt, der innere geradeaus, lang-vorgestreckt, der äussere verdickt, abstehend, am vorletzten Umgange unmerklich ausgeschnitten. — Höhe 9''', Durchmesser 15'''. (Aus H. Cuming's Sammlung.)

Deckel: unbekannt.

Vaterland: unbekannt.

Bemerkung. Die röhrenförmige Vorragung des innern Mundsaumes ist wahrscheinlich nicht wesentlich, sondern hängt wohl von der Lebensdauer der Schnecke ab. Eine ähnliche Bildung kommt bei verwandten Arten vor, z. B. bei:

(19.) Cyclostoma volvulus Müller.

Taf. 45. Fig. 1. 2.

Da die früher gegebenen Figuren (Taf. 3. Fig. 1. 2.) unvollkommen sind, so gebe ich hier noch die Abbildung einer ausgezeichneten Varietät.

363. Cyclostoma picturatum Pfr. Die feinbemalte Kreismundschnecke.

Taf. 45. Fig. 13. 14.

C. testa umbilicata, turbinato-depressa, solida, sublaevigata, albida, strigis et flammis reticulatis castaneis picta; spira breviter conoidea, obtusa; anfr. $4^1/_2$ modice convexis, ultimo superne liris nonnullis obtusis spiralibus munito, infra peripheriam rotundatam, fascia serrata ornato, circa umbilicum mediocrem, profundum albo; apertura parum obliqua, subcirculari; perist. subsimplice, crasso, longe protracto, continuo, breviter adnato, margine sinistro dilatato, patente. — Operc.?

Cyclostoma picturatum, Pfr. in Proceed. Zool. Soc. 1851.

Cyclophorus picturatus, Pfr. Consp. p. 10. nr. 73 Mon. Pneum. nr. 101. p. 61.

Gehäuse genabelt, kreiselförmig-niedergedrückt, festschalig, ziemlich glatt, weisslich, sehr zierlich mit kastanienbraunen netzartigen Striemen und Flammen gezeichnet. Gewinde niedrig-conoidisch, mit bräunlichem, stumpfem Wirbel. Umgänge $4^1|_2$, mässig gewölbt, der letzte oberseits mit einigen stumpfen Spiralreifen besetzt, unterhalb der gerundeten Peripherie mit einer sägezähnigen Binde geziert, um den mittelweiten, tiefen Nabel weiss. Mündung wenig schräg gegen die Axe, ziemlich kreisrund, innen weiss. Mundsaum dick, geradeaus, lang-vorgestreckt, weiss, zusammenhängend, kurz angewachsen, der linke Rand etwas verbreitert. abstehend. — Höhe 8''', Durchmesser $14^1|_2$'''. (Aus H. Cuming's Sammlung.)

Deckel: unbekannt.

Vaterland: unbekannt.

364. Cyclostoma luridum Pfr. Die trübfarbige Kreismundschnecke.

Taf. 45. Fig. 15. 16.

C. testa umbilicata, depresso-turbinata, tenuiuscula, confertim spiraliter striata et liris sub-5 obtusis superne munita, nitida, fusco-fulvida; spira turbinata, apice livida, acutiuscula; anfr. 5 modice convexis, ultimo ad peripheriam obtuse angulato et albo-fasciato, basi pallidiore, obsolete fasciato; umbilico angusto, pervio; apertura magna, parum obliqua, subangulato-circulari; perist. simplice tenui, marginibus disjunctis, dextro breviter expanso, sinistro subdilatato, fornicato-patente. — Operc.?

Cyclostoma luridum, Pfr. in Proceed. Zool. Soc. 1851.

Cyclophorus luridus, Pfr. Consp. p. 12. nr. 99. Mon. Pneum. nr. 125. p. 73.

Gehäuse genabelt, niedergedrückt-kreiselförmig, ziemlich dünnschalig, gedrängt-spiralstreifig und oberseits mit 4—5 stumpfen Leisten besetzt. glänzend, trüb-gelbbraun. Gewinde kreiselförmig, mit bleifarbigem, spitzlichem Wirbel. Umgänge 5, mässig gewölbt, der letzte am Umfange stumpf-winklig und mit einer weissen Binde umgeben, unterseits blasser, mit undeutlichen Binden. Nabel eng, durchgehend. Mündung gross, wenig schräg gegen die Axe, fast kreisrund, nach oben etwas winklig. Mundsaum einfach, dünn, unterbrochen, die Ränder am vorletzten Umgange durch eine Schicht von sehr dünnem Callus vereinigt, der rechte sehr schmal ausgebreitet, der linke etwas gewölbt-abstehend. — Höhe $9^1|_2$''', Durchmesser $13^1|_2$'''. (Aus H. Cuming's Sammlung.)

Deckel: unbekannt.

Vaterland: unbekannt.

365. Cyclostoma denselineatum Pfr. Die dichtgeriefte Kreismundschnecke.

Taf. 45. Fig. 17. 18.

C. testa umbilicata, globoso-turbinata, solida, lineis spiralibus impressis et obliquis minutissime decussata, vix nitidula, pallide fulva, maculis et fasciis interruptis fuscis picta; spira turbinata, sursum nigricante, apice acuta; anfr. 5 parum convexis, ultimo superne convexiore, infra medium obtuse carinato, basi planiusculo, circa umbilicum angustum pervium pallido; apertura parum obliqua, subcirculari, transverse dilatata; perist. incrassato, vix expanso, marginibus approximatis, callo junctis, columellari reflexiusculo. — Operc. planum, rubello-corneum, arctispirum.

Cyclostoma denselineatum, Pfr. in Proceed. Zool Soc. 1854.
Cyclophorus denselineatus, Pfr. Consp. p. 12. nr. 90. Mon. Pneum. nr. 116. p. 68.

Gehäuse genabelt, kuglig-kreiselförmig, festschalig, durch sehr dicht stehende eingedrückte Spiral- und schräge Linien sehr fein gegittert, blass gelbbraun, mit braunen Flecken und unterbrochenen Binden. Gewinde kreiselförmig, nach oben schwärzlich, mit spitzem Wirbel. Umgänge 5, wenig gewölbt, der letzte oberseits convexer, unterhalb der Mitte stumpfgekielt, unterseits etwas abgeplattet, um den engen, aber durchgehenden Nabel blass. Mündung wenig schräg gegen die Axe, fast kreisrund, quer etwas verbreitert, innen weisslich. Mundsaum verdickt, schmal ausgebreitet, die Ränder genähert, durch Callus verbunden, der linke etwas zurückgeschlagen. — Höhe 8''', Durchmesser fast 1''. (Aus H. Cuming's Sammlung.)

Deckel: röthlich-hornfarbig, dünn, enggewunden, platt.

Vaterland: unbekannt.

366. Cyclostoma Ibyatense Pfr. Die Kreismundschnecke von Ibyat.

Taf. 45. Fig. 19. 20.

C. testa umbilicata, turbinato-depressa, solida, laevigata, subtiliter striatula, nitida, castanea, albido-maculata et fasciata; spira turbinata, vertice acutiusculo, corneo; anfr. 5 modice convexis, ultimo ad suturam subdepresso, maculis magnis subquadratis vel triangularibus albis picto, peripheria obsoletissime angulato, circa umbilicum mediocrem, infundibuliformem albo, apertura parum obliqua, subcirculari; perist. subincrassato, expansiusculo, marginibus approximatis, callo continuo, junctis. — Operc.

Cyclostoma Ibyatense, Pfr. in Proceed. Zool. Soc. 1851.
Cyclophorus Ibyatensis, Pfr. Consp. p. 11. nr. 74. Mon. Pneum. nr. 102. p. 61.

Gehäuse genabelt, kreiselförmig-niedergedrückt, festschalig, glatt, sehr fein gestreift, glänzend, kastanienbraun, mit weissen Flecken und Binden. Gewinde kreiselförmig, mit ziemlich spitzem, hornfarbigem Wirbel. Umgänge 5, mässig gewölbt, der letzte an der Naht stark niedergedrückt und mit grossen weissen, fast 4eckigen oder 3eckigen Flecken bemalt, am Umfange kaum mit der Andeutung eines Winkels, um den mittelweiten, trichterförmigen Nabel weiss. Mündung wenig schräg gegen die Axe, fast kreisrund, nach oben etwas verschmälert, innen bläulich weiss, glänzend. Mundsaum etwas verdickt, schmal ausgebreitet, die Ränder sehr genähert, durch fortlaufenden Callus vereinigt. — Höhe 7''', Durchmesser 11½'''. (Aus H. Cuming's Sammlung.)

Deckel: unbekannt.

Vaterland: die Insel Ibyat in der Bashee-Gruppe.

367. Cyclostoma lineatum Pfr. Die feingürtelige Kreismundschnecke.

Taf. 45. Fig. 3. 4.

C. testa umbilicata, globoso-conica, tenuiuscula, laevigata, diaphana, nitidula, fulva, lineis castaneis, alternis subtilioribus, subinterruptis picta; spira turbinata, acutiuscula; anfr. 5½ convexis, ultimo rotundato, infra peripheriam fascia latiore ornato, in umbilico angusto, vix pervio spiraliter confertim sulcato; apertura vix obliqua, subangulato-circulari; perist. simplice, recto, albo, marginibus approximatis, callo subemarginato junctis. — Operc.?

Cyclostoma lineatum, Pfr. in Proceed. Zool. Soc. 1851.
Cyclostomus lineatus, Pfr. Consp. p 35. nr. 327. Mon. Pneum. nr. 369. p. 222.

Gehäuse genabelt, kuglig-conisch, ziemlich dünnschalig, glatt, durchscheinend, wenig glänzend, braungelb, mit vielen kastanienbraunen Linien, zwischen welchen schmalere, unterbrochene liegen, gegürtelt. Gewinde kreiselförmig, mit feinem, spitzem Wirbel. Umgänge 5½, convex, der letzte gerundet, unterhalb der Mitte mit einer breitern Binde umgeben, innerhalb des engen, kaum durchgehenden Nabels gedrängt-spiralfurchig. Mündung kaum geneigt gegen die Axe, gerundet, nach oben etwas winklig. Mundsaum einfach, scharf, geradeaus, weiss, seine Ränder genähert, durch einen etwas ausgerandeten Callus verbunden. — Höhe 6½''', Durchmesser 7½'''. (Aus H. Cuming's Sammlung.)

Deckel: unbekannt.

Vaterland: unbekannt.

368. Cyclostoma insulare Pfr. Die Insel-Kreismundschnecke.

Taf. 45. Fig. 5. 6.

C. testa perforata, globoso-conica, solidiuscula, spiraliter et obtuse crebrilirata, lineis confertissimis longitudinalibus subscabra, non nitente, sordide albida, fasciis nonnullis pallide violaceis picta; spira breviter turbinata, obtusula; anfr. 5 convexis, ad suturam minutissime crenulatis, ultimo basi liris elevatioribus sculpto; apertura vix obliqua, subangulato-circulari; perist. tenui, undique expanso, reflexiusculo, marginibus approximatis, callo subemarginato junctis, supero repando, sinistro angustiore. — Operc. C. vittati Müll.

Cyclostoma insulare, Pfr. in Proceed. Zool. Soc. 1851.

Cyclostomus insularis, Pfr. Consp. p. 34. nr. 314. Mon. Pneum. nr. 356. p. 215.

Gehäuse durchbohrt, kuglig-conisch, ziemlich festschalig, mit vielen stumpfen Spiralreifen und sehr gedrängtstehende Längslinien etwas rauhgegittert, glanzlos, schmutzig-weisslich, mit einigen blassvioletten Binden. Gewinde niedrig-kreiselförmig, mit stumpflichem Wirbel. Umgänge 5, gewölbt, an der Naht sehr fein-eingekerbt, der letzte unterseits mit erhobeneren Spiralreifen besetzt. Mündung kaum geneigt gegen die Axe. fast kreisrund, nach oben etwas winklig, rinnig. Mundsaum einfach, dünn. schmal wagerecht abstehend, weisslich, die Ränder genähert, durch einen etwas ausgerandeten Callus verbunden, der obere ausgeschweift, der linke etwas verschmälert. — Höhe $6\frac{3}{4}'''$, Durchmesser $8\frac{1}{2}'''$. (Aus H. Cuming's Sammlung.)

Deckel: ganz wie der des C. vittatum Müll.

Vaterland: die Insel Isle de France, nach neueren Angaben vielmehr Natal in Südafrika.

369. Cyclostoma fallax Pfr. Die täuschende Kreismundschnecke.

Taf. 45. Fig. 21. 22.

C. testa rimata, oblongo-turrita, truncata, tenui, spiraliter obtuse lirata, lineis longitudinalibus confertioribus (octava vel decima quavis sub lente validioribus) decussata, non scabra, vix nitidula, albida, lineis flexuosis, interruptis, fulvis picta; spira subconvexo-turrita; anfr. $4-4\frac{1}{2}$ convexiusculis, ultimo rotundato, infra medium fascia fulva ornato, antice longe soluto, circa rimam umbilicalem vix spiraliter sulcato; apertura subverticali, ovali; perist. albo, duplice, interno expansiusculo, incumbente, externo brevi, undique subaequaliter patente, superne angulato. — Operc.?

Cyclostoma fallax, Pfr. in Proceed. Zool. Soc. 1851.
Cistula fallax, Pfr. Consp. p. 43. nr. 404. Mon. Pneum. nr. 449. p. 273.

Gehäuse kurz geritzt, länglich-gethürmt, dünnschalig, mit sehr feinen stumpfen Spiralleisten besetzt, über welche sehr gedrängt-stehende Längslinien herablaufen, von denen je die 8te oder 10te, unter der Lupe betrachtet, etwas stärker erscheint, dadurch fein körnig-gittrig, fast glanzlos, weisslich, mit feinen herablaufenden, unterbrochenen braungelben Zickzacklinien. Gewinde mit etwas gewölbter Aussenlinie gethürmt, ziemlich breit abgestutzt. Naht fein-büschelig-gekerbt. Uebrige Umgänge 4—4½, wenig gewölbt, der letzte gerundet, unter der Mitte mit einer braungelben Binde gezeichnet, nach vorn weit abgelöst, auf dem Rücken stumpfwinklig, mit kaum bemerklichen Spiralfurchen um die Nabelritze. Mündung fast parallel mit der Axe, oval. Mundsaum weiss, verdoppelt; der innere etwas ausgebreitet, aufliegend, der äussere schmal, ringsum ziemlich gleichbreit-abstehend, oben winklig. — Länge 7''', Durchmesser 3¼'''. (Aus H. Cuming's Sammlung.)

Deckel: unbekannt.

Vaterland: unbekannt.

Bemerkung. Diese Schnecke scheint dem C. lineolatum Lam., oder wenigstens der Art, welche ich (Abth. I. nr. 41. S. 49.) als solche betrachtet habe, sehr nahe zu stehen, aber doch hinreichend verschieden zu sein.

370. Cyclostoma jucundum Pfr. Die schöngefärbte Kreismundschnecke.

Taf. 46. Fig. 36. 37.

C. testa perforata, ovato-turrita, tenui, lineis spiralibus et chordaeformibus longitudinalibus anguste reticulata, subscabra, vix nitidula, aurantiaco-rubicunda; spira turrita, vix truncatula; sutura confertim denticulata; anfr. 6—7 modice convexis, regulariter accrescentibus, ultimo circa perforationem liris nonnullis validioribus munito; apertura parum obliqua, irregulariter ovali, intus concolore, nitida; perist. duplice: interno expansiusculo, incumbente, latere sinistro levissime arcuato; externo continuo, horizontaliter patente, anfractui penultimo breviter adnato, infra perforationem angustato. — Operc.?

Cyclostoma jucundum, Pfr. in Proceed. Zool. Soc. 1851.
Chondropoma? jucundum, Pfr. Consp. p. 45. nr. 428. Mon. Pneum. nr. 480. p. 290.

Gehäuse durchbohrt, eiförmig-gethürmt, dünnschalig, durch feine erhobene Spiralreifchen und saitenartige Längsrippen fein- aber schärflich-gegittert, fast glanzlos, durchscheinend, orangenröthlich. Gewinde gethürmt, unmerklich abgestutzt. Naht dicht-gezähnelt. Umgänge 6—7, mässig convex, regelmässig zunehmend, der letzte um das enge, nicht durchgehende Nabelloch mit einigen stärkeren Spiralreifen besetzt. Mündung wenig schräg gegen die Axe, unregelmässig oval, innen gleichfarbig, glänzend. Mundsaum doppelt; der innere etwas ausgebreitet, aufliegend, an der linken Seite sehr seicht-bogig, der äussere zusammenhängend, am vorletzten Umgange kurz angewachsen, nach rechts und unten wagerecht abstehend, an der linken Seite schmäler, fast gestreckt. — Länge 9''', Durchmesser $4^1|_4$'''. (Aus H. Cuming's Sammlung.)

Deckel: unbekannt.

Vaterland: unbekannt.

371. Cyclostoma papyraceum Adams. Die papierdünne Kreismundschnecke.

Taf. 46. Fig. 39. 40.

C. testa vix perforata, ovato turrita, truncata, tenui, longitudinaliter confertissime plicata (interstitiis sub lente decussatulis), haud nitente, pallide fusca, strigis angulatis et undulatis fuscis picta; spira convexo-turrita; sutura confertim et acute denticulata; anfr. superst. 5 convexiusculis, ultimo supra basin late fasciato; apertura verticali, elliptica, intus concolore, nitida; perist. continuo, simplice, anfractui penultimo late adnato, undique subaequaliter expanso, superne anguloso-superstructo.

Cyclostoma papyraceum, Adams Contrib. to Conch. nr. 6. p. 92

Chondropoma? papyraceum, Pfr. Consp. p. 44. nr. 415. Mon. Pneum. nr. 462. p. 280.

Gehäuse punktförmig durchbohrt, eiförmig-gethürmt, abgestutzt, dünnschalig, sehr gedrängt längsfaltig, in den Zwischenräumen unter der Lupe fein gekreuzt, glanzlos, hellbräunlich, mit winkligen und welligen kastanienbraunen Längslinien. Gewinde convex-thurmförmig. Naht dicht und scharf gezähnelt. Uebrige Umgänge 5, mässig gewölbt, der letzte über der Basis eine breite Binde tragend. Mündung vertical, elliptisch, innen gleichfarbig, glänzend. Mundsaum zusammenhängend, einfach, breit, am vorletzten Umgange angewachsen, übrigens ziemlich gleichmässig ausgebreitet, nach oben mit einem spitzen Winkel überbaut. — Länge 10'''. Durchmesser $4^1|_2$'''. (Aus meiner Sammlung.)

Deckel: unbekannt.

Aufenthalt: auf der Insel Jamaica.

372. Cyclostoma pisum Adams. Die Erbsen-Kreismundschnecke.

Taf. 46. Fig. 7 — 9.

C. testa pervie umbilicata, globoso-conoidea, truncata, tenui, liris obtusis confertis spiralibus et lineis elevatis confertioribus longitudinalibus decussata, non nitente, suturate fusca; sutura subsimplice; anfr. superst. 3—$3^1/_2$ convexis, ultimo latiore, basi validius spiraliter sulcato; apertura verticali, circulari; perist. rubro, duplice: interno expanso, externo undique mediocriter reflexo, substriato. — Operc. testaceum, anfr. 5 oblique striatis, marginibus liberis, nucleo subcentrali.

Cyclostoma pisum, Adams Contrib. to Conch. nr. 1. p. 9.
— virgineum, Adams ibid. nr. 6. p. 90.
Choanopoma pisum, Pfr. Consp. p. 26. nr. 227. Mon. Pneum. nr. 265. p. 156.

Gehäuse durchgehend-durchbohrt, kuglig-conoidisch, abgestutzt, dünnschalig, durch gedrängtstehende stumpfe Spiralreifen und noch dichtere erhobene Längslinien gegittert, glanzlos, dunkelbraun. Naht ziemlich einfach. Uebrige Umgänge 3—$3^1|_2$, convex, der letzte breiter, nach vorn nicht abgelöst, um den Nabel mit stärkeren Spiralreifen besetzt. Mündung vertical, ziemlich kreisrund. Mundsaum roth, doppelt; der innere Saum ausgebreitet, der äussere am vorletzten Umgange kurz ausgeschnitten, übrigens gleichmässig verbreitert, abstehend, concentrisch gerieft. — Länge $4^1|_2$''', Durchmesser fast 3'''. (Aus meiner Sammlung.)

Deckel: schalig, von 5 schräg gestreiften Umgängen mit freien Rändern.

Aufenthalt: auf der Insel Jamaica.

373. Cyclostoma granosum Adams. Die körnige Kreismundschnecke.

Taf. 46. Fig. 10 — 12.

C. testa perforata, turrito-oblonga, tenuiuscula, liris linealibus confertis, longitudinalibusque minoribus et confertioribus granulato-decussata, non nitente, subdiaphana, pallide cornea, rufo-nebulosa et praesertim in anfr. ultimo late maculata et strigata; spira elongata, vix curvilineari, late truncata; sutura profunda, irregulariter et obsolete crenulata; anfr. superst. 4 convexis, ultimo penultimum vix superante; apertura verticali, ovali-rotundata; perist. flavescente, duplice; interno brevi, incumbente, externo anfractui penultimo breviter adnato, superne subangulato, undique anguste retroflexo. — Operc. (ex Adams) lamella spirali elevata plus quam trium anfractuum munita.

Cyclostoma granosum, Adams Contrib. to Conch. nr. 6. p. 93.
Choanopoma? granosum, Pfr. Consp. p. 25. nr. 225. Mon. Pneum. nr. 263. p. 155.

Gehäuse durchbohrt, gethürmt-länglich, ziemlich dünnschalig, durch dichtstehende linienförmige Spiralreifchen und schwächere, noch gedrängtere Längslinien körnig-gegittert, glanzlos, etwas durchscheinend, hell hornfarbig, bräunlich-wolkig und besonders auf dem letzten Umgange breitfleckig und striemig. Gewinde langgestreckt, mit kaum gekrümmter Aussenlinie, breit abgestutzt. Naht tief, unregelmässig und undeutlich gekerbt. Uebrige Umgänge 4, convex, der letzte kaum breiter als der vorletzte. Mündung vertical, oval-rundlich. Mundsaum gelblich, doppelt; der innere kurz, aufliegend, der äussere kurz am vorletzten Umgange angewachsen, nach oben etwas winklig, überall ziemlich gleichmässig hinter die Ebene der Mündung zurückgeschlagen. — Länge 7''', Durchmesser 3¾'''. (Aus meiner Sammlung.)

Varietät 1: etwas deutlicher knotig-gegittert:

Cyclostoma nodulosum, Adams Contrib. to Conch. nr. 6. p. 91.
— granosum var., Adams ibid. nr. 8. p. 140.

Varietät 2: letzter Umgang ohne purpurbraune Flecken, nach vorn abgelöst.

Deckel: nach Adams mit einer erhobenen spiralen Lamelle von mehr als 3 Windungen besetzt.

Aufenthalt: auf der Insel Jamaica.

374. Cyclostoma Chittyi Adams. Chitty's Kreismundschnecke.

Taf. 46. Fig. 13. 14.

C. testa umbilicata, globoso-conoidea, vix truncata, tenui, spiraliter confertim et acute costata, lineis longitudinalibus confertissimis decussata, scabra, fulvido-albida, interdum lineis rufis obsolete cincta; spira convexo-conica; sutura profunda; anfr. 4—4½ perconvexis, ultimo basi remotius lirato; umbilico mediocri, pervio; apertura verticali, circulari; perist. duplicato: interno porrecto, externo limbum latissimum, concentrice imbricato-striatum, undulato-plicatum, rufo-radiatum, margine confertim crenulatum, superne angulatim productum, ad anfractum penultimum emarginatum formante. — Operc. testaceum, anfr. sub-5, usque ad marginem latum, fere verticaliter erectum, superne subreflexum, oblique ruditer striatis.

Cyclostoma Chittyi, Adams Contrib. to Conch. nr. 1. p. 1. nr. 6 p. 89.
Choanopoma Chittyi, Pfr Consp. p. 26. nr. 231. Mon. Pneum. nr. 259 p. 160.

Diese Schnecke steht dem C. fimbriatulum Sow. (Vgl. nr. 70. S. 76.) sehr nahe, und unterscheidet sich am Gehäuse nur durch die viel dichter stehenden und schärferen Spiralreifen, welche durch die ziemlich gleichen

Längsrippen regelmässig und scharf gegittert werden. Daher sind auch die strahligen Falten des äusseren Peristoms viel schmaler und zahlreicher. — Weit beträchtlicher ist aber der Unterschied des Deckels bei beiden Arten. — Bei C. fimbriatulum ist derselbe ziemlich platt, und der freie äussere Rand seiner Windungen legt sich fast in derselben Fläche nieder. — Bei C. Chittyi hingegen ist der Kern des Deckels tief eingesenkt, seine Windungen sind breiter und der äussere Rand steht tutenförmig fast vertical hoch erhoben und nur am obern Saume etwas nach aussen umgeschlagen.

Aufenthalt: auf der Insel Jamaica.

375. Cyclostoma scabriculum Sowerby. *) Die schärfliche Kreismundschnecke.

Taf. 46. Fig. 15. 16.

C. testa umbilicata, conoideo-globosa, vix truncata, tenui, liris spiralibus confertis et lineis longitudinalibus confertioribus argute reticulata, fulvido-alba, interdum lineis rufis obsolete cincta; spira convexa; anfr. superst. 4—$4^1/_2$ rotundatis, sensim accrescentibus, ultimo terete, in umbilico mediocri, subcompresso, vix pervio distinctius et remotius spiraliter sulcato; apertura verticali, circulari; perist. duplice; interno brevi, externo limbum tenuem, undique late expansum, superne sinuoso-auriculatum, ad anfr. penultimum emarginatum, centrice imbricato-striatum, undulato-plicatum et fusco-radiatum formante. — Operc. cinereum, extus concavum, anfr. 4 oblique striatis, extimo perdilatato, omnium margine alte elevato, superne expanso.

Cyclostoma scabriculum, Sow. Thes. nr. 119. p. 133. t. 28. f. 147.
— amabile, Adams Contrib. to Conch. nr. 1. p. 2.
Choanopoma scabriculum, Pfr. in Zeitschr. f. Mal. 1847. p. 107. Consp. p. 26. nr. 232. Mon. Pneum. nr. 270. p. 160.
— — Gray Catal. Cycloph. p. 50. nr. 4.

Gehäuse genabelt, conoidisch-kuglig, mit kaum abgestossener Spitze, dünnschalig, durch dichtstehende Spiralreifen und noch gedrängtere erhobene Längslinien schärflich-gegittert, bräunlich weiss, bisweilen mit undeutlichen rothbraunen Linien umgeben. Gewinde convex. Uebrige Umgänge 4—$4^1/_2$, gerundet, allmälig zunehmend, der letzte stielrund, innerhalb des mittelweiten, etwas zusammengedrückten, kaum durchgehenden

*) Die unter demselben Namen auf Taf. 10. Fig. 6—8 abgebildete Schnecke gehört nicht zu Sowerby's Typus, sondern zu dem von Adams mit Recht abgetrennten C. Hillianum.

Nabels deutlicher und entfernter spiralfurchig. Mündung vertical, kreisrund. Mundsaum doppelt, der innere kurz, der äussere einen dünnen, überall breit-abstehenden, nach oben buchtig-geöhrten, am vorletzten Umgange ausgerandeten, concentrisch dachziegelartig gestreiften, wellig-gefalteten, braunstrahligen Saum bildend. — Höhe $5^1|_2'''$, Durchmesser $8^1|_2'''$. (Aus meiner Sammlung.)

Deckel: grau, aussen concav, mit 4 schräg gestreiften Windungen, deren äussere sehr verbreitert ist, der äussere Rand aber hoch erhoben, oben etwas ausgebreitet.

Aufenthalt: auf der Insel Jamaica.

376. Cyclostoma Wilkinsoni Adams. Wilkinson's Kreismundschnecke.

Taf. 46. Fig. 17—19.

C. testa subperforata, cylindraceo-turrita, truncata, tenui, longitudinaliter confertim costata, diaphana, albida, rufo seriatim et obsolete maculata; sutura lamelloso-dentata; anfr. sup. 4 convexis, lente accrescentibus, ultimo disjuncto, descendente, dorso carinato, latere columellae spiraliter sulcato; apertura subverticali, ovali; perist. duplice: interno vix porrecto, externo undique breviter reflexo. — Operc. C. rugulosi.

Cyclostoma Wilkinsonii, Adams Contrib. to Conch. nr. 1. p. 6.

— Wilkinsoni, Adams Catal. Apr. 1851.

Cyclostomus Wilkinsoni, Pfr. Consp. p. 37. nr. 360. Mon. Pneum. nr. 393. p. 239.

Gehäuse kaum durchbohrt, cylindrisch-gethürmt, abgestutzt, dünnschalig, gedrängt-längsrippig, durchscheinend, weisslich, mit undeutlichen Reihen rothbrauner Flecken. Naht lamellenartig-gezähnt. Uebrige Umgänge 4, convex, langsam zunehmend, der letzte abgelöst, herabsteigend, auf dem Rücken gekielt, an der Spindelseite spiralfurchig. Mündung ziemlich parallel zur Axe, oval. Mundsaum doppelt; der innere kaum vorgestreckt, der äussere ringsum schmal zurückgeschlagen. — Länge 4''', Durchmesser $1^3|_4'''$. (Aus meiner Sammlung.)

Varietät: kleiner, einfarbig, mit 3 Umgängen, der letzte weniger abgelöst.

Cyclostoma modestum, Adams Contrib. to Conch. nr. 1. p. 6.

Deckel: ziemlich gleich dem des C. rugulosum Pfr.

Aufenthalt: auf der Insel Jamaica.

377. Cyclostoma fecundum Adams. Die fruchtbare Kreismundschnecke.

Taf. 46. Fig. 20. 21. Var. Fig. 22. 23.

C. testa subperforata, oblongo-conica, tenuiuscula, longitudinaliter confertissime plicato-striata, non nitente, fulvido-albida, lineis interruptis rufis et interdum basi fascia latiore castanea ornata: spira elongata, breviter truncata; anfr. sup. 5 — 6 vix convexis, regulariter accrescentibus; apertura subobliqua, angulato-ovali, superne sinuosa; perist. simplice, breviter expanso, superne in auriculam producto, latere dextro subcompresso, strictiusculo. — Operc. testaceum, oblique sulcatum.

Cyclostoma fecundum, Adams Contrib. to Conchol. nr. 1. p. 11.

Tudora fecunda, Pfr. Consp. p. 39. nr. 359. Mon. Pneum. nr. 403. p. 246.

Gehäuse kaum durchbohrt, länglich-conisch, ziemlich dünnschalig, sehr gedrängt der Länge nach faltenstreifig, glanzlos, braungelb-weisslich, mit unterbrochenen rothbraunen Querlinien und bisweilen mit einer breitern kastanienbraunen Basalbinde. Gewinde langgezogen, kurz abgestossen. Uebrige Umgänge 5 — 6, unmerklich gewölbt, regelmässig zunehmend. Mündung etwas gegen die Axe geneigt, winklig-oval, nach oben buchtig. Mundsaum einfach, schmal ausgebreitet, nach oben in ein Oehrchen vorgezogen, der rechte Rand etwas zusammengedrückt, fast gerade. — Länge 9''', Durchmesser 4¼'''. (Aus meiner Sammlung.)

Deckel: schalig, grauweisslich, schräg und dichtgefurcht.

Varietät: kleiner, mit deutlicheren, schmalen, rothbraunen Binden. (Fig. 22. 23.)

Deckel: ?

Aufenthalt: auf der Insel Jamaica.

378. Cyclostoma armatum Adams. Die bewaffnete Kreismundschnecke.

Taf. 46. Fig. 24 — 26.

C. testa rimato-subperforata, elongato-conica, solidiuscula, longitudinaliter plicata (plicis confertis, filaribus, suboctonis ad suturam in fasciculum prominentem collectis) sericina, cinereo-fusca, interdum rufo-maculata; spira elongata, truncata; anfr. sup. 5 modice convexis, regulariter accrescentibus, ultimo antice breviter soluto, basi obsolete spiraliter sulcato; apertura subverticali, subobliqué ovali; perist simplice, continuo, vix expansiusculo, superne anguloso. — Operc. praecedentis.

Cyclostoma armatum, Adams Contrib. to Conchol. nr. 1. p. 10.

Tudora armata, Pfr. Consp. p. 39. nr. 360. Mon. Pneum. nr. 404. p. 247.

Gehäuse geritzt, fast durchbohrt, verlängert-kegelförmig, ziemlich festschalig, seidenglänzend, grau-bräunlich, oft rothbraun gefleckt, dicht mit fädlichen Falten besetzt, welche ungefähr je zu 8 an der Naht in ein vortretendes Bündelchen vereinigt sind. Gewinde langgezogen, abgestossen. Uebrige Umgänge 5, mässig gewölbt, regelmässig zunehmend, der letzte nach vorn kurz abgelöst, am Grunde undeutlich spiralfurchig. Mündung fast parallel zur Axe, etwas schief-oval. Mundsaum einfach, zusammenhängend, kaum merklich ausgebreitet, nach oben winklig. Länge 7½''', Durchmesser 3¾'''. (Aus meiner Sammlung.)

Deckel: wie bei der vorigen Art.

Aufenthalt: auf der Insel Jamaica.

379. Cyclostoma mordax Adams. Die beissige Kreismundschnecke.

Taf. 46. Fig. 31. 32.

C. testa subperforata, oblongo-pupaeformi, tenui, truncata, liris distantibus, obtusis spiralibus, striisque longitudinalibus confertis, illas superantibus, sculpta, fuscula, punctis et lineis interruptis rufis ornata; sutura obsolete crenulata; anfr. sup. 5 modice convexis, ultimo angustiore, antice breviter soluto; apertura verticali, oblique ovali, superne subangulata; perist. simplice, breviter expansiusculo, in angulo supero subdilatato.

Cyclostoma mordax, Adams in Contrib. to Conchol. nr. 1. p. 12.

Cistula? mordax, Pfr. Consp. p. 42. nr. 390. Mon. Pneum. nr. 441. p. 269.

Gehäuse fast durchbohrt, länglich-pupaförmig, dünnschalig, abgestossen, mit entfernten stumpfen Spiralreifen und gedrängten, über jene hinüberlaufenden Längsriefen, bräunlich, mit rothbraunen Punkten und unterbrochenen Linien. Naht undeutlich gekerbt. Uebrige Umgänge 5, mässig convex, der letzte schmaler, nach vorn kurz abgelöst. Mündung parallel zur Axe, schief-oval, nach oben etwas winklig. Mundsaum einfach, schmal ausgebreitet, am obern Winkel etwas verbreitert. — Länge 7½''', Durchmesser 3¼'''. (Aus meiner Sammlung.)

Deckel: mir unbekannt.

Aufenthalt: auf der Insel Jamaica.

380. Cyclostoma avena Adams. Die Haferkorn-Kreismundschnecke.

Taf. 46. Fig. 33—35.

C. testa subperforata, turrita, truncata, longitudinaliter confertim plicatâ, fuscula, rufo seriatim maculata; sutura fasciculis plicarum prominentibus albo-crenulata; anfr. sup. 5 parum convexis, ultimo antice soluto, dorso carinato; apertura verticali, ovali; perist. duplice: interno vix prominente, externo expanso, marginibus superne angulatim junctis, dextro latiore. — Operc. testaceum, paucispirum, sulcatum.

Cyclostoma avena, Adams Contrib. to Conchol. nr. 1. p. 6.
Tudora avena, Pfr. Consp. p. 40. nr. 378. Mon. Pneum. nr. 423. p. 258.

Gehäuse fast durchbohrt, gethürmt, abgestossen, dicht längsfaltig, bräunlich, reihenweise rothbraungefleckt. Naht durch die vortretenden Rippenbündel weiss-gekerbt. Uebrige Umgänge 5, wenig gewölbt, der letzte vorn abgelöst, oben gekielt. Mündung parallel zur Axe, oval. Mundsaum doppelt, der innere kaum vorragend, der äussere ausgebreitet, seine Ränder nach oben winklig verbunden, der rechte breiter. — Länge $4^{1}/_{4}'''$, Durchmesser $1^{2}/_{3}'''$. (Aus meiner Sammlung.)

Deckel: schalig, mit wenigen Windungen, schräg gefurcht.

Aufenthalt: auf der Insel Jamaica.

381. Cyclostoma Moussonianum Adams. Mousson's Kreismundschnecke.

Taf. 46. Fig. 1—3.

C. testa umbilicata, globoso-conica, tenuiuscula, spiraliter lirata et costulis confertioribus, ad suturam profundam spinulosis exasperata, albido fulvescente, rufo obsolete punctato-fasciata: spira convexo-conica, breviter truncata; anfr. superst. $3^{1}/_{2}$ convexis, ultimo circa umbilicum angustum, pervium distantius spiraliter sulcato, antice subsoluto; apertura fere verticali, subcirculari; perist. duplice; interno subproducto, externo undique late retroflexo, subsquamose striato, radiato-plicato, superne anfractui penultimo angulatim adnato. — Operc. extus convexum, nucleo lato, subplano, anfractibus carinato-marginatis.

Cyclostoma Moussonianum, Adams Contrib. to Conchol. nr. 9. p. 153.
Jamaicia Moussoniana, Pfr. Consp. p. 24. nr. 218. Mon. Pneum. nr. 256. p. 150.

Gehäuse genabelt, kuglig-conisch, ziemlich dünnschalig, durch erhobene Spiralreifen und gedrängtere Längsrippchen, welche an der tiefen Naht in Dörnchen auslaufen, rauh, weisslich-bräunlich, mit undeutlichen rothbraunen punktirten Binden. Gewinde convex-conisch, kurz abgestossen. Uebrige Umgänge $3^{1}/_{2}$, gewölbt, der letzte um den engen, durchgehenden Nabel deutlicher spiralfurchig, nach vorn etwas abgelöst. Mündung fast vertical, ziemlich kreisrund. Mundsaum doppelt, der innere etwas vorstehend, der äussere ringsum breit zurückgeschlagen, etwas schuppig-gerieft, strahlig-gefaltet, nach oben an den vorletzten Umgang in einem Winkel angewachsen. — Höhe $5^1|_4'''$, Durchmesser 7'''. (Aus meiner Sammlung.)

Deckel: schalig, grauweisslich, nach aussen convex, mit breitem, ziemlich flachem Kerne, die Windungen schräg gestreift, kielartig berandet.

Aufenthalt: auf der Insel Jamaica.

382. Cyclostoma anomalum Adams. Die anomale Kreismundschnecke.

Taf. 46. Fig. 4—6.

C. testa umbilicata, globoso-conica, tenuiuscula, spiraliter lirata et costulis confertioribus asperata, fulvida, fusco obsolete lineata; spira conica, subtruncata; anfr. superst. $3^1/_2$ convexis, ultimo subdescendente, antice breviter soluto; umbilico mediocri, pervio; apertura fere verticali, subcirculari; perist. simplice, recto, liris subdenticulato. — Operc. testaceum, extus convexum, anfractibus sublamellosis.

Cyclostoma anomalum (Jamaicia), Adams Contrib. to Conch. nr. 6. p. 90.
Jamaicia anomala, Pfr. Consp. p. 24. nr. 217. Pneum. Mon. nr. 255. p. 149.

Gehäuse genabelt, kuglig-conisch, ziemlich dünnschalig, spiralreifig und durch gedrängter stehende Längsrippchen rauh, braungelblich, mit undeutlichen braunen Linien. Gewinde conisch, wenig abgestossen. Uebrige Umgänge $3^1|_2$, gewölbt, der letzte etwas herabsteigend, vorn kurz abgelöst. Nabel mittelweit, durchgehend. Mündung fast parallel zur Axe, ziemlich kreisrund. Mundsaum einfach, geradeaus, durch die Enden der Reife etwas gezähnelt. — Höhe $4^1|_2'''$, Durchmesser $6^1|_4'''$. (Aus meiner Sammlung.)

Deckel: schalig, hoch-convex, mit wenigen durch eine lineare Naht verbundenen, etwas rauhen Umgängen.

Aufenthalt: ?

383. Cyclostoma plicosum Pfr. Die feingefaltete Kreismundschnecke.

Taf. 46. Fig. 41. 42.

C. testa perforata, ovato-conica, tenui, longitudinaliter confertim plicata, sericea, rubello-cornea; spira conica, acuta; anfr. 5 convexiusculis, ad suturam crenulatis, ultimo spiram subaequante, rotundato, circa perforationem angustam compresse subcarinato; apertura vix obliqua, ovali; perist. simplice, recto, marginibus approximatis, columellari reflexiusculo.

Cyclostoma plicosum (Omphalotropis), Pfr. in Proceed. Zool. Soc. 1851.

Omphalotropis plicosa, Pfr. Consp. p. 49. nr. 463. Mon. Pneum. nr. 515. p. 311.

Gehäuse eng durchbohrt, eiförmig-conisch, dünnschalig, dicht und fein längsfaltig, seidenglänzend, röthlich-hornfarbig. Gewinde conisch, spitz. Umgänge 5, mässig convex, an der Nath feingekerbt, der letzte ungefähr so lang als das Gewinde, gerundet, um das Nabelloch etwas zusammengedrückt-gekielt. Mündung kaum gegen die Axe geneigt, oval. Mundsaum einfach, geradeaus, die Ränder genähert, der Spindelrand etwas zurückgeschlagen. — Länge 3''', Durchmesser 2'''. (Aus meiner Sammlung.)

Deckel: mir unbekannt.

Aufenthalt: mir unbekannt.

384. Cyclostoma Borneense Metcalfe. Die Borneo-Kreismundschnecke.

Taf. 47. Fig. 1 — 3.

C. testa umbilicata, depresso-turbinata, tenuiuscula, striata, lineis spiralibus tenuissimis, confertis sculpta, superne fulvida, castaneo strigata et marmorata; spira conoidea, acutiuscula; sutura plana, marginata; anfr. 5 vix convexiusculis, ultimo acute carinato, infra carinam fascia lata castanea, albido maculata ornato, basi pallido, convexo, circa umbilicum mediocrem subcompresso; apertura obliqua, subtruncato-ovali; perist. breviter expanso, non incrassato, marginibus distantibus, callo tenui junctis. — Operc. corneum.

Cyclostoma Borneense, Metcalfe in Proceed. Zool. Soc. 1851.

Cyclophorus Borneensis, Pfr. Consp. p. 11. nr. 80. Mon. Pneum. nr. 106. p. 63.

Gehäuse genabelt, niedergedrückt-kreiselig, ziemlich dünnschalig, gerieft, sehr dicht und fein spiralreifig, oberseits braungelb mit kastanienbraunen Striemen und Flammen. Gewinde conoidisch, ziemlich spitz. Naht flach, berandet. Umgänge 5, unmerklich gewölbt, der letzte scharf gekielt, unterseits blass, convex, um den mittelweiten Nabel etwas zusammengedrückt. Mündung schief gegen die Axe, etwas abgestutzt-oval. Mundsaum schmal ausgebreitet, nicht verdickt, seine Ränder von einander entfernt, durch dünnen Callus verbunden. Höhe 10''', Durchmesser 20'''. (Aus der Gruner'schen Sammlung.)

Deckel: hornartig, enggewunden, röthlich, nach aussen concav.

Aufenthalt: auf der Insel Borneo.

385. Cyclostoma Birmanum Pfr. Die Birmanische Kreismundschnecke.

Taf. 47. Fig. 4—7.

C. testa perforata, globoso-conica, tenui, acute carinata, oblique striata, lineis spiralibus obsoletissimis sculpta, parum nitida, diaphana, fusco-lutea, strigis latis angulatis et fasciis interruptis castaneis ornata; spira turbinata, obtusula; anfr. $4^1/_2$ convexiusculis, ultimo basi tumido; apertura parum obliqua, subtetragona, intus coerulescente, margaritacea; perist. simplice, acuto, marginibus remotis, rectis (an serius reflexis?). — Operc. membranaceum, arctispirum, luteo-corneum.

Cyclostoma Birmanum, Pfr. Consp. Cyclost. p. 58.
Leptopoma Birmanum, Pfr. Consp. p. 19. nr. 172. Pneum. Mon. nr. 204. p. 117.

Gehäuse durchbohrt, kuglig-conisch, dünnschalig, scharf gekielt, schräg gestrichelt und mit sehr schwachen Spirallinien bezeichnet, wenig glänzend, durchscheinend, braungelb, mit kastanienbraunen breiten Zickzackstriemen und unterbrochenen Binden. Gewinde kreiselig, mit stumpflichem Wirbel. Umgänge $4^1|_2$, mässig gewölbt, der letzte unterseits aufgetrieben. Mündung wenig schief gegen die Axe, fast 4eckig, innen bläulich, perlschimmernd. Mundsaum einfach, scharf, seine Ränder entfernt, geradeaus (vielleicht später zurückgeschlagen?). — Höhe 5''', Durchmesser $7^1|_4$'''. (Aus meiner Sammlung.)

Deckel: hautartig, enggewunden, gelblich-hornfarbig.

Aufenthalt: bei Mergui im Birmanenlande gesammelt von Dr. Th. Philippi.

386. Cyclostoma triliratum Pfr. Die dreireifige Kreismundschnecke.

Taf. 47. Fig. 8—10.

C. testa umbilicata, globoso-turbinata, tenui, sub epidermide longitudinaliter rugosa et hispida castanea, pallidius variegata, ad suturam luteo-flammulata; spira conica, acuta; anfr. $5^1/_2$ convexiusculis, celeriter accrescentibus, penultimo 2, ultimo 3 liris filiformibus, ciliatis cincto: lira 1 supera, 1 peripherica, 1 infra illam; umbilico angusto, pervio; apertura obliqua, subcirculari; perist. subsimplice, breviter expanso.

Cyclostoma triliratum, Pfr. Consp. Cyclost. p. 53.
Cyclophorus? triliratus, Pfr. Consp. p. 13. nr. 104. Mon. Pneum. nr. 131. p. 76.

Gehäuse eng und durchgehend genabelt, kuglig-kreiselig, dünnschalig, unter einer längsrunzlichen und behaarten Epidermis kastanienbraun, mit hellerer Zeichnung und gelben Flammen längs der Naht. Gewinde conisch, spitz. Umgänge $5^1|_2$, mässig gewölbt, schnell zunehmend, der vorletzte mit 2, der letzte mit 3 fädlichen gewimperten Reifen besetzt, wovon einer auf der obern Seite, einer am Umfang, einer nahe unter diesem. Mündung schief gegen die Axe, fast kreisrund. Mundsaum ziemlich einfach, schmal ausgebreitet. — Höhe 3''', Durchmesser 4'''. (Aus meiner Sammlung.)

Deckel: unbekannt.

Aufenthalt: Labuan, an der Erde unter abgefallenen Blättern. (Gruner.)

387. Cyclostoma Mani Poey. Die Manifrucht-Kreismundschnecke.

Taf. 47. Fig. 29—31.

C. testa perforata, oblonga, pupaeformi, solida, irregulariter arcuato-striatula, parum nitida, unicolore virenti-fulva; spira inflata, sursum conica, vix truncatula; sutura profunda, simplice; anfr. 7 perconvexis, penultimo latere aperturae subplanato, ultimo angustiore, terete, circa perforationem non compresso; apertura circulari, basi vix ultra axin procedente; perist. continuo, valde incrassato, subreflexo, anfractui penultimo breviter adnato, latere columellari subauriculatim dilatato. — Operc. corneum, arctispirum.

Cyclostoma Mani, Poey Memorias sobre la hist. nat. de Cuba. I. t. 7. f. 19—22.
Megalomastoma Mani, Pfr. Mon. Pneum. nr. 219. p. 128.

Gehäuse durchbohrt, länglich, pupaförmig, festschalig, unregelmässig und leicht bogig gerieft, wenig glänzend, einfarbig grünlich-braungelb, oder die 2 letzten Umgänge grünlich-violett. Gewinde aufgetrieben, oben conisch, kaum abgestossen. Naht tief, einfach. Umgänge 7, stark gewölbt, der vorletzte an der Mündungsseite etwas abgeplattet, der letzte schmaler, stielrund, um das Nabelloch nicht zusammengedrückt. Mündung kreisrund, mit der Basis unmerklich über die Axe vortretend. Mundsaum zusammenhängend, stark verdickt, etwas zurückgeschlagen, kurz am vorletzten Umgange angewachsen, an der Spindelseite öhrchenartig verbreitert. — Länge 14''', Durchmesser $6^1|_4$'''. (Aus meiner Sammlung.)

Deckel: hornartig, enggewunden, mit etwas erhobenem Rande der Windungen.

Aufenthalt: auf der Insel Cuba. Mitgetheilt von Professor Poey.

388. Cyclostoma Rangelinum Poey. Die Kreismundschnecke von Rangel.

Taf. 47. Fig. 17 — 19.

C. testa perforata, conica-turrita, breviter truncata, tenuiuscula, lineis elevatis spiralibus et confertioribus longitudinalibus (in anfr. ultimo obsoletioribus) sculpta, diaphana, lutescenti-cornea, lineis castaneis spiralibus permultis, hinc inde in fascias conjunctis picta, interdum omnino lutescente vel vinosa; sutura crenis validis albis fasciculatis munita; anfr. superst. 5 convexis, ultimo rotundato; apertura subverticali, ovali-rotunda; perist. duplice; interno continuo, breviter porrecto, expansiusculo, externo breviter patente, superne subauriculato, infra anfr. penultimum exciso. — Operc. C. costulati.

Cyclostoma Rangelinum, Poey Mem. hist. nat. Cuba I. t. 8. f. 13—10. II. p. 98. 106.
Cyclostomus Rangelinus, Pfr. Consp. p. 39. N. 350 a. Mon. Pneum. N. 394. p. 240.

Gehäuse durchbohrt, conisch-thurmförmig, kurz abgestossen, ziemlich dünnschalig, mit erhobenen Spiralreifen und gedrängter stehenden, auf dem letzten Umgange undeutlicheren Längslinien besetzt, durchscheinend, gelblich-hornfarbig, mit vielen, hier und da in Binden zusammenlaufenden, kastanienbraunen Linien, bisweilen einfarbig gelblich. Naht mit starken büscheligen Kerben besetzt. Uebrige Umgänge 5, convex, der letzte gerundet. Mündung fast parallel zur Axe, oval-rundlich. Mundsaum doppelt, der innere zusammenhängend, kurz vorstehend, etwas ausgebreitet, der äussere schmal abstehend, oben etwas geöhrt, unter dem vorletzten Umgange ausgeschnitten. — Länge $11^1|_4'''$, Durchmesser $6'''$. (Aus meiner Sammlung.)

Deckel: gerade so wie der von C. costulatum Zgl.

Aufenthalt: auf der Insel Cuba, mitgetheilt von Professor Poey.

389. Cyclostoma magnificum Sallé. Die prächtige Kreismundschnecke.

Taf. 47. Fig. 20 — 22.

C. testa perforata, ovato-conica, tenui, longitudinaliter plicato-striata, diaphana, parum nitente, albida, taeniis varie interruptis castaneis, media latissima ex strigis angulatis formata, ornata; spira tumida, apice subtruncata; sutura simplice; anfr. superst. 5 convexiusculis, ultimo rotundato; apertura verticali, ovali; perist. simplice, nitido, albo, castaneo maculato, superne cucullatim dilatato, ad anfr. penultimum breviter adnato, angustato, ad perforationem sinuato, tam in linguam patentem dilatato, margine dextro et basali late reflexis. — Operc. cartilagineum, planum, pallide corneum.

Cyclostoma magnificum, Sallé mss.
— — Pfr. in Proc. Zool. Soc. 1852.
Chondropoma magnificum, Pfr. Mon. Pneum. nr. 459. p. 278.

Gehäuse sehr eng durchbohrt, eiförmig-conisch, dünnschalig, der Länge nach fein faltenstreifig, durchscheinend, matt glänzend, einfarbig alabasterweiss (Fig 22.) oder mit sehr manchfaltig unterbrochenen und durchbrochenen kastanienbraunen Bändern, wovon das mittelste das breiteste ist und aus Vförmigen Striemen gebildet ist. Gewinde aufgetrieben, mit kurz abgestossenem Wirbel. Nath einfach, wenig vertieft. Umgänge 5, mässig gewölbt, der letzte gerundet. Mündung parallel zur Axe, oval. Mundsaum einfach, glänzend weiss, bei den gebänderten kastanienbraun gefleckt, nach oben in einen freistehenden concaven Flügel vorgezogen, dann schmal am vorletzten Umgange anliegend, über dem Nabel buchtig und dann in eine abstehende Zunge verbreitert, rechter und unterer Rand gewölbt, breit zurückgeschlagen. — Länge 14''', Durchmesser $7^1|_2$'''. (Aus H. Cuming's Sammlung.)

Deckel: knorpelartig, platt, hell hornfarbig.

Aufenthalt: auf St. Domingo gesammelt von Sallé.

390. Cyclostoma nobile Pfr. Die edle Kreismundschnecke.

Taf. 47. Fig. 27. 28.

C. testa perforata, ovato-turrita, solida, longitudinaliter confertim filoso-plicata, parum nitida, fusco-violacea; spira elongata, conica, integra, obtusula; sutura confertissime albo-crenulata; anfr. 7 modice convexis, ultimo antice breviter soluto, basi concentrice striato; apertura verticali, irregulariter ovali, intus fusca; perist. albo, duplice: interno breviter porrecto, expansiusculo, marginibus superne angulatim junctis, columellari levissime arcuato, externo undique breviter patente. — Operc. testaceum, paucispirum, profunde oblique sulcatum.

Cyclostoma nobile, Pfr. in Proc. Zool. Soc. 1852.
Tudora nobilis, Pfr. Mon. Pneum. nr. 413. p. 252.

Gehäuse ziemlich deutlich durchbohrt, oval thurmförmig, festschalig, der Länge nach fein fadenstreifig, fast glanzlos, bräunlich-violett oder fast fleischfarbig. Gewinde hoch kegelförmig, mit unversehrtem fein-stumpflichem Wirbel. Nath sehr dicht weisskerbig. Umgänge 7, mässig gewölbt, der letzte vorn kurz abgelöst, am Grunde mit erhobenen concentrischen Riefen besetzt. Mündung parallel zur Axe, unregelmässig oval, innen chokoladefarbig. Mundsaum weiss, doppelt, der innere Saum kurz vorgestreckt, etwas ausgebreitet, mit nach oben winklig verbundenen Rändern, Spindelrand sehr seicht-bogig, äusserer Saum überall schmal abstehend. — Länge 16''', Durchmesser 7 1/2'''. (Aus H. Cuming's Sammlung.)

Deckel: kalkartig, platt, weisslich, aus weniger schräg und tief gefurchten Windungen bestehend.

Aufenthalt: auf St. Domingo gesammelt von Sallé.

391. Cyclostoma blandum Pfr. Die milde Kreismundschnecke.

Taf. 47. Fig. 13. 14.

C. testa subperforata, ovato-turrita, truncata, solidula, lineis elevatis spiralibus, confertioribusque longitudinalibus, illas transgredientibus sculpta, diaphana, nitidula, fusco-violacea vel albida, strigis et lineolis rufis irregulariter picta; sutura simplice; anfr. superst. 4 convexis, ultimo rotundato, basi fortius spiraliter striato; apertura verticali, ovali; perist. albo, duplice: interno breviter porrecto, externo undique horizontaliter et breviter patente, minute undulato, superne angulato-dilatato, ad anfr. ultimum breviter exciso. — Operc. C. picti.

Cyclostoma blandum, Pfr. in Proc. Zool. Soc. 1852.

Chondropoma blandum, Pfr. Mon. Pneum. nr. 479. p. 290.

Gehäuse kaum durchbohrt, oval-gethürmt, abgestutzt, ziemlich festschalig, mit feinen erhobenen Spirallinien und darüber hinlaufenden viel gedrängteren Längsfalten besetzt, durchscheinend, schwach glänzend, bräunlich-violett oder weisslich, mit braunrothen Striemen und Linien unregelmässig gezeichnet. Naht vertieft, fast einfach, weisslich. Umgänge 4, gewölbt, der letzte gerundet, am Grunde stärker spiralriefig. Mündung parallel zur Axe, oval. Mundsaum weiss, verdoppelt; der innere Raum kurz vorgestreckt, der äussere rings schmal ausgebreitet, etwas wellig, nach oben winklig-verbreitert, am letzten Umgange etwas ausgeschnitten. — Länge 9''', Durchmesser 4 3/4'''. (Aus H. Cuming's Sammlung.)

Deckel: wie bei Cyclostoma pictum.

Aufenthalt: auf St. Domingo gesammelt von Sallé.

392. Cyclostoma Loweanum Pfr. Lowe's Kreismundschnecke.

Taf. 47. Fig. 15. 16.

C. testa perforata, ovato-turrita, saepe truncata, tenuiusculà, lineis elevatis spiralibus, confertioribusque longitudinalibus illas transgredientibus (quavis decima vel undecima plerumque validioribus) sculpta, albida, fusco marmorata et irregulariter strigata; sutura dense crenulata: anfr. 7 convexiusculis, 2 ultimis turgidis, ultimo antice soluto, dorso acute carinato; apertura subobliqua, angulato-ovali; perist. simplice, continuo, undique expansiusculo, superne angulatim producto. — Operc. C picti.

Cyclostoma Loweanum, Pfr. in Proc. Zool. Soc. 1852.
Chondropoma Loweanum, Pfr. Mon. Pneum. nr. 463. p. 281.

Gehäuse engdurchbohrt, oval-gethürmt, ziemlich dünnschalig, mit erhobenen Spiralriefchen und darüber hinweglaufenden gedrängterstehenden Längslinien, von denen je die 10te oder 11te gemeiniglich stärker ist. besetzt. weisslich. bräunlich marmorirt und unregelmässig striemig. Gewinde lang gezogen, mit stumpflichem Wirbel, oft bis auf 4 Windungen abgestossen. Umgänge im Ganzen 7, mässig gewölbt, die beiden letzten aufgeblasen, der letzte nach vorn abgelöst, auf dem Rücken scharfgekielt. Mündung etwas schräg gegen die Axe, winklig-oval. Mundsaum einfach, zusammenhängend, ringsum schmal ausgebreitet, nach oben etwas winklig vorgezogen. — Länge $8^1|_2'''$, Durchmesser $4^1|_4'''$. (Aus H. Cuming's Sammlung.)

Deckel: wie bei Cycl. pictum, bräunlich.

Aufenthalt: auf St. Domingo gesammelt von Sallé.

393. Cyclostoma simplex Pfr. Die einfache Kreismundschnecke.

Taf. 47. Fig. 23 24.

C. testa subperforata, oblonga, truncata, solidula, lineis spiralibus elevatis, longitudinalibusque confertissimis illas transgredientibus sculpta, vix nitidula, pallide aurantiaca, lineis rufis strigatim interruptis picta; sutura subsimplice; anfr. superst. $4^1/_2$ convexis, lente accrescentibus, ultimo rotundato, basi distantius spiraliter sulcato, antice subsoluto; apertura verticali, angulato-ovali; perist. simplice, continuo, vix expansiusculo, marginibus superne in angulum productum junctis. — Operc. cartilagineum, fusco-luteum.

Cyclostoma simplex (Chondropoma), Pfr. in Proceed. Zool. Soc. 1852. 9 Mart.
Chondropoma simplex, Pfr. Mon. Pneum. nr. 468. p. 283.

Gehäuse kaum durchbohrt, länglich, abgestossen, ziemlich festschalig, mit erhobenen Spiralriefen und sehr gedrängten, über jene hinüberlaufenden Längslinien, fast glanzlos, blass orangefarbig, mit striemenweise unterbrochenen rothbraunen schmalen Bändern. Naht ziemlich einfach. Umgänge $4^1|_2$, convex, langsam zunehmend, der letzte gerundet, am Grunde entfernter spiralfurchig, nach vorn etwas abgelöst. Mündung parallel zur

Axe, winklig-oval. Mundsaum einfach, zusammenhängend, unmerklich ausgebreitet, die Ränder nach oben in einen vorgezogenen Winkel vereinigt. — Länge $5^3|_4'''$, Durchmesser $2^1|_2'''$. (Aus meiner Sammlung.)

Deckel: knorpelartig, mit wenigen Windungen, bräunlichgelb.

Aufenthalt: auf der Insel Haiti gesammelt von Sallé.

394. Cyclostoma cinclidodes Pfr. Die gitterartige Kreismundschnecke.

Taf. 47. Fig. 25. 26.

C. testa subimperforata, ovato-oblonga, truncata, solida, lineis spiralibus elevatis et longitudinalibus paulo confertioribus nodoso-clathrata, opaca, fulvido-vel griseo-albida, lineolis interruptis rufis sparse notata; sutura fasciculatim crenata; anfr. superst. 5 convexiusculis, ultimo antice breviter soluto, basi distinctius spiraliter sulcato; apertura vix obliqua, angulato-ovali: perist. albo, duplice: interno porrecto, externo brevissime patente, undulato, superne in angulum producto. — Operc. cartilagineum, lamina tenui testacea, sublibera extus munitum, nucleo parum excentrico.

Cyclostoma cinclidodes, Pfr. in Proceed. Zool. Soc. 1852. Mart.
Cistula cinclidodes, Pfr. Mon. Pneum. nr. 452. p. 277.

Gehäuse fast undurchbohrt, eiförmig-länglich, abgestossen, festschalig, durch erhobene Spiralreifen und etwas gedrängterstehende Längsfalten knotig-gegittert, undurchsichtig, braungelblich- oder graulich-weiss, mit spärlichen unterbrochenen rothbraunen Spirallinien. Naht büschelig-gekerbt. Uebrige Umgänge 5, mässig gewölbt, der letzte nach vorn kurz abgelöst, am Grunde deutlicher spiralfurchig. Mündung kaum gegen die Axe geneigt, winklig-oval. Mundsaum weiss, doppelt, der innere vorstehend, der äussere sehr schmal abstehend, wellig, nach oben in einem Winkel vorgezogen. — Länge $5^1|_2'''$, Durchmesser $2^1|_2'''$. (Aus meiner Sammlung.)

Deckel: knorpelartig, mit einer äussern, fast freirandigen schaligen Schicht.

Aufenthalt: auf der Insel Haiti gesammelt von Sallé.

395. Cyclostoma eusarcum Pfr. Die beleibte Kreismundschnecke.

Taf. 48. Fig. 1. 2.

C. testa subperforata, ovata, ventrosa, tenuiuscula, longitudinaliter confertissime plicata, vix nitida, diaphana, pallide isabellina, lineis interruptis rufis interdum cincta; spira convexo-conica, breviter truncata; sutura subsimplice; anfr. superst. 4 convexis, ultimo penultimum vix superante, antice brevissime soluto, basi liris nonnullis spiralibus sculpto; apertura vix obliqua, angulato-ovali; perist. simplice, expansiusculo; marginibus superne in angulum acutum junctis, sinistro leviter arcuato. — Operculum cartilagineum, paucispirum.

Cyclostoma eusarcum (Chondropoma) Pfr. in Proceed. Zool. Soc. 1852.
Chondropoma eusarcum, Pfr. Mon. Pneum. nr. 464. p. 281.

Gehäuse kaum durchbohrt, eiförmig, bauchig, ziemlich dünnschalig, sehr gedrängt-längsfaltig, fast glanzlos, durchscheinend, hell isabellfarbig, bisweilen mit unterbrochenen rothbraunen Linien. Gewinde convex-conisch, kurz abgestossen. Naht ziemlich einfach. Uebrige Umgänge 4, convex, der letzte kaum breiter als der vorletzte, nach vorn sehr kurz abgelöst, am Grunde mit einigen Spiralreifen bezeichnet. Mündung fast parallel zur Axe, winklig-oval. Mundsaum einfach, etwas ausgebreitet, die Ränder nach oben zu einem spitzen Winkel vereinigt, der linke flachbogig. — Länge 6½''', Durchmesser 3⅔'''. (Aus meiner Sammlung.)

Deckel: knorpelartig, mit wenigen Windungen.

Aufenthalt: auf der Insel Haiti gesammelt von Sallé.

396. Cyclostoma hemiotum Pfr. Die halbgeöhrte Kreismundschnecke.

Taf. 48. Fig. 3. 4.

C. testa perforata, oblongo-turrita, tenuiuscula, lineis spiralibus obsolete elevatis, longitudinalibusque confertissimis (10—12 in fasciculum junctis) levissime clathrata, non nitente, fusculo-albida, plerumque lineis interruptis rufis et fascia 1 rufa latiore inframediana ornata; spira subtruncata; sutura confertim denticulata; anfr. 5—7 convexiusculis, ultimo antice breviter soluto, dorso carinato; apertura subverticali, ovali; perist. subduplicato: interno continuo, expansiusculo, externo a medio marginis dextri descendente, breviter patente, medio marginis sinistri in auriculam subundulatam terminato. — Operc. cartilagineum, paucispirum.

Cyclostoma hemiotum, Pfr. in Proceed. Zool. Soc. 9 Mart. 1852.
Chondropoma hemiotum, Pfr. Mon. Pneum. nr. 474. p. 288.

Gehäuse durchbohrt, länglich-thurmförmig, ziemlich dünnschalig, durch undeutlich erhobene Spirallinien und sehr gedrängte Längsriefen (welche zu 10—12 bündelweise zusammenstehen) sehr schwach gegittert, glanzlos, braunweisslich, gemeiniglich mit unterbrochenen rothbraunen Linien und einer breitern rothbraunen Binde unter der Mitte des letzten Umganges. Gewinde kaum abgestossen. Naht dicht gezähnelt. Umgänge

5—7, mässig convex, der letzte vorn kurz abgelöst, auf dem Rücken gekielt. Mündung fast parallel zur Axe, oval. Mundsaum halb verdoppelt, der innere zusammenhängend, etwas ausgebreitet, der äussere von der Mitte des rechten Randes herabsteigend, schmal abstehend, gegen die Mitte des linken Randes mit einem etwas welligen Oehrchen endigend. — Länge 8''', Durchmesser $3^5|_6$'''. (Aus meiner Sammlung.)

Deckel: knorpelartig, mit wenigen Windungen.

Aufenthalt: auf der Insel Haiti gesammelt von Sallé.

397. Cyclostoma Adolfi Pfr. Adolf's Kreismundschnecke.

Taf. 48. Fig. 5 – 8.

C. testa umbilicata, conoideo-semiglobosa, tenuiuscula, lineis elevatis radiantibus et spiralibus regulariter granulato-decussata, diaphana, fulvida, lineis interruptis rufis cincta; spira convexo-conoidea, mucronulata; sutura irregulariter et remote nodoso-crenata; anfr. $4^1/_2$ convexis, ultimo rotundato, circa umbilicum mediocrem liris pluribus carinaeformibus munito; apertura subobliqua, circulari; perist. duplice: interno continuo, breviter porrecto, externo patente concentrice striato, subundulato, rufo-radiato, superne in auriculam fornicatam dilatato. — Operc. Cycl. tentorii.

Cyclostoma Adolfi, Pfr. in Proceed. Zool. Soc. 9 Mart. 1852.
Choanopoma Adolfi, Pfr. Mon. Pneum. nr. 280. p. 167.

Gehäuse genabelt, conoidisch-halbkuglig, ziemlich dünnschalig, durch strahlige und concentrische erhobene Linien regelmässig gitterartig gekörnelt, durchscheinend, braungelb, mit unterbrochenen rothbraunen Linien umgeben. Gewinde convex-conoidisch, mit feinem Stachelspitzchen. Naht unregelmässig und entfernt knotig-gekerbt. Umgänge $4^1|_2$, convex, der letzte gerundet, um den mittelweiten Nabel mit mehren kielartigen Reifen besetzt. Mündung wenig schief gegen die Axe, kreisrund. Mundsaum doppelt, der innere zusammenhängend, schmal vorgestreckt, der äussere abstehend, concentrisch gerieft, etwas wellig, braungestrahlt, nach oben in ein gewölbtes Oehrchen verbreitert. — Höhe $2^1|_3$''', Durchmesser 4'''. (Aus meiner Sammlung.)

Deckel: genau so wie der von C. tentorium. (Vergl. nr. 279.)

Aufenthalt: auf der Insel Haiti gesammelt von Sallé.

398. Cyclostoma leucostomum Pfr. Die weissmündige Kreismundschnecke.

Taf. 48. Fig. 14—16.

C. testa umbilicata, depresso-turbinata, solida, oblique confertissime striata et liris permultis obtusis spiralibus (nonnullis validioribus) sculpta, castaneo-fulva, strigis albis angulatis irregulariter flammulata; spira turbinata, apice obtusula; anfr. $4^1/_2$ convexis, ultimo circa umbilicum angustum, pervium albo; apertura parum obliqua, subcirculari, intus alba; perist. simplice, subincrassato, albo, breviter adnato, marginibus superne subangulatim junctis, columellari subdilatato, patente. — Operculum?

Cyclostoma leucostomum, Pfr. in Proc. Zool. Soc. 1852.
Cyclophorus leucostomus, Pfr. Mon. Pneum. nr. 126. p. 73.

Gehäuse genabelt, niedergedrückt-kreiselförmig, festschalig, mit sehr dichten Anwachsstreifen und sehr vielen stumpfen Spiralreifen, von denen einige stärker sind, besetzt, matt glänzend, gelblich-kastanienbraun mit winkligen weissen Striemen unregelmässig geflammt. Gewinde kreiselförmig, mit stumpflichem Wirbel. Umgänge $4^1/_2$, schnell zunehmend, gewölbt, der letzte unterseits unmerklich spiralreifig, um den engen, aber durchgehenden Nabel weiss. Mündung wenig schräg gegen die Axe, fast kreisrund, innen weiss. Mundsaum einfach, etwas verdickt, weiss, kurz angewachsen, die Ränder nach oben etwas winklig vereinigt, Spindelrand etwas verbreitert, abstehend. — Durchmesser 13''', Höhe 8'''. (Aus H. Cuming's Sammlung.)

Deckel: unbekannt.

Vaterland: unbekannt.

399. Cyclostoma Bairdi Pfr. Baird's Kreismundschnecke.

Taf. 48. Fig. 17—19.

C. testa late umbilicata, depressa, subdiscoidea, solida, spiraliter confertim striata, fulvolutea, strigis crebris angulatis castaneis picta; spira vix elevata, medio subprominula: anfr. $4^1/_2$ convexiusculis, ultimo subdepresso, peripheria obsoletissime angulato et fascia castanea ornato; umbilico aperto, magno; apertura obliqua, subangulato-rotundata, intus alba; perist. subsimplice, continuo, breviter adnato, expansiusculo, superne angulatim subproducto.

Cyclostoma Bairdi, Pfr. in Proc. Zool. 1852.
Cyclophorus Bairdi, Pfr. Mon. Pneum. nr. 157. p. 91.

Gehäuse genabelt, niedergedrückt, fast scheibenförmig, festschalig, gedrängt-spiralriefig, bräunlichgelb, mit sehr dichtstehenden, schrägen, schmalen, winkligen kastanienbraunen Striemen gezeichnet. Gewinde kaum merklich erhoben, mit stumpflich-hervorragendem Wirbel. Umgänge $4^1|_2$, mässig gewölbt, der letzte etwas niedergedrückt, am Umfange sehr undeutlich winklig und mit einem kastanienbraunen Bande versehen. Nabel offen, etwas mehr als $^1|_3$ des Durchmessers betragend. Mündung schräg, etwas winklig-gerundet, innen weiss. Mundsaum fast einfach, zusammenhängend, kurz angewachsen, etwas ausgebreitet, nach oben etwas winklig vorgezogen. — Durchmesser 13''', Höhe $4^1|_2$'''. (Aus H. Cuming's Sammlung.)

Deckel: unbekannt.

Aufenthalt: auf der Insel Ceylon.

400. Cyclostoma Amboinense Pfr. Die Amboina'sche Kreismundschnecke.

Taf. 48. Fig. 20—22. Var. Fig. 23. 24.

C. testa umbilicata, turbinato-depressa, solida, laevigata, castaneo-fulva, guttis albis ad peripheriam fasciam interruptam formantibus aspersa; spira convexo-conoidea, obtusula; anfr. $4^1/_2$ convexis, ultimo rotundato, basi pallidiore; umbilico angusto, pervio; apertura parum obliqua, subcirculari, intus pallida; perist. simplice, subincrassato, vix expansiusculo, marginibus superne subangulatim junctis. — Operculum?

Cyclostoma Amboinense, Pfr. in Proc. Zool Soc. 1852.
Cyclophorus Amboinensis, Pfr. Mon. Pneum. nr. 141. p. 82.

Gehäuse eng und durchgehend-genabelt, kreiselförmig-niedergedrückt, festschalig, glatt, hell kastanienbraun, mit weissen Tropfen, welche am Umfange eine unterbrochene Binde bilden, besprengt. Gewinde convex-conoidisch, mit stumpflichem Wirbel. Windungen $4^1|_2$, convex, die letzte gerundet, unterseits blasser. Mündung wenig schräg gegen die Axe, fast kreisrund, innen blass. Mundsaum einfach, etwas verdickt, kaum bemerklich ausgebreitet, die Ränder oben etwas winklig vereinigt. — Höhe 5''', Durchmesser 9'''. (Aus H. Cuming's Sammlung.)

Varietät: kleiner, dunkel kastanienbraun, mit spärlichen weissen Striemen und undeutlichen Bändern. (Fig. 23. 24.)

Deckel: unbekannt.

Aufenthalt: auf der Insel Amboina.

401. Cyclostoma bicolor Pfr. Die zweifarbige Kreismundschnecke.

Taf. 48. Fig. 25—27.

C. testa perforata, globoso-turbinata, tenui, sub lente confertissime spiraliter striata, diaphana, albida, castaneo-bifasciata; spira turbinata, obtusula; anfr. 5 convexiusculis, ultimo rotundato, lineis 3—4 distantibus vix filoso-elevatis munito; apertura obliqua, subcirculari; perist. simplice subaequaliter angulatim expanso, marginibus callo tenuissimo junctis, columellari leviter sinuato.

Cyclostoma bicolor, Pfr. in Proceed. Zool. Soc. 1852.
Leptopoma bicolor, Pfr. Mon. Pneum. nr. 181. p. 104.

Gehäuse eng durchbohrt, kuglig-kreiselförmig, dünnschalig, unter der Lupe sehr dicht spiralriefig, durchscheinend, weisslich, mit einer breitern kastanienbraunen Binde über der Peripherie und einer schmalern unterhalb derselben. Gewinde kreiselig, mit stumpflichem Wirbel. Umgänge 5, ziemlich convex, der letzte gerundet, mit 3—4 entfernten, kaum fadenartig erhobenen Linien besetzt. Mündung schräg gegen die Axe, fast kreisrund. Mundsaum einfach, ziemlich gleichförmig winklig-ausgebreitet, die Ränder entfernt, durch sehr dünnen Callus verbunden, der Spindelrand flach ausgebuchtet. — Höhe 5''', Durchmesser fast 7'''. (Aus H. Cuming's Sammlung.)

Deckel: wahrscheinlich wie bei den verwandten Leptopoma-Arten.

Aufenthalt: unbekannt.

402. Cyclostoma Pfeifferianum Poey. Pfeiffer's Kreismundschnecke.

Taf. 48. Fig. 38—40.

C. testa anguste perforata, oblongo-turrita, truncata, tenui, liris spiralibus obtusis confertis sculpta, nitidula, pallidissime fulvicante vel fulvo-lilacea, strigis et fasciis interruptis rufis varie litturata; spira subrectilineari, breviter truncata; sutura irregulariter crenulata; anfr. superst. 4 vix convexis, regulariter accrescentibus; apertura subverticali, ovali, superne angulata; perist. breviter adnato, duplice, interno continuo, subexpanso, externo lateribus columellari et basali dilatato, horizontaliter patente, latere dextro obsoleto. — Operc. C. picti Pfr.

Cyclostoma Pfeifferianum, Poey in litt.

Diese Art, welche mir Hr. Prof. Poey unter obigem Namen zusandte, die aber noch nicht (in den 4 ersten Heften seiner Memorias) publicirt ist, erinnert sehr an Chondropoma pictum Pfr. durch ähnliche Gestalt und

Farbenspielarten, unterscheidet sich aber leicht von jenem durch flachere Umgänge, durch eine unregelmässig mit Kerbzähnen besetzte Naht und durch ihr doppeltes Peristom, welches am unteren Rande deutlich absteht und unterhalb des feinen Nabellochs stark verbreitert und wagerecht zurückgebogen ist.

Deckel: wie bei Cycl. pictum Pfr.

Aufenthalt: auf der Insel Cuba gesammelt von Pocy und Gundlach.

403. Cyclostoma striatulum Pfr. Die feingestreifte Kreismundschnecke.

Taf. 49. Fig. 1. 2.

C. testa umbilicata, globoso-turbinata, solida, oblique striatula et lineis concentricis elevatis subconfertis sculpta, vix nitidula, flavescenti-albida; spira breviter turbinata, apice obtusiuscula; anfr. 5 convexis, summis laevigatis, ultimo turgido, peripheria obsolete subangulato; umbilico mediocri, profundo; apertura parum obliqua, subangulato-circulari; perist. continuo, breviter adnato, incrassato, expansiusculo, superne angulato. — Operc.?

Cyclostoma striatulum, Pfr. in Proceed. Zool. Soc. 1852.
Cyclostomus striatulus, Pfr. Mon. Pneum. nr. 354. p. 214.

Gehäuse genabelt, kuglig-kreiselförmig, festschalig, schräg sehr fein gestreift und oberseits mit ziemlich gedrängten, feinen, erhobenen Spirallinien besetzt, fast glanzlos, gelblichweiss. Gewinde niedrig kreiselförmig, mit stumpflichem, warzenähnlichem Wirbel. Umgänge 5, gewölbt, die obersten glatt, der letzte aufgetrieben, am Umfange unmerklich winklig und mit einer blasseren Binde bezeichnet, unterseits ziemlich abschüssig in den mittelweiten, tiefen Nabel abfallend. Mündung sehr wenig gegen die Axe geneigt, rundlich, nach oben etwas winklig. Mundsaum zusammenhängend, kurz angewachsen, verdickt und etwas ausgebreitet, die Ränder nach oben in deutlichem Winkel vereinigt. — Durchmesser fast 13''', Höhe 7½'''. (Aus H. Cuming's Sammlung.)

Deckel: unbekannt.

Vaterland: unbekannt.

404. Cyclostoma Fortunei Pfr. Fortune's Kreismundschnecke.

Taf. 49. Fig. 3—5.

C. testa umbilicata, turbinato-depressa, solidula, subtiliter striatula, fulva, castaneo minute marmorata et infra medium unifasciata; spira brevissime turbinata, vertice subtili; sutura simplice; anfr. $4^1/_2$ convexis, ultimo terete, non descendente; umbilico conico, profundo, $^1/_4$ diametri subaequante; apertura vere verticali, subcirculari, superne leviter angulata; perist. simplice, recto, anfractui penultimo breviter adnato.

Cyclostoma Fortunei, (Cyclotus) Pfr. in Proceed. Zool. Soc. 1852.
Cyclotus Fortunei, Pfr. Pneum. Monogr. nr. 51. p. 30.

Gehäuse genabelt, kreiselförmig-niedergedrückt, ziemlich festschalig, sehr fein und dicht gestreift, ziemlich glänzend, gelbbraun, mit feiner kastanienbrauner Marmorzeichnung und einer eben solchen Binde unter der Mitte. Gewinde niedrig conoidisch erhoben, mit feinem, doch nicht zugespitztem Wirbel. Naht einfach. Umgänge $4^1|_2$, convex, der letzte stielrund, nicht herabsteigend, abschüssig in den tiefen, kegelförmigen Nabel übergehend. Mündung fast vertical, ziemlich kreisrund, mit einem schwachen Winkel nach oben. Mundsaum einfach, geradeaus, am vorletzten Umgange kurz angewachsen. — Höhe $3^1|_2'''$, Durchmesser $6^1|_4'''$. (Aus H. Cuming's Sammlung.)

Deckel: endständig, kalkartig, mit vielen und engen Windungen, deren Rand fadenartig erhoben ist.

Aufenthalt: bei Shanghi in China gesammelt von Fortune.

405. Cyclostoma fornicatum Pfr. Die gewölbte Kreismundschnecke.

Taf. 49. Fig. 6 — 8.

C. testa umbilicata, sublenticulari, tenuiuscula, lineis elevatis concentricis confertis sculpta, epidermide corneo-virente, vix nitidula induta; spira brevi, fornicata, vertice rubello, obtusulo; anfr. 4 vix convexiusculis, celeriter accrescentibus, ultimo convexiore, medio acute carinato; umbilico profundo, $^1/_3$ diametri subaequante; apertura obliqua, ovato-circulari; perist. simplice, recto, subinterrupto, marginibus approximatis, columellari subpatente.

Cyclostoma fornicatum (Cyclophorus), Pfr. in Proceed. Zool. Soc. 1852.
Cyclophorus fornicatus, Pfr. Mon. Pneum. nr. 169. p. 97.

Gehäuse genabelt, fast linsenförmig, ziemlich dünnschalig, auf beiden Seiten dicht mit feinen erhobenen Spirallinien besetzt, mit einer hornfarbig-grünlichen, fast glanzlosen Epidermis bedeckt. Gewinde niedrig, gewölbt, mit feinem, stumpflichem, von Oberhaut entblösstem, röthlichem Wirbel. Naht flach eingedrückt. Umgänge 4, sehr wenig convex, schnell zunehmend, der letzte etwas mehr gewölbt, am Umfange scharfgekielt, unterseits schnell in den ziemlich weiten, tiefen Nabel abfallend. Mündung etwas schräg gegen die Axe, oval-rundlich, innen gelbroth. Mundsaum einfach, geradeaus, kurz unterbrochen mit genäherten Rändern, Spindelrand etwas abstehend. — Höhe $1^5|_6'''$, Durchmesser $4^1|_2'''$. (Aus H. Cuming's Sammlung.)

Deckel: hornartig, enggewunden, etwas eingesenkt.

Aufenthalt: auf den Neu-Hebridischen Inseln.

406. Cyclostoma loxostomum Pfr. Die schrägmündige Kreismundschnecke.

Taf. 49. Fig. 11—13.

C. testa umbilicata, depressa, discoidea, solida, confertim filoso-striata, fusco-fulva, maculis pallidioribus conspersa; spira plana, vertice subtili haud prominente; anfr. 5 convexiusculis, sensim accrescentibus, ultimo terete, antice dilatato, non descendente; umbilico lato, pateraeformi, $^1/_3$ diametri superante; apertura diagonali, subcirculari, intus margaritacea; perist. continuo, breviter adnato, recto, subduplicato, vix incrassato.

Cyclostoma loxostomum (Cyclophorus), Pfr. in Proceed. Zool. Soc. 1852.

Cyclophorus loxostomus, Pfr. Mon. Pneum. nr. 161. p. 93.

Gehäuse genabelt, niedergedrückt, scheibenförmig, festschalig, dicht fädlich-gestreift, gelbbraun, mit blasseren Flecken besprengt. Gewinde platt, der feine Wirbel nicht vorstehend. Umgänge 5, mässig gewölbt, allmählig zunehmend, der letzte ziemlich stielrund, nach vorn verbreitert, nicht herabgesenkt. Nabel weit, tief-schüsselförmig, mehr als $^1|_3$ des Durchmessers breit. Mündung diagonal gegen die Axe, fast kreisrund, innen matt perlglänzend. Mundsaum zusammenhängend, kurz am vorletzten Umgange angewachsen, geradeaus, etwas verdoppelt und unmerklich verdickt. — Höhe $2'''$, Durchmesser fast $7'''$. (Aus H. Cuming's Sammlung.)

Deckel: unbekannt.

Aufenthalt: auf der Insel Ceylon. (Lear).

(178.) Cyclostoma sectilabrum Gould.

Taf. 47. Fig. 11. 12.

C. testa perforata, oblongo-turrita, solidula, subtilissime striata, opaca, fusca; spira turrita, apice obtusiuscula; anfr. 7 convexis, ultimo infra penultimum subrecedente, basi rotundato, non filoso; apertura obliqua, basi producta, ovali-subcirculari; perist. duplice, interno expanso, adnato, latere columellari subeffuso, externo breviter patente, ad anfr. penultimum breviter interrupto, superne et infra perforationem dilatato.

Cyclostoma sectilabrum, Gould vid. P. I. p. 164. t. 24. f. 17. 18.
Megalomastoma sectilabrum, Pfr. in Zeitschr. f. Mal. 1847. p. 109.
Mon. Pneum. nr. 228. p. 133.
Farcimen sectilabrum, Gray Catal. Cycloph. p. 29. nr. 3.

Von dieser schon früher nach **Gould** dargestellten Art gebe ich hier nochmals eine Originalabbildung und erweiterte Diagnose. — Die Art hat mit C. croceum Sow. äusserst wenig gemein, ist aber dem C. funiculatum Bens. und Guildingianum Pfr. nahe verwandt.

407. Cyclostoma cuspidatum Benson. Die feingespitzte Kreismundschnecke.

Taf. 49. Fig. 21. Vergr. Fig. 22. 23.

C. testa umbilicata, acuminato-conoidea, oblique striata, lineis spiralibus circumdata, epidermide olivaceo-fusca; spira concavo-conoidea, apice mammillari; anfr. 5 convexiusculis, ultimo fimbriato-carinato, basi convexo, trilirato: lira maxima circa umbilicum mediocrem, infundibuliformem; apertura perobliqua, subcirculari, superne subangulata; perist. tenui, acuto, margine columellari expansiusculo. — Operc.?

Cyclostoma cuspidatum, Benson in Ann. and Mag. N. H. VIII. 1851. p. 189.
— — Pfr. Pneum. Mon. II. nr. 518. p. 313.

Gehäuse genabelt, conoidisch, schräg gestrichelt und mit feinen Spirallinien umgeben, mit einer grünlich-braunen Epidermis bekleidet. Gewinde concav-conoidisch, mit warzenartigem Wirbel. Umgänge 5, mässig gewölbt, der letzte wimperig-gekielt, unterseits convex, mit 3 erhobenen Spiralreifen, von denen der grösste den mittelweiten, trichterförmigen Nabel umgibt. Mündung sehr schief gegen die Axe, fast kreisrund, nach oben etwas winklig. Mundsaum dünn, scharf, der rechte Rand geradeaus, der Spindelrand etwas ausgebreitet. — Höhe 2''', Durchmesser 3'''. (Aus Hrn. **Benson**'s Sammlung.)

Deckel: unbekannt.

Aufenthalt: auf den Höhen der Nilgherries in Ostindien. (**Jerdon**.)

408. Cyclostoma constrictum Benson. Die zusammengezogene Kreismundschnecke.

Taf. 49. Fig. 24. Vergr. Fig. 25.

C. testa perforata, ovato-conica, tenui, costis filaribus obliquis subdistantibus munita, diaphana, albida vel rufula; spira elongato-conica, apice obtusa; sutura profunda; anfr. 4½ convexis, ultimo antice confertissime costulato-striato, pone aperturam constricto et callo suturali retroverso munito; apertura fere verticali, circulari, ⅜ longitudinis aequante; perist. subcontinuo, undique breviter reflexo.

Cyclostoma constrictum, Bens. in Ann. and Mag. N. H. VIII. 1851. p. 188.

Alycaeus constrictus, Pfr. Consp. nr. 177. Pneum. Mon. nr. 209. p. 120.

Gehäuse durchbohrt, oval-conisch, dünn, mit etwas abstehenden schrägen fädlichen Rippen besetzt, durchscheinend, weisslich oder bräunlich. Gewinde verlängert-conisch, mit stumpflichem Wirbel. Naht tief. Umgänge 4½, convex, der letzte nach vorn sehr dicht rippenstreifig, hinter der Mündung eingeschnürt und mit einer rückwärts gerichteten Nahtschwiele versehen. Mündung fast parallel zur Axe, kreisrund, ⅜ der ganzen Länge bildend. Mundsaum fast zusammenhängend, einfach, ringsum kurz zurückgeschlagen. — Länge 1¾''', Durchmesser 1'''. (Aus H. Benson's Sammlung.)

Deckel: von Schalensubstanz, mit engen, undeutlichen Windungen.

Aufenthalt: Darjeeling im Sikkim-Himalaya.

409. Cyclostoma filocinctum Benson. Die fadengürtelige Kreismundschnecke.

Taf. 49. Fig. 26. Vergr. Fig. 27. 28.

C. testa umbilicata, turbinato-depressa, lineis confertis elevatis cincta, albida, epidermide fuscula; spira conoidea, apice subacuto, papillari; sutura profunda; anfr. 4½ rotundatis, juxta suturam laevigatis, ultimo cylindraceo; apertura obliqua, subcirculari, superne vix angulata, prope umbilicum conicum, perspectivum levifer sinuato; perist duplice, interno breviter porrecto, externo breviter patente. — Operc.?

Cyclostoma filocinctum, Bens. in Ann. and Mag. N. H. VIII. 1851. p. 188.

Cyclostomus? filocinctus, Pfr. Consp. nr. 325. Pneum. Mon. nr. 367. p. 221.

Gehäuse genabelt, kreiselförmig-niedergedrückt, dicht mit erhobenen Spirallinien umgeben, weisslich, mit bräunlicher Epidermis. Gewinde conoidisch, mit ziemlich spitzem, etwas warzenartigem Wirbel. Naht tief.

Umgänge $4^1|_2$, gerundet, neben der Naht glatt, der letzte walzlich. Mündung schräg gegen die Axe, fast kreisrund, nach oben unmerklich winklig, neben dem kegelförmigen, perspectivischen Nabel etwas ausgeschweift. Mundsaum doppelt, der innere kurz vorgestreckt, der äussere schmal abstehend. — Höhe $1^1|_4'''$, Durchmesser $1^1|_2'''$. Aus. H. Benson's Sammlung.)

Deckel: unbekannt.

Aufenthalt: auf den Höhen der Nilgherries in Ostindien. (Jerdon.)

410. Cyclostoma trochlea Benson. Die Schrauben-Kreismundschnecke.

Taf. 49. Fig. 29. Vergr. Fig. 30.

C. testa perforata, oblongo-pyramidata, solidula, albida, sublaevigata; spira elongato-conica, apice obtusiuscula; anfr. $5^1/_2$ subangulato-convexis, superne unicarinatis, ultimo tricarinato: carina 1 superiore, 1 mediana, tertia umbilicum angustum, subpervium cingente; apertura parum obliqua, circulari, $^2/_7$ longitudinis aequante; perist. simplice, recto, fere continuo.

Cyclostoma trochlea, Bens. in Ann. and Mag. N. H. VIII. 1851. p. 189.
Cyclostomus? trochlea, Pfr. Consp. nr. 300. Pneum. Mon. nr. 339. p. 205.

Gehäuse durchbohrt, länglich pyramidenförmig, ziemlich festschalig, weisslich, fast glatt. Gewinde verlängert-conisch, mit stumpflichem Wirbel. Umgänge $5^1|_2$, etwas winklig-convex, oberseits einkielig, der letzte mit 3 Kielen besetzt, wovon einer oberseits, der 2te in der Mitte steht, der dritte den engen, nicht ganz durchgehenden Nabel umgibt. Mündung wenig gegen die Axe geneigt, kreisrund, $^2|_7$ der ganzen Länge bildend. Mundsaum einfach, geradeaus, fast zusammenhängend. — Länge $1^1|_2'''$, Durchmesser $1'''$. (Aus H. Benson's Sammlung.)

Deckel: unbekannt.

Aufenthalt: auf den Höhen der Nilgherries. (Jerdon.)

411. Cyclostoma Pearsoni Benson. Pearson's Kreismundschnecke.

Taf. 49. Fig. 34—36.

C. testa umbilicata, depresso-turbinata, lineis obsoletis spiralibus subgranulata, fulvida, castaneo-marmorata et pallide fasciata; spira depresso-conoidea, apice acutiusculo; anfr. 5 rapide accrescentibus, ultimo utrinque convexo, ad peripheriam fascia alba et infra eam alia nigricante circumdato; umbilico angusto, subinfundibuliformi; apertura vix obliqua, ampla, circulari, intus coerulescente; perist. simplice, laete aurantiaco, undique expanso et breviter revoluto, marginibus callo brevi junctis.

Cyclostoma Pearsoni, Bens. in Ann. and Mag. VIII. 1851. p. 185.
Cyclophorus Pearsoni, Pfr. Consp. nr. 70. Pneum. Mon. nr. 98. p. 58.

Gehäuse genabelt, niedergedrückt-kreiselig, durch undeutliche Spirallinien etwas körnig, braungelb, kastanienbraun marmorirt und mit blassen Binden. Gewinde niedergedrückt-conoidisch, mit spitzlichem Wirbel. Umgänge 5, schnell zunehmend, der letzte beiderseits convex, am Umfange mit einer weissen Binde, an welche sich nach unten eine schwärzliche anschliesst, bezeichnet. Nabel eng, etwas trichterförmig. Mündung kaum geneigt gegen die Axe, weit, kreisrund, innen bläulich. Mundsaum einfach, licht orangenfarbig, überall ausgebreitet und kurz zurückgeschlagen. — Höhe 13—14‴, Durchmesser 21‴. (Aus H. Benson's Sammlung.)

Deckel: unbekannt.

Aufenthalt: auf den Khasya-Bergen an der Gränze von Bengalen.

412. Cyclostoma pauperculum Sowerby. Die armselige Kreismundschnecke.

Taf. 49. Fig. 37. 38.

C. testa subperforata, cylindraceo-turrita, solida, oblique striatula, parum nitida, virenti-fusca; spira convexo-turrita, apice acutiuscula; sutura profunda; anfr. $6^1/_2$ convexis, ultimo penultimum non superante, basi carina levissima filiformi munito; apertura subverticali, basi subproducta, fere circulari, supera obsolete angulata; perist. albo, subduplicato, expanso, ad anfr. penultimum breviter adnato, margine sinistro leviter arcuato.

Cyclostoma pauperculum, Sow. Thes. Suppl. nr. 196. p. 166.* t. 31. B. f. 318.
Megalomastoma pauperculum, Pfr. Consp. nr. 198. Pneum. Mon. p. 134. nr. 231.

Gehäuse fast durchbohrt, cylindrisch-gethürmt, festschalig, schräg feingerieft, wenig glänzend, grünlich-bräunlich. Gewinde convex-gethürmt, mit spitzlichem Wirbel. Naht tief. Umgänge $6^1|_2$, convex, der letzte nicht grösser als der vorletzte, am Grunde mit einem sehr feinen, fadenförmigen Kiele besetzt. Mündung fast parallel zur Axe, an der Basis etwas vorgezogen, fast kreisrund, nach oben fast unmerklich winklig. Mundsaum weiss, fast verdoppelt, ausgebreitet, am vorletzten Umgange kurz angewachsen, der Spindelrand flach bogig. — Länge $8^1|_2'''$, Durchmesser $3^5|_8'''$. (Aus H. Benson's Sammlung.)

Deckel: unbekannt.

Aufenthalt: Bhotan im Sikkim-Himalaya.

413. Cyclostoma Jerdoni Benson. Jerdon's Kreismundschnecke.

Taf. 50. Fig. 1—3.

C. testa umbilicata, depresso-turbinata, solida, oblique striata, superne striis elevatis confertissimis, basi lineis obsoletis spiralibus subdecussata, nitidula, albida, flammis latis fulguratis castaneis superne et usque ad dimidium baseos ornata, fascia pallida peripheria, flammis attenuatis articulata, cincta; spira breviter turbinata, apice acutiusculo cornea; anfr. 5 convexis, celeriter accrescentibus, ultimo juxta suturam depresso-planulato, peripheria subangulato; umbilico profundo, mediocri, extus infundibuliformi; apertura obliqua, subcirculari, intus alba; perist. expansiusculo, incrassato, albo, continuo, breviter adnato, superne subangulato, margine columellari subreflexo.

Cyclostoma Jerdoni, Bens. in Ann. and Mag. Nat. Hist. 1851. VIII. p. 185.
Cyclophorus Jerdoni, Pfr. Consp. nr. 95. Pneum. Mon. nr. 121. p. 71.

Gehäuse genabelt, niedergedrückt-kreiselig, festschalig, schräg gerieft, oberseits mit sehr dichtstehenden, erhobenen, unterseits mit undeutlichen Spirallinien gekreuzt, wenig glänzend, oberseits und bis zur Mitte der Unterseite mit breiten zackigen kastanienbraunen Flammen bemalt, mit einer peripherischen weissen, durch die verschmälerten Flammen gegliederten Binde. Gewinde niedrig kreiselig, mit hornfarbigem, spitzlichem Wirbel. Umgänge 5, convex, schnell zunehmend, der letzte neben der Naht niedergedrückt, etwas platt, am Umfange etwas winklig. Nabel tief, mittelweit, aussen trichterförmig. Mündung schief gegen die Axe, fast kreisrund, innen weiss. Mundsaum mässig ausgebreitet, verdickt, weiss, zusammenhängend, kurz angewachsen, nach oben etwas winklig, der Spindelrand etwas zurückgeschlagen. — Höhe $10^1|_2'''$, Durchmesser $18^1|_2'''$. (Aus H. Benson's Sammlung.)

Deckel: unbekannt.

Aufenthalt: an den Abhängen der Nilgherries in Ostindien. (Jerdon.)

414. Cyclostoma Cantori Benson. Cantor's Kreismundschnecke.

Taf. 50. Fig. 4 — 6. Var. Fig. 7. 8.

C. testa umbilicata, subgloboso-turbinata, tenuiuscula, spiraliter levissime striata, vix nitidula, fulvida, fusco minute marmorata, punctata et lineata; spira conoidea, apice obtusula, cornea; anfr. 5 convexis, celeriter accrescentibus, ultimo inflato, ad peripheriam obsoletissime angulato, fasciaque angusta castanea ornato; umbilico angusto, subinfundibuliformi; apertura ampla, fere verticali, subcirculari, intus margaritaceo-albida; perist. albo, subcontinuo, fornicatim revoluto, ad anfr. penultimum tenuissimo.

Cyclostoma Cantori, Bens. in Ann. and Mag. N. H. 1851. VIII. p. 186.
Cyclophorus Cantori, Pfr. Consp. nr. 85. Pneum. Mon. nr. 111. p. 65.

Gehäuse genabelt, kuglig-kreiselförmig, ziemlich dünnschalig, äusserst fein spiralriefig, sehr matt glänzend, braungelb, mit braunen Flecken, Linien und Punkten fein marmorirt. Gewinde conoidisch, mit stumpflichem, hornfarbigem Wirbel. Umgänge 5, schnell zunehmend, der letzte aufgeblasen, am Umfange sehr undeutlich winklig und mit einer schmalen kastanienbraunen Binde bezeichnet. Nabel eng, etwas trichterförmig. Mündung weit, fast parallel zur Axe, ziemlich kreisrund, innen etwas perlfarbig-weisslich. Mundsaum weiss, fast zusammenhängend, mit kurzem Mondausschnitt am vorletzten Umgange, unmerklich verdoppelt, ausgebreitet und rundlich-zurückgerollt. — Höhe $9^1|_2'''$, Durchmesser $15^1|_2'''$. (Aus H. Benson's Sammlung.)

Varietät: kleiner, mit höherm Gewinde, engerem Nabel und fast platt ausgebreitetem Mundsaume. (Taf. 50. Fig. 7. 8.)

Deckel: dünn, hornartig, enggewunden.

Aufenthalt: auf der Insel „Pulo Penang“. (Cantor.)

415. Cyclostoma porphyriticum Benson. Die porphyritische Kreismundschnecke.

Taf. 50. Fig. 22 — 24.

C. testa umbilicata, turbinato-depressa, tenuiuscula, spiraliter confertissime et obsolete striata, vix nitidula, superne laete castanea, confertim albo-guttata, ad suturam maculis magnis albis ornata; spira parvula, conoidea, apice cornea, obtusula; sutura levi; anfr. $4^1/_2$, superis planulatis, ultimo lato, convexiore, ad peripheriam angulato et fascia rufa, albo-articulata ornato, basi planiusculo, pallide fulvido, albo-guttulato, fasciaque secunda castanea notato; umbilico mediocri, pervio; apertura parum obliqua, ovato-circulari, intus alba; perist. albo, expanso et reflexiusculo, marginibus callo tenui junctis, columellari subangustato.

Cyclostoma porphyriticum, Bens. in Ann. aud Mag. N. H. 1851. VIII. p. 187.
Cyclophorus porphyriticus, Pfr. Consp. nr. 83. Pneum. Mon. nr. 109. p. 65.

Gehäuse genabelt, kreiselig-niedergedrückt, ziemlich dünnschalig, sehr dicht, aber undeutlich spiralriefig, matt glänzend, oberseits licht kastanienbraun, dicht mit weissen Tropfen und an der Naht mit grossen weissen Flecken gezeichnet. Gewinde klein, conoidisch, mit stumpflichem, hornfarbigem Wirbel. Naht wenig vertieft. Umgänge 4½, die oberen ziemlich flach, der letzte breit, convexer, am Umfange winklig und mit einer weissgegliederten rothbraunen Binde geziert, unterseits flacher, blass braungelb mit weissen Tropfen und einer 2ten rothbraunen Binde. Nabel mittelweit, durchgehend. Mündung wenig gegen die Axe geneigt, oval-rundlich, innen weiss. Mundsaum weiss, ausgebreitet und etwas zurückgeschlagen, die Ränder durch dünnen Callus verbunden, der Spindelrand etwas verschmälert. — Höhe 9''', Durchmesser 16½'''. (Aus H. Benson's Sammlung.)

Deckel: unbekannt.

Aufenthalt: in Ostindien.

(54.) Cyclostoma stenomphalum Pfr. var.

Taf. 50. Fig. 11 — 13.

Diese Art ist bereits in der ersten Abtheilung dieses Werkes (S. 59. Taf. 8. Fig. 5. 6.) dargestellt, und Mon. Pneum. nr. 120. p. 70. beschrieben worden. Seitdem sind mir mehrere Formen desselben zu Gesichte gekommen, und es ergibt sich, dass auch das ursprünglich nach einem mangelhaften Exemplare beschriebene:

Cyclostoma Aurora, Bens. in Ann. and Mag. N. H. 1851. VIII. p. 185.
Cyclophorus Aurora, Pfr. Consp. nr. 98. Pneum. Mon. nr. 124. p. 72,

wovon mir Herr Benson mehre Formen zur Ansicht zugesandt, als Varietät dazu gehört. Eins von diesen ist das Fig. 11 — 13 abgebildete.

Aufenthalt: Darjiling im Sikkim-Himalaya.

416. Cyclostoma coeloconus Benson. Die Hohlkegel-Kreismundschnecke.

Taf. 50. Fig. 9. 10.

C. testa umbilicata, turbinato-depressa, tenui, confertim striata, scabriuscula olivaceo, lutescente, strigis undatis rufo-fuscis, fasciaque unica rufa inframediana ornata; spira conoidea, apice acutiusculo; sutura impressa; anfr. $4^1|_2$ convexis, ultimo cylindrico, non descendente, circa umbilicum latum, conicum sulco obsoleto, intrante notato; apertura parum obliqua, ovato-circulari, intus submargaritacea; perist. simplice, tenui, recto, continuo, brevissime adnato.

Cyclostoma coeloconus, Bens. in Ann. and Mag. N. H. 1851. VIII. p. 189.
Cyclophorus coeloconus, Pfr. Consp. nr. 113. Pneum. Mon. nr. 142. p. 83.

Gehäuse genabelt, kreiselig-niedergedrückt, dünnschalig, dicht gerieft, etwas rauh, olivengrün-gelblich, mit welligen rothbraunen Striemen und einer einzigen Binde von derselben Farbe unter der Mitte. Gewinde conoidisch, mit spitzlichem Wirbel. Naht eingedrückt. Umgänge $4^1|_2$, convex, der letzte cylindrisch, nicht herabsteigend, um den breiten, conischen Nabel mit einer undeutlichen eindringenden Furche bezeichnet. Mündung wenig schräg gegen die Axe, oval-rundlich, innen etwas perlglänzend. Mundsaum einfach, dünn, geradeaus, zusammenhängend, sehr kurz angewachsen. — Höhe $4^1|_4'''$, Durchmesser $7^1|_4'''$. (Aus H. Benson's Sammlung.)

Deckel: unbekannt.

Aufenthalt: am Fusse der Nilgherries in Ostindien. (Jerdon.)

417. Cyclostoma ravidum Benson. Die graugelbe Kreismundschnecke.

Taf. 50. Fig. 14—16.

C. testa late et perspective umbilicata, tenuiuscula, subdiscoidea, confertim et scabra tenuiter radiato-striata, sordide lutea, epidermide detrita alba; spira vix elevata, vertice planiusculo; sutura impressa; anfr. $4^1/_2$ sensim accrescentibus, convexiusculis, ultimo subdepresso-cylindraceo, antice vix descendente; apertura obliqua, subangulato-circulari, intus submargaritacea; perist. simplice, recto, marginibus callo tenuissimo junctis, columellari perarcuato.

Cyclostoma ravidum, Bens. in Ann. and. Mag. N. H. 1851. VIII. p. 190.
Cyclophorus ravidus, Pfr. Consp. nr. 143. Pneum. Mon. nr. 174. p. 99.

Gehäuse weit und perspectivisch genabelt, ziemlich dünnschalig, fast scheibenförmig, dicht und rauh strahlig-gerieft, schmutzig gelb, bei abgeriebener Epidermis weiss. Gewinde kaum erhoben, mit ziemlich plattem Wirbel. Naht eingedrückt. Umgänge $4^1|_2$, allmählig zunehmend, mässig gewölbt, der letzte etwas niedergedrückt-cylindrisch, nach vorn unmerklich herabsteigend. Mündung schief gegen die Axe, etwas winklig-gerundet, innen schwach perlartig. Mundsaum einfach, geradeaus, die Ränder durch sehr dünnen Callus verbunden, der Spindelrand stark bogig. — Höhe 3½‴, Durchmesser 8¼‴. (Aus H. Benson's Sammlung.)

Deckel: dünn, horngelb, enggewunden.

Aufenthalt: auf den Höhen der Nilgherries in Süd - Indien. (Jerdon.)

418. Cyclostoma Wahlbergi Benson. Wahlberg's Kreismundschnecke.

Taf. 50. Fig. 17—19.

C. testa mediocriter umbilicata, depresso-conoidea, tenui, scabra, capillaceo-striata, haud nitida, virenti-cornea; spira breviter conoidea, obtusula; sutura profunda, simplice; anfr. 4 convexis, celeriter accrescentibus, ultimo non descendente; apertura obliqua, ovali rotunda, intus submargaritacea; perist. simplice, recto, acuto, marginibus approximatis, dextro perarcuato.

Cyclostoma Wahlbergi, Benson in Ann. and Mag. N. H. 2d. ser. X. Oct. 1852.
Cyclophorus Wahlbergi, Pfr. Pneum. Mon. nr. 48. a. p. 416.

Gehäuse mittelweit genabelt, niedergedrückt-conoidisch, dünnschalig, schärflich, haarriefig, glanzlos, grünlich-hornfarbig. Gewinde niedrig conoidisch, mit stumpflichem Wirbel. Naht tief, einfach. Umgänge 4, convex, ziemlich schnell zunehmend, der letzte nicht herabsteigend. Mündung schief gegen die Axe, oval-rundlich, innen etwas perlschimmernd. Mundsaum einfach, geradeaus, scharf, seine Ränder genähert, der rechte stark bogig. — Höhe 4‴, Durchmesser 7½‴. (Aus H. Benson's Sammlung.)

Deckel: sehr dünn, horngelb, enggewunden, aussen etwas concav.

Aufenthalt: Natal in Südafrika.

Bemerkung. Diese Art ist, abgesehen von dem Deckel, dem C. translucidum Sow., und fast noch mehr dem C. lutescens Pfr. (aus Brasilien?) ähnlich.

419. Cyclostoma Phaenotopicum Benson. Die Darjiling-Kreismundschnecke.

Taf. 50. Fig. 20. 21.

C. testa late et perspective umbilicata, depressa, subdiscoidea, tenui, scabriuscule radiato-striata et sub lente subdecussata, cornea, strigis angulatis castaneis, infra medium fasciam subcontinuam formantibus, ornata; spira depressa, apice prominula; sutura profundiuscula; anfr. $4^1/_2$ convexis; sensim accrescentibus, ultimo antice vix descendente; apice obliqua, subcirculari; perist. breviter adnato, expansiusculo, sub duplicato, limbo externo angulatim patente, superne dilatato.

Cyclostoma Phaenotopicum, Bens. in Ann. and Mag. N. H. 1851. VIII. p. 190.

Cyclophorus Phaenotopicus, Pfr. Consp. nr. 145. Pneum. Mon. nr. 176. p. 100.

Gehäuse weit und perspectivisch genabelt, niedergedrückt, fast scheibenförmig, dünnschalig, etwas rauh strahlig-gerieft und, besonders neben der Naht, unter der Lupe gegittert, glanzlos, gelblich- oder bräunlich-hornfarbig, mit zackigen kastanienbraunen Striemen, welche unter der Mitte eine fast zusammenhängende Binde bilden. Gewinde niedergedrückt, mit vorstehendem Wirbel. Naht ziemlich tief. Umgänge $4^1|_2$, convex, allmählig zunehmend, der letzte unmerklich herabsteigend. Mündung schief gegen die Axe, fast kreisrund, innen weisslich. Mundsaum kurz angewachsen, undeutlich verdoppelt, der äussere Rand winklig abstehend, nach oben verbreitert. — Höhe $2^5|_6'''$, Durchmesser $7'''$. (Aus H. Benson's Sammlung.)

Deckel: hornartig, dünn, enggewunden.

Aufenthalt: Darjiling im Sikkim-Himalaya. (Benson.)

420. Cyclostoma cornu venatorium Sowerby?

Taf. 49. Fig. 14—16.

Die hier abgebildete Schnecke meiner Sammlung ist mir immer zweifelhaft geblieben. Sie scheint weder zu der kleinen Form des Cyclostoma Itieri-Guérin, welches ich in der ersten Abtheilung (S. 159. Taf. 22. Fig. 1—3) unter dem Namen C. cornu venatorium Sow. dargestellt habe, noch zu Cyclost. helicinum Chemn. (Abth. II. S. 35. 160. Taf. 4. Fig. 5. 6. Taf. 22. Fig. 4. 5.) zu gehören, sondern eine Mittelform zwischen beiden zu sein. — Sie stimmt mit Sowerby's Abbildung des C. cornu venatorium ziemlich überein (vgl. Aulopoma cornu venatorium Pfr. Mon. Pneum. nr. 91. p. 53.), nur dass dort weder in der Abbildung der abgelöste Mundsaum bemerklich, noch in der Beschreibung erwähnt ist, weshalb ich diese Art auch noch zu den zweifelhaften zählen muss.

Deckel und Vaterland der hier abgebildeten Schnecke sind mir unbekannt.

9. Pterocyclos nanus Benson. Die Zwerg-Flügelmundschnecke.

Taf. 49. Fig. 31—33.

P. testa umbilicata, convexo-subdiscoidea, albida, fascia mediana strigisque undulatis castaneis superne ornata; spira prominula, apice subtili; anfr. $4^1/_2$ convexis, ultimo antice subsoluto; umbilico lato, profundo; apertura obliqua, circulari; perist. duplicato, marginibus sulco leviter impresso vix discretis, interno superne profunde recteque inciso, externo reflexiusculo, supra sinum alam angustum fornicatam, antice breviter descendentem, angulatam formante.

Pterocyclos nanus, Bens. in Ann. and Mag. N. H. 1851. VIII. p. 450.
— — Pfr. Pneum. Monogr. 1851. p. 47.

Gehäuse weit und tief genabelt, niedergedrückt, weisslich, mit einer kastanienbraunen Mittelbinde und welligen rothbraunen Striemen auf der Oberseite. Gewinde etwas convex, mit vorragendem feinem Wirbel. Umgänge $4^1|_2$, convex, der letzte vorn etwas abgelöst. Mündung schräg gegen die Axe, kreisrund. Mundsaum doppelt, die beiden Säume nur durch eine leicht eingedrückte Furche getrennt, der innere oben tief und gerade eingeschnitten, der äussere etwas zurückgeschlagen, über dem Einschnitte einen schmalen, gewölbten, nach vorn etwas herabgesenkten, winkligen Flügel bildend. — Höhe $2^1|_2'''$, Durchmesser $5^1|_2'''$. (Aus H. Benson's Sammlung.)

Deckel: unbekannt.

Aufenthalt: am Fusse der Nilgherries in Südindien. (Jerdon.)

---

15. Pupina Nicobarica Pfr. Die Nicobar'sche Pupine.

Taf. 48. Fig. 28. 29. Vergr. Fig. 30. 31.

P. testa imperforata, compresse ovato-conica, solidula, glaberrima, nitida, pallide isabellina; spira convexa, sursum conica, acutiuscula; sutura lineari; anfr. 5 vix convexiusculis, ultimo oblique descendente, antice breviter ascendente, basi rotundato; apertura subverticali, circulari, nodulo calloso minuto juxta insertionem marginis dextri coarctata; perist. simplice, vix expansiusculo, margine columellari subincrassato, incisura brevi, subascendente a basali separato.

Pupina Nicobarica, Pfr. in Proceed. Zool. Soc. 1852.
Registoma Nicobaricum, Pfr. Mon. Pneum. nr. 248. p. 147.

Gehäuse undurchbohrt, oval-conisch, etwas zusammengedrückt, ziemlich festschalig, sehr glatt, glänzend, hell isabellfarbig. Gewinde convex, nach oben conisch, mit spitzlichem Wirbel. Naht linienförmig. Umgänge 5, kaum merklich gewölbt, der letzte schräg herab- und nach vorn wieder kurz ansteigend, am Grunde gerundet. Mündung ziemlich parallel mit der Axe, kreisrund, durch ein sehr kleines schwieliges Knötchen neben der Einfügung des rechten Bandes verengert. Mundsaum einfach, kaum merklich ausgebreitet, der Spindelrand etwas verdickt, durch einen kurzen, etwas aufsteigenden Einschnitt vom untern Rande getrennt. — Länge 3''', Durchmesser $1^1|_2$'''. (Aus H. Cuming's Sammlung.)

Aufenthalt: auf den Nikobarischen Inseln.

Cataulus Pfr.

Diese Gattung habe ich (Zeitschr. f. Malak. 1851. S. 149.; Consp. Cyclost. p. 21.) auf eine Gruppe von Schnecken gegründet, die weder zu Cyclostoma im ältern Sinn des Wortes, noch zu Pupina (im Sowerby's Sinn) recht passen, sondern zwischen beiden in der Mitte stehen. Sie charakterisiren sich durch eine längliche, pupaähnliche Gestalt und durch einen mehr oder minder tiefen Kanal am Grunde der Mündungsöffnung. Ihr Deckel ist hornartig, kreisrund, enggewunden.

Hieher gehören von schon beschriebenen und abgebildeten Arten:

1. Cataulus tortuosus Chemnitz,

unter dem Namen Cyclostoma tortuosum in der ersten Abtheilung dieses Werkes (S. 165. Taf. 24. Fig. 19. 20.) erörtert. (Pfr. Mon. Pneum. nr. 233. p. 136.)

2. Cataulus Templemani Pfr.,

als Pupina Templemani in der 2ten Abtheilung beschrieben und Taf. 31. Fig. 15. 16. abgebildet. (Pfr. Mon. Pneum. nr. 234. p. 136.)

3. Cataulus Layardi Pfr.,

ebenfalls als Pupina beschrieben und Taf. 31. Fig. 17. 18. abgebildet. (Pfr. Mon. Pneum. nr. 235. p. 137.)

4. Cataulus pyramidatus Pfr.

Taf. 48. Fig. 9 — 11.

C. testa subperforata, ovato-pyramidata, solida, distincte et subarcuatim confertim striata, sericea, saturate castanea; spira turrita, apice acutiuscula; anfr. 7—7 1/2 modice convexis, ultimo non attenuato, basi axin vix recedente; carina basali compressa, antice vix dilatata; periomphalo latiusculo, profundius striato, medio turgido; aperturali subcirculari; perist. albo, continuo, breviter adnato, incrassato, horizontaliter patente et reflexiusculo, basi vix producto, canali mediocri perforato.

Cataulus pyramidatus, Pfr. in Proceed. Zool. Soc. 1852.
— — Pfr. Mon. Pneum. nr. 236. p. 137.

Gehäuse kaum durchbohrt, eiförmig-pyramidal, festschalig, deutlich und dicht etwas bogig gestreift, seidenglänzend, dunkel kastanienbraun. Gewinde thurmförmig, mit spitzlichem Wirbel. Umgänge 7—7 1/2, mässig convex, der letzte nicht verschmälert, am Grunde kaum über die Axe hervortretend, mit einem zusammengedrückten, gegen das Peristom kaum merklich verbreiterten Kiele besetzt, der Platz innerhalb des Kieles ziemlich breit, deutlicher gestreift, in der Mitte etwas aufgetrieben. Mündung fast kreisrund. Mundsaum weiss, zusammenhängend, kurz angewachsen, verdickt, wagerecht abstehend und etwas zurückgeschlagen, nach unten etwas vorgezogen, mit einem ziemlich engen Kanal durchbohrt. — Länge 11 1/2 — 14 1/2''', Durchmesser 5 — 6 1/4'''. (Aus H. Cuming's Sammlung.)

Aufenthalt: auf der Insel Ceylon.

5. Cataulus eurytrema Pfr.

Taf. 48. Fig. 12. 13.

C. testa subperforata, subfusiformi-oblonga, solida, subarcuato-striata, vix nitidula, castanea; spira turrita, apice obtusiuscula; anfr. 8 1/2 convexis, ultimo angustiore, basi oblique supra axin protracto; carina basali valida, compressa, antice sensim tubae instar dilatata; apertura circulari; perist. carneo, continuo, breviter adnato, incrassato et reflexo, parte sinistra marginis basalis canali magno, subcirculari, retrorsum in rimam filiformem abeunte, perforato.

Cataulus eurytrema, Pfr. in Proceed. Zool. Soc. 1852.
— — Pfr. Mon Pneum. nr. 237. p. 138.

Gehäuse kaum durchbohrt, länglich, etwas spindelförmig, festschalig, leicht-bogig gestreift, fast glanzlos, kastanienbraun. Gewinde gethürmt, mit stumpflichem Wirbel. Umgänge 8 1/2, convex, der letzte etwas schmäler, am Grunde schief über die Axe hervorgezogen, und mit einem starken, zusammengedrückten, nach vorn trompetenartig verbreiterten Kiele versehen. Mündung kreisrund. Mundsaum fleischfarbig, zusammenhängend, kurz angewachsen, verdickt und zurückgeschlagen, an der linken Seite des Basalrandes mit einem fast kreisrunden, nach innen in eine fadenförmige Rinne übergehenden Kanal durchbohrt. — Länge 13‴, Durchmesser 5‴. (Aus H. Cuming's Sammlung.)

Aufenthalt: auf der Insel Ceylon.

6. Cataulus Thwaitesi Pfr.

Taf. 49. Fig. 9. 10.

C. testa vix perforata, subfusiformi-turrita, solida, longitudinaliter confertim costulata, vix nitidula, violaceo-fusca; spira ovato-turrita, apice acutiuscula; sutura impressa; anfr. 7—$7^1/_2$ convexiusculis, ultimo vix attenuato; carina basali validissima, compressa, angulatim patente, alba; apertura verticali, circulari; perist. duplice: interno basi profunde inciso, externo ad anfr. penultimum exciso, caeterum incrassato, reflexo, basi canali mediocri perforato.

Cataulus Thwaitesi, Pfr. in Proceed. Zool. Soc. 1852.
— — Pfr. Mon. Pneum. nr. 238. p. 138.

Gehäuse punktförmig durchbohrt, gethürmt, etwas spindelig, festschalig, mit gedrängten etwas schräglaufenden deutlichen Rippenstreifen besetzt, matt seidenglänzend, violett-braun. Gewinde lang gestreckt, nach unten etwas bauchig, mit spitzlichem, glattem, purpurbraunem Wirbel. Naht etwas eingedrückt. Umgänge 7—$7^1|_2$, mässig convex, der letzte nach unten wenig verschmälert, am Grunde mit einem starken, zusammengedrückten, etwas winklig nach aussen abstehenden, weissen Kiele besetzt, zwischen diesem und dem Nabelpunkt strahlig und sehr dicht haarstreifig. Mündung parallel zur Axe, ziemlich kreisrund. Mundsaum weiss, doppelt, der innere kurz vorstehend, am Grunde tief eingeschnitten, der äussere verdickt, wagerecht abstehend, am Grunde etwas zurückgezogen, um sich mit dem Kiele zu verbinden, am vorletzten Umgange etwas ausgeschnitten. — Länge $9^1|_2$‴, Durchmesser $3^1|_2$‴. (Aus H. Cuming's Sammlung.)

Aufenthalt: auf der Insel Ceylon gesammelt von Thwaites.

Diplommatina Benson.

Diese Gattung ist von Hrn. Benson in Annals and Mag. Nat. Hist.

Sept. 1849. p. 193. für eine kleine Gruppe ostindischer Schnecken gegründet worden, welche von ihren Entdeckern zur Gattung Carychium gezählt wurden, von denen ich aber eine bei mangelnder Kenntniss des Thieres zur Gruppe der pupaähnlichen Bulimus rechnen zu müssen glaubte. Hr. Benson, welcher den Deckel nicht beobachtet hatte, rechnet die Gattung zu den Charychiaden; die im Britischen Museum befindlichen zahlreichen, mit dem Deckel versehene Exemplare beweisen aber, dass Hr. J. E. Gray Recht gehabt hat, sie zu den Cyclophoriden zu bringen. — Die hiehergehörigen Schnecken charakterisiren sich durch einen kaum schaligen, dünnen Deckel mit wenigen Windungen, welche aussen mit einer dünnen, vorstehenden Lamelle berandet sind. Das Gehäuse ist kaum geritzt, dünnschalig, fast eiförmig, die Mündung fast kreisrund, de Mundsaum unterbrochen, ausgebreitet. — Gray zählt hierher nach Analogie das Cyl. minus Sow. (Abth. I. S. 103. Taf. 17. Fig. 9—11. — Diplommatina? Sowerbyi Pfr. Mon. Pneum. nr. 210. nr. 121.), worin ich ihm nachgefolgt bin. Die eigentlich typischen Arten sind folgende:

1. Diplommatina folliculus Pfr.

Taf. 48. Fig. 32. 33.

D. testa breviter rimata, ovato-acuminato, tenui, distincte et oblique costata, pallide fuscescenti-albida; spira conica, acutiuscula; anfr. 7 convexis, ultimo angustiore, antice subascendente, $^1/_3$ longitudinis vix aequante; apertura subverticali, subcirculari; perist. duplice: externo breviter expanso, marginibus approximatis, callo junctis, dextro arcuato, columellari dilatato, patente.

Corychium costatum, Hutton mss.
Bulimus folliculus, Pfr. Symb. Hel. III. p. 83. Mon. Helic. II. p. 81. nr. 208.
— — Reeve Conch. icon. nr. 644. t. 87.
Diplommatina folliculus, Bens. in Ann. and Mag. 1849. Sept. p. 193.
— — Gray Catal. Cycloph. p. 54. nr. 1.
— — Pfr. Consp. p. 19. nr. 179. Mon. Pneum. nr. 211. p. 122.

Gehäuse kurz-geritzt, zugespitzt-eiförmig, dünnschalig, deutlich und schräg gerippt, blass bräunlichweiss. Gewinde conisch, mit ziemlich spitzem Wirbel. Umgänge 7, convex, der letzte schmäler, kaum $^1/_3$ der ganzen Länge bildend, nach vorn etwas ansteigend. Mündung fast parallel zur Axe, ziemlich kreisrund. Mundsaum doppelt, der äussere schmal ausgebreitet, seine Ränder genähert, durch Callus verbunden, der rechte

-bogig, der Spindelrand verbreitert, abstehend. — Länge 1³|₄''', Durchmesser 1'''. (Aus meiner Sammlung.)
Deckel: wie oben beschrieben.
Aufenthalt: in Ostindien; bei Simla, Landour.

2. Diplommatina costulata Hutton.

Taf. 48. Fig. 34. 35.

D. testa subimperforata, cylindraceo-ovata, albida, minute costulata, costulis obliquis, regularibus, approximatis; spira ovato-conica, obtusula; anfr. 5, superioribus celeriter crescentibus, ultimo angustiore, antice subascendente; sutura profunda; apertura fere verticali, subcirculari; perist. tenui, subcontinuo, expanso, duplicato, limbo externo retromisso a costulis satis distincto.

Carychium costulatum, Hutton mss. teste Benson.
— parvulum, Boys mss. in Muss. Brit.
Diplommatina costulata, Bens. in Ann. and Mag. 1849. Sept. p. 194.
— — Gray Catal. Cycloph. p. 55. nr. 2.
Pfr. Consp. p. 20. nr. 180. Mon. Pneum. nr. 212. p. 122.

Gehäuse fast undurchbohrt, cylindrisch-eiförmig, weisslich, mit feinen, schrägen, nahestehenden Rippen regelmässig besetzt. Gewinde eiförmig-conisch, mit stumpflichem Wirbel. Umgänge 5, die oberen schnell zunehmend, der letzte schmäler, vorn etwas ansteigend. Naht tief. Mündung fast parallel zur Axe, ziemlich kreisrund. Mundsaum dünn, fast zusammenhängend, ausgebreitet, verdoppelt, der äussere zurückgeschlagen. — Länge 1''', Durchmesser kaum ¹|₂'''. (Aus meiner Sammlung.)
Deckel: normal.
Aufenthalt: an den westlichen Vorbergen des Himalaya, Landour.

3. Diplommatina Huttoni Pfr.

Taf. 48. Fig. 36. 37.

D. testa sinistrorsa, rimata, ovato-conica, tenui, minutissime costulato-striata, sericea, fulvescenti-albida; spira subturrita, apice acuta; anfr. 5¹/₂ convexis, ultimo angustiore, apertura subobliqua, depresso-subcirculari; perist. subcontinuo, duplicato: interno brevissimo, margine columellari obsolete calloso-dentato, externo breviter expanso.

Diplommatina Huttoni, Pfr. in Proceed. Zool. Soc. 1851.
— — Pfr. Consp. p. 20. nr. 181. Mon. Pneum. nr. 213. p. 123.

Gehäuse linksgewunden, geritzt, eiförmig-conisch, dünnschalig, sehr fein rippenstreifig, seidenglänzend, gelblichweiss. Gewinde etwas gethürmt, mit spitzem Wirbel. Umgänge $5^1|_2$, der letzte schmäler. Mündung wenig gegen die Axe geneigt, niedergedrückt-rundlich. Mundsaum fast zusammenhängend, doppelt, der innere sehr kurz, mit undeutlich schwielig-gezähntem Spindelrande, der äussere schmal ausgebreitet. — Länge $1^1|_6'''$, Durchmesser $^1|_2'''$. (Aus meiner Sammlung.)

Deckel: mir unbekannt.

Aufenthalt: bei Muporee in Ostindien.

Bemerkung. Dieses ist die einzige bis jetzt bekannte Art aus der Familie der Cyclostomaceen, welche constant linksgewunden ist.

Erklärung der Tafeln.

Taf. 31.

Fig. 1. 2. Pterocyclos incomptus, p. 235. — 3. 4. 5. Pter. rupestris, p. 231. — 6. 7. 8. Pter. Cumingi, p. 232. — 9. 10. 11. Pter. rupestris var., p. 231. — 12. 13. 14. Pter. parvus, p. 233. — 15. 16. Cataulus Templemani, p. 236. — 17. 18. Cat. Layardi, p. 236. — 19. 20. Pupina Forbesi, p. 238. — 21. 22. Pupina Mindorensis, p. 237. — 23. 24. Cyclost. chrysallis, p. 239. — 25. 26. C. Guildingianum, p. 239. — 27. 28. C. funiculatum, p. 240. — 29. 30. 31. C. halophilum, p. 241.

Taf. 32.

Fig. 1. 2. C. formosum, p. 241. — 3. 4. C. Barclayanum, p. 242. — 5. 6. 7. C. Bourcieri, p. 243. — 8. 9. 10. C. helicinaeforme, p. 243. — 11. 12. 13. C. Bensoni, p. 244. — 14. 15. C. purum, p. 245. — 16. 17. C. elatum, p. 246.

Taf. 33.

Fig. 1. 2. C. eximium, p. 246. — 3. 4. C. indicum, p. 248. — 5. 6. 7. C. aplustre, p. 249. — 8. 9. C. volvuloides, p. 249. — 10. 11. C. Himalayanum, p. 247. — 12. 13. C. tenebricosum, p. 250.

Taf. 34.

Fig. 1. 2. 3. 4. C. pyrostomum, p. 251. 5. 6. C. xanthochilum, p. 251. — 7. 8. C. Guillaini, 252. — 9. 10. C. margarita, p. 252. — 11. 12. C. gratum, p. 253. — 13. 14. 15. 16 C. reticulatum, p. 254. — 17. 18. C. zonulatum, p. 254. — 19. 20. C. deliciosum, p. 255. — 21. 22. 23. C. zebrinum, p. 256.

Taf. 35.

Fig. 1. 2. (Moricandi Pfr.) disjunctum, p. 260. — 3. 4. C. laxatum, p. 259. — 5. 6. C. Dysoni, p. 259. — 7. 8. 9. C. stramineum, p. 258. — 10. 11. C. texturatum, p. 258. — 12. 13. 14. C. ponderosum, p. 257. — 15. 16. C. turgidum, p. 257. — 17. 18. 19. C. depressum, p. 261. — 20. 21. 22. C. niveum, p. 261. — 23. 24. C. Souleyetianum, p. 262. — 25. 26. C desciscens, p. 262.

Taf. 36.

Fig. 1. 2 C. majusculum, p. 363. — 3. 4. C. bifasciatum, p. 264. — 5. 6. C bituberculatum, p. 264. — 7. 8. Shuttleworthi, p. 365. 9. 10. C. latilabre, p. 266. — 11. 12. C. simulacrum, p. 267. — 13. 14. C. Guatemalense, p. 267. — 15 16. C retrorsum, p. 268. — 17. 18. C. monstrorsum, p. 269. — 19. 20 21. C. salebrosum, 269. — 22. 23. C. Poeyanum, p. 270. — 24. 25. 26. 27. C. Poeyanum var.

Taf. 37.

Fig. 1. 2. C. semilabre, p. 271. — 3. 4. 5. 6 C. Orbignyi, p. 272. — 7. 8. Redfieldianum, p. 272. — 9. 10 C. irrudians, p. 273. — 11. 12. C. tenebrosum, p. 274. — 13. 14. C. Salleanum, p. 274. — 15. 16. C. radiosum, p. 275. — 17. 18. C. Salleanum var. p. 275. — 19. 20. Tamsianum, p. 276. 21. 22. C. litturatum, p. 276. — 23. 24. C. Petitianum, p. 277. — 25. 26. C. Newcombianum, p. 278. — 27. 28. C. Moreletianum, p. 278. — 29. 30. C. rubicundum, p. 280.

Taf. 38.

Fig. 1. 2 C. Agassizii, p. 280. — 3. 4. C. catenatum (limbiferem Menke), p. 290. — 5. 6. C. maritimum, p. 281. — 7. 8. C. variabile, p. 282. — 9. 10 C. Dominicense, p.

23. 24. C. Philippianum, p. 340. — 25. 26. 27. C. tectilabre, p. 339.

Taf. 45.

Fig. 1. 2. C. volvulus var., p. 347. — 3. 4. C. lineatum, p. 350. — 5. 6. C. insulare, p. 351. — 7. 8. C. appendiculatum, p. 345. — 9. 10. C. fulguratum, p. 345. — 11. 12. C. amoenum, p. 346. — 13. 14. C. picturatum, p. 347. — 15. 16. C. luridum, p. 348. — 17. 18. C. denselineatum, p. 348. — 19. 20. C. Ibyatense, p. 349. — 21. 22. C. fallax, p. 351.

Taf. 46.

Fig. 1. 2. 3. C. Moussonianum, p. 360. 4. 5. 6. anomalum, p. 361. — 7. 8. 9. C. pisum, p. 354. — 10. 11. 12. C. granosum, p. 354. — 13. 14. C. Chittyi, p. 355. — 15. 16. C. scabriculum, p. 356. — 17. 18. 19. C. Wilkinsoni, p. 357. — 20. 21. 22. 23. C. fecundum, p. 358. — 24. 25. 26. C. armatum, p. 358. — 27. 28. C. Columna, p. 47. — 29. 30. Adamsi, p. 48. — 31. 32. C. mordax, p. 359. — 33. 34. 35. C. avena, p. 359. — 36. 37. C. jucundum, p. 352. — 38. C. Aurora (maritimum var.), p. 281. — 39. 40. C. papyraceum, p. 353. — 41. 42. C. plicosum, p. 361.

Taf. 47.

Fig. 1. 2. 3. C. Borneense, p. 362. — 4. 5. 6. 7. C. Birmanum, p. 363. — 8. 9. 10. C. triliratum, p. 363. — 11. 12. C. sectilabrum, p. 377. — 13. 14. C. blandum, p. 367. — 15. 16 C. Loweanum, p. 367. — 17. 18. 19. C. Rangelinum, p. 365. — 20. 21. 22. C. magnificum, p. 365. — 23. 24. C. simplex, p. 368. — 25. 26. C. cinclidodes, p. 369. — 27. 28. C. nobile, p. 366. — 29. 39. 31. C. Mani, p. 364.

Taf. 48.

Fig. 1. 2. C. eusarcum, p. 369. — 3. 4. C. hemiotum, p. 370. — 5. 6. 7. 8. C. Adolfi, p. 371. — 9. 10. 11. Cataulus pyramidatus, p. 386. — 12. 13. C. eurytrema, p. 386. — 14. 15. 16. Cycl. leucostomum, p. 372. — 17. 18. 19. C. Bairdi, p. 375. — 20. 21. 22. C. Amboinense, p. 373. — 23. 24. C. Amboinense var., p. 373 — 25. 26. 27. C. bicolor, p. 374. — 28. 29. 30. 31. Pupina Nicobarica, p. 388 — 32. 33. Diplommatina folliculus, p. 388. — 34. 35. Dipl. costulata, p. 389. — 36. 37. Dipl. Huttoni, p 389. — 38. 39. 40. Cycl. Pfeifferianum, p. 374

Taf. 49.

Fig. 1. 2. Cycl. striatulum, p. 375. — 3. 4. 5. C. Fortunei, p. 375. — 6. 7. 8. C. fornicatum, p. 376. — 9. 10. Cataulus Thwaitesi, p. 387. — 11. 12. 13. Cycl. loxostomum, p. 377. — 14. 15. 16. C. cornu venatorium, p. 385. — 17. 18. 19. 20. C. semilabre varr., p. 385. — 21. 22. 23. C. cuspidatum, p. 378. — 24. 25 C. constrictum, p. 379. — 26. 27. 28. C. filocinctum, p. 379. — 29. 30. C. trochlea, p. 380. — 31. 32. 33. Pterocyclos nanus, p. 388. — 34. 35. 36. Cycl. Pearsoni, p. 380. — 37. 38. C. pauperculum, p. 381.

Taf. 50.

Fig. 1. 2. 3. C. Jerdoni, p. 382. — 4. 5. 6. C. Cantori, p. 383. — 7. 8. C. Cantori var., p. 383. — 9. 10. C. coeloconus, p. 384. — 11. 12 13. C. stenomphalum var. (Aurora Bens.), p. 384. — 14. 15. 16. C. ravidum, p. 385. — 17. 18. 19. C. Wahlbergi, p. 386. — 20. 21. C. Phaenotopicum, p. 386. — 22. 23. 24. C. porphyriticum, p. 383.

Systematisches Verzeichniss
der in beiden Abtheilungen der Cyclostomaceen beschriebenen Arten.

A. Aciculaceen.

B. Cyclostomaceen.

Species dubiae.

Alphabetisches Verzeichniss

der in der 2ten Abtheilung beschriebenen Arten. (S. pag. 220.)

Systematisches Verzeichniss der Gattungen und Arten der Cyclostomaceen.

II. Choanopoma, Pfr.

Trichterdeckelschnecke.

1 – 3. Cycl. elegans. – 4. 5. C. pictum, Pfr. – 6. C. Novae Hiberniae, Q. – 7. C. [illegible], Q. – 8. C. [illegible]
9. C. rubens, Q. – 10. C. fimbriatum, Q. – 11. C. erosum, Q. – 12. Helicina flammea, Q. – [illegible]
14. H. taeniata, Q. – 15. H. variabilis, Gould. – 16. 17. H. adspersa, Pfr.

Lightning Source UK Ltd.
Milton Keynes UK
UKHW022224140219
337291UK00006B/322/P

9 780666 012685